21 世纪全国应用型本科土木建筑系列实用规划教材

# 土木工程计算机绘图


主　编　袁　果　张渝生

副主编　陈美华　何俊波

参　编　刘传辉　吴桂莲

聂旭英　蒋德松

沈　健

## 内容简介

本书结合大量土木工程绘图实例，系统地介绍了国际通用绘图软件 AutoCAD 2006 的功能及其在土木工程绘图中的应用方法和技巧。全书共 14 章，主要包括计算机绘图概论、AutoCAD 概述、二维图形的绘制、二维图形的修改、工程图形的环境设置、图案填充与文本注写、图块及其属性、土木工程图形的尺寸标注、正投影图和轴测图的绘制、建筑施工图的绘制、土木工程图的绘制、三维建模基础、房屋的三维模型设计、图样输出等内容。

全书以最新的国家技术制图标准和建筑制图标准以及课程教学大纲为指定性文件，注重理论与实践相结合，注意贯彻通俗易懂、循序渐进、实例为主的编写理念，使读者能够方便、快捷地利用 AutoCAD 绘制土木工程图及进行三维造型设计，并通过范例的学习，快速掌握 AutoCAD 在土木工程绘图中的应用方法和技巧。

本书可作为高等院校土木工程计算机绘图、计算机辅助设计等课程的教材，也可作为继续教育学校同类专业的教材及广大工程技术人员、计算机爱好者的自学参考书。

**图书在版编目(CIP)数据**

土木工程计算机绘图/袁果，张渝生主编. —北京：北京大学出版社，2006.7
(21 世纪全国应用型本科土木建筑系列实用规划教材)
ISBN 978-7-301-10763-8

Ⅰ.土… Ⅱ. ①袁… ②张… Ⅲ. 土木工程—建筑制图：计算机制图—高等学校—教材 Ⅳ. TU204

中国版本图书馆 CIP 数据核字(2006)第 057957 号

书　　名：土木工程计算机绘图
著作责任者：袁　果　张渝生　主编
策 划 编 辑：吴　迪
责 任 编 辑：刘　丽
标 准 书 号：ISBN 978-7-301-10763-8/TU・0042
出　版　者：北京大学出版社
地　　址：北京市海淀区成府路 205 号　100871
网　　址：http://www.pup.cn　http://www.pup6.com
电　　话：邮购部 62752015　发行部 62750672　编辑部 62750667　出版部 62754962
电 子 信 箱：pup_6@163.com
印　刷　者：北京虎彩文化传播有限公司
发　行　者：北京大学出版社
经　销　者：新华书店
787 毫米×1092 毫米　16 开本　19.75 印张　450 千字
2006 年 7 月第 1 版　2019 年 8 月第 14 次印刷
定　　价：45.00 元

# 丛书总序

我国高等教育发展迅速，全日制高等学校每年招生人数至2004年已达到420万人，毛入学率19%，步入国际公认的高等教育“大众化”阶段。面临这种大规模的扩招，教育事业的发展与改革坚持以人为本的两个主体：一是学生，一是教师。教学质量的提高是在这两个主体上的反映，教材则是两个主体的媒介，属于教学的载体。

教育部曾在第三次新建本科院校教学工作研讨会上指出：“一些高校办学定位不明，盲目追求上层次、上规格，导致人才培养规格盲目拔高，培养模式趋同。高校学生中‘升本热’、‘考硕热’、‘考博热’持续升温，应试学习倾向仍然比较普遍，导致各层次人才培养目标难于全面实现，大学生知识结构不够合理，动手能力弱，实际工作能力不强。”而作为知识传承载体的教材，在高等教育的发展过程中起着至关重要的作用，但目前教材建设却远远滞后于应用型人才培养的步伐，许多应用型本科院校一直沿用偏重于研究型的教材，缺乏针对性强的实用教材。

近年来，我国房地产行业已经成为国民经济的支柱行业之一，随着本世纪我国城市化的大趋势，土木建筑行业对实用型人才的需求还将持续增加。为了满足相关应用型本科院校培养应用型人才的教学需求，从2004年10月北京大学出版社第六事业部就开始策划本套丛书，并派出10多位编辑分赴全国近30个省份调研了两百多所院校的课程改革与教材建设的情况。在此基础上，规划出了涵盖“大土建”六个专业——土木工程、工程管理、建筑学、城市规划、给排水、建筑环境与设备工程的基础课程及专业主干课程的系列教材。通过2005年1月份在湖南大学的组稿会和2005年4月份在三峡大学的审纲会，在来自全国各地几十所高校的知名专家、教授的共同努力下，不但成立了本丛书的编审委员会，还规划出了首批包括土木工程、工程管理及建筑环境与设备工程等专业方向的40多个选题，再经过各位主编老师和参编老师的艰苦努力，并在北京大学出版社各级领导的关心和第六事业部的各位编辑辛勤劳动下，首批教材终于2006年春季学期前夕陆续出版发行了。

在首批教材的编写出版过程中，得到了越来越多的来自全国各地相关兄弟院校的领导和专家的大力支持。于是，在顺利运作第一批土建教材的鼓舞下，北京大学出版社联合全国七十多家开设有土木建筑相关专业的高校，于2005年11月26日在长沙中南林学院召开了《21世纪全国应用型本科土木建筑系列实用规划教材》（第二批）组稿会，规划了①建筑学专业；②城市规划专业；③建筑环境与设备工程专业；④给排水工程专业；⑤土木工程专业道路、桥梁、地下、岩土、矿山课群组近60多个选题。至此，北京大学出版社规划的“大土木建筑系列教材”已经涵盖了“大土建”的6个专业，是近年来全国高等教育出版界唯一一套完全覆盖“大土建”六个专业方向的系列教材，并将于2007年全部出版发行。

我国高等学校土木建筑专业的教育，在国家教育部和建设部的指导下，经土木建筑专业指导委员会六年来的研讨，已经形成了宽口径“大土建”的专业发展模式，明确了土木建筑专业教育的培养目标、培养方案和毕业生基本规格，从宽口径的视角，要求毕业生能从事土木工程的设计、施工与管理工作。业务范围涉及房屋建筑、隧道与地下建筑、公路与城市道路、铁道工程与桥梁、矿山建筑等，并且制定一整套课程教学大纲。本系列教材就是根据最新的培养方案和课程教学大纲，由一批长期在教学第一线从事教学并有过多年工程经验和丰富教学经验的教师担任主编，以定位“应用型人才培养”为目标而编撰，具有以下特点：

(1) 按照宽口径土木工程专业培养方案，注重提高学生综合素质和创新能力，注重加强学生专业基础知识和优化基本理论知识结构，不刻意追求理论研究型教材深度，内容取舍少而精，向培养土木工程师从事设计、施工与管理的应用方向拓展。

(2) 在理解土木工程相关学科的基础上，深入研究各课程之间的相互关系，各课程教材既要反映本学科发展水平，保证教材自身体系的完整性，又要尽量避免内容的重复。

(3) 培养学生，单靠专门的设计技巧训练和运用现成的方法，要取得专门实践的成功是不够的，因为这些方法随科学技术的发展经常在改变。为了了解并和这些迅速发展的方法同步，教材的编撰侧重培养学生透析理解教材中的基本理论、基本特性和性能，又同时熟悉现行设计方法的理论依据和工程背景，以不变应万变，这是本系列教材力图涵盖的两个方面。

(4) 我国颁发的现行有关土木工程类的规范及规程，系1999～2002年完成的修订，内容有较大的取舍和更新，反映了我国土木工程设计与施工技术的发展。作为应用型教材，为培养学生毕业后获得注册执业资格，在内容上涉及不少相关规范条文和算例。但并不是规范条文的释义。

(5) 当代土木工程设计，越来越多地使用计算机程序或采用通用性的商业软件，有些结构特殊要求，则由工程师自行编写程序。本系列的相关工程结构课程的教材中，在阐述真实结构、简化计算模型、数学表达式之间的关系的基础上，给出了设计方法的详细步骤，这些步骤均可容易地转换成工程结构的流程图，有助于培养学生编写计算机程序。

(6) 按照科学发展观，从可持续发展的观念，根据课程特点，反映学科现代新理论、新技术、新材料、新工艺，以社会发展和科技进步的新近成果充实、更新教材内容，尽最大可能在教材中增加了这方面的信息量。同时考虑开发音像、电子、网络等多媒体教学形式，以提高教学效果和效率。

衷心感谢本套系列教材的各位编著者，没有他们在教学第一线的教改和工程第一线的辛勤实践，要出版如此规模的系列实用教材是不可能的。同时感谢北京大学出版社为我们广大编著者提供了广阔的平台，为我们进一步提高本专业领域的教学质量和教学水平提供了很好的条件。

我们真诚希望使用本系列教材的教师和学生，不吝指正，随时给我们提出宝贵的意见，以期进一步对本系列教材进行修订、完善。

本系列教材配套的PPT电子教案以及习题答案在出版社相关网站上提供下载。

《21世纪全国应用型本科土木建筑系列实用规划教材》
专家编审委员会
2006年1月

# 前　言

计算机的诞生和发展，特别是计算机辅助绘图(Computer Aided Graphics)和计算机辅助设计(Computer Aided Design)技术将计算机技术与工程设计技术有机结合，在很大程度上改变了传统工程设计领域的境况。在土木、建筑、机械、电子、服装、船舶等工程设计领域，计算机绘图得到广泛应用，极大地提高了设计人员的工作效率。

本教材根据创新型、复合型人才培养目标以及高等学校土木工程专业指导委员会制定的课程教学大纲的要求，结合编者多年的教学和工程实践经验编写而成。本书以工程实际为出发点，全面而深入地讲述了使用 AutoCAD 的各种功能实现工程设计的方法，特别是在建筑、土木等工程领域二维和三维图形绘制的实际运用。本教材主要有以下几点特色。

1. 以最新国家标准、规范为指导性文件

以国家质量监督检验检疫总局和建设部 2001 年联合发布的《房屋建筑制图统一标准》(GB/T 50001—2001)、《总图制图标准》(GB/T 50103—2001)、《建筑制图标准》(GB/T 50104—2001)、《建筑结构制图标准》(GB/T 50105—2001)、《给水排水制图标准》(GB/T 50106—2001)《道路工程制图标准》(GB 50162—1992)和相关技术标准有关土木工程设计规范等指导性文件作为编写的重要依据。

2. 注重理论与实践相结合

本书从工程设计实际情况出发，将 AutoCAD 的基本技巧和实际工程结合起来，通过各种实际工程设计图样，详细地讲述了操作步骤和特殊技巧，使读者在了解 AutoCAD 基本概念的基础上，循序渐进地掌握并熟练使用 AutoCAD 进行建筑、结构、给水排水、道路、桥梁施工图和三维建筑模型图绘制的方法和技巧。

3. 以轻松上手、实例运用为编写理念

教材结构层次分明，条理清楚，先二维后三维，反映了内容的内在联系及本课程的特有思维方式。在内容组织上按照循序渐进的原则，先介绍基本命令，后讲解工程实例的综合运用，实例的选择由简单到复杂，并且具有一定的代表性。在内容编排上难点分散，由浅入深，大部分章节都附有上机实验题和思考题，有利于学生的学习和掌握。

讲授本教材的内容需 30～50 学时，其中包含 15～32 学时上机时间。采用本教材时可根据各校的具体情况和学时多寡，对内容酌情取舍。

参加本教材编写的有湖南大学袁果(第 1、4、10、14 章)、陈美华(第 9、11 章)、聂旭英(第 8 章)、蒋德松(第 7 章)，贵州大学张渝生(第 12、13 章)，湖南城市学院何俊波(第 5 章)，湖南工学院刘传辉(第 2 章)，孝感学院吴桂莲(第 6 章)，江西科技师范学院沈健(第 3 章)。全书由湖南大学袁果、贵州大学张渝生担任主编，湖南大学陈美华、湖南城市学院何俊波担任副主编。在编写过程中，承有关设计单位大力支持并提供资料，同时参考了国内外专家的著作，谨此表示感谢。

由于编者水平有限，时间仓促，书中不妥之处在所难免，敬请同仁和读者批评指正。

编　者

2006 年 4 月

# 目　　录

# 第 1 章　计算机绘图概论

**教学提示**：计算机绘图是计算机辅助设计(CAD)的重要内容之一，是土木工程技术人员必须掌握的基本技能。计算机绘图技术还广泛运用于电子、机械、航空、航海、轻工、产品设计、广告影视制作等领域。

**教学目标**：了解计算机绘图的发展、应用的概况，并掌握计算机绘图系统的基本组成。

## 1.1　计算机绘图的发展

自从 1946 年世界上第一台电子计算机诞生以来，计算机的发展与应用创造了许多令人难以想象的奇迹。在计算机科学的应用领域中，计算机绘图虽然起步较晚，但发展速度很快，目前已广泛应用于科研、设计和生产的许多部门，发挥着越来越重要的作用。如果说显微镜使人们能够观察微观世界，望远镜向人们展现了宏大的宇宙，而计算机技术，则使人们看到了一个完全由电子设备模拟的人造数字世界。

图形是客观事物的直接反映，比语言文字更形象，更易于理解和交流，工程图样是表达与交流技术思想的重要工具。长期以来人们一直沿用传统的手工方式绘图，不仅速度慢、劳动强度大，而且精度也得不到保证。随着技术的进步，图形和数据有了十分密切的联系，在一定的条件下可以互相转换。电子计算机是一种先进的计算工具，具有很强的数据处理能力，借助计算机进行绘图就是计算机绘图。利用计算机绘图，可以把人们从烦琐的绘图劳动中解放出来，自动生成图形并控制输出设备，得到所需要的高质量图形。计算机绘图由于具有速度快、质量高等许多优点，在科学计算、分析、统计、设计、生产中得到广泛应用。从常见的统计图到复杂的建筑施工图、机械装配图，从日常生活中的服装裁剪到电子元件密布的集成电路图都可以由计算机来完成。

计算机绘图经历了由被动式绘图向交互式绘图、由二维绘图向三维实体造型的发展过程，目前正朝着计算机辅助绘图(CAG)、计算机辅助设计(CAD)和计算机辅助制造(CAM)三者一体化的方向发展。

## 1.2　计算机绘图的应用

计算机绘图广泛应用于工业、商业、教育、科研等许多领域，甚至进入了普通家庭。计算机绘图的应用主要有以下几个方面。

### 1. 计算机辅助设计与辅助制造

这是计算机绘图最重要、最广泛的应用领域。利用图形学技术，可以绘制各个行业的工程图样，包括建筑施工图、结构施工图、设备施工图、机械零件图、装配图等；可以进行结构的受力分析、优化设计，模拟最终产品在各种条件下的变化情况。

2. 动画制作与计算机模拟

用计算机绘图技术产生的动画，无论其艺术效果还是经济效益，都是手工绘制无法比拟的。计算机模拟包括的范围则更加广泛，如模拟太空飞行的情况、核反应和化学反应过程，以及汽车碰撞、地震破坏过程，通过计算机模拟使试验变得安全、快捷，并可大大降低成本。

3. 绘制勘探、测量图形

根据勘探和测量数据，绘制高精度的矿藏分布图、地理规划图、地形图、地质图、气象图、航海图等。

4. 图像处理

可以对经过扫描采样的照片图像信息进行各种加工，在医疗保健、宇宙探索等行业中，计算机图像处理具有十分重要的意义。

5. 过程控制

计算机图形系统的过程控制可以将各类传感器采集到的非图像信号加工处理成图像，过程控制的操作非常方便，例如发电厂、化工厂的控制、机场对飞机的控制等。

6. 办公室自动化

通过计算机绘图能够对大量杂乱无章的文件数据进行分类、汇总，绘制出各类信息的二维、三维图表，提供形象化的数据和变化趋势，增加对复杂现象的了解，并协助作出决策。

7. 科学计算可视化

通过对空间数据场构造中间几何图素在屏幕上产生二维图像，结果直观明了。这种技术已用于有限元分析的后处理、分子模型构造、地震数据处理、大气科学、生物化学及医疗卫生等领域。

8. 计算机辅助教育

计算机图形系统可以生动地演示物理、化学、生物、工程等学科的教学内容，使教学过程变得生动、形象和直观，有助于提高学生的学习兴趣和注意力，增强教学效果。

计算机绘图在土木工程中的应用也非常广泛，除了用于工程施工图的绘制之外，还用于各种图形可视化文档、建筑三维图及渲染图、工程进度图、资金控制图及统筹网络图，以及工程计算、数据分析的可视化研究。

## 1.3 计算机绘图系统

计算机绘图系统包括硬件系统和软件系统两部分。硬件系统由计算机及其外围设备组成，它是计算机绘图的物质基础。软件系统是系统软件、图形开发工具等环境的组合，它是计算机绘图的核心，决定计算机绘图系统的功能。

计算机绘图系统的硬件通常由主机和输入/输出设备、外存储设备等组成。主机主要是指计算机的中央处理器(CPU)和内存储器(简称内存)两部分，它是控制和指挥整个系统运行并执行实际运算、逻辑分析的装置，是系统的核心。输入设备的主要任务是把程序、数据、图表及其符号等信息送入计算机内，常用的输入设备有键盘、鼠标、点定位设备和扫描仪等。输出设备是用来显示或记录程序、计算结果、图形及符号等信息的设备，常用的有显示器、绘图仪和打印机等。外存储设备是弥补内存储器不足的一种辅助存储器装置，用来存放大量的暂时不用的程序和数据。目前常用的外存储设备有磁盘和光盘。

计算机绘图系统软件按功能分为三个层次，它们是系统软件、支撑软件和面向用户的应用软件。系统软件作为用户与计算机之间的一个接口，为用户使用计算机提供了方便，同时它对计算机的各种资源进行有效的管理与控制，从而能最大限度地发挥计算机的效率。系统软件主要包括操作系统及面向计算机维护的程序。支撑软件是计算机绘图系统的核心部分，起承上启下的作用，主要包括交互式图形支撑系统、工程数据库和语言处理系统三个部分。应用软件是在系统软件和支撑软件基础上，针对某种特定任务发展起来的。面向用户的应用软件的开发，也称为“二次开发”，这种开发项目专业性强，往往由软件工作者与用户联合开发。

交互式图形处理是计算机绘图最主要的特色和基本的功能，它包括几何建模软件包和图形软件包两部分。其中几何建模软件包的主要任务是建立计算机绘图系统中的几何模型，以及相应的数学模型及数据结构，把几何形体以数据文件的形式存放在数据库中。图形软件包的主要任务就是提供绘图功能，用户无须使用高级语言编程，只要输入参数就可绘制各种基本图形元素，如线、圆、弧、文本等，并且具有强大的图形编辑功能，能对图形进行各种处理，如几何变换、尺寸标注、画剖面线等，还可通过输出命令绘制出符合工程要求的图样。

目前国内外各种图形软件很多，主要有 AutoCAD、CADKEY、PD 等软件包。由美国 Autodesk 公司开发的交互式图形软件包 AutoCAD，由于其功能强、适用面广、易学实用和便于二次开发，是目前在国际上最为流行的图形通用软件，该软件本书将在以后章节作详细介绍。

总之，计算机绘图是一门应用非常广泛的技术，在土木工程的各个领域占有很重要的地位，计算机绘图的知识和技术，是土木工程技术人员必须掌握的基本技能，也是工程技术发展的需要。

## 1.4 思　考　题

1. 计算机绘图技术主要应用于哪些领域？
2. 计算机绘图系统主要包括哪两个部分？每个部分由什么构成？

# 第 2 章　AutoCAD 概述

**教学提示**：AutoCAD 是一个交互式绘图软件，广泛用于二维及三维图形的设计和绘制，AutoCAD 2006 以其强大的功能、灵活的操作，在绘图速度、绘图性能等方面达到了新的水平。本章提供了许多实例，详细的讲解了 AutoCAD 在制图、创作以及应用技巧等方面的知识。在不断学习、巩固、思考的求知过程中，人们将 AutoCAD 2006 在工程设计领域应用得更加全面、熟练，并有所创新。

**教学目标**：了解 AutoCAD 绘图的特点、功能、发展与应用，以及 AutoCAD 2006 的工作界面，图形显示控制命令，图形文件管理，包括图形文件的打开、关闭、新建、保存等操作。重点掌握命令和数据的输入及各种坐标系统的输入方法。

## 2.1　AutoCAD 的发展与应用

CAD (Computer Aided Design)的含义是计算机辅助设计，是计算机技术的一个重要的应用领域。AutoCAD 则是美国 Autodesk 公司开发的一个交互式绘图软件，是用于二维及三维设计、绘图的系统工具，用户可以使用它来创建、浏览、管理、打印、输出及共享设计图样。

AutoCAD 是目前世界上应用最广的 CAD 软件，市场占有率位居世界第一。AutoCAD 软件具有如下特点：

(1) 具有完善的图形绘制功能。

(2) 有强大的图形编辑功能。

(3) 可以采用多种方式进行二次开发或用户定制。

(4) 可以进行多种图形格式的转换，具有较强的数据交换能力。

(5) 支持多种硬件设备。

(6) 支持多种操作平台。

(7) 具有通用性、易用性，适用于各类用户。

此外，随着版本升级，该系统增添了许多强大的功能，如 AutoCAD 设计中心(ADC)、多文档设计环境(MDE)、Internet 驱动、新的对象捕捉功能、增强的标注功能以及局部打开和局部加载的功能，AutoCAD 2006 又增添了动态输入、图样管理器、标记集管理器、快速计算器等功能，从而使 AutoCAD 系统更加完善。

虽然 AutoCAD 本身的功能集已经足以协助用户完成各种设计工作，但用户还可以通过 Autodesk 公司以及数千家软件开发商开发的 5000 多种应用软件把 AutoCAD 改造成为满足各专业领域的专用设计工具。

Autodesk 公司成立于 1982 年 1 月，在 20 多年的发展历程中，该公司不断丰富和完善 AutoCAD 系统，连续推出近 20 个升级版本，使 AutoCAD 由一个功能非常有限的绘图软件发展到了现在功能强大、性能稳定、市场占有率位居世界第一的 CAD 系统，在城市规划、建筑、测绘、机械、电子、造船、汽车等行业得到了广泛的应用。统计资料表明，目前世界上有 75%的设计部门、数百万的用户应用此软件，大约有 50 万套 AutoCAD 软件安装在各企业的计算机中运行。

## 2.2 AutoCAD 的系统配置

随着软件的不断更新，安装 AutoCAD 已经变为一件很容易的事了。只要根据计算机的提示，输入数据和单击按钮就可以完成。

为了保证 AutoCAD 软件能够顺利运行，使图形能够以较好的方式、流畅地展现在人们的面前，计算机应该满足以下配置。

1. 硬件配置要求

必备硬件包括：Pentium (R)Ⅲ 800 MHz 以上，或兼容处理器；1024×768 像素真彩色显示器，建议使用 1280×1024 像素或更高配置；CD-ROM 驱动器(4 倍速以上光驱)；Windows 支持的显卡；最小 128MB 内存，建议使用 256MB；最小 300MB 剩余硬盘空间；鼠标、轨迹球或其他定点设备。

2. 软件环境

Microsoft Windows NT 4.0 SP 6a 或更高版本、Microsoft Windows 2000、Microsoft Windows XP Professional、Microsoft Windows Home Edition、Microsoft Windows Tablet PC Edition；浏览器需要 Microsoft Internet Explorer 6.0 或更高版本；TCP/IP 或 IPX 协议。

3. 可选硬件

打印机或绘图仪、数字化仪、串口或并口、网络卡、调制解调器或其他访问 Internet 的连接设备。

## 2.3 AutoCAD 的用户界面

运行 AutoCAD 后其工作界面如图 2.1 所示，它的工作界面主要由标题栏、菜单栏、绘图窗口、工具栏和状态栏等部分组成。

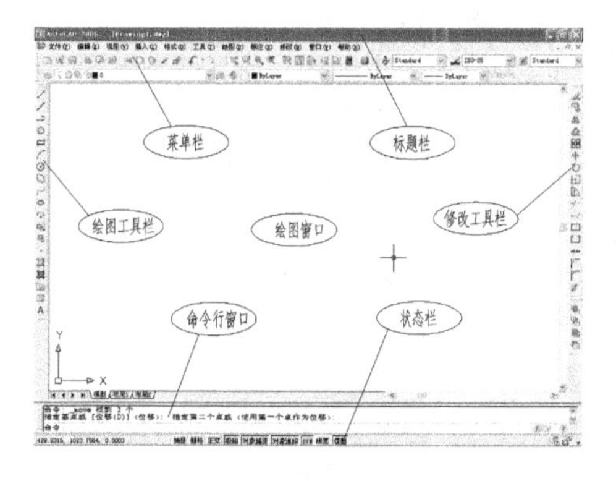


图 2.1 AutoCAD 2006 的工作界面

### 2.3.1　标题栏

位于 AutoCAD 系统工作界面的最上方，用来显示程序图标及当前正在运行的图形文件名称。位于标题栏右侧的三个按钮分别用来实现窗口的最小化、还原(或最大化)及关闭操作。

### 2.3.2　菜单栏

菜单栏一般位于标题栏的下方，AutoCAD 系统的菜单栏由【文件】、【编辑】、【视图】和【插入】等 11 项下拉菜单组成，如图 2.2 所示的是 AutoCAD 2006 的【工具】下拉菜单。

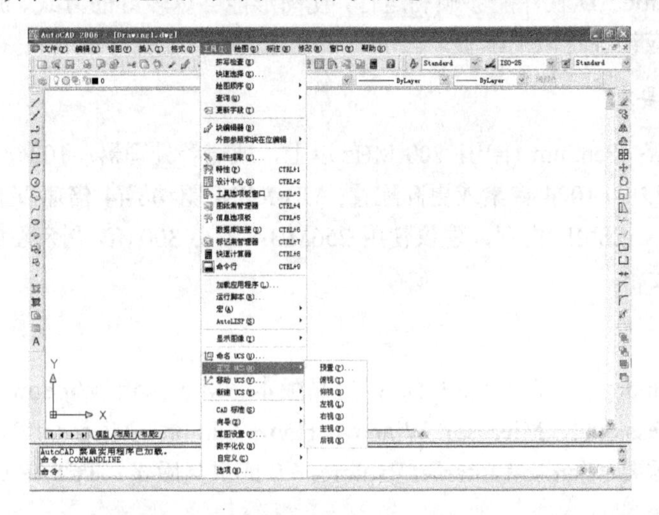

图 2.2　AutoCAD 2006 的【工具】下拉菜单

菜单标题后跟有 ▸ 符号的，表示还有下一级子菜单。菜单标题后跟有… 符号的，表示执行该命令可打开一个对话窗口。有的菜单命令后跟有快捷键，表示用该快捷键也可以执行相应的命令。

在 AutoCAD 系统中，除了有下拉菜单外，还有一种快捷菜单，它可以帮助用户很方便地进行各种命令操作。

当用户选择某一图形时，右击后会在光标处弹出一个快捷菜单，它与用户选择的图形及当前状态有关。其中呈灰色的表示该命令在当前状态下不可用。不选择任何图形时，在绘图窗口右击后所弹出的快捷菜单如图 2.3 所示。

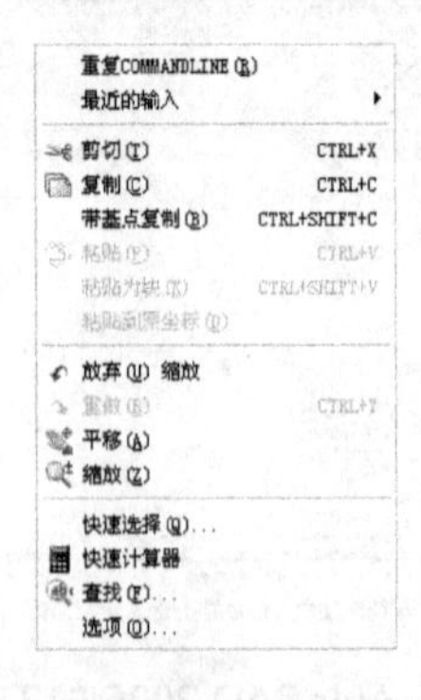


图 2.3　AutoCAD 快捷菜单

### 2.3.3　绘图窗口

绘图窗口是用户进行设计工作的主要区域，所有的设计结果都将显示在这个区域，另外，在绘图窗口中还可以显示坐标系图标、十字光标及【模型】和【布局】选项卡。坐标系图标用于显示系统当前所处的坐标系类型及坐标原点和 *X*、*Y*、 *Z* 轴的方向。单击【模型】和【布局】选项卡，可以在它们之间互相切换。

### 2.3.4　工具栏

工具栏是应用程序执行命令的一种方式，也是程序应用中一种较快捷的方式。在界面的任一工具栏中右击，可以得到各种已定义的工具栏。

AutoCAD 的工具栏由一系列表示命令的按钮组成。运用时只需单击相应的按钮即可执行该命令。在 AutoCAD 2006 中，系统提供了 29 个工具栏。在系统默认状态下，【标准】、【绘图】、【修改】工具栏处于打开状态，如图 2.4 所示为【标准】工具栏。

图 2.4　【标准】工具栏

### 2.3.5　命令行窗口

命令行窗口位于绘图窗口的正下方，用于接受用户输入的命令并显示 AutoCAD 的提示信息，用户在执行一个命令时都会出现相应的一系列提示信息，如图 2.5 所示。

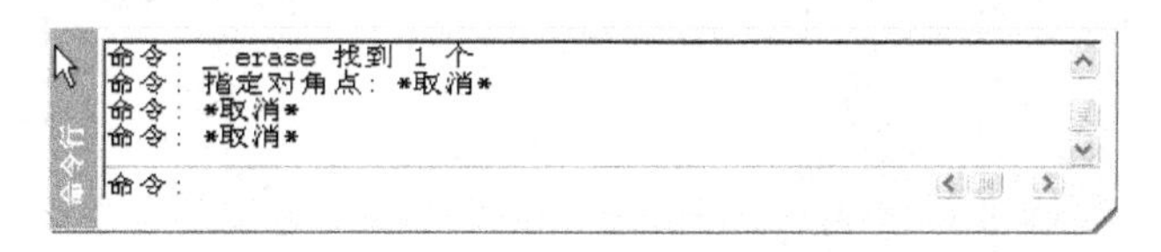


图 2.5　AutoCAD 2006 的命令行窗口

如果要查看前几次所输入的绘图命令，AutoCAD 2006 也提高了非常快捷的方法，可单击【视图】下拉菜单的【显示】命令文本窗口选项、或者输入 textscr 命令或按 F2 键都可打开【AutoCAD 文本窗口】。可以说它是命令行窗口的放大，记录了用户已执行的命令，同时也可输入新命令，如图 2.6 所示。

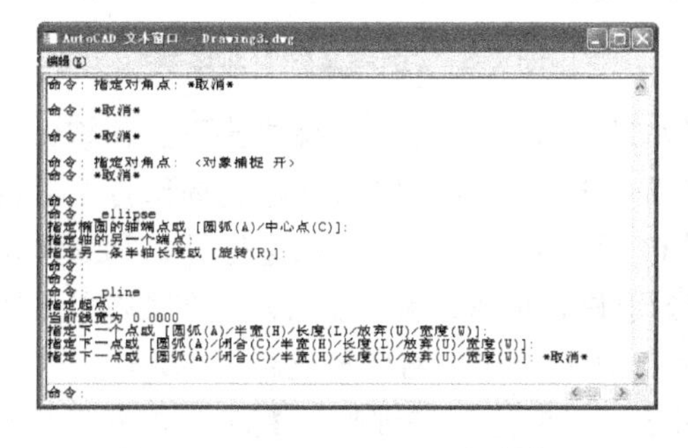


图 2.6　AutoCAD 2006 文本窗口

### 2.3.6　状态栏

在 AutoCAD 系统中，状态栏显示的信息是当前的状态，包括光标当前的坐标数、【捕捉】、【栅格】、【正交】等功能按钮。如图 2.7 所示为状态栏窗口。状态栏中的信息均可以打开或关闭，用单击、命令行输入或快捷键的方式均可以实现该操作。

图 2.7　状态栏窗口

## 2.4　图形文件管理

AutoCAD 2006 的图形文件管理主要包括图形文件的打开、关闭、新建、保存、保护、检查和修复等操作。

### 2.4.1　图形文件的打开

要打开一个已经创建好的图形文件，可选择【文件】菜单下的【打开】命令，或者单击【标准】工具栏中的【打开】按钮，或者在命令行中输入“open”命令，打开【选择文件】对话框，在【选择文件】对话框的文件列表中，选择需要打开的图形文件，在右侧的【预览】框中可以预览所选择的图形，默认状态下打开的图形文件是.dwg 格式，如图 2.8 所示。

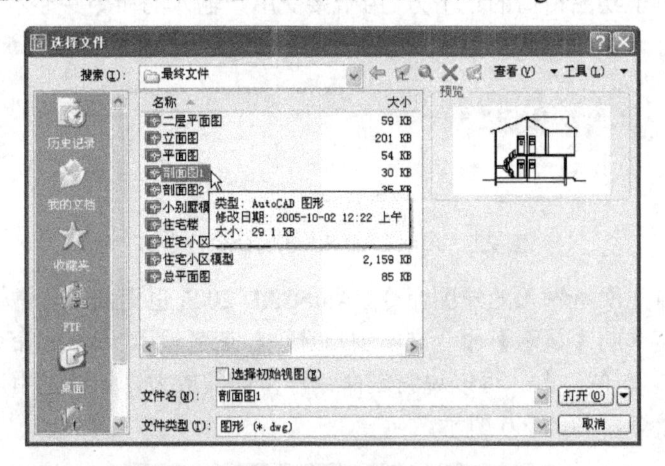


图 2.8　【选择文件】对话框

在【选择文件】对话框中，单击【打开】旁边的下三角按钮，用户可选择【打开】、【以只读方式打开】、【局部打开】和【以只读方式局部打开】四种方式打开图形文件，每种打开方式对图形文件进行了不同的限制。以【打开】和【局部打开】这两种方式打开图形文件时，用户可以对图形进行编辑；当以【以只读方式打开】和【以只读方式局部打开】这两种方式打开图形文件时，用户不可以对图形进行编辑，只能以只读的方式浏览图形文件。

当以【局部打开】和【以只读方式局部打开】这两种方式打开图形文件时，用户将可以看到如图 2.9 所示的【局部打开】对话框。

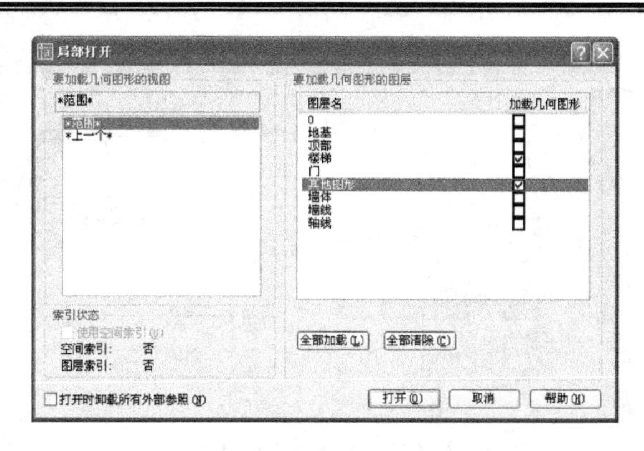


图 2.9 【局部打开】对话框

## 2.4.2　图形文件的关闭

在 AutoCAD 2006 系统中，关闭图形文件有如下几种方式：

(1) 选择【文件】下拉菜单中的【关闭】命令。

(2) 选择【窗口】下拉菜单中的【关闭】命令。

(3) 在命令行中直接输入“close”。

(4) 单击图形窗口右上角的 × 按钮。

若用户所要关闭的图形文件尚未保存，在执行上述操作时系统将自动弹出 AutoCAD 保存对话框，如图 2.10 所示。单击【是】按钮，该图形文件将会自动保存；单击【否】按钮，该图形文件将不会保存；单击【取消】按钮，系统将会取消此次操作，返回图形界面窗口。需要注意的一点是，若被操作的文件是从文件夹中调出的文件，执行此操作时系统将会默认其源文件指定路径，如图 2.11 所示。

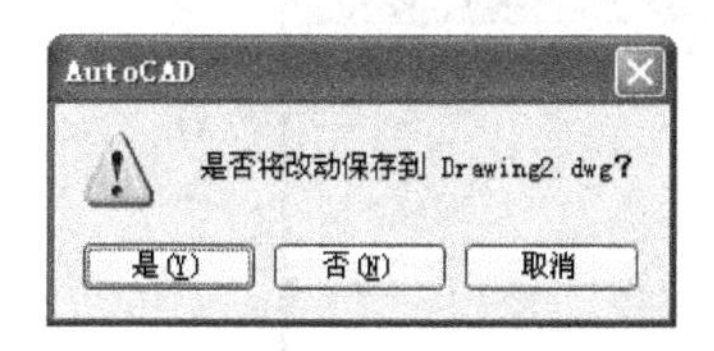


图 2.10　保存对话框

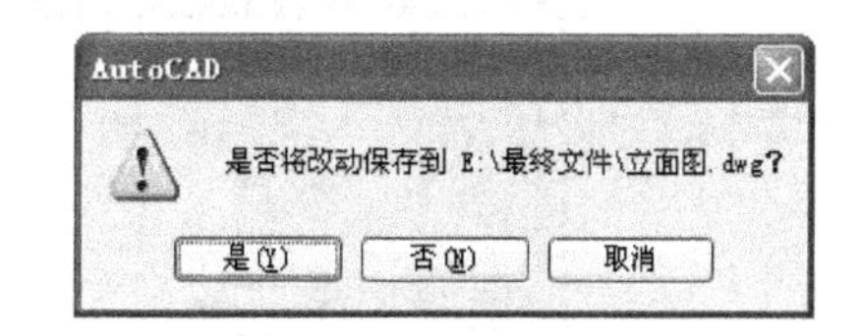


图 2.11　指定路径的保存对话框

如果要关闭所有已打开的图形文件，有以下几种方式：

(1) 选择【窗口】下拉菜单中的【全部关闭】命令。

(2) 在命令行中直接输入“closeall”。

在执行以上操作时，对于每一个未保存的图形文件，系统都会弹出一个保存提示对话框，用户可对每一个图形文件的保存与否进行选择。

## 2.4.3　图形文件的新建

要新建一个图形文件，可以选择【文件】下拉菜单下的【新建】命令，或者单击【标准】工具栏中的【新建】按钮或者在命令行中输入“new”命令，都可打开【选择样板】对话框，如图 2.12 所示。

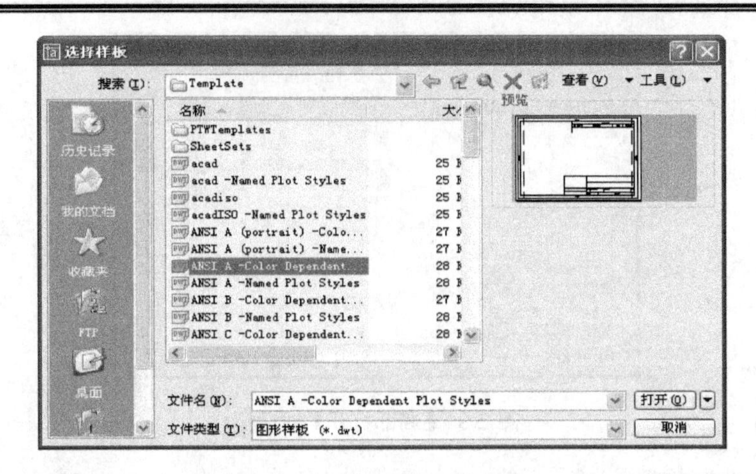


图 2.12 【选择样板】对话框

在【选择文件】对话框的样板文件列表中，选择某个样板文件，在右侧的【预览】框中可以预览所选择的图像，它包括了与绘图相关的一些通用设置，如标题栏、线型、图层、文字样式和图框等，利用样板创建的图形文件不仅提高了绘图的效率，还保证了图形的一致性。

### 2.4.4 图形文件的保存

创建或编辑完图形后要保存图形文件，可以单击【标准】工具栏中的【保存】按钮。保存图形文件的另一种方法是：在命令行中输入“save”并按 Enter 键，这时就会弹出【图形另存为】对话框，输入文件保存的路径和名称，单击【保存】按钮结束，如图 2.13 所示。

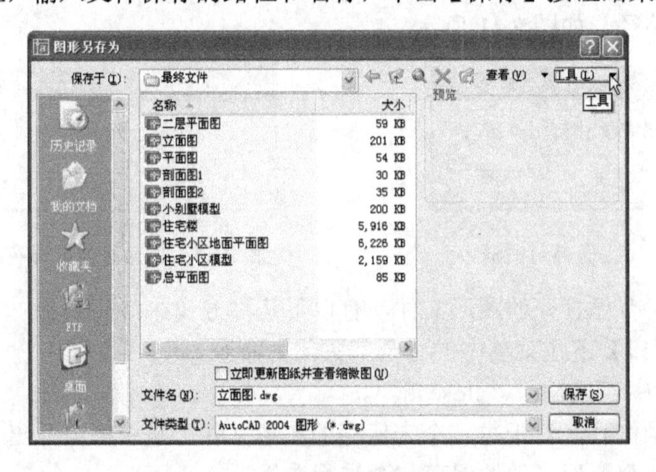


图 2.13 【图形另存为】对话框

保存图形文件的第三种方法为：选择【文件】菜单中的【保存】命令，然后输入文件保存的路径和名称，单击【保存】按钮结束操作。

如果在【图形另存为】对话框中单击【工具】下拉列表，选择【选项】命令，则会弹出【另存为选项】对话框。该对话框中有【DWG 选项】和【DXF 选项】两个选项卡，如图 2.14 所示。

【DWG 选项】选项卡表示如果将图形保存为 R12 或以后版本的文件格式，并且图形包含来自其他应用程序的定制对象，则可以选中【保存自定义对象的代理图像】复选框。该选项设定系统变量 PROXYGRAPHICS 的值。在【索引类型】下拉列表框中，可以确定当保存图形时，AutoCAD 是否创建层或空间索引。在【所有图形另存为】下拉列表框中，可以指定保存图形文件的默认格式。如果改变指定的值，则以后执行保存操作时将采用新的文件格式保存图形。

【DXF 选项】选项卡表示设置交换文件的格式。在【格式】组合框中，可以指定所要创建 DXF 文件的格式。【选择对象】复选框可以决定 DXF 文件是否包含选择的对象或整个图形。【保存缩微预览图像】复选框可以决定是否在【选择文件】对话框中的【预览】区域显示预览图像。也可以通过设置系统变量 RASTERRREVIEW 来控制该选项。在【精确的小数位数】框中可以设置保存的精度，该值的范围是 0～16，如图 2.15 所示。

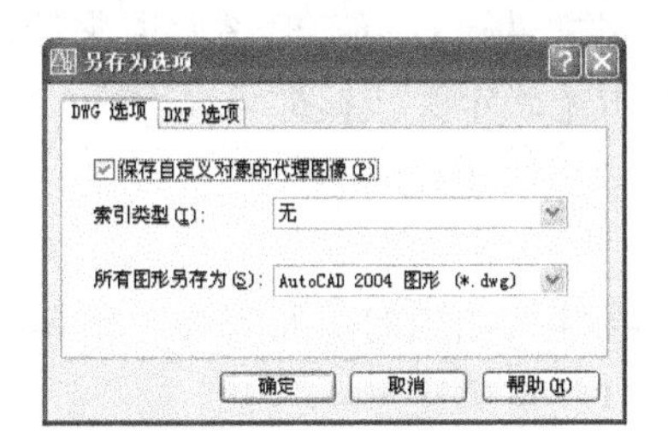


图 2.14 【DWG 选项】选项卡

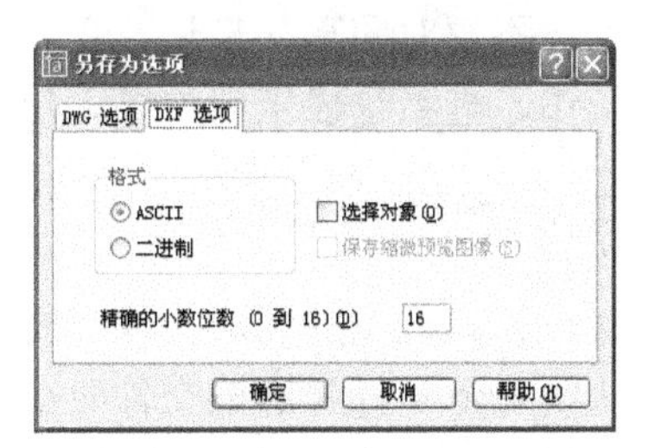


图 2.15 【DXF 选项】选项卡

## 2.4.5 图形文件的保护

所谓图形文件的保护，即保护用户创建的图形文件只为用户本人所用。AutoCAD 为用户提供了密码保护功能，用户在保存图形文件的同时可以为该图形文件设置保存密码。

设置保存密码的一般步骤为：选择【文件】下拉菜单中的【另存为】命令，或者按 Ctrl+Shift+S 键将会弹出【图形另存为】对话框，如图 2.13 所示，单击【图形另存为】对话框中的【工具】下拉列表，如图 2.16 所示，选择其中的【安全选项】命令，将会弹出如图 2.17 所示的【安全选项】对话框。根据提示用户可在【用于打开此图形的密码或短语】文本框中输入保存密码，并单击【确定】按钮，即弹出如图 2.18 所示的【确认密码】对话框，在该对话框的文本框中再次输入密码进行确认，最后单击【确定】按钮即可完成一次图形文件的保护保存。

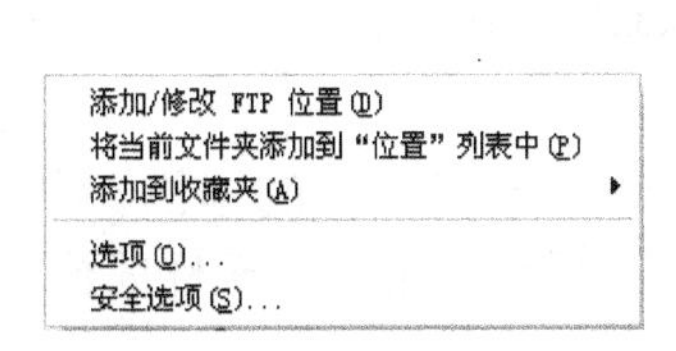


图 2.16 【工具】下拉列表

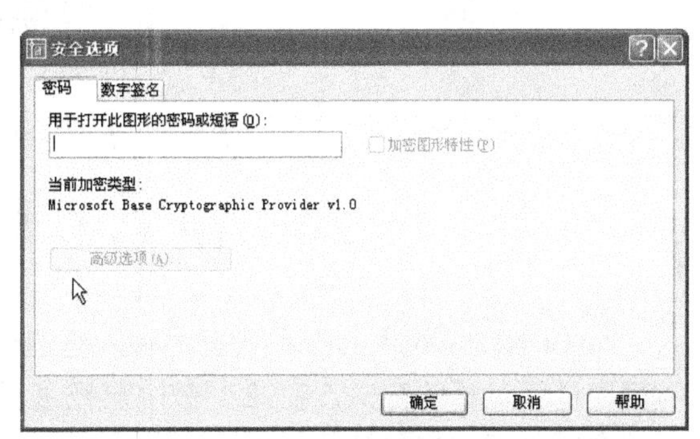


图 2.17 【安全选项】对话框

当用户打开被保护的图形文件时，系统将自动弹出如图 2.19 所示的【密码】对话框，要求用户输入正确的密码，否则该文件将无法打开。因此，若要对某一图形文件进行密码保护时，用户必须牢牢记住保护密码。

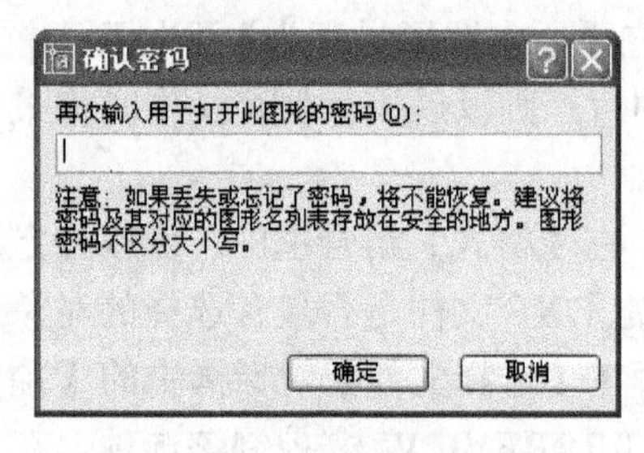


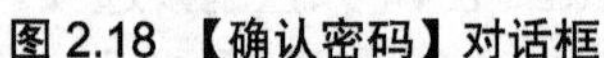
图 2.18 【确认密码】对话框

图 2.19 【密码】对话框

当用户不再对图形文件进行保护时，只需在对图形文件进行保存时按照原来的保存路径进行操作，当系统提示用户输入保护密码时直接单击【确定】按钮即可。

### 2.4.6 图形文件的核查和修复

保存在计算机中的图形文件有时会因为硬件或者软件的毛病而遭到破坏，在 AutoCAD 系统默认状态下当打开这些文件时会自动执行错误核查并自动修复。

对图形文件的核查和修复有两种情况。

(1) 【核查】：检查图形中的错误，并对其进行修复。选择【文件】下拉菜单【绘图实用程序】子菜单中的【核查】命令，或者直接在命令行输入“audit”。执行该命令后 AutoCAD 将会提示：【是否更正检测到的任何错误？[是(Y)/否(N)]<N>：】用户可以根据提示确定是否更正检测到的错误。

(2) 【修复】：当图形文件中存在错误，而进行以上操作又不能将其修复时，可用【修复】命令进行修复。选择【文件】下拉菜单【绘图使用程序】子菜单中的【修复】命令，或者直接在命令行输入“recover”。执行该命令后将会弹出【选择文件】对话框，在该对话框中选择所要修复的图形文件即可进行修复操作，最后将会弹出如图 2.20 所示的【AutoCAD 信息】提示框。

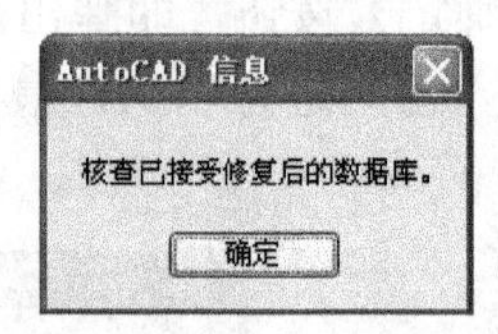


图 2.20 【AutoCAD 信息】提示框

## 2.5 AutoCAD 命令和数据的输入

AutoCAD 系统中命令和数据的输入是通过用户界面和鼠标来实现的。用户界面是用户与程序进行对话的窗口，在 2.3 节中已经进行了介绍，鼠标是用来控制光标的位置，这里主要介绍鼠标的作用及数据的输入。

### 2.5.1　鼠标的控制

现在常用的鼠标有三个按键，其定义如下。

(1) 拾取键：一般是鼠标左键，主要用来选择菜单项和实体等。

(2) 回车键：一般是鼠标右键，主要用于命令输入。它与键盘上的 Enter 键功能相同。

(3) 缩放键：一般是鼠标滚轴，前后滑动鼠标滚轴可使视图中的图形放大或缩小。

(4) 弹出键：弹出键为 Shift＋鼠标右键，它主要用于在鼠标指针处弹出菜单。

### 2.5.2　命令的输入方法

#### 1. 键盘输入

键盘输入是向 AutoCAD 系统输入命令选项的重要工具。另外，也可使用键盘激发下拉菜单。按下 Alt 功能键，同时按下所需菜单的命令字母(即菜单中用下画线提示的字符)，或者使用方向键移动高亮度菜单项，当所需的菜单项呈高亮度时按 Enter 键。

#### 2. 菜单输入

菜单输入一般用鼠标来选择菜单栏来进行，单击菜单栏后出现下拉菜单，下拉菜单包含了一系列命令，从中可以选择某个菜单项直接执行该命令。当菜单标题有指向右侧的黑色三角箭头时，表示还有下一级子菜单，可继续从子菜单中选择某个菜单项。当菜单标题右边有三点时，表示该命令是对话框命令，可弹出相应对话框。

#### 3. 使用工具栏按钮

AutoCAD 系统的工具栏按钮提供了利用鼠标输入命令的简便方法。它们实际上是可以看作是 AutoCAD 命令的触发器，由一系列按钮组成。单击该按钮与使用键盘输入命令的功能是一样的。

#### 4. 使用快捷菜单

根据 AutoCAD 功能的不同，将其命令分为两种类型：一类是绘图命令(如：直线、椭圆和圆等)；另一类是编辑命令(如：镜像、移动和旋转等)。

快捷菜单是用于所谓关键点操作的一种菜单，而关键点操作仅用于编辑命令。菜单是在选中关键点时右击后弹出的一种菜单，是编辑图形时最方便的一种操作方式。

### 2.5.3　坐标的输入

在 AutoCAD 系统的二维直角坐标系中，规定 *X* 轴为水平轴，*Y* 轴为垂直轴，两条轴相交于原点。在 X 轴上，原点右方坐标值为正，左方为负；在 *Y* 轴上，原点上方坐标值为正，下方为负。

AutoCAD 系统数据的输入有两种工具：鼠标和键盘。使用鼠标选择位置比较直观，而键盘往往用于精确的坐标输入。点的坐标可以采用以下四种格式输入。

#### 1. 直角坐标格式

一个点以(*X*，*Y*)坐标的形式表示。每一个值代表了沿指定轴离开原点的距离。例如：

坐标(10，8)就是指一点沿 *X* 轴到原点的距离为正 10 个单位，沿 *Y* 轴到原点的距离为正 8 个单位。原点坐标值为(0，0)。

2. 极坐标格式

极坐标采取距原点的距离和角度来定义，在距离与角度之间用“<”分隔。默认情况下，角度按逆时针方向增大，按顺时针方向减小。要指定顺时针方向角度输入负值。例如，输入 10<315 和 10<-45 代表相同的点。

3. 柱坐标格式

柱坐标采取“*X*<与 *X* 轴之间的角度，*Z*”的形式表示。例如，5<60，4 表示沿 *X* 轴距原点 5 个单位、与 *X* 轴正方向成 60° 角、在 *Z* 轴正方向移动 4 个单位的位置。

4. 球坐标格式

球坐标采取“*X*<与 *X* 轴之间的角度<与 *XY* 平面之间的角度”的形式表示。例如 5<60<30 表示沿 *X* 轴距原点 5 个单位、在 *XY* 平面中与 *X* 轴正方向成 60° 角、与 *XY* 平面成 30° 角的位置。

坐标值的输入可以分为绝对坐标和相对坐标两种形式。绝对坐标值是某点的位置相对于原点(0，0)的坐标值；相对坐标值是相对给定点的坐标值。输入相对坐标值时要先输入“@”符号，例如距前一点的 *X*、*Y* 方向上的距离分别为-8，-15，该点的输入方法是：@-8，-15。

另外，AutoCAD 还提供了坐标显示功能，它可以随时跟踪当前光标的坐标值，并显示在坐标显示窗口中。

坐标显示有下列三种形式：

(1) 动态直角坐标。随着光标的移动，(*X*，*Y*)坐标值不断发生相应的变动。

(2) 动态极坐标。随着光标移动而更新相对距离(距离<角度)。此选项只有在绘制需要输入多个点的直线或其他对象时才可用。

(3) 静态坐标。在静态坐标下，坐标值并不随光标移动而变化，只有在选择点时，坐标值才变化。

### 2.5.4 动态输入

动态输入是 AutoCAD 2006 新增的功能，命令操作时在光标附近提供了一个命令界面，该信息会随着光标移动而动态更新，以帮助用户专注于绘图区域。单击状态栏上的“DYN”来打开和关闭动态输入，按 F12 键可以临时将其关闭。动态输入有三个组件：指针输入、标注输入和动态提示，如图 2.21 所示。

1. 指针输入

当启用指针输入且在命令执行时，将在光标附近的工具栏中显示坐标，同时可以在工具栏中输入坐标值，而不用在命令行中输入。第二个点和后续点的默认设置为相对极坐标而不需要输入“@”符号。如果需要使用绝对坐标，要使用“#”前缀，例如，要将对象移到原点，在提示输入第二个点时应该输入#0，0。

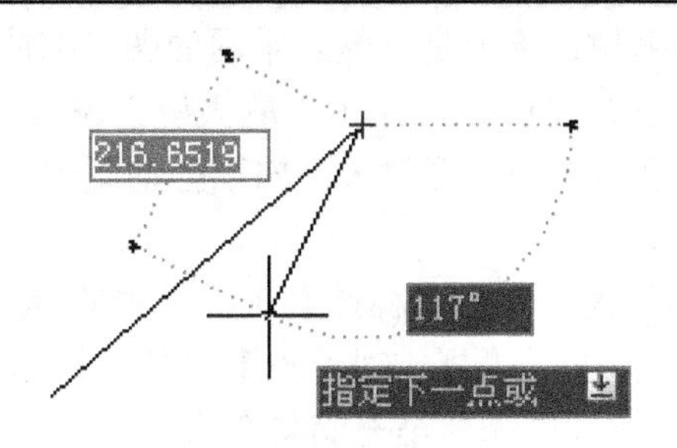


图 2.21 动态输入

2. 标注输入

启用标注输入时，当命令提示输入第二点时，工具栏提示将随着光标的移动动态地显示距离和角度值。

3. 动态提示

启用动态提示时，提示会显示在光标附近的工具栏提示中，用户可以在工具栏提示中输入响应。

## 2.6 图形的显示控制

对于一个较为复杂的图形来说，在观察整幅图形时往往无法对其局部细节进行查看和操作，而当在屏幕上显示一个细部时又看不到其他部分，为解决这类问题，AutoCAD 提供了视图【缩放】(zoom)、【平移】(pan)、【鸟瞰视图】(aerial view)等一系列图形显示控制命令，可以用来任意的放大、缩小或移动屏幕上的图形显示，或者同时从不同的角度、不同的部位来显示图形。

### 2.6.1 视图【缩放】命令

1. 功能

视图【缩放】命令类似于照相机的镜头，可以放大或缩小屏幕所显示的范围，但对象的实际尺寸并不发生变化。

2. 操作

选择【视图】下拉菜单的【缩放】命令、单击工具栏中的一个按钮或在命令行中输入“zoom”均可执行【缩放】命令。

```
命令：'_zoom
指定窗口的角点，输入比例因子(nX 或 nXP)，或者[全部(A)/中心(C)/动态(D)/范围(E)/上一个(P)/比例(S)/窗口(W)/对象(O)]<实时>:
```

3. 说明

【视图缩放】命令选项比较多，含义择要简介如下。

(1) 【实时】(realtime)缩放：该项是方便且常用的图形缩放手段，单击【标准】工具栏中的按钮可实时缩放。执行时屏幕上显示“放大镜”图标，按住拾取键(一般指鼠标左键)并向上拖动，可将当前窗口中的图形放大；向下拖动则图形缩小；按 Esc 键或按 Enter 键可结束实时缩放。

(2) 【窗口】(window)放大：单击【标准】工具栏中的按钮可放大窗口。执行时系统依次提示【指定第一个角点】、【指定对角点】，并根据用户输入的两点确定一矩形区域，并把矩形区域内的图形放大、调整至充满整个窗口。

(3) 【范围】(extents)缩放：把总幅图形以尽可能大的比例显示在当前窗口中。

(4) 【全部】缩放(all)：在当前窗口中缩放显示整个图形。在平面视图中，所有图形将被缩放到栅格界限和当前范围两者中较大的区域中。在三维视图中，“zoom”的【全部】选项与【范围】选项等效，即使图形超出了栅格界限也能显示所有对象。

(5) 返回【上一个】(previous)显示状态：缩放显示上一个视图，最多可恢复此前的 10 个视图。

(6) 【比例】(scale)缩放：以指定的比例因子缩放显示图形。直接输入数值，表示指定相对于图形界限的比例；输入的值后面跟着 X，表示根据当前视图指定比例缩放图形；输入值并后跟 XP，表示指定相对于图样空间单位的比例缩放图形。

### 2.6.2 【平移】命令

1. 功能

【平移】命令用于在不改变图形的显示大小的情况下通过移动图形来观察当前视图中的不同部分。

2. 操作

选择【视图】下拉菜单的【平移】命令、工具栏按钮或在命令行中输入“pan”命令均可执行【平移】命令。操作步骤如下。

```
命令:'_pan
按 Esc 或 Enter 键退出，或右击后显示快捷菜单。
```

屏幕上的鼠标指针将变成张开的手掌形状，此时可以通过拖动鼠标的方式移动整个图形，按 Esc 键或 Enter 键可以退出实时平移命令，或右击从快捷菜单中选择【退出】命令。除此之外，从快捷菜单中还可以选择其他与【缩放】和【平移】命令有关的命令。

### 2.6.3 视图与鸟瞰视图

1. 功能

【鸟瞰视图】是一个与绘图窗口相对独立的窗口，但彼此的操作结果将同时在两个窗口中显示出来。【鸟瞰视图】为用户提供了一个更为快捷的缩放和平移控制方式，无论屏幕上显示的范围如何，都可以使用户了解图形的整体情况，并可随时查看任意部位的细节。

2. 操作

选择【视图】下拉菜单的【鸟瞰视图】命令或在命令行中输入“dsviewer”均可执行【鸟瞰视图】命令，如图 2.22 所示。

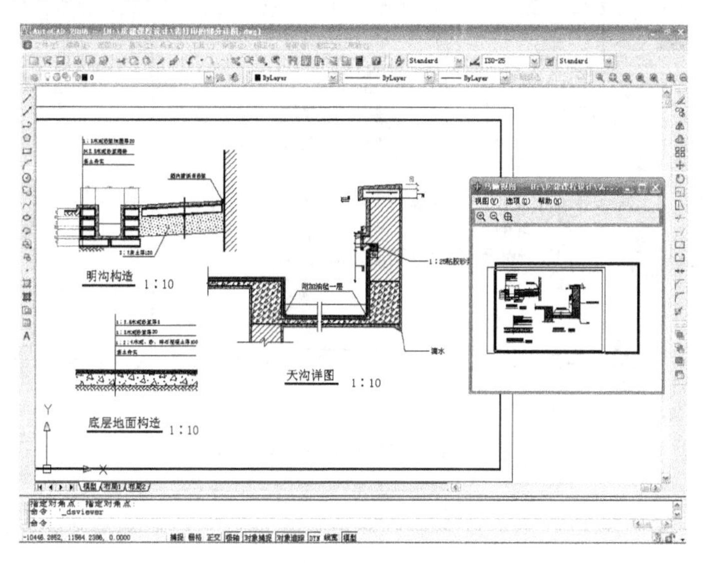


图 2.22 【鸟瞰视图】窗口

3. 说明

(1) 菜单栏

菜单栏中有【视图】、【选项】、【帮助】三个下拉菜单，它们的含义和功能如下：

【视图】菜单中有【放大】、【缩小】和【全局】三个命令。

【选项】菜单中有【自动视图】、【自动更新】和【实时缩放】三个命令。其中【自动视图】用于在确定视图区时是否自动更新【鸟瞰视图】窗口；【自动更新】用于控制在对当前视图进行编辑时是否动态更新【鸟瞰视图】窗口中的图形；【实时缩放】用来对图形进行缩放。

(2) 工具栏

【鸟瞰视图】窗口中的工具栏中有【放大】、【缩小】和【全局】三个按钮，分别用于图形的放大、缩小及显示整个图形等操作。

在【鸟瞰视图】窗口中右击，AutoCAD 系统会弹出一个快捷菜单，可以利用该菜单执行【鸟瞰视图】窗口的各项功能。

## 2.7 快捷菜单和快捷键的使用

掌握快捷菜单和快捷键的使用方法，对快速作图有很大的帮助。

### 2.7.1 快捷菜单

选择某图形并右击将弹出快捷菜单，所弹出的快捷菜单会根据选择图形的不同而不同，如图 2.23 所示。按住 Alt 键的同时，按住菜单栏上各菜单项对应的带下画线的字母也可弹出快捷菜单。

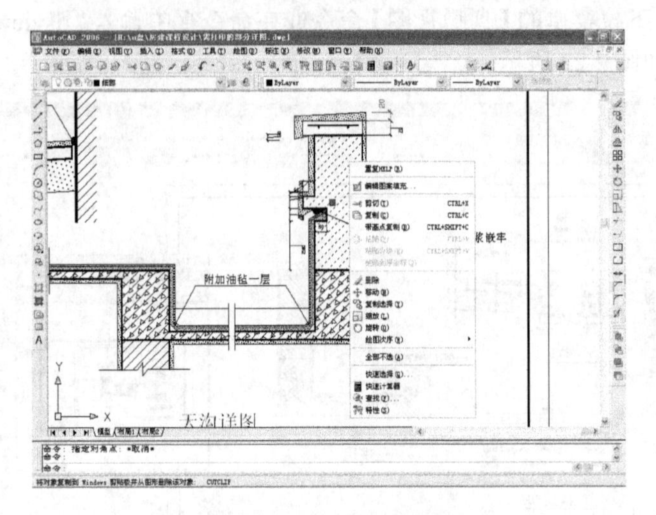


图 2.23　不同情况下的快捷菜单

### 2.7.2　快捷键

在 AutoCAD 2006 中常用的快捷键见表 2-1。

表 2-1　常用的快捷键

| 键　名 | 作　用 | 键　名 | 作　用 |
| --- | --- | --- | --- |
| Ctrl +N | 新建图形文件 | F1 | 帮助 |
| Ctrl +O | 打开图形文件 | F2 | 文本/图形窗口切换 |
| Ctrl +S | 保存图形文件 | F3 | 打开或关闭 OSNAP 设置对话框 |
| Ctrl +P | 打印图形文件 | F4 | 数值化仪开关 |
| Ctrl +Z | 回退一步 | F5 | 在轴测图模式中循环 |
| Ctrl +Y | 向前一步 | F6 | 在坐标显示模式中循环 |
| Ctrl +X | 删除至剪贴板 | F7 | 打开或关闭网格显示 |
| Ctrl +C | 复制至剪贴板 | F8 | 打开或关闭正交模式 |
| Ctrl +V | 从剪贴板粘贴 | F9 | 打开或关闭捕捉模式 |
| Delete | 删除 | F10 | 激活下拉菜单 |

## 2.8　思　考　题

1. AutoCAD 系统的用户界面包括哪几个部分？
2. 如何创建一个新的图形文件？怎样保存图形文件？
3. 命令有哪些输入方式？坐标有哪些输入方式？
4. 简述各快捷键的作用。

# 第 3 章　二维图形的绘制

**教学提示**：二维图形包括直线、圆弧、椭圆、样条曲线等各种基本图形，在此基础上可以组合构造出更复杂的图形对象。

**教学目标**：熟悉 AutoCAD 基本二维图形的绘制方法和操作步骤。重点掌握绘制各种图形时的常用绘图命令。

## 3.1　直线类对象的绘制

### 3.1.1　绘制直线

1. 功能

通过指定的端点绘制一条或多条直线段。

2. 操作

单击【绘图】工具栏【直线】按钮、选择【绘图】下拉菜单的【直线】子菜单或在命令行中输入命令“line”都可以绘制直线。如需绘制由一组直线组成的矩形(图 3.1)，长、宽分别为 200、100，具体步骤如下。

```
命令：_line
指定第一点：100，100(指定直线起点 1)
指定下一点或[放弃(U)]：100，200(指定直线端点 2 的绝对坐标)
指定下一点或[放弃(U)]：@200，0(指定直线另一个端点 3 的相对坐标)
指定下一点或 [闭合(C)/放弃(U)]：@0，-100(指定直线另一个端点 4 的相对坐标)
指定下一点或 [闭合(C)/放弃(U)]：c(选用闭合选项，完成矩形绘制)
```

3. 说明

(1) 可根据绘图需要输入一系列端点，画出由这些端点确定的连续折线。当在提示下按空格键或 Enter 键时结束命令。

(2) 指定第一点后的提示信息中都有【放弃(U)】选项，若输入字母“u”(undo)并按 Enter 键，可放弃最近一次输入的点，这是一种改错机制，在很多命令中都有该选项。

(3) 输入第三点后的提示信息中都有【闭合(C)】选项，因为至少要三点才能形成封闭的多边形；输入 c(close)并按 Enter 键，AutoCAD 系统会自动将画出的折线封闭并退出本次操作。

(4) 【直线】命令还有一种附加功能，可使直线与直线连接或直线与弧线相切连接。比如刚绘制完一段圆弧，接下来想画直线与圆弧相切，操作如下。

```
命令：_line
```

```
指定第一点：(空回车响应，这时直线以圆弧终点为起点)
直线长度：200(沿弧线切线方向画直线，长度为 200)
指定下一点或 [闭合(C)/放弃(U)]：(空回车响应，结束命令，如图 3.2 所示)
```

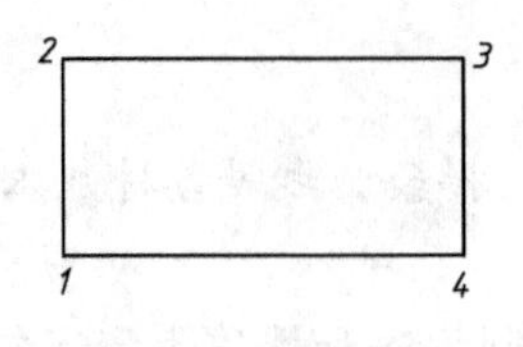


图 3.1　直线的绘制

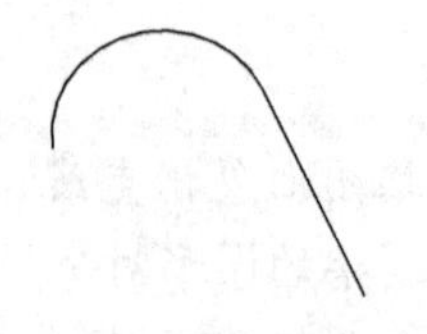

图 3.2　直线与圆弧相切

### 3.1.2　绘制射线

1. 功能

以指定点为起点，绘制一系列射线。

2. 操作

选择【绘图】下拉菜单的【射线(R)】子菜单或在命令行中输入命令“ray”都可以绘制射线。如需绘制两条射线，这两条射线皆以点(50，50)为起点，一条通过点(70，60)，另一条通过点(90，30)，具体步骤如下。

```
命令：_ray
指定起点：50，50(指定射线起点)
指定通过点：70，60(指定第一条射线通过点)
指定通过点：90，30(指定每二条射线通过点)
指定通过点：(空回车响应，结束射线绘制命令)
```

制图完毕后，图形如图 3.3 所示。

3. 说明

(1) 使用“ray”命令所绘制的射线在长度上是半无限的。
(2) 所得射线具有直线的所有属性(如颜色、线型等)。
(3) 射线同时也是一条“构造线”，可以显示或打印输出，但不会影响其延伸区域。

### 3.1.3　绘制构造线

1. 功能

在指定位置绘制一条向两端无限延伸的直线。构造线主要用作绘图时的辅助线。

2. 操作

单击【绘图】工具栏【构造线】 按钮、选择【绘图】下拉菜单的【构造线(T)】子菜单或在命令行输入命令“xline”都可以绘制构造线。绘制如图 3.4 所示图形，具体步骤如下。

```
命令：_xline
指定点或[水平(H)/垂直(V)/角度(A)/二等分(B)/偏移(O)]：400，700(指定起点)
指定通过点：1100，1600(指定另一点以确定构造线)
```

```
指定通过点：1700，1300(指定另一点以确定构造线)
指定通过点：(空回车响应，结束绘制命令)
```

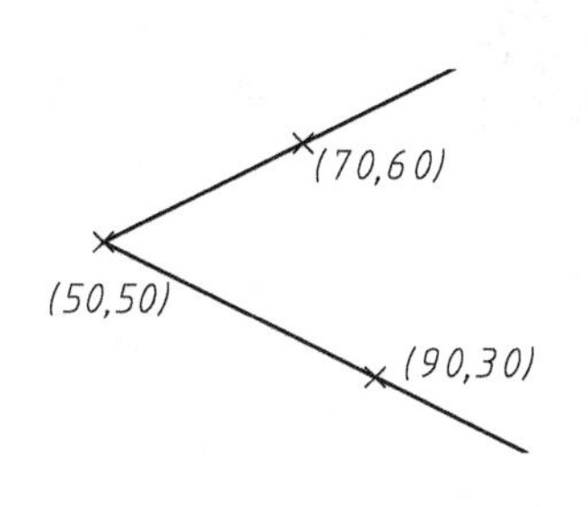


图 3.3　射线的绘制

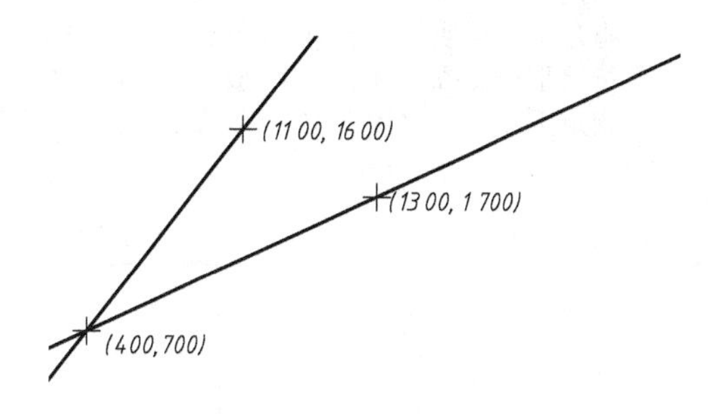


图 3.4　构造线的绘制

3. 说明

(1) 在指定通过点的提示中，用户所指定的不同通过点将和最开始指定的点分别确定一系列不同的构造线。

(2) 选择【水平(H)】选项，系统将绘制通过指定点并平行与 X 轴的构造线。

(3) 选择【垂直(V)】选项，系统将绘制通过指定点并平行与 Y 轴的构造线。

(4) 选择【角度(A)】选项，系统将绘制指定角度的构造线，提示步骤如下。

```
命令：_xline
指定点或[水平(H)/垂直(V)/角度(A)/二等分(B)/偏移(O)]：a(选择角度选项)
输入构造线的角度(O)或[参照(R)]：60(指定构造线相对于 X 轴的倾角)
指定通过点：400，700(指定通过点后，系统将按指定角度作出过通过点的构造线)
```

(5) 选择【角度(A)】选项后，如选用【参照(R)】选项，系统将绘制与指定直线成一定角度的构造线。

(6) 选择【二等分(B)】选项，系统将绘制一条通过角的顶点，并平分起、端点与顶点所成夹角的构造线。

(7) 选择【偏移(O)】选项，系统将绘制与指定直线平行并偏移指定距离的构造线。

(8) 选择【偏移(O)】选项后，如选用【通过(T)】选项，系统将绘制与指定直线平行并通过指定点的构造线。

### 3.1.4　绘制多线

1. 功能

绘制一组由直线组成的平行线，此命令适用于绘制由多段等距离的平行线(如建筑制图中的墙体绘制)组成的图形。

2. 操作

选择【绘图】下拉菜单的【多线(M)】子菜单或在命令行中输入命令“mline”都可绘制多线。例如绘制一条如图 3.5 所示的多线，具体步骤如下。

```
命令：_mline
当前设置：对正=上，比例=20.00，样式=STANDARD
```

```
指定起点或[对正(J)/比例(S)/样式(ST)]：100，100(指定多线起点)
指定下一点或[放弃(U)]：100，200(指定多线端点)
指定下一点或 [闭合(C)/放弃(U)]：300，200(指定多线另一个端点)
指定下一点或 [闭合(C)/放弃(U)]：300，100(指定多线另一个端点)
指定下一点或 [闭合(C)/放弃(U)]：c(选用闭合选项，完成多线绘制)
```

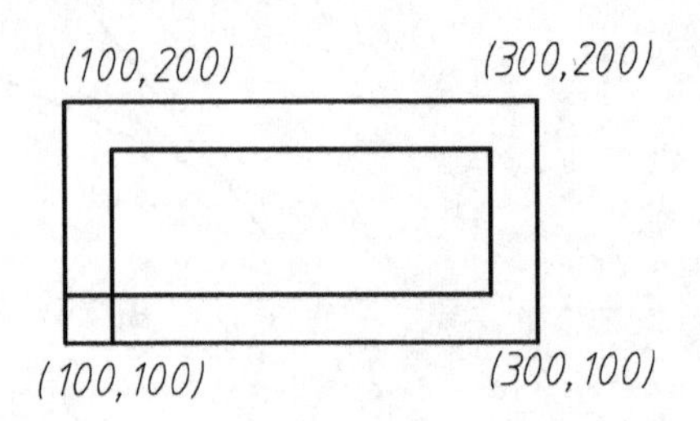


**图 3.5　绘制多线**

3. 说明

(1) 使用“mline”命令时，AutoCAD 系统首先会提示当前所绘多线的对正方式、比例(平行线间距)大小及样式。在【指定起点或[对正(J)/比例(S)/样式(ST)]：】提示中，用户可按照具体要求对以上属性进行修改，如想修改对正方式，可选择【对正(J)】选项，输入字母“j”并按 Enter 键，系统提示步骤如下。

```
输入对正类型[上(T)/无(Z)/下(B)]<上>：b　(指定多线对正方式为下)
```

(2) 对正方式中，选择【上(T)】选项绘制多线时，指定点确定的线位于所作多线最上方；选择【下(B)】选项绘制多线时，指定点确定的线位于所作多线最下方；选择【无(Z)】选项绘制多线时，指定点确定的线位于所作多线中央。

(3) 【比例(S)】选项，将决定多线间距，输入字母“j”并按 Enter 键，系统提示步骤如下。

```
指定起点或[对正(J)/比例(S)/样式(ST)]：s(修改多线比例)
输入多线比例<20.00>：30
指定起点或[对正(J)/比例(S)/样式(ST)]：10，10(指定多线起点)
```

(4) 【样式(ST)】选项，将决定多线样式，输入字母“st”并按 Enter 键，系统提示步骤如下。

```
指定起点或[对正(J)/比例(S)/样式(ST)]：st(修改多线样式)
输入多线样式名或[？]：s1　(选择多线样式)
```

在上述提示中，如用户选择相应选项，系统将会显示多线样式有关信息。

(5) 【指定起点】提示项要求用户指定多线起点，其响应方式与绘制直线方法类似，这里不再重复。

(6) 用户可以自行创建、管理多线样式，选择【格式】下拉菜单的【多线样式】子菜单或在命令行输入命令“mlstyle”，系统将弹出【多线样式】对话框(图 3.6)，利用此对话框可自行创建新多线样式或修改加载已有的多线样式。

(7) 要注意组成多线的直线条数不能超过 16 条。

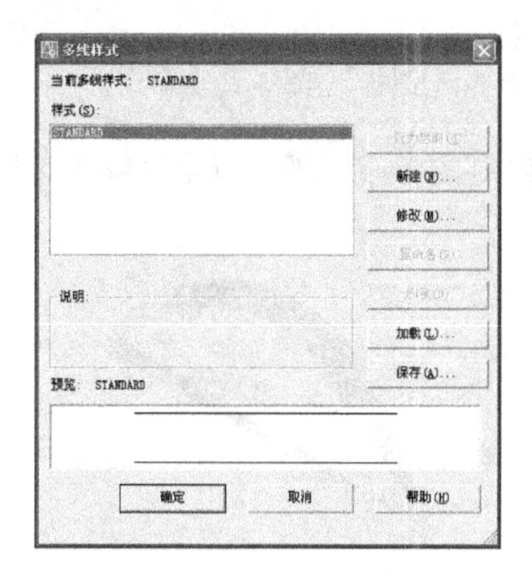


图 3.6 【多线样式】对话框

### 3.1.5 绘制多段线

1. 功能

绘制由多段首尾相接的直线和圆弧组成的单个图形对象，适用于绘制形状复杂的实体或是波浪线及断开线。

2. 操作

单击【绘图】工具栏【多线段】按钮、选择【绘图】下拉菜单的【多段线(P)】子菜单或在命令行中输入命令“pline”都可绘制多段线，提示步骤如下。

```
命令：_pline
指定起点：0，0(指定多段线起点)
当前线宽为 0.0000
指定下一点或[圆弧(A)/半宽(H)/长度(L)/放弃(U)/宽度(W)]：20，100(指定多段线另一个端点)
⋮
指定下一点或[圆弧(A)/闭合(C)/半宽(H)/长度(L)/放弃(U)/宽度(W)]：(空回车响应，结束多段线绘制命令)
```

3. 说明

(1) 上述提示步骤中【半宽(H)】选项可以确定所绘多段线的起始点半宽和终止点半宽。

(2) 选择【长度(L)】选项将沿当前方向绘制长度为指定值的多段线。

(3) 选择【宽度(W)】选项可确定所绘多段线的起始宽度和终止宽度。

(4) 如用户选择了【圆弧(A)】选项，输入字母“a”并按 Enter 键，系统将进入圆弧绘制状态。

```
指定下一点或[圆弧(A)/闭合(C)/半宽(H)/长度(L)/放弃(U)/宽度(W)]：a(选择圆弧选项)
指定圆弧的端点或[角度(A)/圆心(CE)/方向(D)/半宽(H)/直线(L)/半径(R)/第二个点(S)/放弃(U)/宽度(W)]：50，70(指定圆弧端点)
```

```
指定圆弧的端点或[角度(A)/圆心(CE)/闭合(C)/方向(D)/半宽(H)/直线(L)/半径(R)/第二个点(S)/放弃(U)/宽度(W)]：80，140(指定圆弧另一端点)
⋮
指定圆弧的端点或[角度(A)/圆心(CE)/闭合(C)/方向(D)/半宽(H)/直线(L)/半径(R)/第二个点(S)/放弃(U)/宽度(W)]：(空回车响应，结束命令)
```

(5) 注意用 pline 命令所绘制的多段线既可以是直线也可以是圆弧，既可以等宽也可以不等宽，如图 3.7 所示。

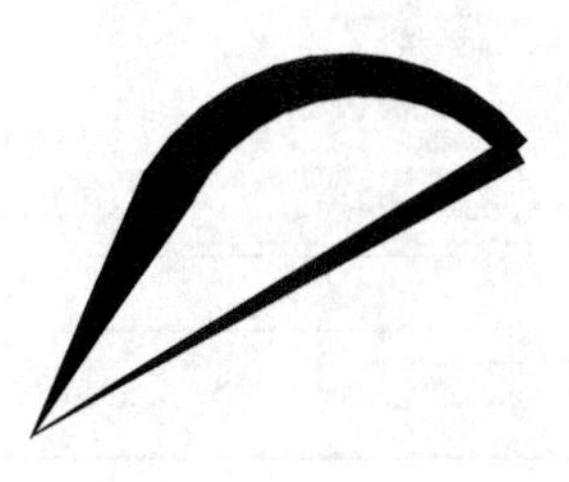

图 3.7　多段线实例

绘制过程如下。

```
命令：_pline
指定起点：100,100(指定多段线起点)
当前线宽为 0.0000
指定下一点或 [圆弧(A)/闭合(C)/半宽(H)/长度(L)/放弃(U)/宽度(W)]:h(修改多段线半宽值)
指定起点半宽 <0.0000>:0(指定多段线起点半宽值)
指定端点半宽 <0.0000>:80(指定多段线端点半宽值)
指定下一点或 [圆弧(A)/闭合(C)/半宽(H)/长度(L)/放弃(U)/宽度(W)]:500,800(指定多段线一个端点)
指定下一点或 [圆弧(A)/闭合(C)/半宽(H)/长度(L)/放弃(U)/宽度(W)]:a(选择圆弧选项)
指定圆弧的端点或[角度(A)/圆心(CE)/闭合(CL)/方向(D)/半宽(H)/直线(L)/半径(R)/第二点(S)/放弃(U)/宽度(W)]: w(修改多段线宽度值)
指定起点宽度 <0.0000>: 160(指定圆弧段多段线起点宽度值)
指定端点宽度 <160.0000>: 80(指定圆弧段多段线端点宽度值)
指定圆弧的端点或[角度(A)/圆心(CE)/闭合(CL)/方向(D)/半宽(H)/直线(L)/半径(R)/第二点(S)/放弃(U)/宽度(W)]: 1500,900(指定圆弧端点)
指定圆弧的端点或[角度(A)/圆心(CE)/闭合(CL)/方向(D)/半宽(H)/直线(L)/半径(R)/第二点(S)/放弃(U)/宽度(W)]:l(返回直线方式)
指定下一点或[圆弧(A)/闭合(C)/半宽(H)/长度(L)/放弃(U)/宽度(W)]:w(修改多段线宽度值)
指定起点宽度 <80.0000>:80(指定直线段多段线起点宽度值)
指定端点宽度 <80.0000>:0(指定直线段多段线端点宽度值)
指定下一点或 [圆弧(A)/闭合(C)/半宽(H)/长度(L)/放弃(U)/宽度(W)]:c(以闭合方式完成多段线绘制)
```

## 3.2　圆弧类对象的绘制

### 3.2.1　绘制圆

1. 功能

在指定位置绘制圆。AutoCAD 系统提供了以下六种画圆方式。

(1) 圆心、半径(R)：指定圆心位置和半径长度作圆，这种方法最为常见。

(2) 圆心、直径(D)：指定圆心位置和直径长度作圆。

(3) 两点(2P)：将指定的两点作为直径的两端点作圆。

(4) 三点(3P)：指定平面上不共线的任意三个点作圆。

(5) 相切、相切、半径(T)：根据已知半径绘制与另两个圆(或一条直线和一个圆或两条直线)相切的圆。

(6) 相切、相切、相切(A)：作与三个图形(圆、圆弧或直线)公切的圆。

2. 操作

单击【绘图】工具栏【圆】按钮、选择【绘图】下拉菜单的【圆】子菜单或在命令行中输入命令“circle”，然后通过命令提示行的选项确定所需画圆方式。具体步骤如下。

```
命令：_circle
指定圆的圆心或[三点(3P)/两点(2P)/相切、相切、半径(T)]：200，200(指定圆心)
指定圆的半径或[直径(D)]：300(指定圆半径)
```

3. 说明

(1) 选择【三点(3P)】选项，输入“3p”并按 Enter 键，系统将要求用户指定不共线三点以确定圆，提示步骤如下。

```
指定圆上的第一个点：300，500(指定第一点)
指定圆上的第二个点：400，600(指定第二点)
指定圆上的第三个点：700，100(指定第三点)
```

(2) 选择【两点(2P)】选项，输入“2p”并按 Enter 键，系统将要求用户指定两点作为直径的两端点作圆，提示步骤如下。

```
指定圆直径的第一个端点：300，500(指定直径第一个端点)
指定圆直径的第二个端点：400，600(指定直径第二个端点)
```

(3) 选择【相切、相切、半径(T)】选项，输入字母“t”并按 Enter 键，系统将要求用户指定圆的半径长度及与圆相切的两个对象来确定圆，如需作一半径为 600 的圆与另一圆及一直线相切(图 3.8)，提示步骤如下。

```
指定对象与圆的第一个切点：(指定第一个与圆相切的对象，对象可以是圆、圆弧或直线)
指定对象与圆的第二个切点：(指定第二个与圆相切的对象)
指定圆的半径<300.0000>:600(指定圆半径大小)
```

(4) 选择【绘图】下拉菜单的【圆】子菜单中的【相切、相切、相切(A)】选项，系统将会作出与用户所指定的三个图形对象(圆、圆弧或直线)公切的圆，如需作一圆与另一圆、一条直线及一段圆弧相切(图 3.9)，提示步骤如下。

```
命令：_circle 指定圆的圆心或[三点(3P)/两点(2P)/相切、相切、半径(T)]：_3p
指定圆上的第一个点：_tan 到(指定第一个与圆相切的对象)
```

```
指定圆上的第二个点：_tan 到(指定第二个与圆相切的对象)
指定圆上的第三个点：_tan 到(指定第三个与圆相切的对象)
```

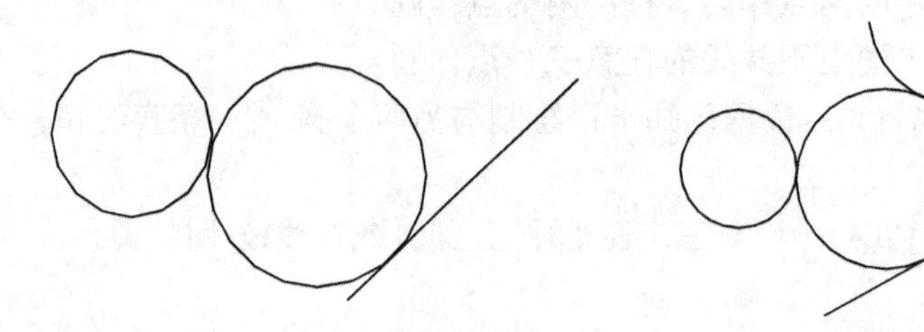

图 3.8　指定相切对象与半径作圆　　　图 3.9　作与三相切对象公切圆

(5) 用户在指定相切对象时，光标将会呈一个小圆圈状，拾取光标不仅能确定相切对象，还能指定公切圆与相切对象之间相对位置关系(图 3.10)。

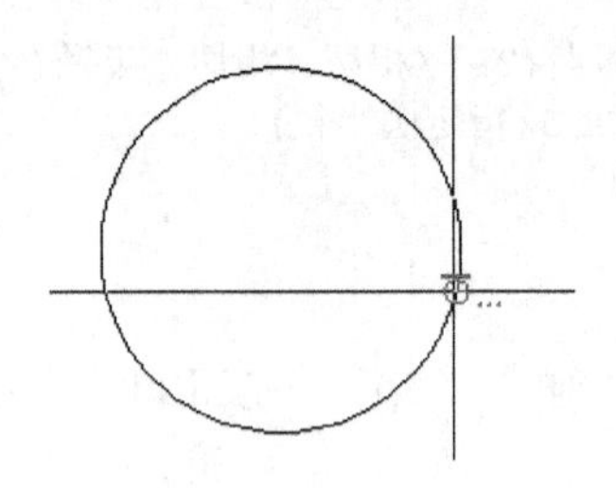

图 3.10　指定相切对象时光标形状

(6) 用户在指定圆心后，如果选择【直径(D)】选项，输入字母“d”并按 Enter 键，系统将要求用户指定直径长度来作圆，提示步骤如下。

```
指定圆的半径或[直径(D)]：d(以指定直径方法作圆)
指定圆的直径<365.4560>：600(指定圆的直径大小)
```

### 3.2.2　绘制圆弧

1. 功能

圆弧的绘制，除了要指定圆心和半径外，还要确定圆弧的长度、弦长、圆弧所对的圆心角，或是指定圆弧的起、终点。因此，圆弧的绘制有更多的选择项。AutoCAD 中提供了 11 种画圆方式。

(1) 三点(P)：这是圆弧默认画法，以用户指定的不共线三点来作一段圆弧(第一点为圆弧起点，第二点为圆弧上一点，第三点为圆弧终点)。

(2) 起点、圆心、端点(S)：要求用户指定圆弧的起点、圆心和终点来作圆弧，要注意给出的终点不一定是圆弧终点，而只用于提供圆弧结束的角度。

(3) 起点、圆心、角度(T)：要求用户指定圆弧的起点、圆心和圆心角来作圆弧，注意所给圆心角如为正值，系统将按逆时针方向作圆弧；所给圆心角如为负值，系统将按顺时针方向作圆弧。

(4) 起点、圆心、长度(A)：要求用户指定圆弧的起点、圆心和圆弧对应的弦长来作圆弧。

系统总是按逆时针方向作圆弧，所给弦长为正值，圆弧所对圆心角小于180°；所给弦长为负值，圆弧所对圆心角大于180°。

(5) 起点、端点、角度(N)：要求用户指定圆弧的起点、端点和圆心角来作圆弧。

(6) 起点、端点、方向(D)：要求用户指定圆弧的起点、端点和起点的切线方向来作圆弧。

(7) 起点、端点、半径(R)：要求用户指定圆弧的起点、端点和圆弧半径来作圆弧，注意系统将按逆时针方向作圆弧，所给半径如为正值，圆弧所对圆心角小于180°；所给半径如为负值，圆弧所对圆心角大于180°。

(8) 圆心、起点、端点(C)：与【起点、圆心、端点】法类似，只是首先指定圆弧圆心，再给出起点和端点。

(9) 圆心、起点、角度(E)：与【起点、圆心、角度】法类似，只是首先指定圆弧圆心，再给出起点和圆弧所对应的圆心角。

(10) 圆心、起点、长度(L)：与【起点、圆心、长度】法类似，只是首先指定圆弧圆心，再给出起点和圆弧所对应的弦长。

(11) 继续(O)：在“arc”命令激活后，以空回车响应提示，系统将按最近一次画出的直线或圆弧终点为新圆弧起点，并以其终点的切线方向作为新圆弧的起始方向，给出圆弧终点后即可作出圆弧。

2. 操作

单击【绘图】工具栏【圆弧】按钮、选择【绘图】下拉菜单的【圆弧】子菜单或在命令行中输入命令“arc”都可以绘制圆弧，具体步骤如下。

```
命令：_arc
指定圆弧的起点或[圆心(C)]：100，150(指定圆弧的起点)
指定圆弧的第二个点或[圆心(C)/端点(E)]：200，200(指定圆弧第二点)
指定圆弧的端点：400，300(指定圆弧端点)
```

3. 说明

(1) 在输入圆弧命令后，选择【圆心(C)】选项，输入字母“c”并按Enter键，系统将先确定圆弧圆心，后续提示步骤如下。

```
命令：_arc指定圆弧的起点或[圆心(C)]：c(以指定圆心的方式作圆弧)
指定圆弧的圆心：700，200(指定圆弧的圆心)
指定圆弧的起点：450，180(指定圆弧的起点)
指定圆弧的端点或[角度(A)/弦长(L)]：1000，300(指定圆弧的端点)
```

(2) 在上述提示中，如选择【角度(A)】选项，系统将作出一条以指定圆弧起点为起点圆心角为指定角的圆弧，后续提示步骤如下。

```
指定圆弧的端点或[角度(A)/弦长(L)]：a(以指定圆弧所对圆心角的方式作圆弧)
指定包含角：20　(指定圆弧所对圆心角大小)
```

(3) 另外还有【弦长(L)】命令、【端点(E)】命令，操作方法和上述操作类似，读者可自行体会。

(4) 因绘制圆弧命令的选项烦琐，并且相当一部分选项参数难以确定，故而在实际应用中，用户可先行绘制一个整圆和两条通过圆弧圆心及圆弧起、止点的辅助直线，然后再利用【修剪(Trim)】命令生成圆弧(修剪命令参见第 4 章)。

### 3.2.3 绘制圆环

1. 功能

绘制一个或多个填充的圆环或实心圆。

2. 操作

选择【绘图】下拉菜单的【圆环(D)】子菜单或在命令行中输入命令“donut”都可以绘制圆环，如需绘制一系列内径为 250，外径为 450 的圆环，具体步骤如下。

```
命令：_donut
指定圆环的内径<0.5000>：250(指定圆环的内径值)
指定圆环的外径<1.0000>：450(指定圆环的外径值)
指定圆环的中心点<退出>：(指定圆环的中心点 1)
指定圆环的中心点<退出>：(指定圆环的中心点 2)
⋮
指定圆环的中心点<退出>：(空回车响应，结束圆环绘制命令)
```

3. 说明

(1) 在指定圆环内、外径后，用户可以指定不同的一系列圆环中心点，从而绘制出多个内、外径相同的圆环。

(2) 圆环的填充模式由【填充(fill)】命令控制。当 fill 命令取值为 on 时，生成的是实心圆环，为 off 时，生成的是空心圆环(图 3.11)。

(3) 当圆环内径值取零时，将生成一个圆。

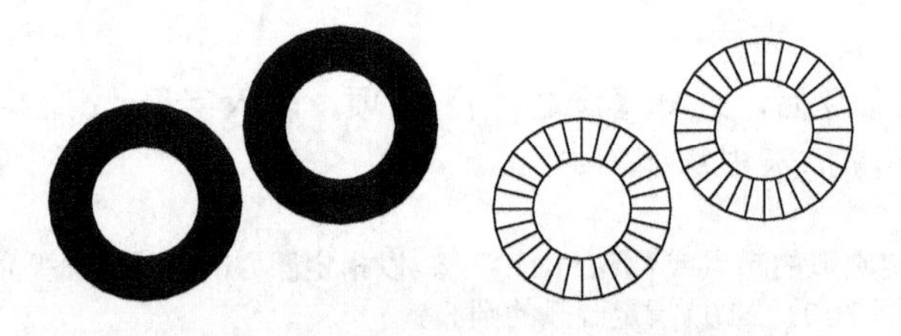

图 3.11　实心圆环(fill on)与空心圆环(fill off)

### 3.2.4 绘制椭圆

1. 功能

在指定位置绘制一个椭圆。AutoCAD 系统提供的绘制椭圆方法主要有两种：一是指定一根轴的两个端点和另一根轴的半轴长度；二是指定椭圆中心、一根轴的一个端点与另一根轴的半轴长度来绘制椭圆。

2. 操作

单击【绘图】工具栏【椭圆】按钮、选择【绘图】下拉菜单的【椭圆(E)】子菜单或在命令行中输入命令“ellipse”都可以绘制椭圆，具体步骤如下。

```
命令：_ellipse
指定椭圆的轴端点或[圆弧(A)/中心点(C)]：0，0(指定椭圆的一个轴端点)
指定轴的另一个端点：0，100(指定椭圆的另一个轴端点)
指定另一条半轴的长度或[旋转(R)]：200(指定另一个半轴长度)
```

3. 说明

(1) 上述方法是采用指定一根轴的两个端点和另一根轴的半轴长度来绘制椭圆。如选用指定椭圆中心、一根轴的一个端点与另一根轴的半轴长度来绘制椭圆，提示步骤如下。

```
命令：_ellipse
指定椭圆的轴端点或[圆弧(A)/中心点(C)]：C(选用中心点法绘制椭圆)
指定椭圆的中心点：100，100(指定椭圆中心点)
指定轴的端点：100，200(指定椭圆的一个轴端点)
指定另一条半轴的长度或[旋转(R)]：200(指定另一个半轴长度)
```

(2) 【旋转(R)】选项指以第一条轴作为圆的直径，并以此为旋转轴，将圆绕其转动一定角度投影到屏幕上形成椭圆。旋转角有效取值范围为 0° ～ 89.4° 。

### 3.2.5　绘制椭圆弧

1. 功能

在指定位置绘制一段椭圆弧。AutoCAD 系统中椭圆弧的绘制方法是先绘出一个完整的椭圆，再通过指定起始角和终止角或指定起始角及椭圆弧包含角来确定椭圆弧的长度。

2. 操作

单击【绘图】工具栏【椭圆弧】按钮、【绘图】下拉菜单的【椭圆(E)】子菜单下的【圆弧(A)】选项或在命令行中输入命令“ellipse”都可以绘制椭圆弧。绘制如图 3.12 所示的椭圆弧，具体步骤如下。

```
命令：_ellipse
指定椭圆的轴端点或[圆弧(A)/中心点(C)]：A(选择绘制椭圆弧)
指定椭圆弧的轴端点或[中心点(C)]：150，200(指定椭圆的一个轴端点)
指定轴的另一个端点：200 ，300(指定另一个轴端点)
指定另一条半轴长度或[旋转(R)]：150(指定另一半轴长度)
指定起始角度或[参数(P)]：30(指定起始角度)
指定终止角度或[参数(P)/包含角度(I)]：210(指定终止角度)
```

图 3.12　椭圆弧的绘制

3. 说明

(1) 【参数(P)】选项与默认的确定椭圆弧起始角与终止角的操作相似，只是 AutoCAD 系统内部是用另一种矢量关系计算椭圆弧，提示步骤如下。

```
指定起始参数或[角度(A)]：15(指定起始参数)
指定终止参数或[角度(A)/包含角度(I)]：90(指定终止参数)
```

(2) 【包含角度(I)】选项可通过输入椭圆弧从起始角开始的包含角来确定椭圆弧的长度，提示步骤如下。

```
指定起始角度或[参数(P)]：30(指定起始角度)
指定终止角度或[参数(P)/包含角度(I)]：I(选择包含角度方式确定椭圆弧的长度)
指定弧的包含角度<180>：270(指定椭圆弧的包含角度)
```

(3) 在实际操作过程中，因为椭圆弧的起始角、终止角以及包含角度通常不易确定，故而在绘图过程中，可以先画出椭圆及与之相交的直线或曲线段，再通过对椭圆的修剪而生成椭圆弧(【修剪】命令参见第 4 章)。

## 3.3 点的绘制及样式设置

### 3.3.1 绘制点

1. 功能

在指定位置绘制一系列点。

2. 操作

单击【绘图】工具栏【点】按钮或【绘图】下拉菜单的【点(O)】子菜单下的【多点】选项都可绘制多点，具体步骤如下。

```
命令：_point
当前点模式：PDMODE=0  PDSIZE=0.0000
指定点：20，70(指定点)
指定点：40，60(指定点)
⋮
指定点：30，90(指定点)
```

3. 说明

(1) 单击【绘图】下拉菜单的【点(O)】子菜单下的【单点】选项或在命令行中输入命令“point”将绘制一个点，并退出画点命令。

(2) 点的尺寸与形状分别由 PDSIZE 和 PDMODE 两参数的取值来决定，Pdsize 和 Pdmode 的取值一旦改变，系统将会按照最后一次改变的取值来决定后面所生成的点的尺寸和形状。

(3) 在命令行中输入“ddptype”命令或单击【格式】下拉菜单中【点样式】选项将弹

出【点样式】对话框(图 3.13)，用户可在该对话框中选择需要的点的形状与大小。

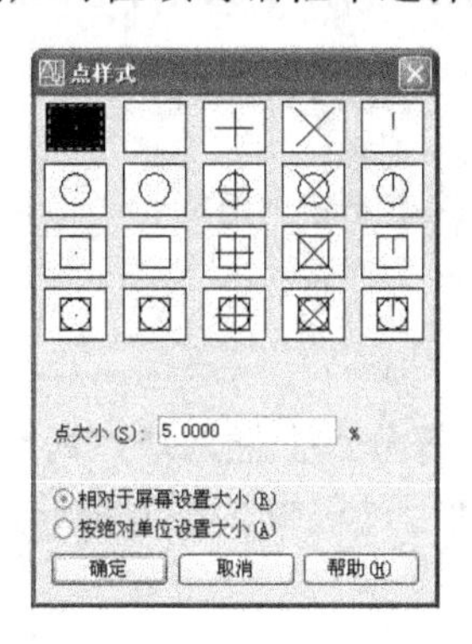


图 3.13 【点样式】对话框

### 3.3.2 绘制定数等分点

1. 功能

沿选定对象等间距放置点对象。

2. 操作

单击【绘图】下拉菜单的【点(O)】子菜单下的【定数等分】选项或在命令行中输入命令“divide”都可绘制定数等分点，具体步骤如下。

```
命令：_divide
选择要定数等分的对象：(指定某一对象)
输入线段数目或[块(B)]：5(指定等分数)
```

3. 说明

(1) 【块(B)】选项表示在定数等分点上要插入块，其提示步骤如下。

```
输入线段数目或[块(B)]：B
输入要插入的块名：1(指定要插入的块)
是否对齐块和对象？[是(Y)/否(N)]：Y
输入线段数目：3
```

(2) 封闭多线段的第一个分段点是其初始顶点，圆的第一个分段点在从圆心出发的 0°方向上。

### 3.3.3 绘制定距等分点

1. 功能

精确地将某一对象分割为相等的部分，并在分割点上放置点或块。

2. 操作

单击【绘图】下拉菜单的【点(O)】子菜单下的【定距等分】选项或在命令行中输入命

令“measure”都可绘制定距等分点，具体步骤如下。

```
命令：_measure
选择要定距等分的对象：(指定某一对象)
输入线段数目或[块(B)]：100(指定分割间距)
```

3. 说明

(1) 【块(B)】选项表示在定距等分点上插入块，其操作步骤与【定数等分】命令类似。

(2) 注意“measure”命令在使用过程中，不能将一点或指定的块放置在被测量对象的起点上。

## 3.4　多边形的绘制

### 3.4.1　绘制矩形

1. 功能

通过指定矩形的两个对角点来绘制矩形。

2. 操作

单击【绘图】工具栏【矩形】□按钮、选择【绘图】下拉菜单的【矩形(G)】子菜单或在命令行中输入命令“rectang”都可绘制矩形，绘制图 3.14 的具体步骤如下。

```
命令：_rectang
指定第一个角点或[倒角(C)/标高(E)/圆角(F)/厚度(T)/宽度(W)]：C(绘制一个带倒角的矩形)
指定矩形的第一个倒角距离<0.0000> 15(指定倒角值)
指定矩形的第二个倒角距离<15.0000> 10(指定倒角值)
指定第一个角点或[倒角(C)/标高(E)/圆角(F)/厚度(T)/宽度(W)]：W(指定矩形线宽)
指定矩形的线宽<0.0000> 0.3
指定第一个角点或[倒角(C)/标高(E)/圆角(F)/厚度(T)/宽度(W)]：10,10(指定矩形第一个角点)
指定另一个角点或[面积(A)/尺寸(D)/旋转(R)]：370.230(指定矩形第二个角点)
```

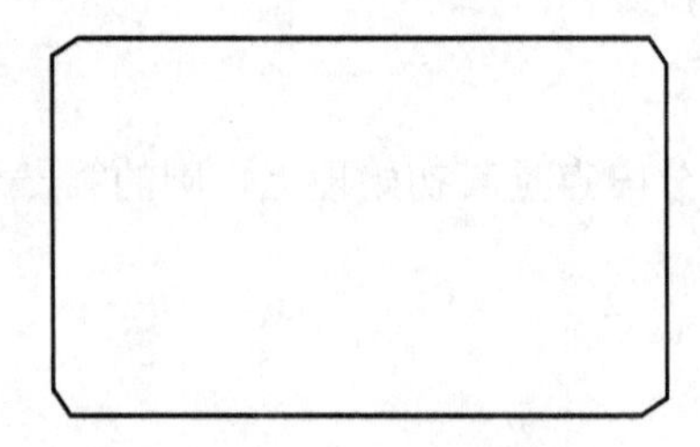

图 3.14　带倒角的矩形

3. 说明

(1) 标高指矩形相对于 *XOY* 平面的高度值，如此选项不为零，则可绘制一平行于 *XOY* 平面的矩形。

(2) 指定矩形的厚度可以生成一空心的四棱柱体。【厚度(T)】与【标高(E)】项适用于三维绘图。

(3) 利用“rectang”命令所作的矩形实际上是一条封闭的多段线，可以用多段线编辑(pedit)命令对其进行编辑，如需对某一线段进行单独编辑操作，可先用【分解】(explode)命令将其分开。

(4) 利用“rectang”命令绘制矩形带圆角、倒角、线宽、厚度、旋转的矩形，都要先给出参数，再给出两个对角点，即“先设置再绘制”。并且，上述设置值会成为下一次“rectang”命令执行时的默认值。

### 3.4.2 绘制正多边形

1. 功能

使用多边形命令可以绘制 3~1024 条边的正多边形。

2. 操作

单击【绘图】工具栏【多边形】按钮、选择【绘图】下拉菜单的【正多边形(Y)】子菜单或在命令行中输入命令“polygon”都可绘制正多边形，具体步骤如下。

```
命令：_polygon 输入边的数目<4>：8(指定多边形的边数)
指定多边形的中心点或[边(E)]：(指定中心点，以确定圆的方式作图)
输入选项[内接于圆(I)/外切于圆(C)]：<I>(指定内接于圆的方式)
指定圆的半径：50(指定内接圆的半径值)
```

3. 说明

(1) 如果以指定边的方式来作正多边形，步骤如下。

```
指定边的第一个端点：(指定一点 P1)
指定边的第二个端点：(指定一点 P2)
```

(2) 拾取点决定了多边形的第一个顶点后，多边形按逆时针方向绘制。

(3) 以确定圆的方式作图时，若以字母“I”响应提示，则多边形的大小和位置由其外接圆确定(图 3.15)；若以字母“C”响应提示，则多边形的大小和位置由其内切圆确定(图 3.16)。

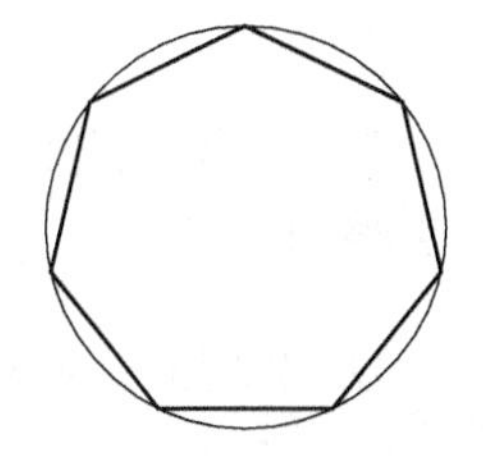

图 3.15　内接于圆的多边形

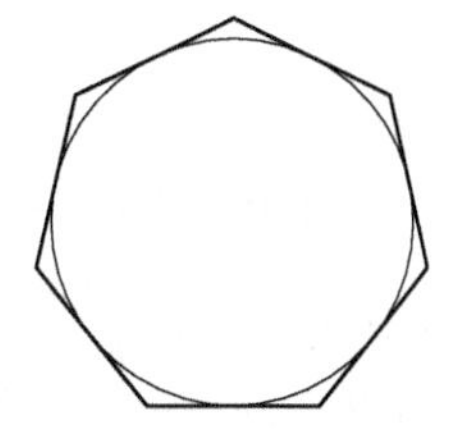

图 3.16　外切于圆的多边形

(4) 利用“polygon”命令所作的正多边形实际上是一条封闭的多段线，可以用多段线编辑(pedit)命令对其进行编辑。

# 3.5 样条曲线的绘制及徒手绘图

## 3.5.1 绘制样条曲线

1. 功能

在工程实际应用中，某些曲线无法用标准的数学方程来表述，而只能通过拟合一系列已经测量得到的数据点来绘制，这些曲线即样条曲线。AutoCAD 系统中，提供【样条曲线】命令绘制光滑曲线来拟合一系列数据点。

2. 操作

单击【绘图】工具栏【样条曲线】 按钮、选择【绘图】下拉菜单的【样条曲线(S)】子菜单或在命令行中输入命令“spline”都可绘制样条曲线。绘制图 3.17 所示的图形具体步骤如下。

```
命令：_spline
指定第一个点或[对象(O)]：0，0(指定样条曲线起点)
指定下一点：100，0(指定第二点，即样条曲线的拟合数据点)
指定下一点或[闭合(C)/拟合公差(F)]<起点切向>：170，30(继续指定样条曲线的拟合数据点)
指定下一点或[闭合(C)/拟合公差(F)]<起点切向>：190，90(继续指定样条曲线的拟合数据点)
⋮
指定下一点或[闭合(C)/拟合公差(F)]<起点切向>：470，230(继续指定样条曲线的拟合数据点)
指定下一点或[闭合(C)/拟合公差(F)]<起点切向>：(空回车响应，结束拟合数据点的指定)
指定起点切向：60，40(指定一点，并以此点与起点的连线作为样条曲线起点处的切线方向)
指定端点切向：300，490(指定一点，并以此点与终点的连线作为样条曲线终点处的切线方向)
```

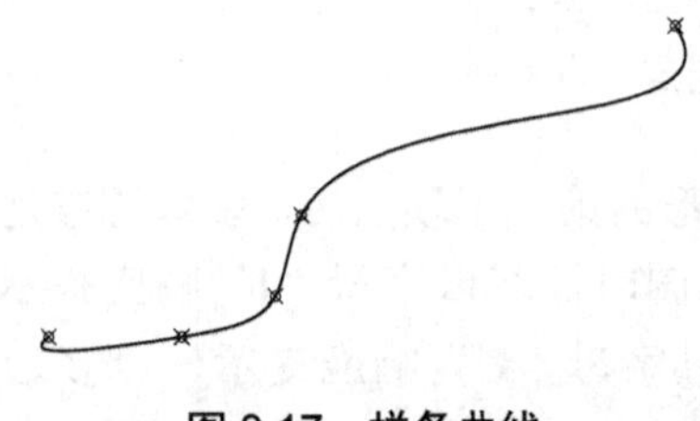

图 3.17 样条曲线

3. 说明

(1) 选择【闭合(C)】选项将生成一条封闭的样条曲线。该曲线起点与终点相同，并有共同的切线方向，因此只需要给出一个切线方向，其提示步骤如下。

```
指定下一点或[闭合(C)/拟合公差(F)]<起点切向>：C(以封闭方式完成样条曲线的绘制)
指定切向：190，240(指定一点，并以此点与起、终点的连线作为起、终点处的切线方向)
```

(2) 【对象(O)】选项可将一条样条拟合的二维或三维多段线转化为一条样条曲线。

(3) 【拟合公差(F)】选项可定义靠近拟合数据点的程度，如选用系统默认值 0 表示样条曲线将通过所给出的拟合数据点。而用户自行指定拟合公差后，样条曲线则不一定会通过所有的拟合数据点(但一定通过起点与终点)，这种方法非常适合用于拟合点量比较大的情况。

### 3.5.2　徒手绘图

1. 功能

在实际图形设计中，绘制一些不规则的曲线图形，如绘制地图、进行美术设计等。

2. 操作

在命令行输入命令“sketch”可以徒手画线(图 3.18)，具体步骤如下。

```
命令：_sketch
记录增量<1.0000>：2(指定记录增量)
徒手画.画笔(P)/退出(X)/结束(Q)/记录(R)/删除(E)/连接(C)。<笔落>(移动光标到起点位置，单击开始画线)<笔提>(移动鼠标画线，再次单击结束画线)
已记录 102 条直线。<笔落><笔提>
⋮
已记录 73 条直线。<笔落><笔提>
```

图 3.18　徒手画线

3. 说明

(1) 要注意“sketch”命令不接受坐标输入，只可用鼠标移动画线。

(2) 选择【画笔(P)】选项，可控制画笔的提落，相当于单击。

(3) 选择【退出(X)】选项，可将徒手绘制的线条作为永久线记录到数据库中，并报告徒手画线数目。

(4) 选择【结束(Q)】选项，将放弃所有临时徒手绘制的线条，并结束“sketch”命令。

(5) 选择【记录(R)】选项，可将正在绘制与已绘制好的临时徒手画线作为永久线保存到 AutoCAD 数据库中，并提示记录的线段数量。此时，如果当前画笔处于<笔落>状态，可在记录之后继续画线，如果当前画笔处于<笔提>状态，单击可恢复徒手画线作图。

(6) 选择【删除(E)】选项，将删除临时线的所有部分。在【删除】模式下，无论光标在何处与徒手画线相交，交点到线末尾之间的部分都将被删除。如果当前画笔处于<笔落>状态，系统将自动转换到<笔提>状态。

要注意，已经记录过的徒手画线，无法通过“sketch”命令中的【删除】选项删除，而只能在完成绘图后利用“erase”命令进行删除。

(7) 选择【连接(C)】选项，将使画笔进入<笔落>状态，并继续从上次所画线的端点或上次删除线的端点开始画线。

## 3.6 上 机 实 验

### 实验 1　利用有关【绘图】命令绘制图 3.19 所示的图形

1. 目的要求

在绘图过程中，综合使用【绘图】命令。

2. 操作指导

首先分析图形各个部分是由哪些基本二维图形组成，再运用基本二维图形绘制方法作图。

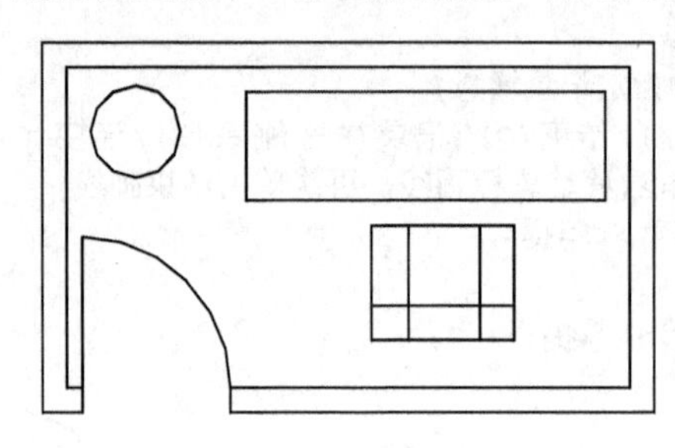

图 3.19　实验 1

### 实验 2　利用【多段线】命令绘制图 3.20 所示的图形

1. 目的要求

在绘图过程中，练习使用【多段线】命令。

2. 操作指导

注意使用【多段线】命令中的【宽度】选项，可以达到绘制起、终点不等宽的效果。

### 实验 3　利用【绘图】命令绘制图 3.21 所示的图形

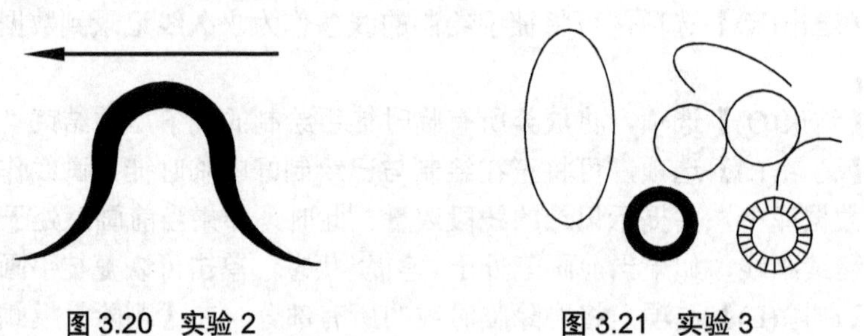

图 3.20　实验 2　　　　图 3.21　实验 3

1. 目的要求

在绘图过程中，练习使用曲线类命令。

2. 操作指导

注意在实际操作中，如何用不同的制图方法来达到相同的目的。

**实验 4　利用【绘图】命令绘制图 3.22 所示的图形**

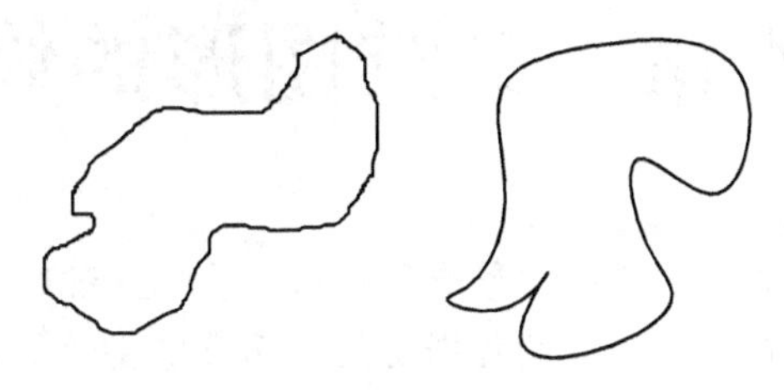

图 3.22　实验 4

1. 目的要求

在绘图过程中，练习使用【样条曲线】命令及【徒手画线】命令。

2. 操作指导

注意在实际操作中，体会【样条曲线】命令与【徒手画线】命令的区别。

## 3.7 思 考 题

1. 除了【多线】命令外，还有没有别的方法来绘制一组平行的直线？
2. 射线与构造线有哪些相同和不同之处？
3. 在圆和其他对象相切时，如何控制内切与外切？
4. 【样条曲线】命令与【徒手画线】命令有何区别？
5. 如何利用定数分点绘制正多边形？

# 第 4 章　二维图形的修改

**教学提示**：图形修改是对已有的图形进行移动、复制、镜像、删除等操作。AutoCAD 软件功能之强大不仅体现在它有强大的作图功能，而更重要的是它具有强大的编辑修改功能，交替地使用这两种功能，就可以使用户用较少的绘图时间获得较为复杂的图形。

**教学目标**：熟悉二维图形修改的方法和操作步骤。重点掌握基本修改命令的操作，利用【复制】、【阵列】、【镜像】和【偏移】命令由一个对象生成多个对象，并通过【修剪】、【延伸】、【拉伸】等命令对图形进行局部修改。同时要求了解多段线、多线、样条曲线的修改方法，以及采用【特性】选项板、【特性匹配】、夹点功能来修改对象。

## 4.1　对象的选择

对图形中的一个或者多个对象进行编辑时，都会涉及到对象的选择。AutoCAD 系统提供了多种对象选择的方法，选择对象时，AutoCAD 系统自动建立一个对象选择集，该选择集可以由单个对象组成，也可以由多个对象组成。如果系统变量 HIGHLIGHT 为 1，则 AutoCAD 系统以亮显的方式(如变作虚线)来表示所选择的对象，使之与图形中的其他对象加以区别。

### 4.1.1　对象选择集的构成

当用户执行某个编辑命令时，通常会出现如下的提示信息：【选择对象：】，该提示信息要求用户从当前已有的图形中选择要进行编辑的对象，选中的对象将被放在选择集中，并且十字光标变成矩形拾取框。用户可以在执行编辑命令之前构造选择集，也可以在选择编辑命令之后构造选择集。

可以使用下列任意一种方法构造对象选择集。

① 选择编辑命令，然后选择对象并按 Enter 键。

② 输入 select，然后选择对象并按 Enter 键。

③ 用定点设备选择对象。

AutoCAD 系统提供了多种选择对象的方法，下面介绍几种主要方法。

1. 单点选择方式

该方式通过拾取或者输入点坐标的方法来选择对象，这是默认方式。拾取框或者坐标点要落在所选的对象上，用户一次只能选中一个对象，移动拾取框可多次选择，选择完成后按 Enter 键可结束对象的选择。

2. 窗口(window)方式(w 窗口方式)

利用这种方式能选中包含在矩形窗口中的所有对象。按 w 键并按 Enter 键，将提示用户输入矩形窗口的两个对角点。完全属于矩形窗口内部的所有可见对象被选中，如图 4.1 所示。

另外，在【选择对象：】提示下，选一个空白点作为第一角点，然后从左向右拖动光标，选定第二角点，AutoCAD 系统也自动选择 window 方式。

3. 窗交(crossing)方式(c 窗口方式)

该方式与 w 窗口方式相似，按 c 键并按 Enter 键后，系统提示要求输入矩形窗口的两个对角点。但在该方式下，凡是与窗口相交的对象以及窗口内的对象都被选中在选择集中，如图 4.2 所示。

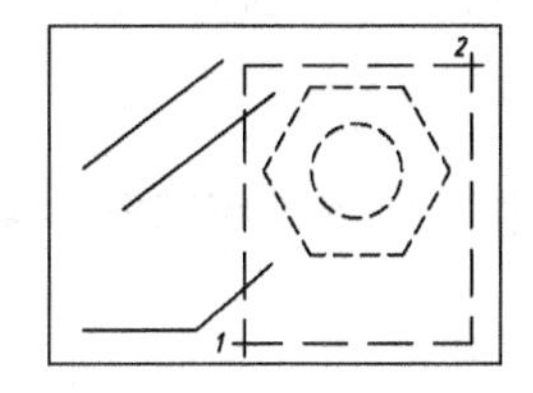


图 4.1　window 方式选择对象

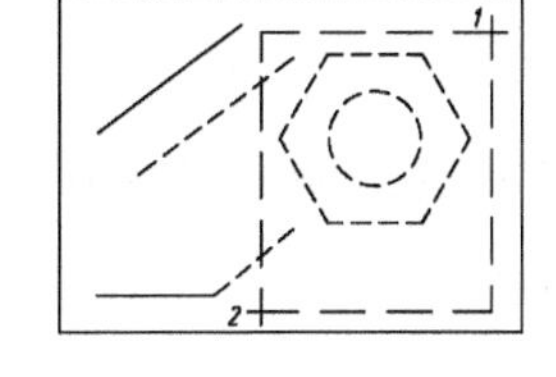


图 4.2　crossing 方式选择对象

另外，在【选择对象：】提示下，选择屏幕上的一个空白点，并将光标从右向左拖动组成矩形窗口，AutoCAD 系统将自动选择 crossing 方式。

4. 全部(all)方式

该方式用来选择除冻结层以外的所有对象。

5. 圈围(wpolygon)方式(wp 方式)

与 window 方式相似，但它不是矩形窗口，而是一个任意多边形区域。当输入 wp 并按 Enter 键后，给定多个点构成多边形。完全包含在多边形区域中的对象被选中并加入到选择集中，如图 4.3(a)所示。

6. 圈交(cpolygon)方式(cp 方式)

该方式与 crossing 方式相似，但它的窗口是任意多边形的区域。多边形区域的建立同 wp 方式。凡是在多边形区域中的对象和与多边形区域边线相交的对象都为选中的对象，如图 4.3(b)所示。

7. 栏选(fence)方式(f 方式)

该方式允许画一条不闭合的多边形栅栏来选择对象，凡是栅栏线所触及的所有对象都被选中。该方式类似于 cpolygon 方式，只不过多边形不闭合，如图 4.3(c)所示。

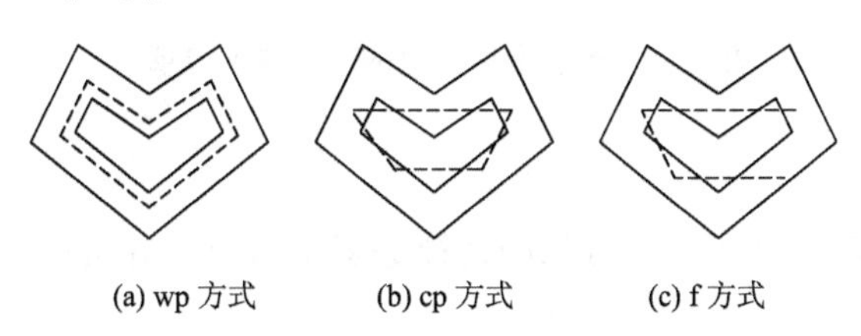

(a) wp 方式　(b) cp 方式　(c) f 方式

图 4.3　对象的选择

如果要选择图 4.3 中小的多边形，可分别用 wp，cp 和 f 方式来选择，所用的选择框(或线)如图中虚线。

8. *多选(multiple)方式*

先输入“m”，然后逐个拾取对象，指定某一对象时，并不立即醒目显示，直到对象选择完后按 Enter 键，多个对象同时改为醒目显示，表示这些对象已进入选择集。这种选择方式可减少画面的搜索次数，节省时间，加快绘图速度。

9. *放弃(undo)方式*

该方式用来取消前一个对象选择操作，连续多次使用该选项取消整个选择操作。

10. *空回车方式*

按空格键或按 Enter 键，则结束构造选择集的操作，进入指定的图形编辑操作。

11. *中断(Esc)方式*

在对象选择的操作中，按 Esc 键，则终止此次选择操作，并放弃该选择集。

上述多种对象选择的方式，各有其特点，用户可以针对具体情况，灵活地选用各种选择功能，以便迅速地构成所需的选择集。

### 4.1.2 对象选择的设置

选择模式和拾取框的大小可以通过【选项】对话框进行设置。打开【工具】下拉菜单中【选项】子菜单，弹出【选项】对话框，单击【选择】标签，利用出现的【选择】选项卡可以设置选择模式和拾取框大小，如图 4.4 所示。

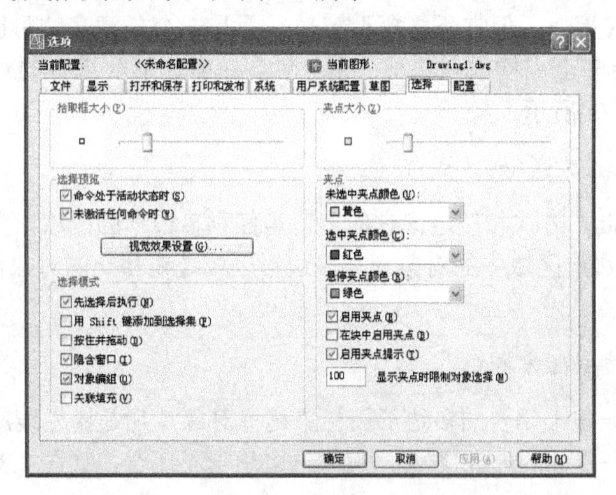


图 4.4 【选项】对话框的【选择】选项卡

### 4.1.3 快速选择对象

快速选择对象可以同时选中具有相同特征的多个对象，并可以在对象特性管理器中建立并修改快速选择参数。操作过程如下：

单击【工具】下拉菜单中【快速选择】子菜单，弹出【快速选择】对话框，如图 4.5

所示。例如，在【特性】区内选择【图层】，在【值】下拉列表框中选择【点画线】，单击【确定】按钮，则图中位于点画线图层的对象全部选中，如图 4.6 所示。

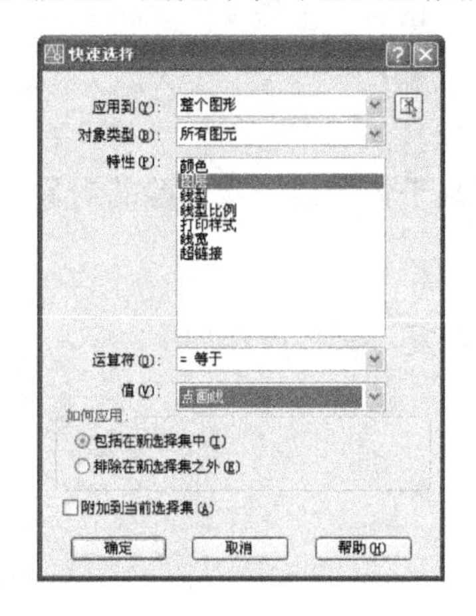


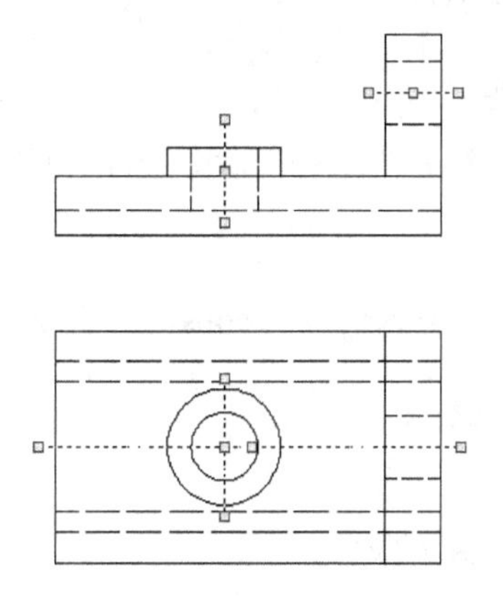

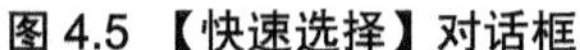

图 4.5　【快速选择】对话框　　　　图 4.6　选择点画线图层的对象

在【快速选择】，对话框里有以下选项。

(1)【应用到】：确定选择范围，可以是整个图形或当前选择集。

(2)【对象类型】：指定要包含在过滤条件中的对象类型。

(3)【特性】：指定过滤器的对象特性。此列表包括选定对象类型的所有可搜索特性。

(4)【运算符】：控制过滤的范围。根据选定的特性，选项包括“等于”、“不等于”、“大于”、“小于”和“全部选择”等参数。

(5)【值】：根据所选特性，指定过滤器的特性值，也可以从列表中选取。

(6)【如何应用】：指定是将符合给定过滤条件的对象包括在新选择集内或是排除在新选择集之外。

(7)【附加到当前选择集】：指定是将创建的选择集替换当前选择集还是附加到当前选择集。

## 4.2　基本的修改操作

利用编辑命令可以将对象进行删除、恢复、打断、移动、旋转和缩放等基本修改操作。

### 4.2.1　删除对象

1. 功能

从已有的图形中删除选定的对象。

2. 操作

单击【修改】工具栏【删除】按钮、【修改】下拉菜单的【删除】菜单项或在命令行输入命令“erase”都可删除对象，具体步骤如下。

```
命令：_erase
选择对象：(选择要删除的对象)
```

### 4.2.2 恢复对象

1. 功能

恢复最近由“erase”命令所删除的对象，且只限于恢复前一次删除的对象。

2. 操作

在命令行输入命令“oops”，上次删除的对象恢复，具体操作如下。

```
命令：oops
```

### 4.2.3 【放弃】命令

1. 功能

放弃上一条命令，连续使用可以逐步返回到绘图的初始状态。

2. 操作

单击【标准】工具栏【放弃】按钮或在命令行输入命令“u”都可取消命令，具体步骤如下。

```
命令：u
```

3. 说明

如果要取消刚执行的【放弃】命令，可紧跟其后执行【重做】命令，恢复【放弃】命令所撤销的各种操作。【重做】命令可单击【标准】工具栏【重做】按钮来实现。

### 4.2.4 打断对象

1. 功能

该命令可以将直线、圆、圆弧等对象进行部分删除，或将一个对象断开为两个对象。

2. 操作

单击【修改】工具栏【打断】按钮、【修改】下拉菜单的【打断】菜单项或在命令行输入命令“break”都可打断对象，具体步骤如下。

```
命令：_break
选择对象：(选择要打断的对象)
指定第二个打断点或[第一点(F)]：
```

3. 说明

(1) 输入选择对象的第二个打断点，则该命令将删去两个打断点之间的部分，如果第二个打断点选在对象之外，则选择对象上与该点的最近点作为第二断点，如图 4.7(a)所示。

(2) 选择【第一点(F)】选项，则说明前面选择对象的点仅是选择要截断的对象，而不作为第一个打断点。此时，显示如下提示。

```
指定第一个打断点：
指定第二个打断点：
```

于是将两个打断点间部分删去，如图 4.7(b)所示。

(3) 输入“@”，表示第二断点与第一断点重合，只是将指定对象分解成两个对象，如图 4.7(c)所示。另外，单击【修改】工具栏的【打断于点】按钮，也可实现将一个对象分解成两个对象。

(4) 断开圆时，【打断】命令从第一打断点到第二打断点按逆时针方向删除，从而使圆变成圆弧，如图 4.7(d)所示。

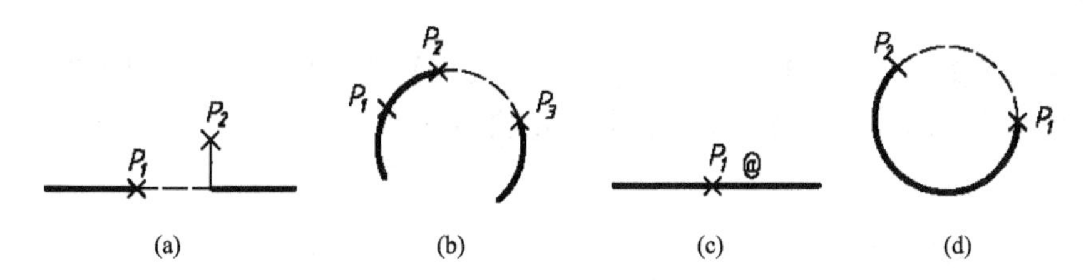


图 4.7　【打断】命令断开图形

### 4.2.5　合并对象

1. 功能

【合并】命令可以将直线、多段线、圆弧、椭圆弧和样条曲线等独立的线段合并为一个对象。

2. 操作

单击【修改】工具栏【合并】按钮、【修改】下拉菜单的【合并】菜单项或在命令行输入命令“join”都可合并对象，具体步骤如下。

```
命令：_join
选择源对象：(选择第一条直线)
选择要合并到源的直线：找到 1 个(选择第二条直线)
选择要合并到源的直线：(按 Enter 键结束命令)
已将 1 条直线合并到源：
```

3. 说明

(1) 合并的源对象可以是一条直线、多段线、圆弧、椭圆弧或样条曲线，根据选定的源对象的不同，后续提示也有所不同。

(2) 如果选择直线作为源对象，与之合并的一条或多条直线必须共线(位于同一无限长的直线上)，但是它们之间可以有间隙。

(3) 如果选择多段线作为源对象，与之合并的对象可以是直线、多段线或圆弧，但对象之间不能有间隙，并且必须位于与 UCS 的 *XY* 平面平行的同一平面上。

(4) 选择圆弧或椭圆弧作为源对象，与之合并的圆弧或椭圆弧必须位于同一假想的圆或椭圆上，但是它们之间可以有间隙，并且是从源对象开始按逆时针方向合并对象。如果在确定该源对象后选择【闭合】选项，可将圆弧或椭圆弧转换成圆或椭圆。

(5) 选择样条曲线作为源对象，与之合并的一条或多条样条曲线应该位于同一平面内，并且首尾相邻。

### 4.2.6　移动对象

1. 功能

将选中的对象平移到新的指定位置，原位置的图形消失。

2. 操作

单击【修改】工具栏【移动】按钮、【修改】下拉菜单的【移动】菜单项或在命令行输入命令“move”都可平移对象，具体步骤如下。

```
命令：_move
选择对象：(选择源对象)
选择对象：(按 Enter 键结束对象选择)
指定基点或 [位移(D)] <位移>:
指定第二个点或 <使用第一个点作为位移>:
```

3. 说明

指定平移量的方法有以下三种。

(1) 输入两点：所选对象将从第一点移到第二点。

(2) 位移量的第二点以回车响应：则第一次输入的坐标值为相对坐标 $\Delta X$ 、 $\Delta Y$ ，选择的对象按第一点所提供的相对位移量移动。

(3) 在指定基点或位移的提示下，输入“D”，命令行提示如下。

```
指定位移 <0，0，0>:(输入表示矢量的坐标)
```

输入的坐标值将指定相对距离和方向。

### 4.2.7　旋转对象

1. 功能

该命令可按指定的基点(旋转中心)和旋转角度，将选定的对象旋转，改变对象的方向。

2. 操作

单击【修改】工具栏【旋转】按钮、【修改】下拉菜单的【旋转】菜单项或在命令行输入命令“rotate”都可旋转对象。以图 4.8 为例说明该命令的具体操作步骤。

```
命令：_rotate
UCS 当前的正角方向：ANGDIR=逆时针 ANGBASE=0
选择对象：(选择图 4.8(a)所示的图形)
选择对象：(按 Enter 键退出对象选择)
指定基点：(捕捉中心点 A)
指定旋转角度，或 [复制(C)/参照(R)] <0>：45(结束命令，得到如图 4.8(b)所示的图形)
```

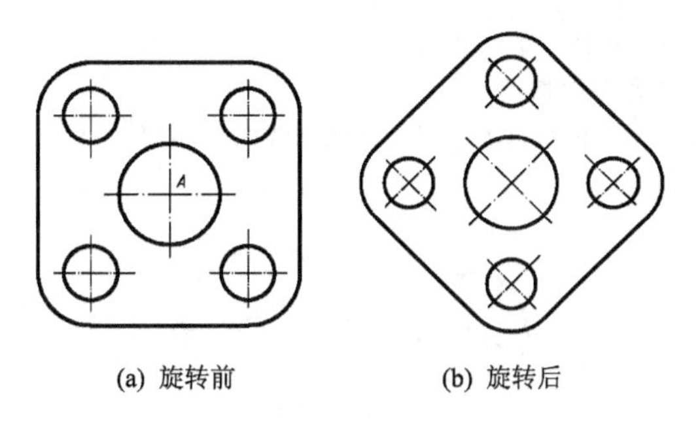


(a) 旋转前　　(b) 旋转后

图 4.8　旋转对象

3. 说明

旋转命令旋转角度有以下三种输入方法。

(1) 直接指定旋转角度：选择的对象按该角度旋转，此方式为默认值。

(2) 参考方式：输入“R”并按 Enter 键后提示如下。

```
指定参照角 <0>(输入角 A1 的值)
指定新角度：(输入角 A2 的值)
```

先输入的参考角 A1 表示参考方向与 X 轴正方向的夹角，再给出的新角 A2 表示旋转后的参考方向与 X 轴正方向的夹角，因此，旋转对象实际上的旋转角为 A2−A1，如图 4.9 所示。

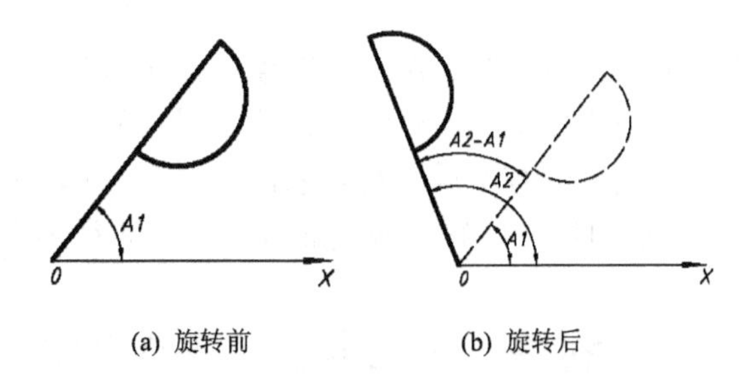


(a) 旋转前　　(b) 旋转后

图 4.9　参考方式旋转对象

(3) 使用【复制(C)】选项，可以旋转选定的对象，并在指定的位置保留原来的图形。

### 4.2.8　缩放对象

1. 功能

【缩放】命令按指定的基点对选定的对象进行比例缩放。

2. 操作

单击【修改】工具栏【缩放】按钮、【修改】下拉菜单的【缩放】菜单项或在命令行输入命令“scale”都可将对象进行缩放。以图 4.10 为例说明该命令的具体操作步骤。

```
命令：_scale
选择对象:(选择直径 20 的圆)
选择对象:(按 Enter 键结束对象选择)
指定基点:(选择圆心作为缩放基点)
指定比例因子或[复制(C)/参照(R)]：1.5(结束【比例缩放】命令，圆的直径放大到 30)
```

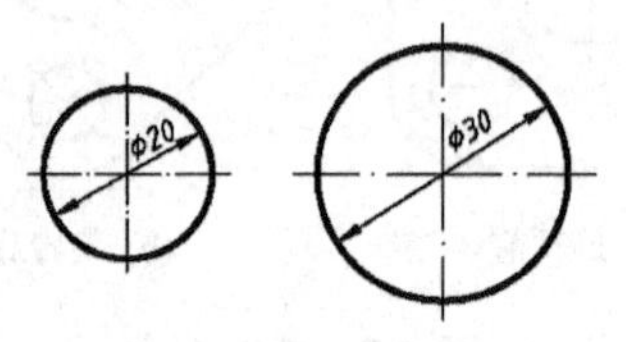


图 4.10　比例缩放图形

3. 说明

【缩放】命令的缩放倍数有以下三种输入方法。

(1) 直接输入一个正数：该数作为对象的缩放比例因子。当缩放比例因子大于 1，图形放大；缩放比例因子小于 1，图形缩小。此方式为默认值。

(2) 参考方式：输入“R”并按 Enter 键后提示如下。

```
指定参照长度 <1>:(输入参考长度 L1)
指定新长度:(输入新的长度 L2)
```

比例因子为 L2/L1，给定长度时，可以直接输入长度值，也可以给定两点，则两点之间距离为其长度。

(3) 使用【复制(C)】选项，可以缩放选定的对象，并在指定的位置保留原来的图形。

前面曾介绍过视图【缩放】(zoom)命令，它只改变对象的显示效果，并不改变对象的真实大小。但比例缩放与视图缩放有本质上的差别，例如图 4.10 中把直径 20 的圆比例放大 1.5 倍并标注尺寸缩放前后对比，可知比例缩放改变对象的真实大小。

## 4.3　利用一个对象生成多个对象

利用编辑命令可以将选定的对象进行复制、阵列、镜像、偏移等操作，得到与原来图形相似，且具有相同特性的新对象。

### 4.3.1　复制对象

1. 功能

【复制】命令可将选定的对象在指定位置复制成一个或多个，且原图保持不变。新复制的对象与原图相同且保持独立，可以单独进行编辑处理。

2. 操作

单击【修改】工具栏【复制】按钮、【修改】下拉菜单的【复制】菜单项或在命令行输入命令 copy 都可将选定的对象进行复制。以图 4.11 为例说明该命令的具体操作步骤。

命令：_copy
选择对象：(由 $P_1$、$P_2$ 点组成的窗口选择窗户图例)
选择对象：(按 Enter 键结束对象选择)
指定基点或 [位移(D)] <位移>：(选择窗户左下角 $A$ 点)
指定第二个点或 <使用第一个点作为位移>：(选择 $B$ 点)
指定第二个点或 [退出(E)/放弃(U)] <退出>：(选择 $C$ 点)
指定第二个点或 [退出(E)/放弃(U)] <退出>:e(结束命令)

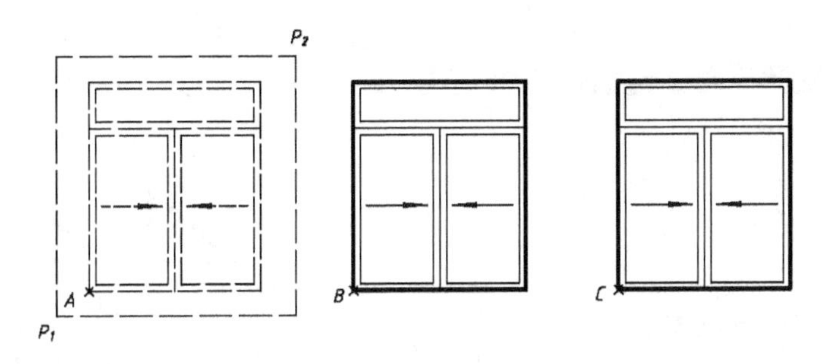


图 4.11　对象的复制

3. 说明

指定复制位移量的方法有以下三种。

(1) 指定基点和位移的第二点：所选对象将从基点复制到第二点，且命令并不退出，继续指定第二点可将对象进行多重复制。

(2) 位移量的第二点以回车响应：则以第一点的坐标值作为相对坐标 $\Delta X$ 、$\Delta Y$ 进行复制，且结束【复制】命令。

(3) 在指定基点或位移的提示下，输入“D”，命令行提示如下。

指定位移 <0.0000，0.0000，0.0000>：(输入表示矢量的坐标)

输入的坐标值将指定复制的相对距离和方向。

### 4.3.2　阵列对象

1. 功能

【阵列】命令可以对所选对象一次性按矩形或圆形的方式进行多重复制。复制以后，可对每个图形进行单独的编辑和处理。

2. 操作

单击【修改】工具栏【阵列】按钮、【修改】下拉菜单的【阵列】菜单项或在命令行输入命令“array”都可启动如图 4.12 所示的【阵列】对话框。

3. 说明

(1) 矩形阵列

图 4.12 处于【矩形阵列】状态。通过单击【选择对象】按钮返回绘图状态，可选择要阵列的对象，其他阵列参数如【行】及【行偏移】、【列】及【列偏移】以及【阵列角度】可通过文本框直接输入，其中偏移量和阵列角度也可单击文本框右边的按钮通过指定两点的方法输入。

**注意**：行数和列数包括原图形本身，两者均是整数，但不能同时为 1。如果行偏移量取正值，则向上增加行数；如果取负值，则向下增加行数。如果列偏移量为正值，则向右增加列数；如果为负值，则向左增加列数。图 4.13 是以三角形为源对象，按照 2 行、3 列、行偏移量 15、列偏移量 15、阵列角度 0° 的相关参数矩形阵列所得到的图形。

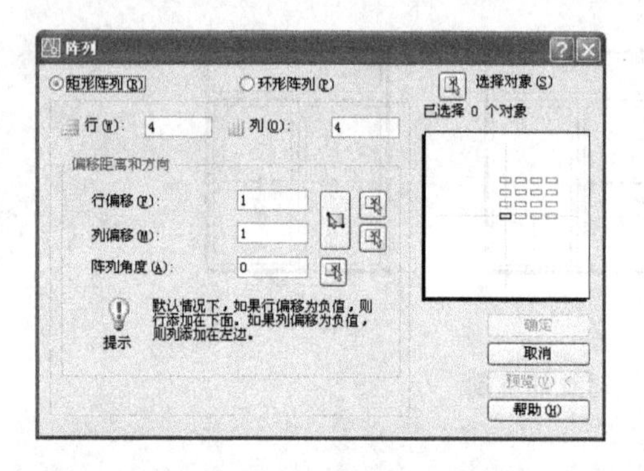


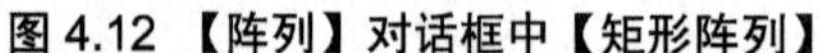
图 4.12 【阵列】对话框中【矩形阵列】

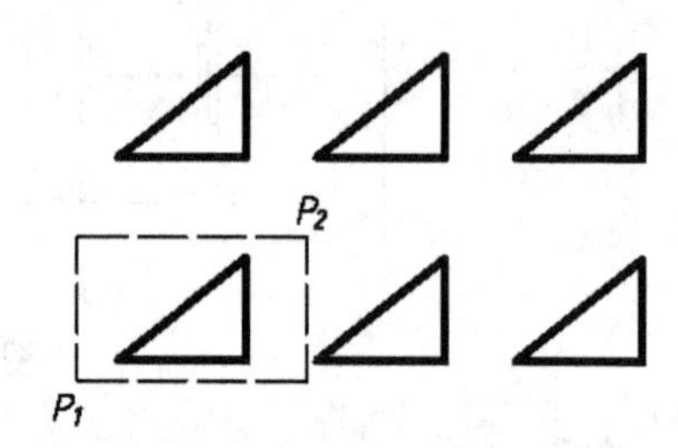


图 4.13　矩形阵列复制对象

(2) 环形阵列

若在【阵列】对话框中选中【环形阵列】单选按钮，则得到如图 4.14 所示的对话框，可在其中设置环形阵列相关参数。

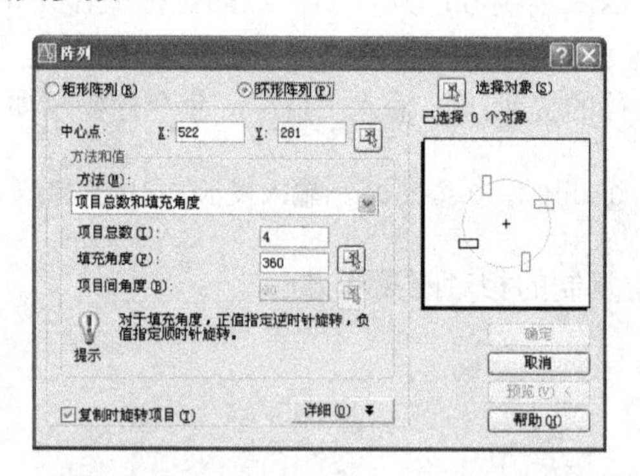


图 4.14 【阵列】对话框中【环形阵列】

【环形阵列】对话框中相关参数含义如下。

【选择对象】：单击按钮进入对象选择状态，选择对象选择后，返回【阵列】对话框，所选择的对象将作为阵列的源对象。

【中心点】：确定环形阵列的中心。

【方法】：设置定位对象所用的方法。

【项目总数】：设置在结果阵列中显示的对象数目，默认值为 4。

【填充角度】：通过定义阵列中第一个和最后一个元素的基点之间的包含角来设置阵列大小，正值指定逆时针旋转，负值指定顺时针旋转，默认值为 360，不允许为 0。

【项目间角度】：设置阵列对象的基点和阵列中心之间的包含角。

【复制时旋转项目】：复制对象在阵列的同时，自身也转动，其度数与阵列旋转角度一致。不勾该选项则被复制的对象自身不转动。

【预览】：若已选择源对象，系统将按对话框中设置的参数阵列源对象，并询问接受、修改或取消。

【确定】：系统将不询问用户而直接完成阵列并退出该命令。

图 4.15 反映以多边形为源对象，项目总数为 8，填充角度 360°，环形阵列所得到的图形，其中图 4.15(a)是复制时旋转项目的情况，图 4.15 (b)是复制时不旋转项目的情况。

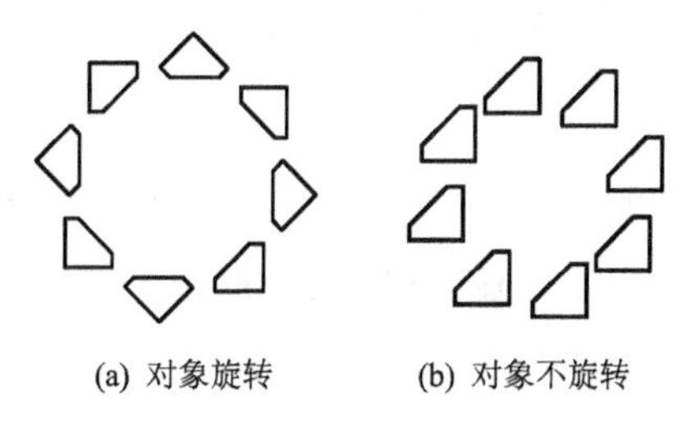


图 4.15　环形阵列复制对象

### 4.3.3　镜像对象

1. 功能

【镜像】命令可将选定的对象作对称复制，即产生对称图形，原来的对象可以保留或者删去，使用时需由两点指定镜像线(对称线)。

2. 操作

单击【修改】工具栏【镜像】按钮、【修改】下拉菜单的【镜像】菜单项或在命令行输入命令“mirror”都可执行镜像操作。以图 4.16 为例说明镜像操作过程如下。

```
命令：_mirror
选择对象：(选择图 4.16(a)所示的图形)
选择对象：(按 Enter 键退出对象选择)
指定镜像线的第一点：(选择对称线端点 A)
指定镜像线的第二点：(选择对称线端点 B)
是否删除源对象？[是(Y)/否(N)] <N>：n(镜像结束得到图 4.16(b)的图形)
```

3. 说明

在将选择集作镜像处理时，如果所选择的对象中含有文本，也有可能产生镜像变换，从而得到反向书写的文字，这时阅读会带来困难。要处理文字对象的反射特性，可利用 MIRRTEXT 系统变量来控制。如果 MIRRTEXT 为 0，则不作反射或倒置，从而保持原有文本的可读性和对齐方向；MIRRTEXT 为 1 将导致文字对象同其他对象一样被镜像处理。图 4.17 对文本镜像作了说明。

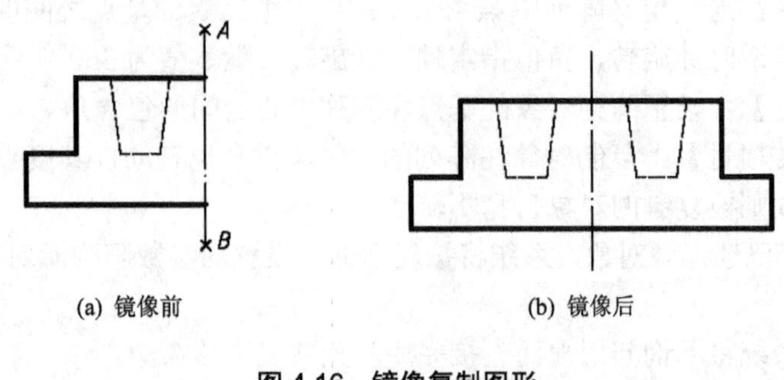


(a) 镜像前　　(b) 镜像后

**图 4.16　镜像复制图形**

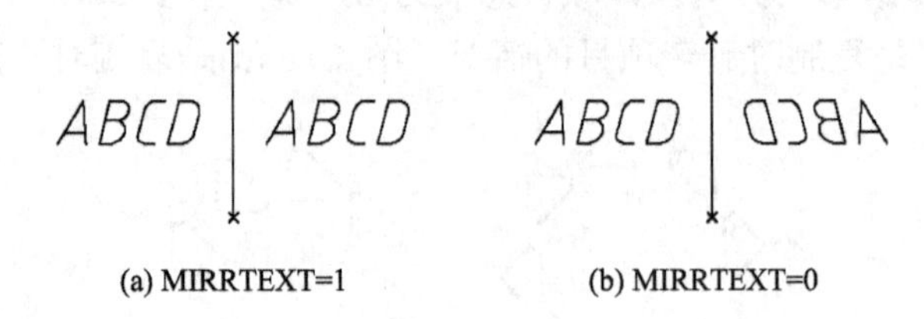


(a) MIRRTEXT=1　　(b) MIRRTEXT=0

**图 4.17　文本镜像**

### 4.3.4　偏移对象

1. 功能

【偏移】命令用来构造一个与指定对象平行并保持指定距离的新对象。

2. 操作

单击【修改】工具栏【偏移】 按钮、【修改】下拉菜单的【偏移】菜单项或在命令行输入命令“offset”都可执行镜像操作。以图 4.18 为例说明具体操作步骤如下。

```
命令：_offset
当前设置：删除源=否　图层=源　OFFSETGAPTYPE=0
指定偏移距离或 [通过(T)/删除(E)/图层(L)] <通过> 10(输入偏移距离)
选择要偏移的对象，或 [退出(E)/放弃(U)] <退出>:(选择图 4.18(a)中间的直线)
指定要偏移的那一侧上的点，或 [退出(E)/多个(M)/放弃(U)] <退出>:(在直线上方输入一点)
选择要偏移的对象，或 [退出(E)/放弃(U)] <退出>:(选择图 4.18(a)中间的直线)
指定要偏移的那一侧上的点，或 [退出(E)/多个(M)/放弃(U)] <退出>:(在直线下方输入一点，得到图 4.18(a))
选择要偏移的对象，或 [退出(E)/放弃(U)] <退出>: e
```

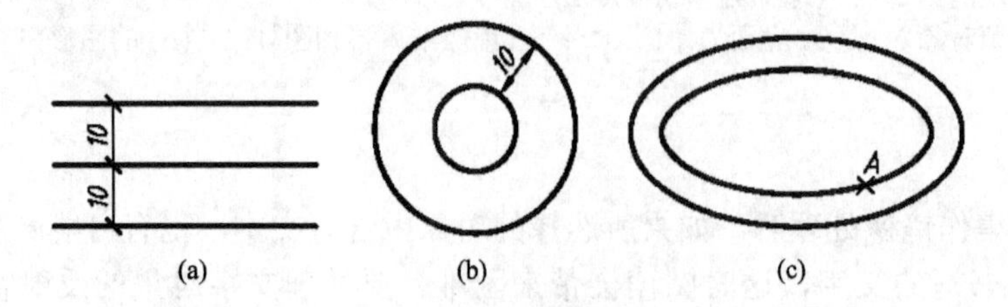


(a)　　(b)　　(c)

**图 4.18　对象的偏移**

以同样的方法可以得到图 4.18(b)的同心圆。

3. 说明

【偏移】命令有四种操作方法:

(1) 通过指定新对象与已有对象之间的偏移距离来实现，例如上面的操作步骤。输入【多个(M)】偏移模式，可使用当前偏移距离重复进行偏移操作，并接受附加的通过点。

(2) 【偏移】命令也可以通过指定点来建立新的偏移对象，操作步骤如下。

```
命令:_offset
当前设置: 删除源=否　图层=源　OFFSETGAPTYPE=0
指定偏移距离或 [通过(T)/删除(E)/图层(L)] <10.0000>: t(指定用通过点的方式)
选择要偏移的对象, 或 [退出(E)/放弃(U)] <退出>:(选择图 4.18(c)中的大椭圆)
指定通过点或 [退出(E)/多个(M)/放弃(U)] <退出>:(输入 A 点,得到图 4.18(c))
选择要偏移的对象, 或 [退出(E)/放弃(U)] <退出>: e
```

(3) 【删除(E)】选项，偏移对象后将源对象删除。输入“e”，命令行提示如下。

```
要在偏移后删除源对象吗? [是(Y)/否(N)] <当前>:(输入 y 或 n)
```

(4) 【图层(L)】选项，确定将偏移对象创建在当前图层上还是源对象所在的图层上。输入“l”，命令行提示如下。

```
输入偏移对象的图层选项 [当前(C)/源(S)] <当前>:(输入 c 或 s)
```

## 4.4　对象的修整

为了对图形进行局部修改，可以利用【修剪】、【延伸】、【拉伸】、【拉长】、【圆角】、【倒角】、【分解】等命令来实现。

### 4.4.1　修剪对象

1. 功能

【修剪】命令可在由一个或多个对象所限定的边界处修剪图形中的对象。可以修剪的对象包括圆弧、圆、椭圆弧、直线、开放的二维和三维多段线、射线、样条曲线、图案填充和构造线。有效的剪切边对象包括二维和三维多段线、圆弧、圆、椭圆、布局视口、直线、射线、面域、样条曲线、文字和构造线。

2. 操作

单击【修改】工具栏【修剪】 按钮、【修改】下拉菜单的【修剪】菜单项或在命令行输入命令“trim”都可执行【修剪】命令。以图 4.19 为例说明具体操作步骤如下。

```
命令:_trim
当前设置:投影=UCS, 边=无
选择剪切边…
```

选择对象或 <全部选择>：找到四个(拾取 $P_1$、$P_2$点选择四条直线，如图 4.19(b)所示)
选择对象：(按 Enter 键退出对象选择)
选择要修剪的对象，或按住 Shift 键选择要延伸的对象，或[栏选(F)/窗交(C)/投影(P)/边(E)/删除(R)/放弃(U)]：(选择直线上的 *A* 点)
选择要修剪的对象，或按住 Shift 键选择要延伸的对象，或[栏选(F)/窗交(C)/投影(P)/边(E)/删除(R)/放弃(U)]：(选择直线上的 *B* 点)
选择要修剪的对象，或按住 Shift 键选择要延伸的对象，或[栏选(F)/窗交(C)/投影(P)/边(E)/删除(R)/放弃(U)]：(选择直线上的 *C* 点)
选择要修剪的对象，或按住 Shift 键选择要延伸的对象，或[栏选(F)/窗交(C)/投影(P)/边(E)/删除(R)/放弃(U)]：(选择直线上的 *D* 点)
选择要修剪的对象，或按住 Shift 键选择要延伸的对象，或[栏选(F)/窗交(C)/投影(P)/边(E)/删除(R)/放弃(U)]：(按 Enter 键结束修剪，得到如图 4.19(d)所示的结果)

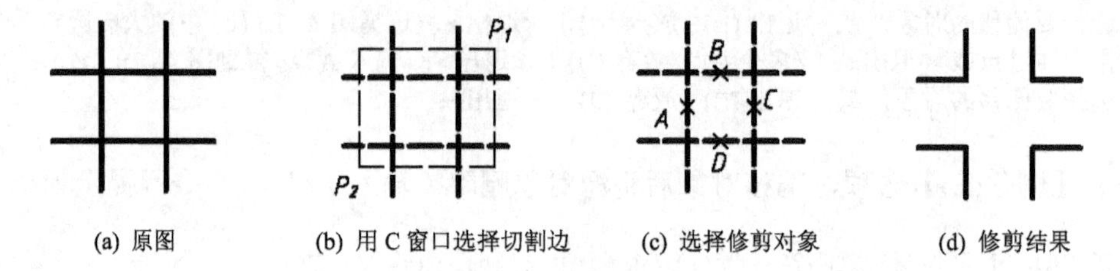


(a) 原图　(b) 用 C 窗口选择切割边　(c) 选择修剪对象　(d) 修剪结果

**图 4.19　修剪对象**

3. 说明

(1) 选择要修剪的对象可以采用点选、【栏选(F)】和【窗交(C)】的方式。

(2) 选择要修剪的对象时，如果按住 Shift 键可变成选择要延伸的对象，此选项提供了一种在修剪和延伸之间切换的简便方法。

(3) 【投影(P)】选项，让用户指定投影模式，如【无(N)】、【UCS(U)】、【视图(V)】。默认模式是【UCS(U)】，表示将对象和剪切边投影到当前用户坐标系的 *XY* 平面上，投影对象在三维空间无须与剪切边相交便可以进行修剪；【无(N)】表示修剪时无投影，对象必须与剪切边相交；【视图(V)】表示将对象沿当前视图方向投影到视图平面上，待修剪对象在三维空间中不用与剪切边相交。

(4) 【边(E)】选项，确定剪切边与待修剪对象是直接相交还是延伸相交。延伸相交表示沿自身自然路径延伸剪切边使它与三维空间中的对象相交。

(5) 【放弃(U)】选项，可以取消最近的一次修剪。

### 4.4.2　延伸对象

1. 功能

【延伸】命令可当作是【修剪】命令的反向补充，它可延伸图中的对象，使其端点精确地落在指定的边界上。待延伸对象上拾取点的位置决定了对象要延伸的部分。

2. 操作

单击【修改】工具栏【延伸】按钮、【修改】下拉菜单的【延伸】菜单项或在命令行输入命令“extend”都可执行延伸操作，具体操作过程如下。

命令：_extend

当前设置：投影=UCS，边=无
选择边界的边…
选择对象或 <全部选择>：(选择对象作为延伸边界)
选择对象：(按 Enter 键退出对象选择)
选择要延伸的对象，或按住 Shift 键选择要修剪的对象，或[栏选(F)/窗交(C)/投影(P)/边(E)/放弃(U)]：(选择要延伸的对象)
⋮
选择要延伸的对象，或按住 Shift 键选择要修剪的对象，或[栏选(F)/窗交(C)/投影(P)/边(E)/放弃(U)]：(按 Enter 键结束)

【延伸】命令的提示与【修剪】命令的提示类似，这里不再赘述。

3. 说明

(1) 一次可选择多个对象作为边界线，但只能用单点方式、【栏选(F)】方式和【窗交(C)】方式选择延伸对象，延伸对象本身也可作为边界。

(2) 要延伸对象的哪一端由延伸对象拾取点的位置决定，选中的对象以原方向延伸出来直到最靠近的一条边界线为止，如图 4.20(a)所示。

(3) 延伸对象与边界线相交时，对象可穿透边界线到达界线的另一边，如图 4.20 (b)所示。

(4) 只有非闭合的多段线才可延伸。有宽度的多段线的延伸以中心线与边界线相遇为止，宽多段线的尾部总是方形的。延伸有锥度的多段线时，将自动调整延伸尾部的宽度，使其保持锥度直到与边界线相遇形成新端点为止，如图 4.20(c)所示。

(a) 延伸对象拾取点位置决定延伸结果

(b) 延伸对象可穿透边界到达另一边界

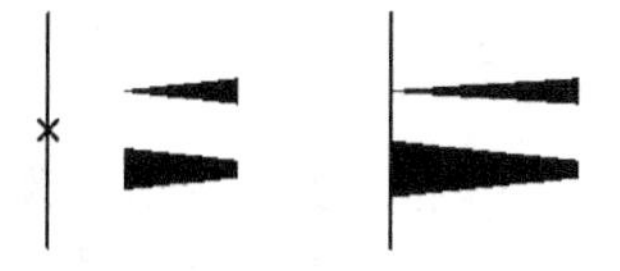

(c) 有锥度多段线的延伸

图 4.20　延伸对象

### 4.4.3　拉伸对象

1. 功能

【拉伸】命令用于拉伸图形中的指定部分，可使之拉长、缩短或改变形状，并保持与原图未动部分的连接。

2. 操作

单击【修改】工具栏【拉伸】按钮、【修改】下拉菜单的【拉伸】菜单项或在命令行输入命令“stretch”都可执行拉伸操作。下面以图 4.21 为例说明具体操作步骤。

命令：_stretch
以交叉窗口或交叉多边形选择要拉伸的对象…
选择对象：指定对角点：(按图 4.21(a)所示用交叉窗口选择拉伸对象)
选择对象：(按 Enter 键退出选择对象状态)
指定基点或 [位移(D)] <位移>：(选择 $P_1$ 点)
指定第二个点或 <使用第一个点作为位移>：(选择 $P_2$ 点，得到如图 4.21(c)所示的结果)

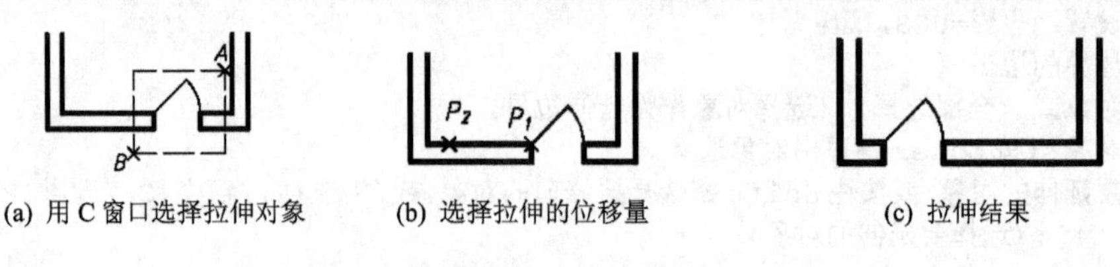

(a) 用 C 窗口选择拉伸对象　(b) 选择拉伸的位移量　(c) 拉伸结果

**图 4.21　拉伸对象**

3. 说明

(1) 必须用交叉窗口或交叉多边形选择拉伸对象，如果所有对象都在窗口内，使用【拉伸】命令将移动这些对象，功能类似于【移动】命令。

(2) 如果对象部分与窗口相交，【拉伸】命令对不同类型的对象有着不同的作用。

直线：窗口外的端点不动，窗口内的端点移动，直线由此而改变长短和方向。

圆弧：与直线类似，但在圆弧改变过程中，圆弧的弦高保持不变，由此来调整圆心位置和圆弧所对应的圆心角。

多段线：逐段地当作直线段和圆弧段进行处理，但宽度、切线方向及曲线拟合的信息都不改变。

圆：若圆心在窗口内，则圆移动，否则不动。

文本：若文本基点在窗口内，则文本移动，否则不动。

### 4.4.4　拉长对象

1. 功能

【拉长】命令用于改变非封闭对象的长度或者圆弧的夹角。对于封闭的对象则无效。用户可以指定一个增量、总长度、长度的百分数或者动态拖动一个数值来改变长度和角度。

2. 操作

单击【修改】下拉菜单的【拉长】菜单项或在命令行输入命令“lengthen”都可执行拉长操作，具体操作步骤如下。

```
命令： _lengthen
选择对象或 [增量(DE)/百分数(P)/全部(T)/动态(DY)]：
```

3. 说明

(1) 选择要拉长的对象，则显示选定对象的长度或者角度。

(2) 【增量(DE)】选项，通过指定增量来加长或者缩短对象，正值表示加长，负值表示缩短。可以指定长度值或者角度值。增量是从离拾取点最近对象端点开始量度的。输入 DE 并按 Enter 键后，将显示以下提示。

```
输入长度增量或 [角度(A)] <0.0000>:
选择要修改的对象或 [放弃(U)]:
```

其中，【角度(A)】增量用于改变圆弧的角度，如图 4.22(a)所示；【长度增量】用于改变对象长度，如图 4.22(b)所示。

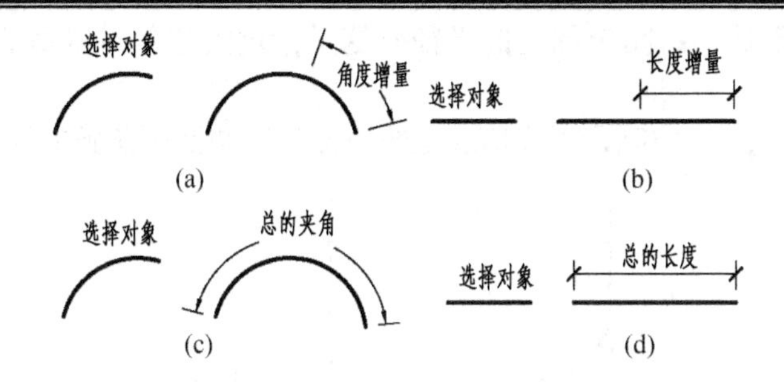


图 4.22　加长对象

(3) 【百分数(P)】选项：让用户指定占总长度的百分比来设置对象的长度。例如，200%是将对象加长为原来的 2 倍。

(4) 【全部(T)】选项：让用户指定从固定端点开始的对象的确切长度。对圆弧而言，确定圆弧夹角的总度数，如图 4.22(c)所示；对直线而言，确定直线的总长，如图 4.22(d)所示。

(5) 【动态(DY)】选项：动态拖动所选择对象的长度。与拾取点距离最近的对象端点被拖动到期望的长度或者角度位置，另一端点不动。

### 4.4.5　【圆角】命令

1. 功能

【圆角】命令用于在两条直线、圆、圆弧、椭圆弧、多段线、射线、样条曲线或构造线等对象之间建立圆角。该命令也可为三维实体加圆角。如果 TRIMMODE 系统变量设置为 1，则【圆角】命令裁剪相交直线到圆角的端点，如果选择的直线不相交，则 AutoCAD 系统进行延伸或裁剪以便使其相交。如果指定的半径为 0，则不产生圆角而是将两个对象延伸直至相交。

2. 操作

单击【修改】工具栏【圆角】按钮、【修改】下拉菜单的【圆角】菜单项或在命令行输入命令“fillet”都可执行圆角操作，具体操作步骤如下。

```
命令：_fillet
当前设置：模式＝不修剪，半径＝0.0000
选择第一个对象或 [放弃(U)/多段线(P)/半径(R)/修剪(T)/多个(M)]:
选择第二个对象，或按住 Shift 键选择要应用角点的对象:
```

3. 说明

(1) 【选择第一个对象】选项，此项为默认项，让用户选择第一个对象，选择后提示【选择第二个对象】，选择对象后，AutoCAD 系统将以当前半径对两个对象进行圆角处理。

(2) 在选择第二个对象时按住 Shift 键再选择对象，相当于用 0 值来替代当前的圆角半径。如果选定对象是二维多段线的两个直线段，则它们可以相邻或者被另一条线段隔开。如果它们被另一条多段线线段分隔，则【圆角】命令将删除此分隔线段并用圆角代替它。

(3) 【放弃(U)】选项：恢复在命令中执行的上一个操作。

(4) 【多段线(P)】选项：对指定的整条多段线进行圆角连接。

(5) 【半径(R)】选项：指定圆角的半径。这里指定的值将对以后的【圆角】命令产生作用。

(6) 【修剪(T)】选项：控制是否修剪选定的边使其延伸到圆角弧的端点，如图 4.23 所示。

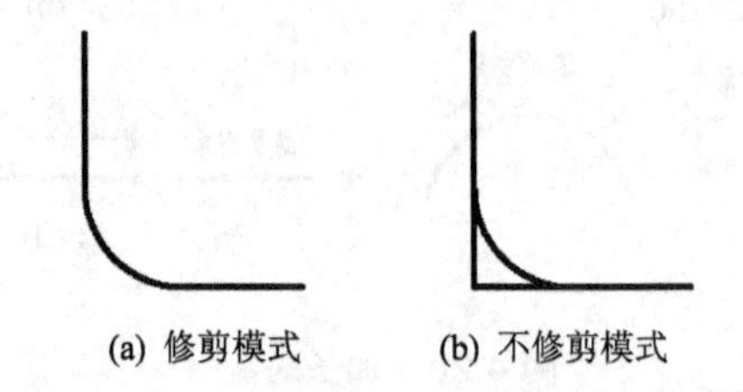

(a) 修剪模式　　(b) 不修剪模式

图 4.23 【圆角】命令的【修剪】选项

(7) 【多个(M)】选项：给多个对象集加圆角。AutoCAD 系统将重复显示主提示和【选择第二个对象】提示，直到用户按 Enter 键结束命令。

(8) 用圆角连接两个对象时，系统将最靠近拾取点的端点作圆角连接。因此，选择对象的位置对延伸、修剪和放置圆角的位置有影响，如图 4.24 所示。

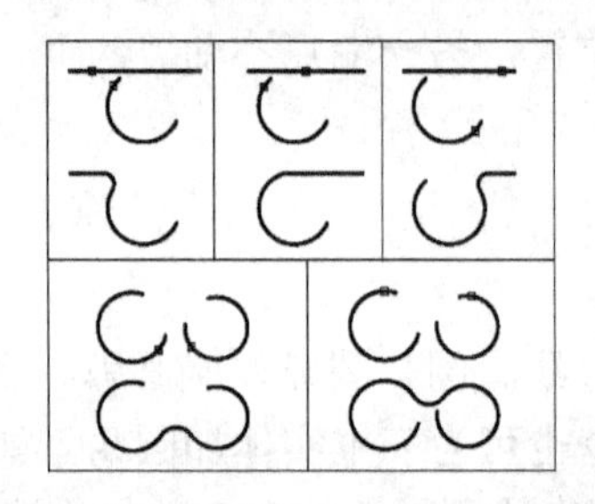

图 4.24 选择对象位置对圆角的影响

(9) 用圆角连接的两个对象在同一图层上，圆角弧也位于该图层上；如果两个对象不在同一图层上，则圆角弧位于当前层上。有关圆角弧的颜色和线型的处理规则与此相似。

### 4.4.6 【倒角】命令

1. 功能

【倒角】命令是可按指定的距离用一直线来连接两条直线，在两条直线或者多段线之间产生倒角。如果 TRIMMODE 系统变量设置为 1，则该命令裁剪相交直线到倒角的端点。如果选择的直线不相交，则 AutoCAD 系统进行延伸或者裁剪以便使其相交。

该命令与前面讲过的【圆角】命令很相似，其区别在于该命令用直线段连接，而【圆角】命令用圆弧连接。

2. 操作

单击【修改】工具栏【倒角】 按钮、【修改】下拉菜单的【倒角】菜单项或在命令行输入命令“chamfer”都可执行倒角操作，具体操作步骤如下。

```
命令：_chamfer
（“修剪”模式）当前倒角距离 1 = 10.0000，距离 2 = 10.0000
选择第一条直线或 [放弃(U)/多段线(P)/距离(D)/角度(A)/修剪(T)/方式(E)/多个(M)]:
```

选择第二条直线，或按住 Shift 键选择要应用角点的直线。

3. 说明

(1) 【选择第一条直线】、【放弃(U)】、【多段线(P)】、【修剪(T)】和【多个(M)】等选项的含义与【圆角】命令中的含义相似，这里不再赘述。

(2) 在选择第二个对象时按住 Shift 键再选择对象，相当于用 0 值来替代当前的倒角距离。如果选定对象是二维多段线的两个直线段，则它们可以相邻或者被另一条线段隔开。如果它们被另一条多段线线段分隔，则【倒角】命令将删除此分隔线段并用倒角代替它。

(3) 【距离(D)】选项，指定倒角距离，输入“D”并按 Enter 键后，将显示如下提示。

```
指定第一个倒角距离 <10.0000>: 20
指定第二个倒角距离 <20.0000>: 10(如图 4.25(a)所示)
```

如果倒角距离均为 0，系统将裁剪或延伸两直线直至相交，如图 4.25 (b)所示。

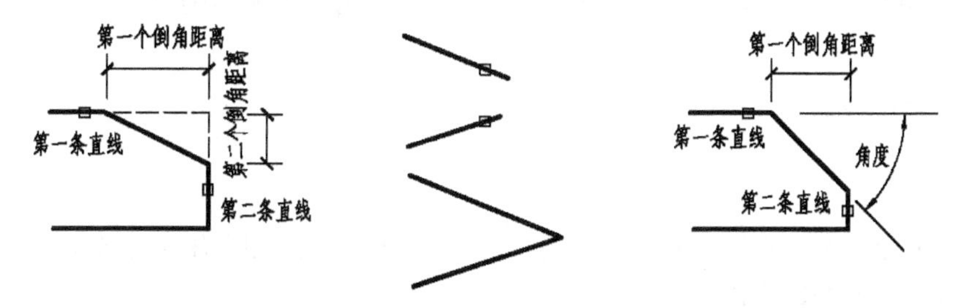


(a) 指定两个距离进行倒角　(b) 倒角距离等于 0　(c) 指定距离和角度进行倒角

**图 4.25　两直线间倒角**

(4) 【角度(A)】选项，设置倒角的距离和角度，输入“A”并按 Enter 键后，将显示如下提示。

```
指定第一条直线的倒角长度 <0.0000>:15
指定第一条直线的倒角角度 <0>: 45(如图 4.25(c)所示)
```

(5) 【方式(M)】选项，控制是用两个倒角距离方式还是用一个倒角距离和一个角度方式来建立倒角。

(6) 如果两条直线在图形范围内无交点时，则拒绝执行该命令，并显示报错信息。

### 4.4.7　分解对象

1. 功能

【分解】命令可将一个复杂的对象分解成多个简单的基本对象。例如该命令可以将多段线分解为简单的直线段或弧线段，分解后相关的宽度和切线信息将消失，所有直线段和弧线段都按多段线的中心线绘制。该命令还可以将块、尺寸标注、多线、三维实体、面域、体、多面体网格等对象分解为多个简单对象。

2. 操作

单击【修改】工具栏【分解】 按钮、【修改】下拉菜单的【分解】菜单项或在命令行输入命令“explode”都可执行分解操作，具体操作步骤如下。

```
命令:_explode
选择对象:(选择要分解的对象)
```

3. 说明

(1) 该命令一次只能分解一级对象。例如，图块中含有多段线，使用一次该命令只分解图块，而块中的多段线如果要再分解，则还需再使用一次【分解】命令。

(2) 分解多段线等对象后，分解的对象位于同一图层，其颜色、线型与原对象相同。

## 4.5 特定对象的修改

对于多段线、多线、样条曲线等对象，AutoCAD 提供了专门的编辑命令，下面分别介绍这些命令的用法。

### 4.5.1 多段线的修改

1. 功能

【编辑多段线】命令可以编辑二维多义线、三维多义线和三维多边形网格。这里主要介绍二维多义线的编辑方法。

2. 操作

单击【修改】下拉菜单的【对象】子菜单中的【多段线】菜单项或在命令行输入命令“pedit”都可执行【多段线编辑】命令，具体操作步骤如下。

```
命令: _pedit
选择多段线或 [多条(M)]:(选择一条多段线)
输入选项
[闭合(C)/合并(J)/宽度(W)/编辑顶点(E)/拟合(F)/样条曲线(S)/非曲线化(D)/线型生成(L)
/放弃(U)]:
```

3. 说明

如果当前多段线是闭合的，则【闭合(C)】选项由【打开(O)】选项代替。

各选项的含义说明如下。

(1) 【闭合(C)】或【打开(O)】选项，将多段线的最后一段与第一段连接起来形成闭合多段线，如图 4.26(a)所示。或者将多段线首尾端点间的连接线段去掉，形成开多段线。

(2) 【合并(J)】选项，找出与开多段线任意一端相遇的直线、圆弧或者多段线，并将它们加到该开多段线上，构成新的多段线，如图 4.26(b)所示。

(3) 【宽度(W)】选项，为整条多段线指定新的统一宽度。指定新的宽度后，多段线中各不同宽度的线(弧)段都将用新的宽度值重新确定，如图 4.26(c)所示。

(4) 【编辑顶点(E)】选项，提供一系列编辑多段线顶点及其相关线段的功能。选择该项后，将出现一些提示子选项，各项含义将在后面专门介绍。

(5) 【拟合(F)】选项，用一条光滑曲线拟合多段线的所有顶点，这条曲线在多段线的相邻两个顶点间，由一对圆弧构成，如图 4.26(d)所示。

(6) 【样条曲线(S)】选项，可生成由多段线顶点控制的样条拟合曲线，如图 4.26(e)所示。拟合样条曲线时，多段线各顶点当作曲线的控制点或框架，用样条曲线来逼近各控制点，控制点越多，逼近的精度就越高。样条曲线与前面讲过的拟合曲线不同，拟合曲线是由过各个顶点的一对对弧线组成。一般情况下，样条曲线要比拟合曲线的效果好些。

对多段线进行样条拟合时，其控制点信息被保存起来，为以后用【非曲线化】选项还原多段线时使用。一般情况下，样条边框不显示，如果要显示，需设置系统变量 SPLFRAME 为 1(该变量的默认值为 0)，这样在随后生成的样条拟合曲线时，将显示边框和样条曲线，如图 4.26(f)所示。

样条类型受系统变量 SPLINETYPE 控制，如果 SPLINETYPE 等于 5，则生成二次 B 样条曲线；如果 SPLINETYPE 等于 6，则生成三次 B 样条曲线，如图 4.26(g)所示。

系统变量 SPLINESEGS 用于设置样条曲线的逼近精度，默认值为 8，表明每对控制点之间的曲线由 8 条线段组成。该变量取值越大，则逼近的样条曲线精度越高，而生成样条曲线所用的空间和时间开销就越大。图 4.26(h)所示为设置不同精度后的曲线。

(7) 【非曲线化(D)】选项，用来解除由【拟合】和【样条曲线】选项产生的曲线，并恢复原来的多段线。

(8) 【线型生成(L)】选项，按当前系统变量的设置值，通过多段线的顶点重新生成一条多段线。线型生成设置为 off 时，控制多段线在顶点间生成；线型生成设置为 on 时，控制多段线在端点之间生成。

(9) 【放弃(U)】选项，用来取消上一次的编辑操作。连续使用该选项，可使图形一步步后退复原。

图 4.26 对多段线的编辑选项作了说明。

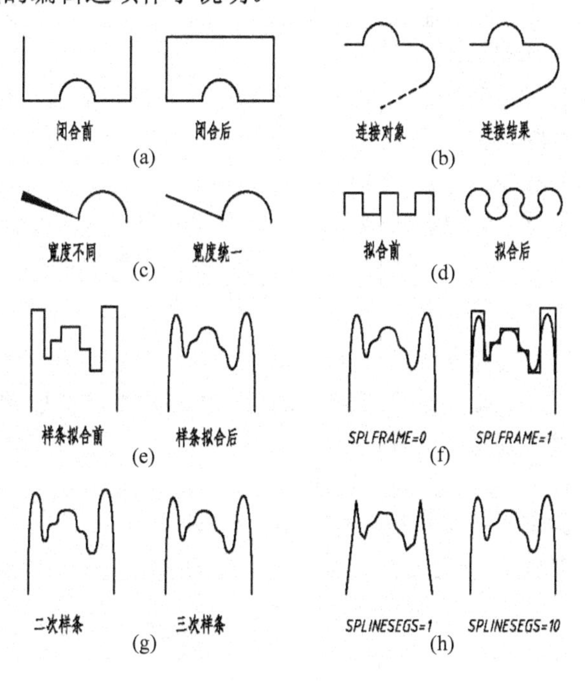


图 4.26 多段线的编辑

4. 多段线的顶点编辑

多段线的每一段都由顶点控制。如果要对多段线顶点进行编辑，需选择【编辑顶点(E)】选项。进入【编辑顶点】后，AutoCAD 系统用“×”标记多段线的第一个顶点。如果已经为这个顶点指定了切线方向，则还将在该方向显示一个箭头。编辑顶点的子选项为

```
输入顶点编辑选项
[下一个(N)/上一个(P)/打断(B)/插入(I)/移动(M)/重生成(R)/拉直(S)/切向(T)/宽度(W)/退出(X)] <N>:
```

各选项的含义说明如下。

(1) 【下一个(N)】选项，将当前顶点移动下一个顶点。该选项是默认选项。

(2) 【上一个(P)】选项，用来把当前顶点前移一个。顶点标记“×”一次只能向前或向后移动一个顶点，即使是闭合多段线，顶点标记也不会从终点跳到起点。

(3) 【打断(B)】选项，用来将多段线拆分为两条或从已存在的顶点处删除一段多段线。选择该项后，系统提示为

```
输入选项 [下一个(N)/上一个(P)/执行(G)/退出(X)] <N>:
```

在该提示后输入【下一个(N)】或【上一个(P)】选项，可以选择第二个断开顶点的位置，这时顶点标记“×”作相应的移动。输入【执行(G)】选项表示执行断开，可以把第一断开顶点至第二断开顶点之间的部分删去，如图 4.27(a)所示。若没有选择第二断开顶点，则在第一断开顶点处将多段线分开。输入【退出(X)】选项，退出打断操作，返回到顶点编辑的提示行。

(4) 【插入(I)】选项，可以在当前编辑的顶点后面，插入一个新的顶点，生成一条新的多段线，如图 4.27(b)所示。

(5) 【移动(M)】选项，用来将当前顶点移动到一个新的位置。在使用该选项前需选好要移动的当前顶点，如图 4.27(c)所示。

(6) 【重生成(R)】选项，可用来重新生成多段线，以便看到顶点编辑的效果。

(7) 【拉直(S)】选项，可拉直两个顶点之间的多段线段，后续提示为

```
输入选项 [下一个(N)/上一个(P)/执行(G)/退出(X)] <N>:
```

第一个拉直点为进入【拉直(S)】选项的顶点，第一个拉直点可以用【上一个】与【下一个】来获取。如果用户只指定一个顶点，则把该顶点后面的线段拉直，图 4.27(d)显示了选择两顶点用一条直线段代替的情况。

(8) 【切向(T)】选项，为当前编辑的顶点指定一个切线方向，以便以后用于曲线拟合。切线方向用一个箭头显示在该顶点处，如图 4.27(e)所示。

(9) 【宽度(W)】选项，用来改变当前顶点后面的线段的起始宽度和终止宽度的值，如图 4.27(f)所示。

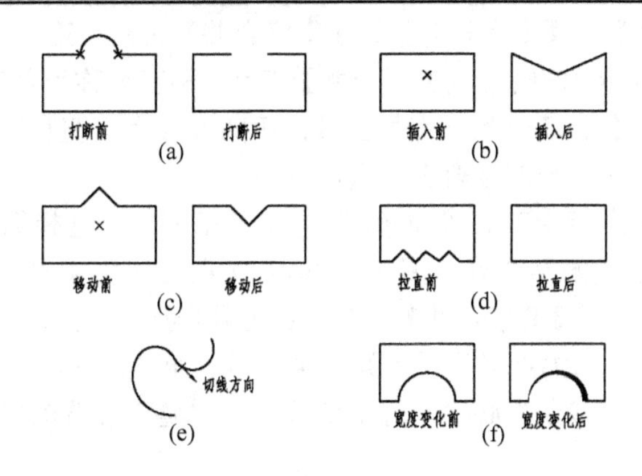


图 4.27　多段线顶点编辑

(10) 【退出(X)】选项，用来退出顶点编辑，返回到“pedit”命令提示状态。

### 4.5.2　多线的修改

1. 功能

【多线编辑工具】用于修改多线的相交、交叉、角点、剪切等方式。

2. 操作

单击【修改】下拉菜单的【对象】子菜单中的【多线】菜单项或在命令行输入命令“mledit”都会打开如图 4.28 所示的【多线编辑工具】对话框。

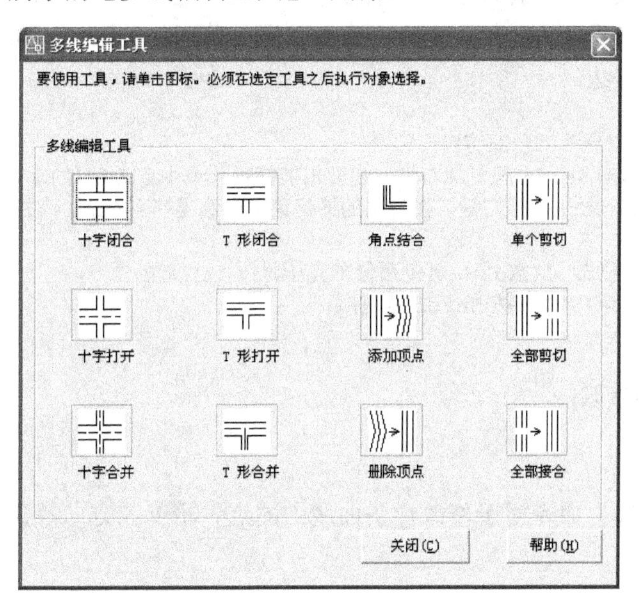


图 4.28 【多线编辑工具】对话框

3. 说明

【多线编辑工具】对话框提供了三行四列共 12 个多线编辑工具。第一列称为十字交叉工具，包括【十字闭合】、【十字打开】、【十字合并】工具；第二列称为T形相交工具，包括【T形闭合】、【T形打开】、【T形合并】工具；第三列称为角(顶)点工具，包括【角点结合】、【添加顶点】、【删除顶点】工具；第四列称为剪切和接合工具，包括【单个剪切】、【全部剪切】、【全部接合】工具。

十字交叉工具、T形相交工具以及角(顶)点工具都要求“选择第一条多线、选择第二条多线”并修剪两根多线的结合处。图4.29 (a)中*A*点处使用【角点结合】，*B*点处使用【十字合并】，*C*点处使用【T形合并】，*D*点处使用【全部剪切】，修剪结果如图4.29(b)所示。十字交叉工具、角(顶)点工具对“第一条多线、第二条多线”没有次序要求，但T形相交工具要求“第一条多线”必须是处于字母T中“竖”位置的多线。

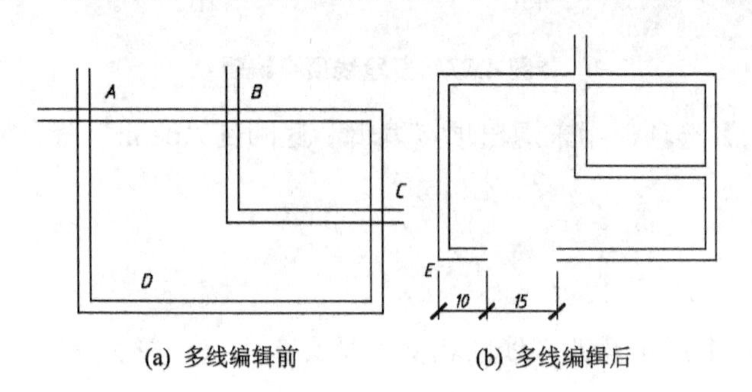


(a) 多线编辑前　　(b) 多线编辑后

**图 4.29　多线编辑**

单个剪切和全部剪切要求输入的参数与前面三类工具不同，它们要求“选择多线、选择第二个点”，并根据“选择多线时拾取框中心点的位置”以及第二点将多线部分剪断或全部剪断。可见，选择多线时拾取框中心点的位置是剪切的关键，下面是修剪图4.29(b)中D点处缺口的一种方法。

```
命令：_mledit(启动“全部剪切”)
选择多线：(同时按Shift和鼠标右键，在弹出的捕捉菜单中选【自(F)】)
基点：(同时按Shift+鼠标右键，在弹出的捕捉菜单中选【端点(E)】，并捕获E点)
<偏移>：@10，0
选择第二个点：@15，0(按Enter键后修剪完毕)
选择多线或 [放弃(U)]：(按Enter键退出)
```

### 4.5.3　样条曲线的修改

1. 功能

【样条曲线编辑】命令用于修改样条曲线上的点、精度和方向等参数。

2. 操作

单击【修改】下拉菜单的【对象】子菜单中的【样条曲线】菜单项或在命令行输入命令“splinedit”均可执行样条曲线编辑。具体操作如下。

```
命令：_splinedit
选择样条曲线：
输入选项 [拟合数据(F)/闭合(C)/移动顶点(M)/精度(R)/反转(E)/放弃(U)]：
```

3. 说明

“splinedit”命令可从五个方面对选定的样条曲线进行修改。

(1) 【拟合数据(F)】：编辑样条曲线的拟合数据，包括添加、删除、移动数据点，修改起点、终点切点方向，修改拟合公差，封闭样条曲线等内容。

(2) 【闭合(C)】/【打开(O)】：闭合开放的样条曲线，或打开闭合的样条曲线。

(3) 【移动顶点(M)】：重新定位样条曲线的控制顶点并且清理拟合点。

(4) 【精度(R)】：通过添加控制点、增高权值以及提高样条曲线阶数等修改样条曲线定义，并提高样条曲线的精度。

(5) 【反转(E)】：修改样条曲线方向。

(6) 【放弃(U)】：取消上一个编辑操作。

# 4.6 综合编辑

用户可以利用 AutoCAD 系统所提供的【特性】选项板、【特性匹配】、夹点编辑功能对图形进行编辑修改。

## 4.6.1 【特性】选项板修改对象

1. 功能

【特性】选项板可以显示选定对象或对象集的特性，同时可指定新值来修改任何能够更改的特性。

2. 操作

单击【标准】工具栏【特性】按钮、单击【修改】下拉菜单的【特性】菜单项或在命令行输入命令“properties”都可弹出如图 4.30 所示的【特性】选项板。

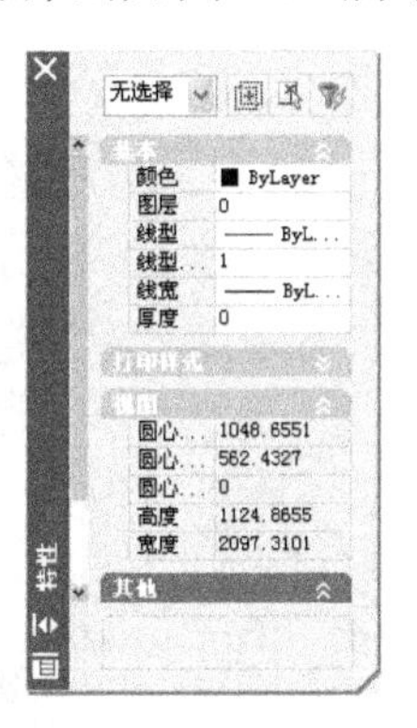


图 4.30 【特性】选项板

3. 说明

(1) 可以使用任意方法选择所需对象，【特性】选项板将显示选定对象的特性，而且可以在【特性】选项板中修改选定对象的特性。如果未选择对象，【特性】选项板将只显示当前图层和布局的基本特性、附着在图层上的打印样式表名称、视图特性和用户坐标系的相关信息。

(2) 单击【特性】选项板右上角【切换 PICKADD 系统变量的值】的 按钮，可以打开(1)或关闭(0)PICKADD 系统变量。PICKADD 打开时，每个选定对象都将添加到当前选择集中。PICKADD 关闭时，选定对象将替换当前的选择集。

(3) 单击【特性】选项板右上角【选择对象】的 按钮，可以选择对象，并将对象的特性在选项板中显示出来。

(4) 单击【特性】选项板右上角【快速选择】的 按钮，弹出【快速选择】对话框。使用【快速选择】创建基于过滤条件的选择集。

### 4.6.2 【特性匹配】修改对象

1. 功能

【特性匹配】可将一个对象的某些或所有特性复制到另一个或多个对象上。

2. 操作

单击【标准】工具栏【特性】 按钮、【修改】下拉菜单的【特性匹配】菜单项或在命令行输入命令“matchprop”都可执行【特性匹配】命令。以图 4.32 为例说明该命令的操作步骤如下。

```
命令:'_matchprop
选择源对象:(选择图 4.31(a)中的源对象)
当前活动设置: 颜色 图层 线型 线型比例 线宽 厚度 打印样式 文字 标注 填充图案
多段线 视口 表格
选择目标对象或 [设置(S)]:(选择图 4.31(b)中的目标对象，得到 4.31(c)所示的图形)
```

如果在“选择目标对象或[设置(S)]”提示下输入“S”，则弹出如图 4.32 所示的【特性设置】对话框，利用该对话框可以改变特性匹配的设置。

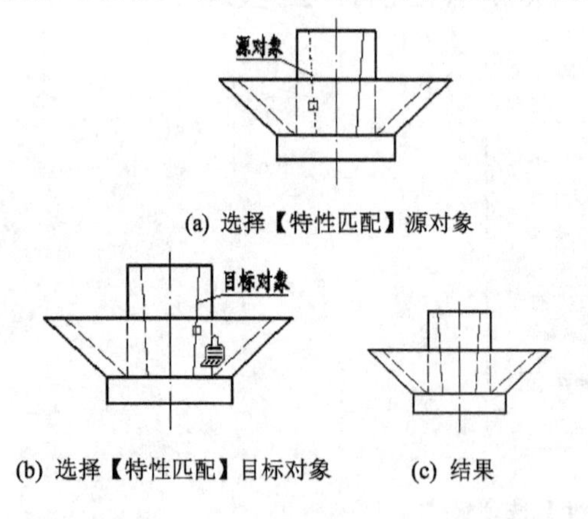


(a) 选择【特性匹配】源对象

(b) 选择【特性匹配】目标对象　　(c) 结果

图 4.31　利用【特性匹配】修改对象特性

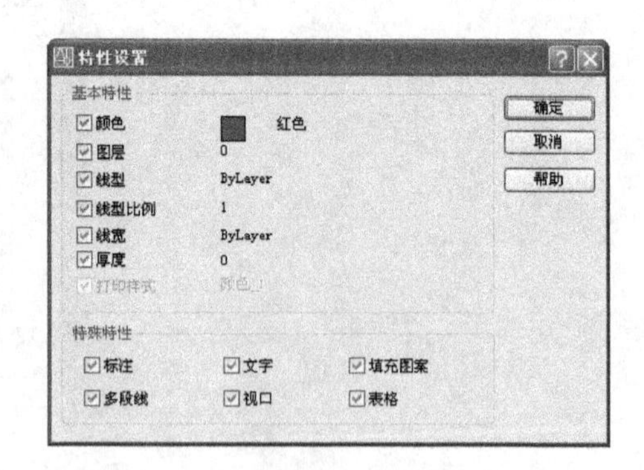


图 4.32　【特性设置】对话框

3. 说明

【特性匹配】可以复制的特性包括图层、颜色、线型、线型比例、厚度，还包括尺寸标注、文本、图案填充的特性。表 4-1 列出可为每个 AutoCAD 对象复制的特性。

### 4.6.3　夹点编辑对象

1. 功能

使用夹点功能可以方便地进行移动、旋转、缩放、拉伸、镜像等编辑操作。

2. 夹点的概念

在未执行命令时使用定点设备指定对象，对象将以“点线”的形式显示并在关键点上将出现一些小方框，这就是夹点，如图 4.33 所示。通过拖动夹点可以直接而快速的编辑对象。

夹点的大小及颜色可以利用图 4.4 所示的【选项】对话框进行调整。若要移去夹点，可按 Esc 键。要从夹点选择集中移去指定对象，可以在选择前按下 Shift 键。

表 4-1　特性匹配

| 对　　象 | 图层、颜色、线宽 | 线型和线型比例 | 厚　　度 | 文本特性 | 标注特性 | 图案填充特性 |
|---|---|---|---|---|---|---|
| 点 | √ | | √ | | | |
| 直线 | √ | √ | √ | | | |
| 圆 | √ | √ | √ | | | |
| 圆弧 | √ | √ | √ | | | |
| 椭圆 | √ | √ | | | | |
| 二维多段线 | √ | √ | √ | | | |
| 宽线 | √ | √ | √ | | | |
| 三维多段线 | √ | √ | | | | |
| 样条曲线 | √ | √ | | | | |
| 文字 | √ | √ | √ | √ | | |
| 多行文字 | √ | | | √ | | |
| 属性定义 | √ | | √ | √ | | |
| 标注 | √ | √ | | | √ | |
| 公差 | √ | √ | | | √ | |
| 图案填充 | √ | | | | | √ |
| 插入 | √ | √ | | | | |
| 三维面 | √ | √ | | | | |
| 三维网格 | √ | √ | | | | |
| 复合面网格 | √ | √ | | | | |
| 面域 | √ | √ | √ | | | |
| 体 | √ | √ | | | | |

续表

| 对　　象 | 图层、颜色、线宽 | 线型和线型比例 | 厚　　度 | 文本特性 | 标注特性 | 图案填充特性 |
|---|---|---|---|---|---|---|
| SCIS 实体 | √ | √ | | | | |
| 视口 | √ | | | | | |
| 图像 | √ | √ | | | | |
| 外部参照 | √ | √ | | | | |

3. 操作

将十字光标的中心对准夹点并单击，此时夹点即成为基点，并且显示为实心红色小方块，命令行中将提示：

```
** 拉伸 **
指定拉伸点或[基点(B)/复制(C)/放弃(U)/退出(X)]:
```

【拉伸】是选择夹点后的默认操作。在图 4.34 的(a)、(b)图中，若先选择夹点 *A*，然后指定 *B* 点作为拉伸点，结果如图 4.34 中粗实线所示。可知，选择不同的夹点其拉伸效果是不一样的。

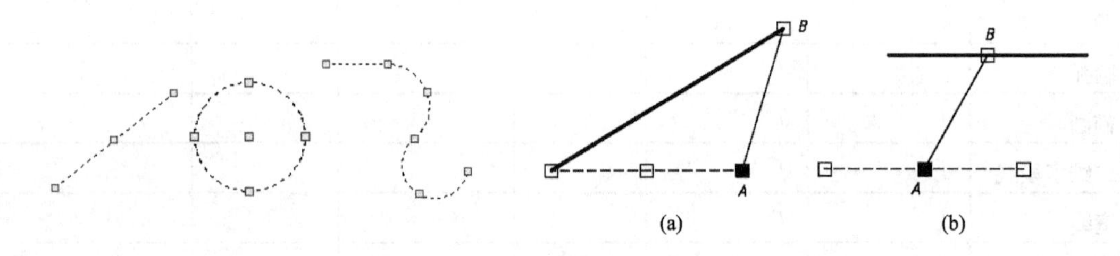


图 4.33　对象的夹点　　　　图 4.34　利用夹点拉伸直线

利用夹点拉伸时基点与拉伸点之间的距离确定对象的拉伸距离，系统默认的基点是被选择的夹点，选择【基点(B)】选项可重新设置基点；在一般情况下，完成一次拉伸后就退出了夹点编辑状态，若选择【复制(C)】选项，则进入重复拉伸状态；【放弃(U)】选项可以取消前面的操作；【退出(X)】选项即退出夹点编辑。

选择某夹点后用空格键、Enter 键或右击弹出快捷菜单，可循环切换到执行【移动】、【旋转】、【比例缩放】、【镜像】等命令，操作的提示如下。

```
** 移动 **
指定移动点或 [基点(B)/复制(C)/放弃(U)/退出(X)]:

** 旋转 **
指定旋转角度或 [基点(B)/复制(C)/放弃(U)/参照(R)/退出(X)]:

** 比例缩放 **
指定比例因子或 [基点(B)/复制(C)/放弃(U)/参照(R)/退出(X)]:

** 镜像 **
指定第二点或 [基点(B)/复制(C)/放弃(U)/退出(X)]:
```

由于这些命令在前面已作介绍，这里不一一详细讲解。

## 4.7　上 机 实 验

### 实验 1　利用有关绘图和编辑修改命令绘制图 4.35 所示的图形

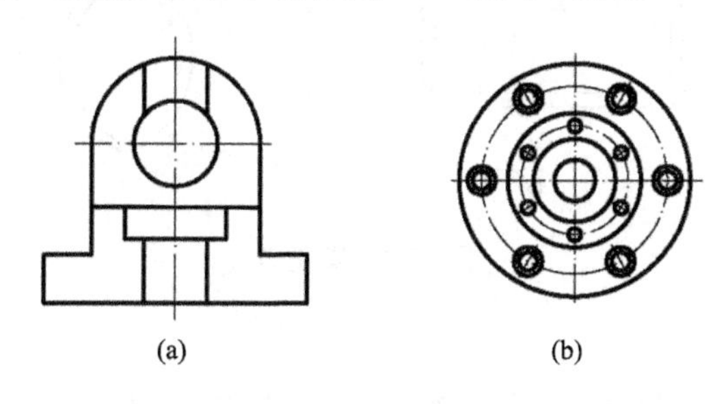


图 4.35　实验 1

1. 目的要求

熟练掌握绘图命令和编辑修改命令是学习 AutoCAD 的关键，特别是合理运用编辑命令，可以大大提高绘图效率。

2. 操作指导

对于对称图形，首先画出中心线以便定位。通过修剪、镜像等操作完成图 4.35(a)。图 4.35(b)可先通过偏移操作得到同心圆，再利用环形阵列得到均匀分布的小圆。图中线型可以均画成实线。

### 实验 2　利用有关绘图和编辑修改命令绘制图 4.36 所示的图形

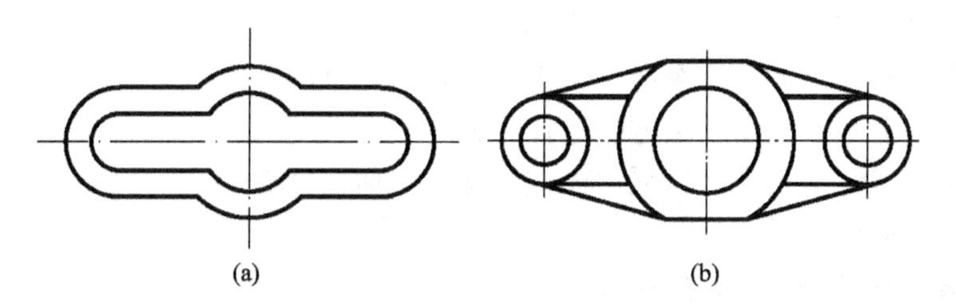


图 4.36　实验 2

1. 目的要求

在绘图过程中，综合使用绘图命令和编辑修改命令是快捷绘图的重要方法之一。读者通过绘制图 4.36 中的图形，可以体会有关命令的应用特点和操作技巧，为绘制复杂的工程图形打好基础。

2. 操作指导

图 4.36(a)先定出中心线后，画出中间小圆和矩形，在矩形左右两边画出相切的两个半圆，将中间的小圆、矩形和两端圆弧向外偏移相同距离，然后通过【修剪】命令去掉多余图线完成绘制。图 4.36(b)可通过画直线、画圆命令以及【偏移】、【修剪】、【镜像】等

编辑命令完成。

**实验 3　绘制图 4.37 所示的建筑图例**

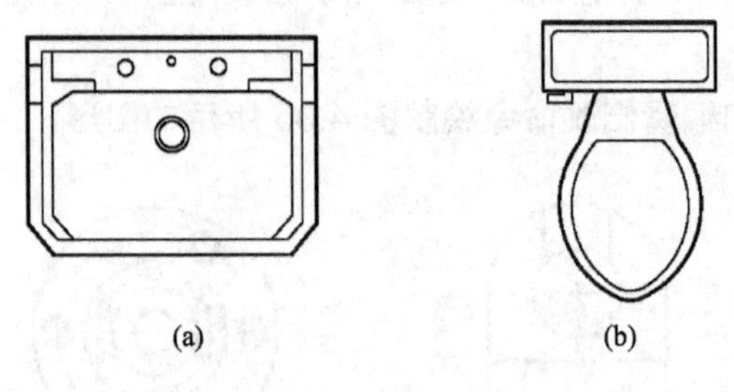


图 4.37　实验 3

1. 目的要求

建筑施工图中许多细部结构是用图例表达的，事先画出这些图例，通过复制等方法可以加快绘图速度，减少重复劳动。

2. 操作指导

图 4.37(a)中的斜线可利用【倒角】命令画出。图 4.37(b)后面小矩形可利用【圆角】命令画出。

## 4.8 思 考 题

1. 对象选择集如何构成？w 窗口方式与 c 窗口方式有什么异同点？
2. 什么是快速选择？
3. 如何控制文本镜像？
4. 【打断】和【修剪】命令在功能上有何相似和不同点？
5. 在【拉伸】命令中用什么方法选择对象？
6. 增加某一线段的长度可以采用哪些方法？如何操作？
7. 多段线如何修改？
8. 多线编辑有哪些工具？如何应用？
9. 如何利用【特性】选项板修改对象特性？
10. 【特性匹配】有什么作用？简述【特性匹配】的方法。
11. 什么是夹点？利用夹点功能可以进行哪些操作？

# 第 5 章　工程图形的环境设置

**教学提示**：使用 AutoCAD 绘制工程图形时，为符合我国建筑制图国家标准的规定，应预先对绘图环境进行设置。绘图环境的设置包括图形界限、绘图单位、图层、线型、线宽、辅助绘图、对象捕捉及自动追踪等。

**教学目标**：了解图形界限、图层、辅助绘图工具、对象捕捉、自动追踪的概念及其特性。重点让学生通过设置图形范围，创建图层，设置图层的线型、线宽、颜色，利用辅助绘图工具、对象捕捉及对象追踪等功能，为准确而快捷绘制工程图打下基础。

## 5.1　图形界限和绘图单位的设置

### 5.1.1　图形界限的设置

手工绘图时，一般根据形体大小确定绘图比例，计算出图纸幅面。而用 AutoCAD 绘图时，可按图形的实际尺寸用 1∶1 比例绘图。当选择不同的比例输出图形时，可以给出不同规格的图纸。设置的图形界限通常应大于或等于图形的实际尺寸。

1. 功能

【图形界限】命令可设置当前图形的绘图边界、控制边界检查功能。

2. 操作

单击【格式】下拉菜单的【图形界限】子菜单或在命令行输入命令“limits”都可以设置图形界限，具体步骤如下。

```
指定左下角点或[开(ON)/关(OFF)]<0.0000, 0.0000>:(按 Enter 键)
指定右上角点〈420.0000, 297.0000〉:(需要的图纸尺寸)
```

执行 ZOOM 命令的 ALL 选项，将所设图形界限全部显示在屏幕上

3. 说明

(1) 【开(ON)】选项，打开图形界限检查功能，防止拾取点超出范围。如果拾取点的坐标输入值超出绘图边界则出现:【**超出图形界限】的警告，要求重新进行操作。

(2) 【关(OFF)】选项，关闭图形界限检查功能，可以在图形界限范围之外拾取点。

### 5.1.2　绘图单位的设置

AutoCAD 系统是一种适用于世界各地、各行各业的绘图软件。它对长度单位和角度单位提供了多种选择，每次绘图之前，用户根据需要设置绘图单位及精度。

1. 功能

设置绘图长度和角度的单位和角度。

2. 操作

(1) 单击【格式】下拉菜单下的【单位】或在命令行输入命令“unit”，打开【图形单位】对话框，如图 5.1 所示。

(2) 在【长度】区内选择单位类型(小数、工程、建筑、分数、科学)和精度，工程绘图一般使用“小数”和“0”；在【角度】区内选择角度类型和精度，工程绘图中一般使用“十进制小数”和“0”。默认情况下，角度以逆时针方向为正方向，如果选中【顺时针】复选框，则以顺时针方向为正方向。在【用于缩放插入内容的单位】下拉列表框中选择图形单位，默认单位为“毫米”。

(3) 设置基准方向。单击对话框中的 方向(D)... 按钮，将弹出一个【方向控制】对话框，如图 5.2 所示。使用该对话框，用户可以设置基准(0°)角度的方向。在默认情况下，基准角度的方向为东。

(4) 单击 确定 按钮。

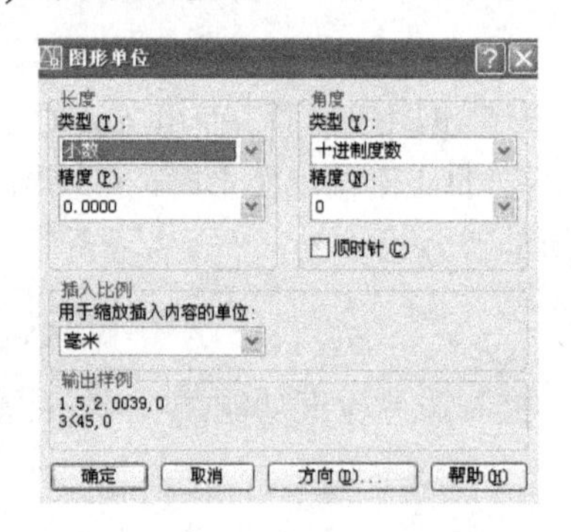


图 5.1 【图形单位】对话框

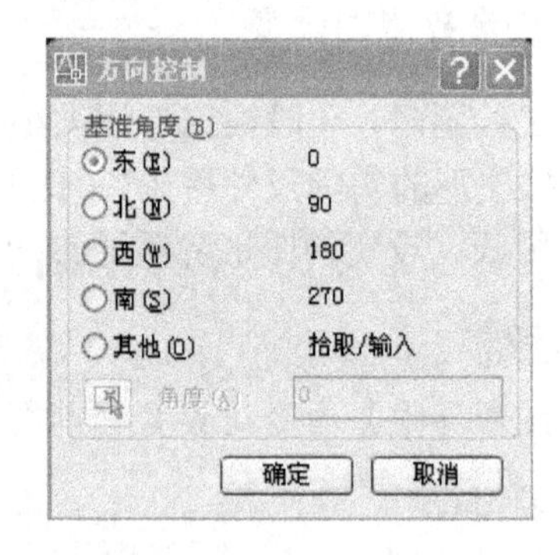


图 5.2 【方向控制】对话框

## 5.2 图层及其管理

### 5.2.1 图层的基本概念及特性

1. 图层的概念

图层是 AutoCAD 系统中的一个特定概念。它相当于没有厚度的透明纸，可以在每一层透明纸上绘制工程图形的同类信息，把这些透明纸重叠起来就是一张工程图。使用 AutoCAD 系统绘图，任何图形对象都是处在某个层上的，系统默认状态为 0 层。

2. 图层的作用

(1) 使图形清晰，便于绘图输出。例如一张简单的建筑平面图可把轮廓线放在一个图层上绘出，设定颜色、线型、线宽分别为绿色、连续线、0.7mm；把中心线放在同一图层上，设定颜色、线型、线宽分别为红色、中心线、0.25mm；把尺寸标注放在某一图层上，设定颜色、线型、线宽分别为蓝色、连续线、0.25mm；这样不同类型的图放在不同的图层上，整张图看起来就很清晰，便于图形输出。

(2) 便于编辑修改。当图层图形需要修改图线的颜色、线型、线宽时，只需修改该层的颜色、线型、线宽，则该层上所有图线都得到修改，不必一个个分别修改。

(3) 节省存图空间。同一图层具有统一线型和颜色、线宽，层上图线以此分类存储，结构紧凑，节省了一些空间，便于分类管理。

3. 图层的特性

(1) 每个图层都赋予一个名称，其中“0”层是 AutoCAD 系统自动定义的，其余的图层，用户根据需要自己定义。

(2) 每个图层容纳的对象数量不受限制。

(3) 用户使用的图层数量不受限制，但不要过多，够用即可。

(4) 层本身具有颜色、线宽和线型，用户可以使用图层的颜色、线宽和线型绘图，也可以使用不同于图层的线型、线宽和颜色进行绘图。

(5) 同一图层上的对象处于同种状态，如可见或不可见。

(6) 图层具有相同的坐标系、绘图界限和显示缩放倍数。各层之间精确地互相对齐，用户可对位于不同图层上的对象同时进行编辑操作。

(7) 图层具有关闭(打开)、冻结(解冻)、锁定(解锁)等状态，用户可以改变图层的状态。

### 5.2.2　图层的操作

图层的创建与设置都是在【图层特性管理器】中完成的。单击【对象特性】工具栏上的图层 按钮、【格式】下拉菜单的【图层】菜单项或在命令行输入命令“layer”都可弹出【图层特性管理器】对话框，如图 5.3 所示。

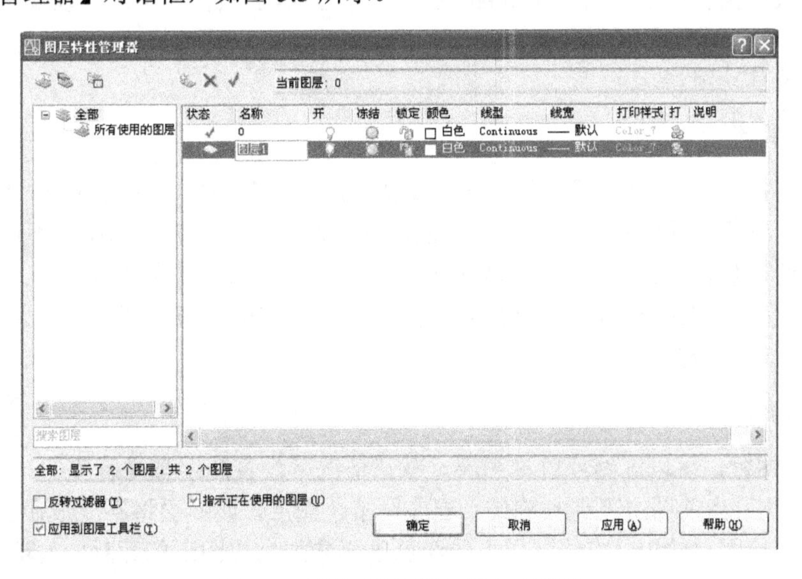


图 5.3 【图层特性管理器】对话框

该对话框左边是图层过滤器的树状列表，右边则显示了与左边过滤条件相对应的图层列表。利用右边列表上方的 按钮，用户可以创建、删除图层，可以将某一图层设置为当前图层。

1. 创建图层

(1) 单击【图层特性管理器】对话框上的【新建图层】 按钮，图层列表中将自动添加名称为“图层 1”的图层。

(2) 连续单击 按钮，系统将向图层列表中继续添加名称为“图层 *n*”(*n* 为自然数)的图层，最新添加的图层呈高亮显示状态，按所述方法添加图层 2、图层 3。

(3) 单击名称列表，用户可根据各图层的特性为图层改名。将图层 2、图层 3 分别改为“粗实线”和“中心线”。单击应用(A)或确定按钮，则创建图层生效。

2. 删除图层

选中要删除的图层，单击对话框上方的 按钮，再单击应用(A)或确定按钮，带标记的图层被永久删除。但当前层、0 层、定义点层、依赖外部参照的图层，以及包含图形对象的图层不能被删除。

3. 将某图层置为当前图层

在图层列表中选中某一图层，单击对话框上方的 按钮，即可将该层设置为当前层，此时，状态列表处的符号变为 ，此时，用户绘制的对象就在该层上，且具有该图层的特性。右击对话框图层列表中的任一图层，系统将弹出快捷菜单，利用该菜单也可以设置当前层、新建图层或选择某些图层。

### 5.2.3 图层的状态

在【图层特性管理器】对话框的图层列表中，显示了已有图层及其设置，其中第三、四、五列用于表示各图层的状态。如“开”、“冻结”、“锁定”等，下面介绍这些项目的控制方式及其功用。

1. 打开/关闭

单击 图标，可以打开或关闭图层。默认情况下，各图层都是打开的，灯泡呈黄色。图层关闭后，灯泡的颜色变为灰色。打开的图层是可见的，关闭的图层则不可见，也不能用打印机或绘图仪输出。当图形重新生成时，关闭的图层将一起被生成，并仍然是整图中的一部分，只是不能被显示出来。绘制较复杂图形时，根据需要适当关闭一些图层，可以使绘图或看图时更清楚。

2. 冻结/解冻

单击 图标，可以冻结或解冻图层。默认情况下，各图层都是解冻的。图层冻结后，图标呈 状态，当前图层不能被冻结。若冻结某个图层，该图层将不能被显示出来，也不能被打印或用绘图仪输出，冻结图层上的对象不再参加生成图形的运算，重新生成图形时，系统也不再重新生成该层上的对象。因此，处理复杂图形时冻结不需要的图层，可大大加快系统重新生成图形的速度。

被冻结的图层和被关闭的图层都不能被显示出来，也不能被打印或用绘图仪输出。它们之间的差别在于：被冻结图层上的图形对象不参加图形处理过程中的运算，而被关闭图层上的图形对象则要参加。关闭某层是为了便于观察，而冻结是为了提高图形处理速度。

3. 锁定/解锁

单击 图标，就可以锁定或解锁图层。默认情况下，各图层部是解锁的。图层锁定后，图标呈 状态。锁定一个图层并不影响其显示状态，只要该层是打开和未被冻结的，处于锁定层上的图形仍然可以显示出来，但锁定图层上的对象不能被编辑。

当前层也可以被锁定，且可以在该层上继续绘图，但绘制的图形立即被锁定。在锁定层上可使用捕捉功能和【查询】命令。

AutoCAD 2006 的【图层特性管理器】对话框的图层列表【状态】一栏，该列表的标志不能被更改。各标志的意义如下。

(1) 蓝色标记 ：表示已被使用的图层，用户不能删除带这种标记的图层。

(2) 灰色标记 ：表示未被使用的图层，这样的图层可以删除。

(3) 删除标记：表示该图层已被作上删除符号，但并未真正删除，单击【图层特性管理器】对话框的 应用(A) 或 确定 按钮后，该图层被永久删除。

(4) 当前图层标记 ：表示该图层为当前层。

### 5.2.4 图层过滤

AutoCAD 2006 改进后的图层过滤功能更加完善。当图形比较复杂，含有大量图层时，使用过滤功能可以方便用户操作图层。

1. 使用【图层过滤器特性】对话框过滤图层

打开【图层特性管理器】对话框，单击左边上面的 按钮，系统打开【图层过滤器特性】对话框，如图 5.4 所示。使用该对话框，用户可根据图层特性创建图层过滤器。

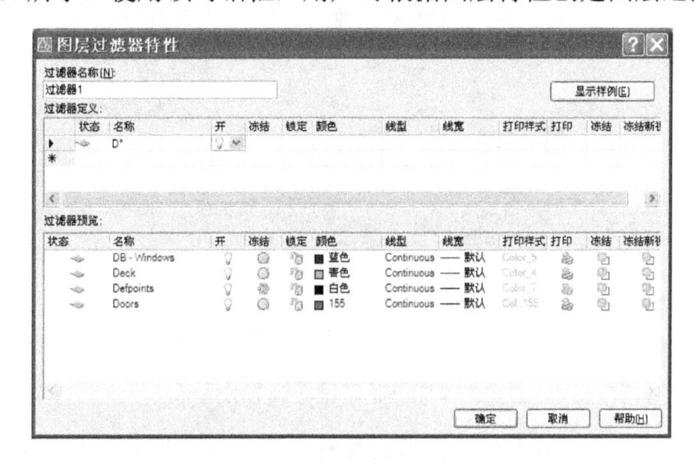


图 5.4 【图层过滤器特性】对话框

下面简要介绍对话框的各选项功能。

(1) 【过滤器名称】文本框：用于输入过滤器名称。

(2) 【过滤器定义】列表：用于设置过滤条件。单击列表中的文本框，用户可从弹出的下拉列表框或对话框中设置过滤条件。用户可以设置多行列表，每一行中的条件分别代

表一种过滤图层的条件。其中指定图层的名称时，可用标准的“？”和“*”等通配符，其中：“？”表示任意一个字符，“*”表示任意多个字符。

(3) 【过滤器预览】列表框：列出了所有符合过滤条件的图层。

例如要在样板文件“AutoCAD 2006\sample\Blocks and Tables-Imperial. dwg”中创建过滤器，名称为“过滤器 1”，过滤条件为:图层名称“D*”、标记 、图层状态为“开”。

操作步骤为：先打开文件“AutoCAD 2006\sample\Blocks and Tables-Imperial. dwg”；然后打开【图层特性管理器】对话框。单击【新特性过滤器】 按钮，系统打开【图层过滤器特性】对话框。在【过滤器名称】文本框中输入“过滤器 1”；在【过滤器定义】列表的第一行的【名称】列中输入“D*”，状态设为 ，再将“开”列设为 ，如图 5.4 所示。单击 确定 按钮，系统返回到【图层特性管理器】对话框，在过滤器树状列表上则添加了一个名称为“过滤器 1”的特性过滤器；单击“过滤器 1”，对话框右边的列表上则列出了符合过滤器条件的所有图层。

2. 使用【新组过滤器】对话框过滤图层

单击【图层特性管理器】对话框上面的【新组过滤器】按钮，在过滤器树状列表中则增加了一个默认名称为“组过滤器 1”的过滤器，用户可以更改其名称。单击过滤器树的“所有使用的图层”或其他过滤器，列表中显示对应的图层。这时，用户可将需要分组过滤的图层拖放到新建的组过滤器中。

3. 保存与恢复图层状态

在【图层特性管理器】对话框中单击【图层状态管理器】按钮，打开【图层状态管理器】对话框，如图 5.5 所示。

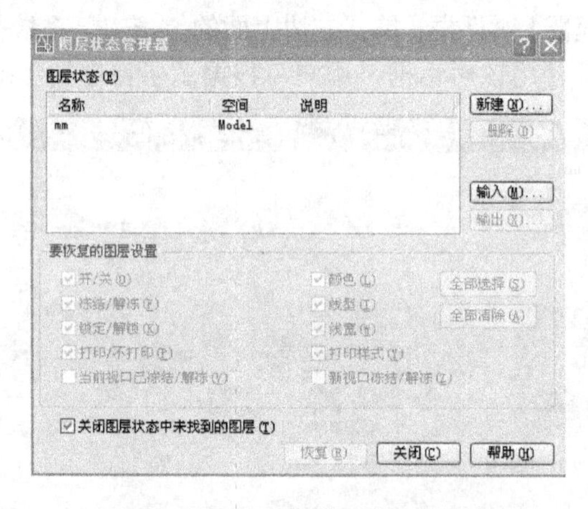


图 5.5 【图层状态管理器】对话框

【图层状态】列表框显示了当前图形已保存下来的图层状态名称，以及从外部输入进来的图层状态名称。使用该对话框，用户可以保存与恢复图层状态。对话框中各选项功能如下。

(1) 新建(N)... 按钮：单击该按钮，新建一个图层状态。用户可在弹出的对话框中输入图层状态名称及说明。

(2) 删除(D) 按钮：单击该按钮，可以删除选中的图层状态列表。

(3) 输入(M)... 按钮：单击该按钮，打开【输入图层状态】对话框，可以将外部图层状态文件输入到当前图层中。

(4) 输出(X)... 按钮：单击该按钮，打开【输出图层状态】对话框，可以将当前图形已保存下来的图层状态输出到一个扩展名为“.las”的文件中。

(5) 【要恢复的图层设置】选项组：通过选择相应的复选框选中要恢复的图层状态和特性。

(6) 恢复(R) 按钮：先在【图层状态】列表框中选中要恢复的图层状态名称，单击该按钮，可以将图层状态恢复到当前图形中。

### 5.2.5 【图层】工具栏

使用【图层】工具栏可以方便、快捷地切换图层与修改对象所在的图层，还可以随时控制各图层的状态。【图层】工具栏如图 5.9 所示。

图 5.6 【图层】工具栏

利用该工具栏可实现对图层的以下操作：

(1) 切换当前层。单击【图层】工具栏上的 按钮，打开列表，单击欲设置为当前层的图层名称，即可完成切换。使用 AutoCAD 系统绘图时，由于经常要在不同的图层上绘制具有不同特性的图形对象，因此就需要经常切换当前层。虽然在【图层特性管理器】对话框中也可以切换当前层，但使用【图层】工具栏的下拉列表框切换当前层更为快捷方便。

(2) 修改图层状态。【图层】工具栏的下拉列表框中显示了图层状态图标，当修改一个图层状态时，打开该列表框，单击相应图标即可改变图层状态。

(3) 修改已有对象图层。如果用户想把某个图形对象放置另一图层上，可用以下方法：选择欲修改的对象，在【图层】工具栏的下拉列表框中选取要放置的图层名称，即可将选择的图形对象转移到新的图层上。

(4) 单击【图层】工具栏上的 按钮，可将选中对象所在的图层置为当前层。

(5) 单击【图层】工具栏上的 按钮，可返回上一个图层。

## 5.3 线型及线宽的设置

工程绘图中线型及线宽的使用非常重要，如建筑平面图中，剖到的墙身用粗实线表示，定位轴线用细点画线表示等。所以，绘图之前，应在图层中预先设置好图线的线型、线宽。

### 5.3.1 设置图层线型

每一个图层可以设置一种线型，图层设置线型的步骤如下：

(1) 在【图层特性管理器】对话框中单击与该图层相关联的线型名，弹出一个【选择线型】对话框，如图 5.7 所示。默认情况下，该对话框中【已加载的线型】列表只有一种线型，要选择其他线型，必须首先将其加载到该列表中。

(2) 单击加载(L)...按钮，弹出【加载或重载线型】对话框，如图 5.8 所示。该对话框列出了线型文件中包含的所有线型，用户在列表框中选中一种或几种线型后单击确定按钮，系统返回到【选择线型】对话框中，此时，这些线型出现在【已加载的线型】列表中。

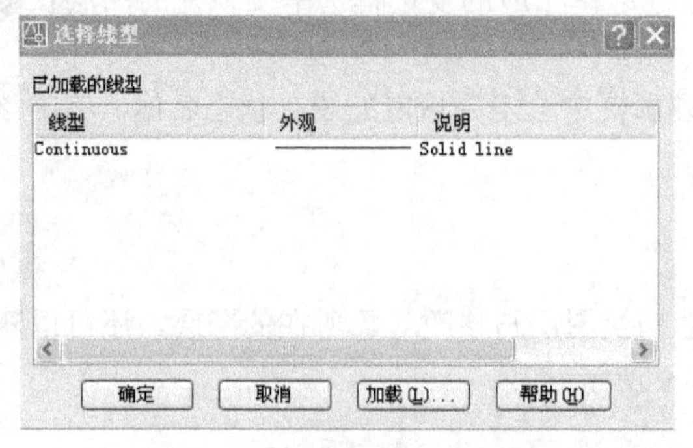


图 5.7 【选择线型】对话框

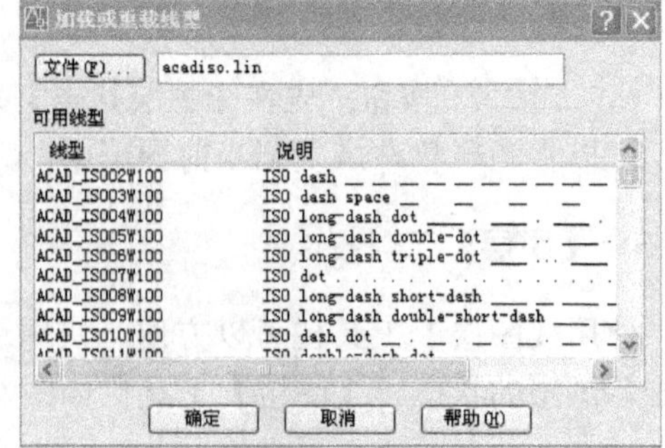


图 5.8 【加载或重载线型】对话框

(3) 在【选择线型】对话框中选择所需线型，单击确定按钮，即完成了对图层线型的设置。

(4) 调整线型比例：

① 调整“全局比例因子”。

“全局比例因子”影响图样中所有非连续线型的外观。其数值减小时，每个单位距离内的图案重复数目就会越多。对于短线段，若不能显示一个完整线形图案，则显示为连续线。用户修改“全局比例因子”后，AutoCAD 系统将重新生成图形，并使所有非连续线型发生变化。“全局比例因子”对应的系统变量为 LTSCALE(或 LTS)，用户可以通过改变系统变量值大小的方法改变全局比例因子。图 5.9 为“全局比例因子”不同时，虚线和点画线显示的结果。

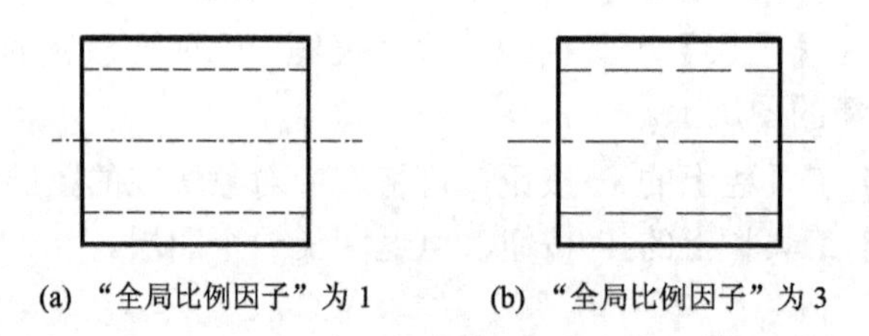

(a) “全局比例因子”为 1　　(b) “全局比例因子”为 3

图 5.9　全局比例因子对非连续线型外观的影响

② 调整“当前对象缩放比例”。

“当前对象缩放比例”只对以后新绘制的非连续线型有影响，对调整前绘制的对象无影响。“当前对象缩放比例”与“全局比例因子”是同时作用在线型对象上的。“当前对象缩放比例”对应的系统变量为 CELTSCALE。最终显示比例＝LTSCALE×CELTSCALE。图 5.10 所示的图形是当“全局比例因子”为 1 时，不同的“当前对象缩放比例”对非连续线型外观的影响。

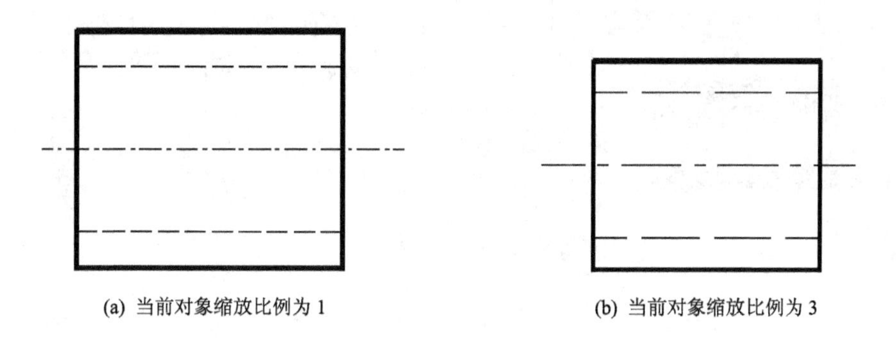

(a) 当前对象缩放比例为 1　　　　(b) 当前对象缩放比例为 3

图 5.10　当前对象缩放比例对非连续线型外观的影响

### 5.3.2　设置图层线宽

在【图层特性管理器】对话框中单击图层名对应的线宽项—— 默认，弹出一个【线宽】对话框，用户根据需要设置线宽。由于线宽属于打印设置，因此，默认情况下系统并未显示线宽设置效果。按下状态栏上的【线宽】按钮，可在绘图区域显示线宽设置效果。选择【格式】下拉菜单中【线宽】命令，打开【线宽设置】对话框，如图 5.11 所示，还可设置线宽的显示比例。

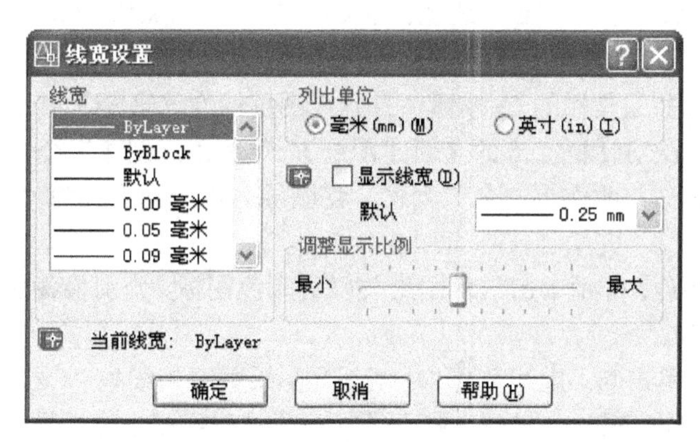


图 5.11　【线宽设置】对话框

## 5.4　颜色的设置

使用 AutoCAD 系统绘图时，设置图层颜色的目的主要是为了区别不同图层。因此，用户最好给不同图层设置不同的颜色。

设置图层颜色的步骤如下：

(1) 在【图层特性管理器】对话框中单击图层各对应的颜色项，弹出【选择颜色】对话框，如图 5.12 (a)所示。

(2) 在该对话框中，有【索引颜色】、【真彩色】和【配色系统】三个选项卡，用户可以根据需要在上述选项中选择颜色。选择好所需的颜色后，单击 确定 按钮，即可完成对该图层颜色的设置。

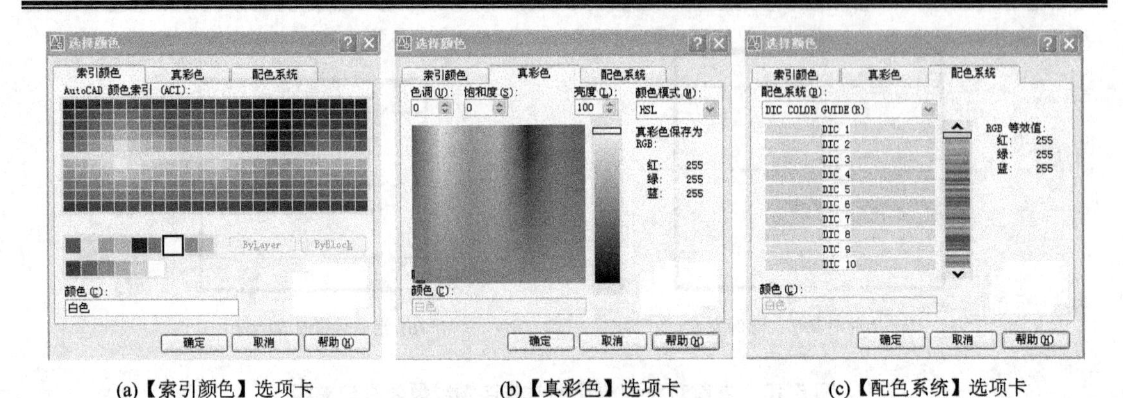


(a)【索引颜色】选项卡　　(b)【真彩色】选项卡　　(c)【配色系统】选项卡

**图 5.12 【选择颜色】对话框**

【索引颜色】选项卡中有 255 种颜色可供选择。鼠标指针移动到某一颜色上方时，在选项卡中部自动显示索引颜色号，选中颜色后，在【颜色】文本框中则显示该颜色的名称或编号。通常情况下，使用【索引颜色】选项卡即可满足用户的需要。为了增强色彩效果，用户还可以使用【真彩色】和【配色系统】选项卡中的颜色，如图 5.12(b)、图 5.12(c)所示。

例如要创建三个图层分别为：粗实线层，绿色、Continuous 线型、0.70mm 线宽；虚线层，黄色、DASHED 线型、0.35mm 线宽；中心线层，红色、CENTER 线型、0.18mm 线宽。操作步骤如下。

(1) 单击【图层】工具栏的按钮，打开【图层特性管理器】对话框。

(2) 连续单击三次对话框上方的【新建图层】按钮，创建三个图层。

(3) 更改图层名称：两次单击名称列表，将图层名称分别更改为“粗实线”、“虚线”和“中心线”。

(4) 设置图层颜色：分别单击与各图层关联的颜色图标，分别将各图层设置为“绿色”、“黄色”和“红色”。

(5) 设置线型：单击与“虚线”及“中心线”图层关联的线型“Continuous”，打开【选择线型】对话框，单击 加载(L)... 按钮，打开【加载或重载线型】对话框，在线型列表中选择“DASHED”、“CENTER”线型，然后单击【确定】按钮，两种线型加载到【选择线型】对话框的线型列表中。单击该列表中对应的线型，即可将“虚线”、“中心线”图层线型分别设置为“DASHED”或“CENTER”。

(6) 单击与各图层关联的图标—— 默认，打开【线宽】对话框，可以分别设置线宽为 0.70mm、0.35mm 和 0.18mm。

(7) 单击对话框中的【应用】按钮，则创建了如图 5.13 所示的图层。

| 名称 | 开 | 冻结 | 锁定 | 颜色 | 线型 | 线宽 | 打印样式 | 打印 | 说明 |
|---|---|---|---|---|---|---|---|---|---|
| 0 | | | | 白色 | Continuous | —— 默认 | Color_7 | | |
| 粗实线 | | | | 绿色 | Continuous | 0.70 毫米 | Color_3 | | |
| 虚线 | | | | 黄色 | DASHED | 0.35 毫米 | Color_2 | | |
| 中心线 | | | | 红色 | CENTER | 0.18 毫米 | Color_1 | | |

**图 5.13 创建图层练习**

# 5.5　辅助绘图工具的设置

在绘图过程中，用户除了可以使用坐标输入精确定位点以外，还可以使用 AutoCAD 系统所提供的辅助绘图工具来定位点。

## 5.5.1　栅格与捕捉

栅格是显示在绘图区中一些标定位置的间隔均匀的网点，其作用类似于绘图用的坐标纸，可以直观地显示点之间的距离，并可用作定位基准。栅格点是一种视觉辅助工具，并不是图形的一部分，所以，在图形输出时并不输出栅格。

捕捉用于设定光标移动的间距，以便于准确绘图。如果设置了捕捉，当光标移动时，X、Y 的坐标值将以设定的间距值为步长变化，并且光标跳跃式移动，用户在精确绘图时，通常将捕捉与栅格配合使用。

1. 打开/关闭栅格与捕捉

(1) 选择【工具】下拉菜单中【草图设置】命令，弹出【草图设置】对话框，在【草图设置】对话框的【捕捉和栅格】选项卡内选择【启用捕捉】选项，或【启用栅格】选项，如图 5.14 所示。

(2) 单击状态行上的捕捉或栅格按钮。

(3) 使用快捷键。按 F9 键打开/关闭捕捉；按 F7 键，打开/关闭栅格。

(4) 在命令行输入命令“snap”或“grid”。

2. 设置栅格和捕捉

打开【草图设置】对话框。使用该对话框的【捕捉和栅格】选项卡，可以设置栅格和捕捉的属性。

(1) 【栅格】选项组：用于设置栅格 *X* 轴间距和栅格 *Y* 轴间距。

(2) 【捕捉】选项组：用于设置捕捉 *X*、*Y* 轴间距，使用【角度】文本框指定栅格。

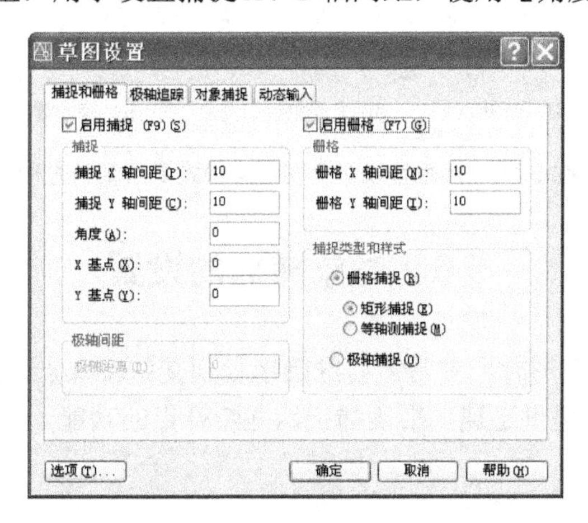


图 5.14　【草图设置】对话框的【捕捉和栅格】选项卡

旋转的角度。在【X 基点】、【Y 基点】文本框中设置相对于哪个位置进行捕捉。

(3) 【捕捉类型和样式】选项组：用于设置捕捉类型和模式。捕捉类型有栅格捕捉和极轴捕捉，若是栅格捕捉，又可选择是矩形捕捉还是等轴测捕捉。

(4) 【极轴间距】选项组：若捕捉类型是极轴捕捉，则该选项组可用，用于设置极轴距离。

(5) 【启用栅格】复选框和【启用捕捉】复选框：分别控制着状态栏的栅格按钮和捕捉按钮是处于浮起状态还是按下状态。

### 5.5.2 正交模式

当正交模式处于打开状态时，可在屏幕上绘制水平线和垂直线，当需要画斜线时，用户需要关闭正交模式。这是指在默认设置时正交模式的特点，实际上，在正交模式下光标的移动方向与栅格捕捉的设置有关。

1. 打开/关闭正交模式

(1) 单击绘图区下方状态栏下的正交按钮。

(2) 按 F8 键。

(3) 直接在命令行中输入“ortho”。

2. 正交模式下的栅格捕捉设置

(1) 选中【矩形捕捉】单选按钮，光标只能在相互垂直的方向移动，此时光标呈正十字形状，如图 5.15(a)所示。若【角度】文本框的角度值不为零，此时光标呈倾斜的十字形状，光标的移动方向也随之倾斜，如图 5.15(b)所示。

(2) 若选中【等轴测捕捉】单选按钮，则光标在指定角度的两个方向上移动，如图 5.15(c)所示。

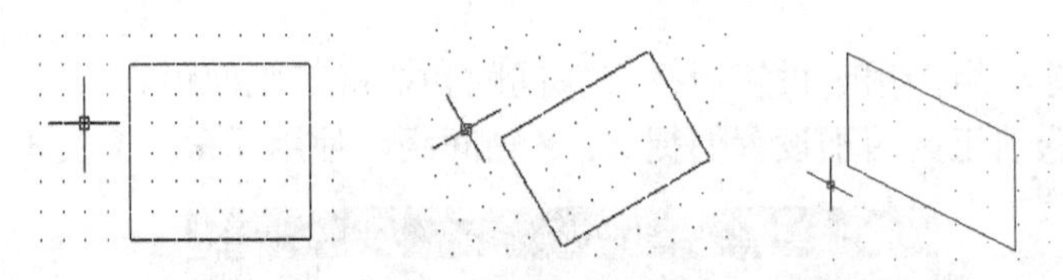

(a) 矩形捕捉，角度 0°　　(b) 矩形捕捉，角度 30°　　(c) 等轴测捕捉，角度 30°

图 5.15　使用直线命令在正交模式下绘制长方形

## 5.6 对象捕捉的设置

用户在绘图和编辑图形时，常常需要准确地找到某些特殊点，如直线的端点、圆心、切点等，AutoCAD 系统提供迅速、准确捕捉这些特殊点的功能，即对象捕捉。

### 5.6.1 对象捕捉模式

AutoCAD 系统提供的对象捕捉模式几乎都包含在【对象捕捉】工具栏内，如图 5.16 所示。表 5-1 列出了“对象捕捉”各种模式的名称、功能、对应的捕捉标记和命令。

图 5.16 【对象捕捉】工具栏

在表 5-1 中【两点之间的中点】捕捉是 AutoCAD 2006 新增的捕捉方式，在【对象捕捉】工具栏中没有相应的按钮。当用户需要捕捉两点之间的中点时，可用快捷菜单或直接在命令行输入命令的方法执行捕捉。

### 5.6.2 对象捕捉模式的执行方式

对象捕捉模式的执行方式包括自动捕捉方式和覆盖捕捉方式。

1. 自动捕捉方式

自动捕捉就是事先设定好捕捉模式(可以设置多种常用的对象捕捉类型)，当打开这种执行方式时，系统自动捕捉到该对象上所有符合条件的几何特征点，并显示相应的标记。

(1) 选择【工具】下拉菜单中【草图设置】命令，弹出一个【草图设置】对话框，选择【对象捕捉】标签，如图 5.17 所示。在对话框中选择一个或多个捕捉模式，单击【确定】按钮，即可执行相应的对象捕捉。

表 5-1 “对象捕捉”模式

| 图　标 | 名　称 | 功　能 | 标　记 | 命　令 |
|---|---|---|---|---|
|  | 临时追踪点 | 创建对象追踪的参考点 |  | TT |
|  | 捕捉自 | 从临时参照点偏移 |  | FROM |
|  | 两点之间的中点 | 捕捉两点之间的中点 |  | M2P |
|  | 捕捉到端点 | 捕捉线段或圆弧的端点 | □ | ENDP |
|  | 捕捉到中点 | 捕捉线段或圆弧等对象的中点 | △ | MID |
|  | 捕捉到交点 | 捕捉线段、圆弧、圆等对象相交所得的交点 | × | INT |
|  | 捕捉到外观交点 | 外观交点包括外观交点和延伸外观交点。外观交点是指对象在三维空间内不相交，但可能在当前视图中看起来相交的交点；延伸外观交点是指两个对象假想延长后的交点 | ⊠ | APPINT |
|  | 捕捉到延长线 | 捕捉直线或圆弧的延长线上的点。当光标经过对象的端点时，显示临时延长线，以便用户指定延长线上的点 |  | EXT |
|  | 捕捉到圆心 | 捕捉圆、圆弧、椭圆或椭圆弧的圆心 | ○ | CEN |

续表

| 图　标 | 名　称 | 功　能 | 标　记 | 命　令 |
|---|---|---|---|---|
| | 捕捉到象限点 | 捕捉圆、圆弧、椭圆或椭圆弧的象限点 | | QUA |
| | 捕捉到切点 | 捕捉圆、圆弧、椭圆、椭圆弧或样条曲线的切点 | | TAN |
| | 捕捉到垂足 | 捕捉从预定点到所选择对象所作垂线的垂足 | | PER |
| | 捕捉到平行线 | 捕捉与指定线平行的线 | | PAR |
| | 捕捉到插入点 | 捕捉块、图形、文字或属性的插入点 | | INS |
| | 捕捉到节点 | 捕捉由【点】、【定数等分】和【定距等分】命令绘制的点对象 | | NOD |
| | 捕捉到最近点 | 捕捉线段、圆、圆弧、射线、多段线、样条曲线等对象上离光标最近的点 | | NEA |
| | 无捕捉 | 关闭“对象捕捉”模式 | | |
| | 对象捕捉设置 | 设置自动捕捉模式。单击该按钮，弹出【草图设置】对话框 | | |

(2) 按下状态行 对象捕捉 按钮，打开“对象捕捉”模式，再次单击该按钮，使按钮浮起，即可关闭“对象捕捉”模式。将鼠标指针移至 对象捕捉 按钮上方并右击，在弹出的快捷菜单上选择【设置】命令，系统也可弹出5.17所示的【草图设置】对话框。

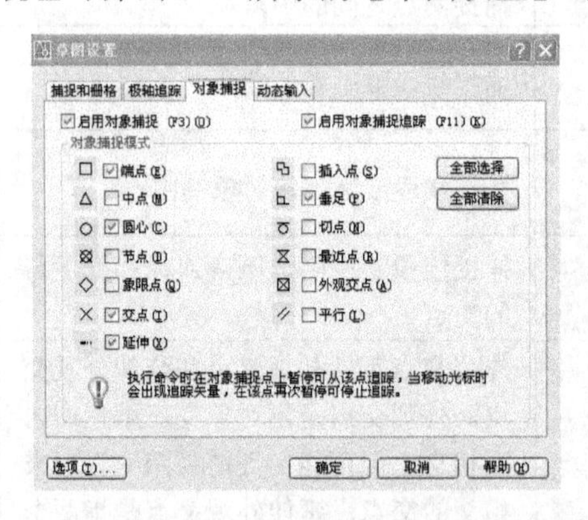


图 5.17 【草图设置】对话框中【对象捕捉】选项卡

2. *覆盖捕捉方式*

覆盖捕捉方式，仅对当前操作有效，命令结束后，捕捉模式自动关闭。

(1) 使用【对象捕捉】工具栏

在绘图和编辑过程中，系统提示输入一个点时，用户可直接单击【对象捕捉】工具栏内的【捕捉模式】按钮(图 5.16)，然后将光标移动到要捕捉的特征点附近，系统将自动捕捉该点。

(2) 使用对象捕捉快捷菜单

当要求用户指定点时，右击弹出快捷菜单，如图 5.18 所示。从该菜单中选择需要的子命令，再把光标移到要捕捉对象的特征点附近，即可捕捉到相应的对象特征点。

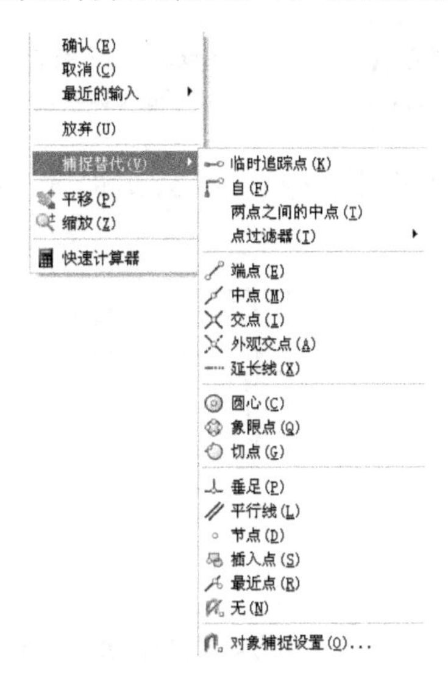


图 5.18 【对象捕捉】快捷菜单

(3) 直接输入命令

当要求用户指定点时，直接在命令行输入命令(参见表 5-1)，然后按 Enter 键，再把光标移到要捕捉对象的特征点附近，也可捕捉到相应的对象特征点。

### 5.6.3　利用对象捕捉功能绘图实例

利用对象捕捉功能绘制图 5.19 所示的图形，其中 CD//AB。

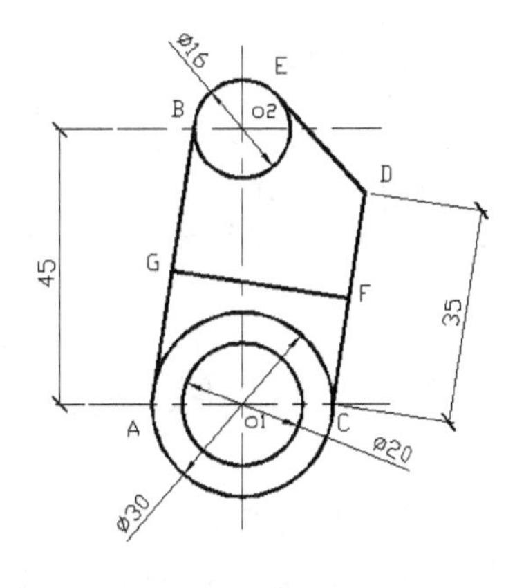


图 5.19　平面图

(1) 创建“中心线”层和“粗实线”层，将“中心线”层设置为当前层。

(2) 将鼠标指针移到状态栏 对象捕捉 按钮上方并右击，在弹出的快捷菜单上选择【设置】

子命令，打开【草图设置】对话框，使用【对象捕捉】选项设置自动捕捉项目：交点、中点、象限点、切点。

(3) 打开正交模式，根据给定尺寸绘制中心线。

(4) 将“粗实线”层设置为当前层，打开对象捕捉。

(5) 启动【圆】命令，命令行窗口出现如下提示。

命令：__circle 指定圆的圆心或[三点(3P)/两点(2P)相切、相切、半径(T)]：(捕捉交点 O1)
指定圆的半径或[直径(D)]<8.0000>：10　　(输入圆半径)

重复画圆命令，画出另外两个半径分别为 15、8 的圆，绘图结果如图 5.20(a)所示。

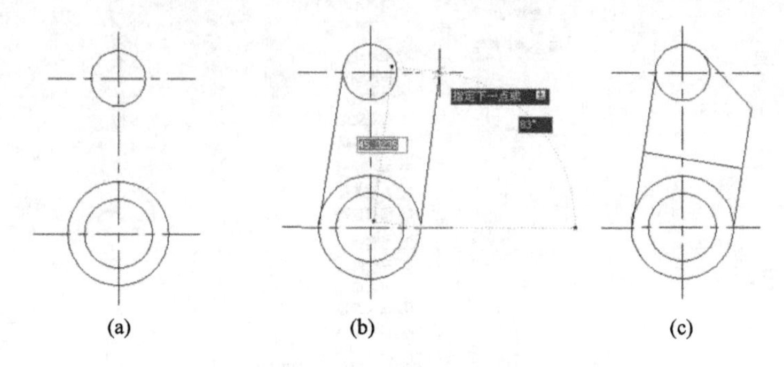


图 5.20　使用对象捕捉绘制图形

(6) 启动【直线】命令，命令行窗口出现如下提示。

命令：__line 指定第一点：(捕捉象限点 A)
指定下一点或[放弃(U)]：(捕捉切点 B)
指定下一点或[放弃(U)]：(按 Enter 键结束命令)
命令：__line 指定第一点：(捕捉象限点 C)
指定下一点或[放弃(U)]：__par 到 35(单击【对象捕捉】工具栏的 按钮，然后将鼠标指针移至 AB 线上方，出现平行线标记后，再将鼠标指针移至要画的平行线附近，此时十字光标下方出现提示，如图 5.20(b)所示，然后输入平行线长度，确定点 D)
指定下一点或[放弃(U)]：(捕捉切点 E)
指定下一点或[闭合(C)/放弃(U)]：(按 Enter 键结束命令)
命令：__line 指定第一点：(重复直线命令，捕捉直线 CD 的中点 F)
指定下一点或[放弃(U)]：__per 到(单击【对象捕捉】工具栏的 按钮，将鼠标指针移至直线 AB 上方，出现垂足标记后单击，确定垂足 G)
指定下一点或[放弃(U)]：(按 Enter 键结束命令，绘制结果如图 5.20(c)所示)

## 5.7　自动追踪的设置

对象捕捉通过捕捉已绘制对象上的特殊几何点来定位点，但若用户所定位的点并不是这些几何点，但又和这些点密切相关，则需要使用自动追踪功能。

自动追踪分为极轴追踪和对象追踪两种。

### 5.7.1 极轴追踪

极轴追踪是按事先给定的角度增量来追踪点。极轴追踪功能打开后，当 AutoCAD 系统要求指定一个点时，系统将在预先设置的角度增量方向上显示一条辅助线及光标点的极坐标值。

1. 打开或关闭极轴追踪

(1) 单击状态栏的 极轴 按钮，按钮按下为打开状态，再次单击，该功能关闭。

(2) 使用快捷键 F10。

2. 极轴追踪设置

右击状态栏中的 极轴 按钮，在弹出的快捷菜单上选择【设置】命令，打开【草图设置】对话框，这时的默认选项卡即为【极轴追踪】选项卡，如图 5.21 所示。

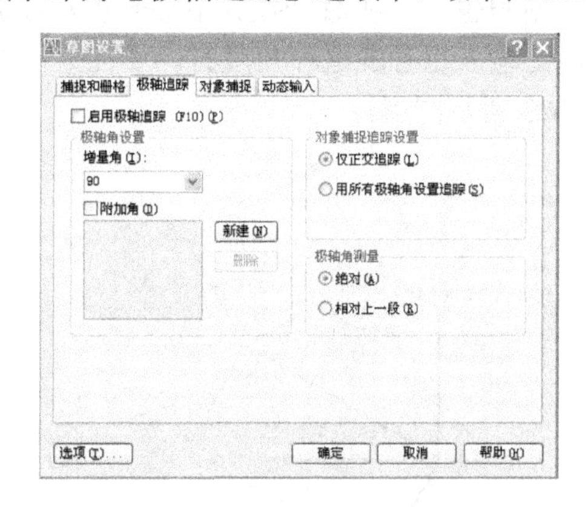


图 5.21 【极轴追踪】选项卡

(1) 【极轴角设置】选项组。

【增量角】下拉列表框：在默认情况下，极轴追踪的增量角为 30°。用户可根据需要在其下拉列表框中选择极轴角的增量值，也可直接输入增量值。

【附加角】复选框：选择该复选框，左侧的列表框将被激活，通过单击 新建(N)... 按钮，用户可在列表框中输入角度值，单击 删除(D) 按钮，则可删除选定的角度值。使用该方法，用户可以最多添加 10 个附加极轴追踪角度。例如，若设定极轴增量角为 30°，附加角为 17°、48°，则用户打开极轴追踪功能定位点时，光标除了沿 0°、30°、60°、90°和 120°等 30°倍数角方向进行追踪外，还可沿 17°、48°方向进行追踪。

(2) 【极轴角测量】选项组。

【绝对】单选按钮：选中该按钮，以当前坐标系的 X 轴，作为计算极轴角的基准线。该选项为默认设置。

【相对上一段】单选按钮：选中该按钮，以最后所绘图线为基准线计算极轴角度。

3. 使用极轴捕捉

打开【捕捉和栅格】选项卡，如图 5.14 所示，在【捕捉类型和样式】选项组中选择【极轴捕捉】单选按钮，然后设置极轴间距，最后按下状态栏的 捕捉 按钮。此时，仅使用十字光标就可沿极轴追踪方向精确定位点，如图 5.22(a)所示。若极轴间距为 15，用户在 30° 方向上就可以捕捉 15＜30、30＜30、45＜30 等位置，如图 5.22(b)所示。

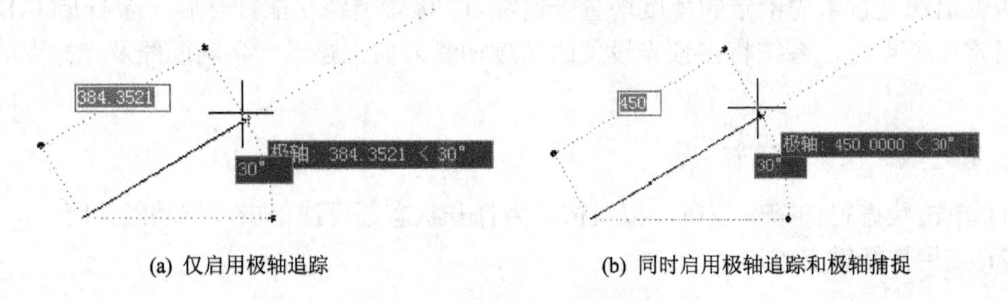


(a) 仅启用极轴追踪　　　　(b) 同时启用极轴追踪和极轴捕捉

**图 5.22　启用极轴追踪画线**

### 4. 重置追踪角度

在极轴追踪的过程中，用户也可以在命令执行中临时重新设置一个追踪角度，以覆盖在对话框中预先设置的角度。输入重置的追踪角度时，要在数值前加一个“＜”符号。

使用极轴追踪绘制图 5.23 所示图形。

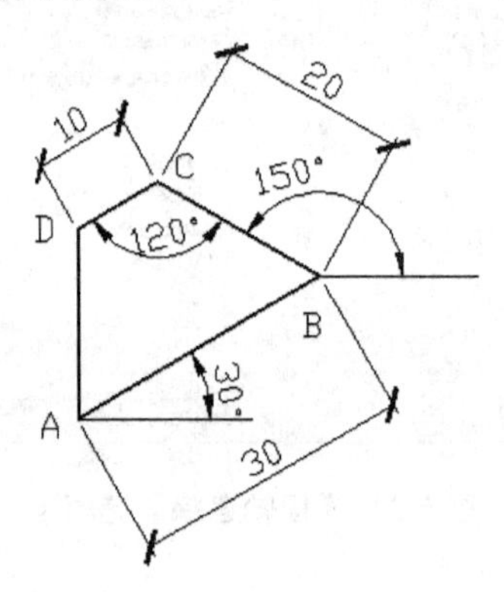


**图 5.23　启用极轴追踪画图**

制作步骤：

(1) 单击状态栏上的按钮，打开极轴追踪模式。打开【草图设置】对话框的【极轴追踪】选项卡，将增量角设置为 30°。

(2) 启动【直线】命令，命令行窗口出现如下提示。

```
命令：_line 指定第一点：(指定 A 点)
指定下一点或[放弃(U)]：30(将十字光标移至与水平线成 30° 角附近，会出现一条 30° 辅助线，输入 AB 长度 30 确定 B 点)
指定下一点或[放弃(U)]：<150(使用角度替代)
角度替代：150
指定下一点或[闭合(C)/放弃(U)]：20(输入 BC 长度)
指定下一点或[闭合(C)/放弃(U)]：>>(透明打开【极轴追踪】选项卡，在【极轴角测量】选项组选中【相对上一段】单选按钮)
正在恢复执行 LINE 命令
指定下一点或[闭合(C)/放弃(U)]：10(出现 60° 辅助线时输入 CD 长度确定 D 点)
指定下一点或[闭合(C)/放弃(U)]：c(闭合线段，命令结束)
```

### 5.7.2　对象追踪

1. 打开或关闭对象追踪

(1) 单击状态栏中的 对象追踪 按钮，按钮按下为打开，再次单击则关闭。

(2) 使用快捷键 F11。

2. 设置对象追踪

图 5.21 所示为【极轴追踪】选项卡，使用【对象捕捉追踪设置】选项组设置对象追踪。

【仅正交追踪】单选按钮：选中该按钮，将只在水平或垂直方向上显示追踪辅助线。该选项为系统默认设置。

【用所有极轴角设置追踪】单选按钮：选中该按钮，将会在水平、垂直和所设定的任一极轴角方向显示追踪辅助线。

3. 对象追踪的绘图过程

(1) 单击状态栏上的 对象追踪 按钮和 对象捕捉 按钮，打开对象捕捉和对象追踪。

(2) 启动一个 AutoCAD 命令，系统提示指定点的位置。

(3) 将光标移到一个对象捕捉点(以该点作为追踪参考点)上，让光标在该点处停顿一下，临时获取该点，已获取的点将显示一个小加号“＋”。注意此时不要按拾取键。

(4) 从追踪参考点移开光标，在屏幕上将显示一条通过此点的水平、垂直或以一定角度倾斜的临时辅助线(虚线)。

(5) 使用以下两种方法可以最后定位点：

沿临时辅助线移动光标，输入直接距离就可指定符合要求的点，如图 5.24(a)所示。

将光标移动到另一追踪参考点，临时获取该点，绘图区域将显示另一条临时辅助线，此时，同时追踪两个参考点，两条临时辅助线的交点，即为满足与已有两个对象特定关系的点，如图 5.24(b)所示。

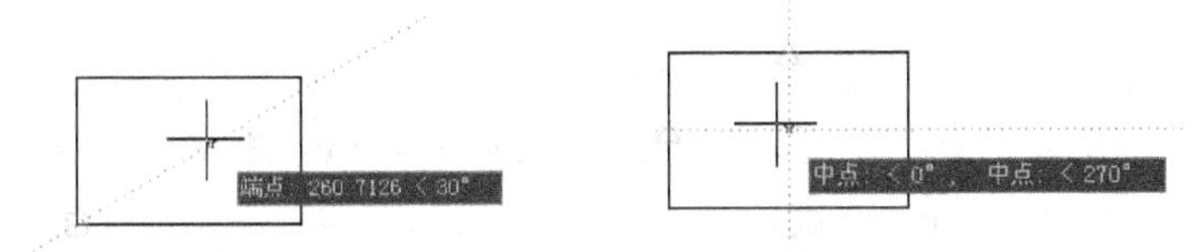


(a) 沿辅助线方向直接输入距离指定点　　(b) 用两条辅助线的交点指定点

图 5.24　使用对象追踪定位点

## 5.8　上 机 实 验

### 实验 1　利用【草图设置】对话框设置捕捉和栅格

1. 目的要求

读者通过本实验，掌握利用【草图设置】对话框设置捕捉和栅格的方法，了解与捕捉、栅格有关的快捷键与状态栏，掌握捕捉与栅格的功能。

2. 操作指导

(1) 选择【工具】下拉菜单【草图设置】命令，弹出【草图设置】对话框。

(2) 在【捕捉和栅格】选项卡内选择【启用捕捉】和【启用栅格】。

(3) 在【捕捉】栏内设置 $X$、$Y$ 轴的捕捉间距均为 10，在【栅格】栏内设置 $X$、$Y$ 轴的栅格间距也为 10。单击【确定】按钮。

**实验 2　设置图层绘制图 5.25 所示图形**

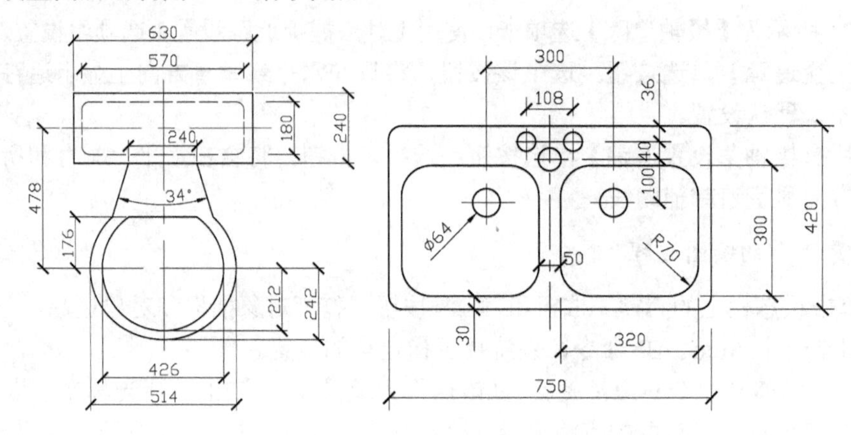


图 5.25　实验 2

1. 目的要求

通过该实验，读者可以综合所学内容绘制接近实际的工程图，全面了解图层的概念、特性、有关设置和利用图层进行绘图的方法。重点应掌握图层的创建方法、设置图层的线型和颜色、控制图层的状态、切换图层进行绘图，掌握使用对象捕捉功能、自动追踪功能等进行绘图。

2. 操作指导

(1) 设置绘图环境，包括绘图界限、绘图精度等。

(2) 设置三个新图层：中心线层，红色、点画线、0.18mm 线宽；实线层，绿色、0.70mm 线宽；虚线层，黄色、0.35mm 线宽。

(3) 分别在不同的图层上利用对象捕捉、自动追踪功能精确绘制图形，可不标注尺寸。

## 5.9 思 考 题

1. 什么是图层？图层有何作用？
2. 如何设置图层线型、线宽和颜色？
3. 如何进行图层转换？
4. 什么是捕捉、栅格？如何设置捕捉、栅格？设置捕捉、栅格有何作用？
5. 什么是对象捕捉？执行对象捕捉的方式有哪些？简要说明这些捕捉方式？
6. 什么是自动追踪？怎样设置极轴追踪及对象追踪？

# 第 6 章　图案填充与文本注写

**教学提示**：在工程设计与制图中，为了使图样简明清晰，除了绘制图形外，还需要对图形中的某个区域填充特定的剖面线——图案，用以表示物体的质地和被剖切物体所使用的材料。同时，需要用文字来描述图样的有关内容，如设计说明、楼地面做法和明细表等。

**教学目标**：了解图案填充与文本注写的过程和方法，重点掌握图案填充与文本注写的操作规程，能够在工程设计过程中熟练运用图案填充与文本注写的命令、方法，并能够对已有的填充图案和文本进行编辑修改。

## 6.1　图 案 填 充

图案一般由点、线和几何图形组成。AutoCAD 系统为用户提供了一些常用的标准图案，它们存放在图案库 Acad.pat 或 Acadiso.pat 文件中。

### 6.1.1　封闭区域的图案填充

1. 功能

在需要填充的图形中，为指定的区域填充特定的剖面线——图案。

2. 操作

(1) 绘制需要填充的图形，如图 6.1(a)所示。

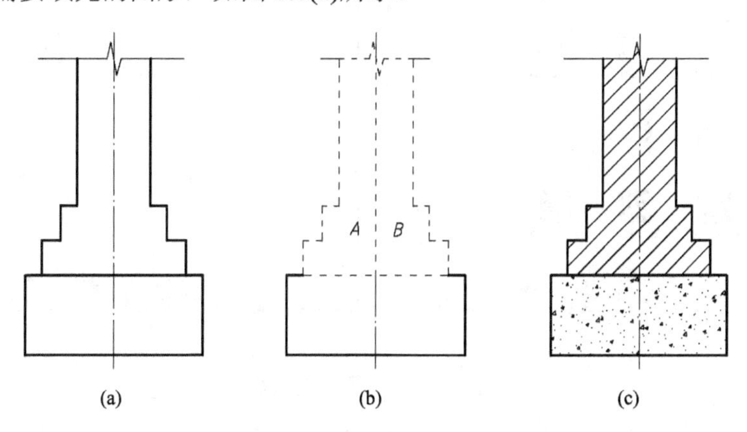


**图 6.1　封闭区域的图案填充**

(2) 单击【绘图】下拉菜单中【图案填充】或在命令行输入“bhatch”，出现【图案填充和渐变色】对话框，如图 6.2 所示。

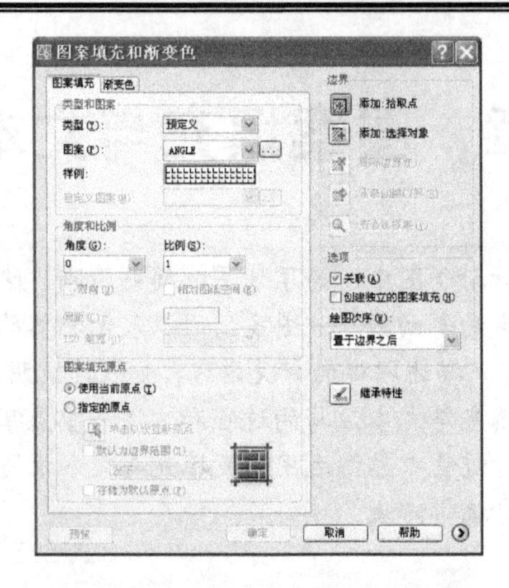


图 6.2 【图案填充和渐变色】对话框

(3) 单击【图案填充和渐变色】对话框中【图案填充】选项卡的【图案】右边的▭按钮，出现【填充图案选项板】，如图 6.3(a)所示。

(4) 单击【填充图案选项板】上方的标签，选择需要填充的特殊图案类型，比如需要选择 ANSI31 图形作为填充图案，则双击该图案，如图 6.3(b)所示。

(5) 在【图案填充和渐变色】对话框中，单击【添加：拾取点】按钮，然后在需要填充的区域内任意拾取一点，如图 6.1(b)中 *A* 和 *B* 点，此时可以看到一个封闭区域的边界线变成虚线。

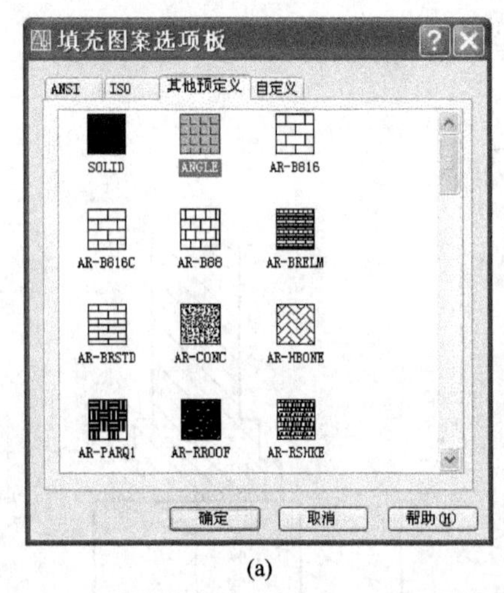


(a)

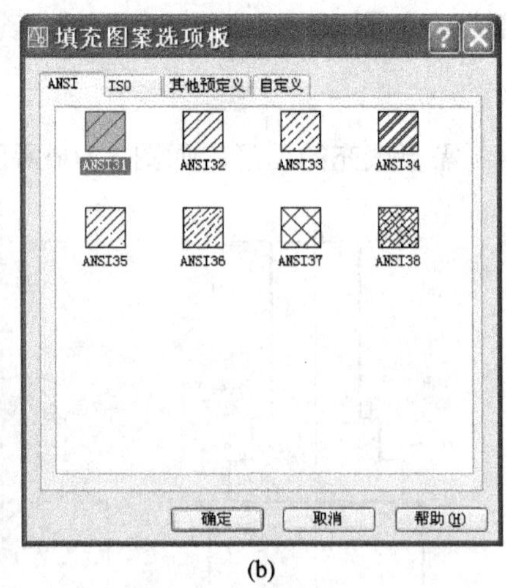


(b)

图 6.3 填充图案选项板

(6) 在【图案填充】选项卡的【角度和比例】选项组中，分别输入需要填充图形的角度和比例，然后单击【预览】按钮，查看填充效果，再右击回到【图案填充和渐变色】对话框。若效果满意，则单击【确定】按钮，完成图案填充，如图 6.1(c)所示。若效果不佳，则可修改角度和比例，直到满意为止。

3. 说明

(1) 在【图案填充和渐变色】对话框中，被填充的图形区域必须是封闭的，否则填充命令不能执行。如果在单击【添加：拾取点】按钮后出现【边界定义错误】提示框，如图 6.4 所示，这表示所选填充区域是非封闭区域(有时不易发现)，这时必须回到【图案填充和渐变色】对话框，单击右下方的 按钮，出现如图 6.5 所示对话框，在对话框右边【允许的间隙】的文本框中输入一个数字，然后执行图案填充的其他各项操作步聚。如果仍然出现【边界定义错误】提示框，则表示【允许的间隙】的文本框中所输入的数字太小，这时必须更换一个比较大的数值，直到出现【边界开放警告】对话框为止，如图 6.6 所示，单击【是】按钮即可进行下一步操作。

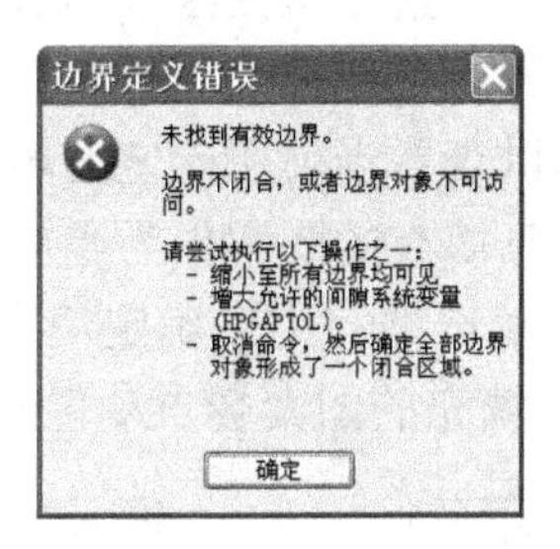


图 6.4 【边界定义错误】提示框

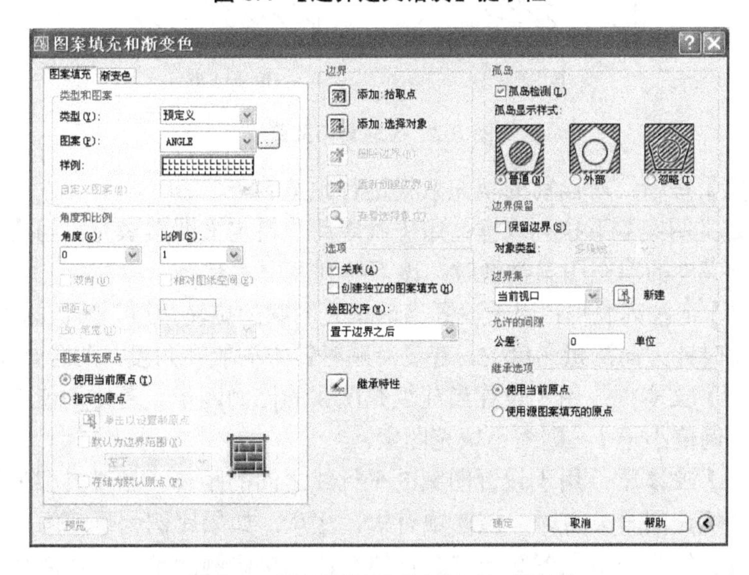


图 6.5 【图案填充和渐变色】对话框

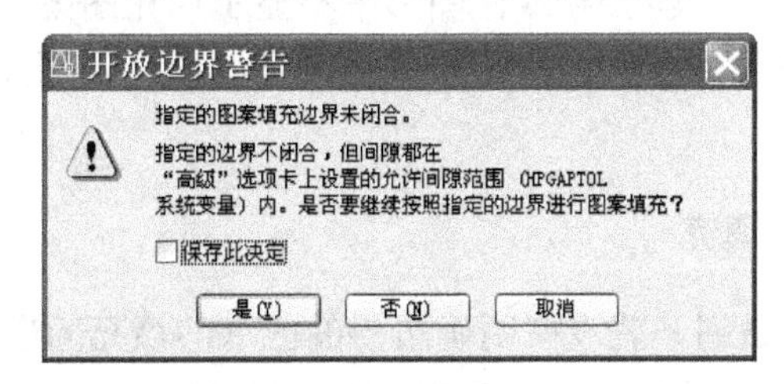


图 6.6 【边界开放警告】对话框

(2) 在【图案填充和渐变色】对话框中，也可以采用选择对象的方式来确定填充区域的边界。如图 6.1 所示，欲在矩形中填充混凝土图案，则在选择了图案后，单击【添加：选择对象】按钮，选择四条边界线组成的填充区域。

(3) 【类型】下拉列表框："预定义"、"用户定义"和"自定义"。用于选择填充图案的类型。系统提供了 80 种定义填充图案，要选择其中的某一种预定义填充图案，可以在下拉列表框中选择"预定义"；若选择"用户定义"，则用户可以定义一组平行直线组成的填充图案；若选择"自定义"，则表示将用预先创建的图案进行填充。

(4) 【样例】预览框：用于显示当前的填充图案的样式。单击图案也会弹出【填充图案选项板】。

(5) 【添加：选择对象】按钮：以拾取填充区域的边界线来确定填充区域的边界。

(6) 【删除边界】按钮：可以删除已选择的边界。

(7) 【查看选择集】按钮：用以查看当前所确定的填充区域的边界。

(8) 【继承特性】按钮：选择已填充的图案作为当前的填充图案。

(9) 【选项】区内的【关联】复选框：用以确定填充的图案是否与其边界相关联。若选中，则当填充边界发生变化时，填充的图案会自动更新，如图 6.7 所示。

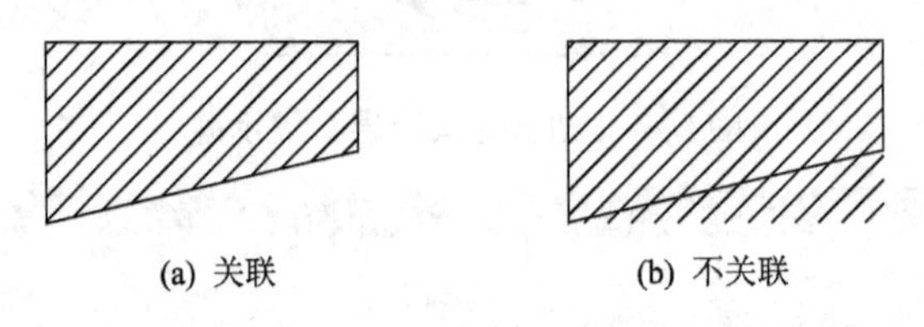

(a) 关联　　(b) 不关联

图 6.7　关联与不关联

(10) 【预览】按钮：对当前的填充效果进行预览。

(11) 【自定义图案】下拉列表框：用于确定用户自定义图案填充。当【类型】下拉列表框选用"自定义"的填充图案类型时，该下拉列表框才有效。

(12) 【角度】下拉列表框：用于设置当前填充图案的旋转角度，默认的旋转角度为零。注意系统是按逆时针方向测量角度的，若要沿顺时针方向旋转角度，则需要输入一个负值。

(13) 【比例】文本框：用于设置当前填充图案的比例因子。若比例值大于 1，则放大填充图案；若比例值小于 1，则缩小填充图案。

(14) 【间距】文本框：用于设置图案的平行线之间的距离。当【类型】下拉列表框选用"自定义"的填充图案类型时，该选项有效。注意，如果比例因子或间距数值太小，则整个填充区域就会像实心填充图案一样进行填充；如果比例因子或间距数值太大，则图案中的图元之间的距离太远，可能会导致在图形中不显示填充图案。

(15) 【ISO 笔宽】下拉列表框：用于设置笔的宽度值，当填充图案采用 ISO 图案时，该选项可用。

### 6.1.2　非封闭区域的图案填充

在图案填充过程中，遇到一些没有明确边界的区域的填充问题时，一是采取绘制边界，使之成为一个封闭区域，然后再进行填充的方法；二是采用在填充过程中指定区域的方法，也是下面要介绍的内容。

1. 功能

对明显不封闭图形或区域进行特定的剖面线图案填充。

2. 操作

如果要对图 6.8 所示的地基图进行图案填充，一种方法是先加绘直线或曲线，使之成为封闭区域，然后按封闭区域的图案填充方法进行操作，完成后再删除加绘的直线或曲线，但这种方法比较烦琐。这里介绍一种直接在命令行输入“_hatch”命令来完成图案填充的方法，其具体操作步骤如下。

```
命令：_hatch
指定内部点或[特性(P)/选择对象(S)/绘图边界(W)/删除边界(B)/高级(A)/绘图次序(DR)/原点(O)]:p↵(输入特性选项)
输入图案名或[?/实体(S)/用户定义(U)]<ANS131>:earth
指定图案比例<100>：800(根据图形比例和填充需要确定)
指定图案角度<0>：45(根据图形填充需要确定)
指定内部点或[特性(P)/选择对象(S)/绘图边界(W)/删除边界(B)/高级(A)/绘图次序(DR)/原点(O)]:w
是否保留多段线边界?[是(Y)/否(N)]<N>:
指定起点：(在图 6.8 中拾取 1、2、3、4、5、6 点)
指定下一点或[圆弧(A)/闭合(C)/长度(L)/放弃(U)]：c(根据需要选择闭合)
指定新边界的起点或<应用图案填充>：(在图 6.8 中拾取 7、8、9、10、11、12 点)
指定下一点或[圆弧(A)/闭合(C)/长度(L)/放弃(U)]：c
指定新边界的起点或<应用图案填充>：(填充结果如图 6.8 所示)
```

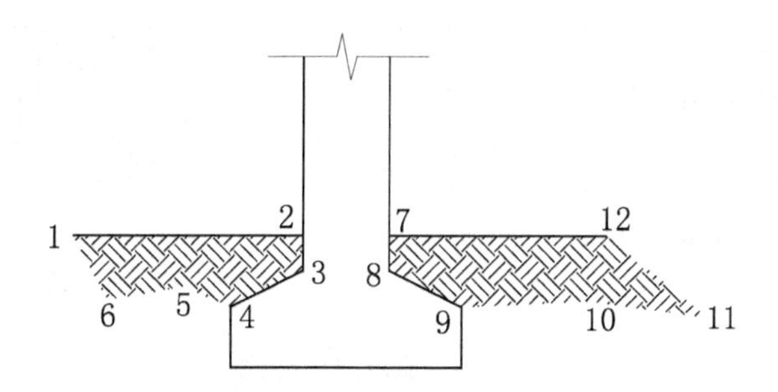


图 6.8　指定点确定填充边界

3. 说明

(1) 指定图案比例和角度在不清楚的情况下可以进行多次试验，直到满意为止。

(2) 如果有多个需要填充的非封闭图形区域，则可多次重复指定新边界直到全部选中。

(3) 此方法用于设计大样图中，对一些没有明显界限的层面，如地面、楼面、屋面、墙面粉刷和装饰面层等进行图案填充比较适宜，也可以用在平面表现中的局部图案填充。

### 6.1.3　复杂图形的图案填充

1. 功能

在图案填充过程中，遇到比较复杂的图案，可对图案填充的区域进行选择和限定。

2. 操作

如果要填充的区域是复杂图形的一部分，那么，在填充区域内拾取一点后，AutoCAD 要耗费较长时间才能确定填充区域的边界。这是因为在默认情况下，AutoCAD 要分析屏幕上所有的实体以构成封闭的填充区域。为了节省时间，可通过【图案填充和渐变色】对话框中的【边界集】来限定 AutoCAD 的搜索范围，具体操作如下：

(1) 在【图案填充和渐变色】对话框中，单击右下方的按钮，出现如图 6.5 对话框。

(2) 单击选项卡右边【边界集】选项组中的新建按钮。

(3) 选择对象：用单击对象、矩形窗口、交叉窗口等方法来选择对象。

(4) 单击【添加：拾取点】按钮，然后在填充区域内拾取一点，此时 AutoCAD 仅分析选定的对象来确定填充区域的边界。

3. 说明

(1) 【孤岛】选项组：用于设置孤岛的填充方式。选中【普通】单选按钮表示从选取点所在的外部边界向内填充，当遇到内部封闭区域时，系统将停止填充，直到遇到下一个封闭区域时再继续填充，如图 6.9(a)所示；选中【外部】单选按钮表示从选取点所在的外部边界向内填充，当遇到封闭区域时，将不再继续填充，如图 6.9(b)所示；选中【忽略】单选按钮表示从选取点所在的外部边界向内进行所有封闭区域的填充，内部所有封闭区域将被忽略，如图 6.9(c)所示。注意，以【普通】样式填充时，如果填充区域内有文字一类的特殊对象，并且在选择填充边界时也选择了它们，则在填充时图案会在这类对象处自动断开，使得这些对象更加清晰，如图 6.10(b)所示。

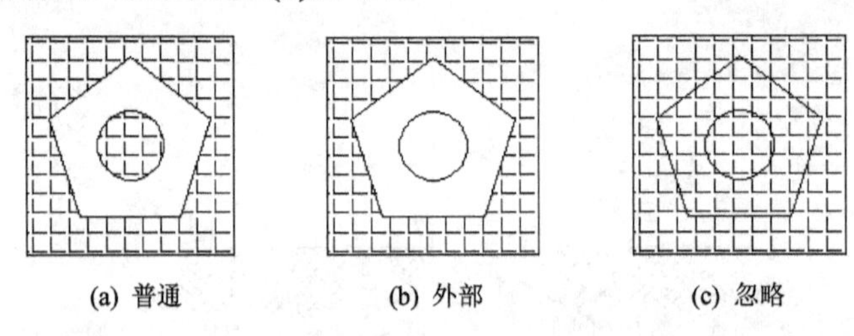

(a) 普通　　(b) 外部　　(c) 忽略

**图 6.9　孤岛显示样式**

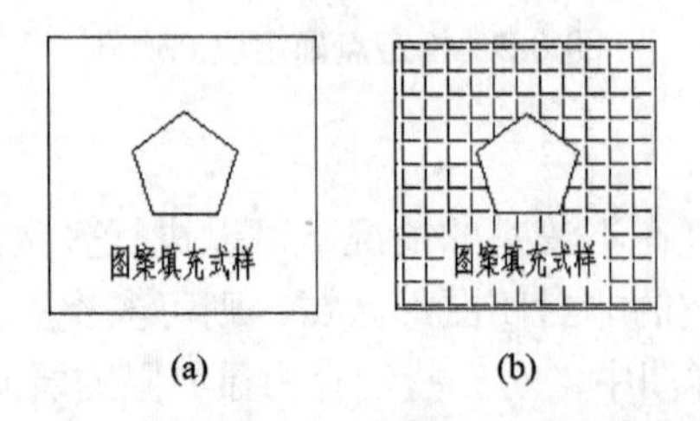


(a)　　(b)

**图 6.10 【普通】样式填充遇到文字断开**

(2) 【边界保留】选项组：选中其中的【保留边界】复选框，系统将填充边界以对象的形式保留，并可从【对象类型】下拉列表框中选择保留对象的类型是多段线或面域。

(3) 【边界集】选项组：用于定义填充边界的对象集，默认时，系统是根据当前视窗口中的可见对象来确定填充边界的。单击【新建】按钮，切换到绘图区，然后通过指定对象来定义边界集，此时【边界集】下拉列表框中将显示为“现有集合”。

### 6.1.4　图案填充的渐变色选项

图案填充不仅可以对相关区域进行特定的符号填充，还可以进行简单的色彩填充。

1. 功能

可以使用单色或双色形成的渐变色对选定的区域(包括已填充的图案)进行图案填充。

2. 操作

为了使设计图面内的各区域更加清晰和易于分辨，往往需要对图形进行简单着色。其具体操作步聚如下：

(1) 打开需要着色的图形文件或绘制图形，如图 6.11(a)所示。

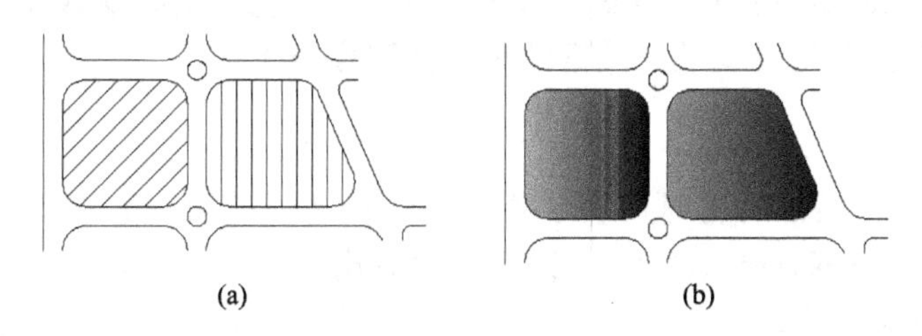

(a)　　(b)

图 6.11　封闭区域的图案渐变色填充

(2) 在【图案填充和渐变色】对话框中单击【渐变色】标签，出现如图 6.12 所示的【渐变色】选项卡。根据图案填充需要，选择【单色】或【双色】。

(3) 在【双色】选项卡上分别点击【颜色 1】和【颜色 2】右边的…按钮，出现如图 6.13 所示的【选择颜色】对话框，单击右边的选色条选定填充的图形颜色，然后单击【确定】按钮。

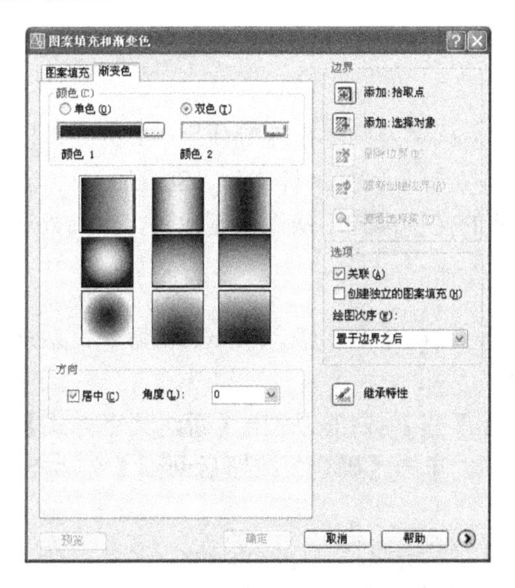


图 6.12 【渐变色】选项卡

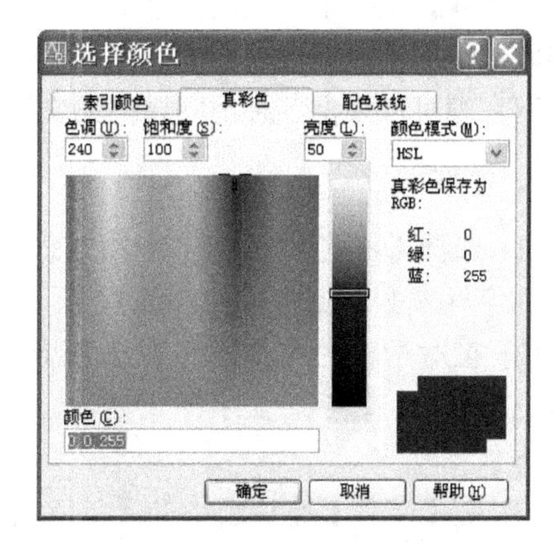


图 6.13 【选择颜色】对话框

(4) 在【渐变色】选项卡中，单击【添加：拾取点】按钮或【添加：选择对象】按钮，选择需要填充的图形区域，然后单击【确定】按钮，完成渐变色填充，如图6.11(b)所示。

3. 说明

(1) 在【渐变色】选项卡中，【着色】表示从内到外填充颜色由浅到深，【渐浅】表示填充颜色由深到浅。

(2) 在【渐变色】选项卡中，【居中】选项表示渐变色的渐变方式，表示填充颜色是由边界向中心渐变，否则默认的渐变填充将朝左上方变化。

(3) 在【渐变色】选项卡中，【角度】选项表示渐变色的渐变方向。

### 6.1.5 填充图案的编辑

1. 功能

对于已填充的图案，可以使用图案填充编辑命令更换图案和修改图案的比例和转角。若要修改填充边界，则可利用填充图案的关联性进行修改。

2. 操作

在【修改】下拉菜单的【对象】子菜单中选择【图案填充】选项，或在命令行输入“hatchedit”命令，选择要修改的填充图案后，会弹出【图案填充编辑】对话框，它与【图案填充和渐变色】对话框基本一样，在对话框中，可根据需要进行填充图案的编辑。

## 6.2 创 建 文 字

文字是图形信息的重要组成部分。在工程制图中经常需要创建一些文字注释，如设计说明、材料说明、施工要求等。AutoCAD 系统具有强大的文字功能。

### 6.2.1 文字样式的定义

1. 功能

文字样式主要用于定义文字的字体、高度、宽度比例及倾斜角度等项目，此外，可以设计出颠倒、反向或垂直的文本。在 AutoCAD 系统中，默认的文字样式为“Standard”。若需要改变，则可以根据各种不同风格的文字来定义新的文字样式，从而控制注写文本的外观。

2. 操作

(1) 选择【格式】下拉菜单中的【文字样式】，或在命令行输入“style”命令，系统弹出【文字样式】对话框，如图6.14所示。

(2) 在对话框的【样式名】选项组中，单击【新建】按钮，弹出【新建文字样式】对话框，输入“工程字”文字样式名，如图6.15所示，单击【确定】按钮后回到【文字样式】对话框。

(3) 在【字体】选项组中的【SHX字体】下拉列表中选择 “gbeitc.shx”字体；在【大字体】下拉列表中选择大字体“gbcbig.shx”；在【高度】文本框中输入标注字体的高度或设高度为0，如图6.14所示。

(4) 在【效果】选项组中设置文字的显示效果；在【预览】选项组查看文字样式效果；单击【应用】按钮完成文字样式的定义。

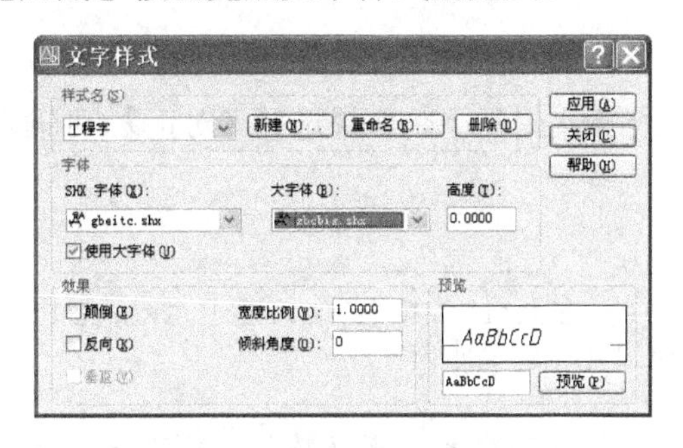


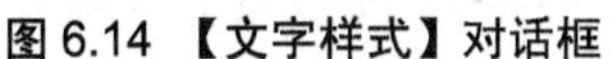

图 6.14 【文字样式】对话框

图 6.15 【新建文字样式】对话框

3. 说明

(1) 在 AutoCAD 系统中有两种不同类型的字体文件：TrueType 字体和 AutoCAD 编译的字体。

(2) 在【文字样式】对话框的【样式名】选项组中，单击【新建】按钮，可以根据图样设计需要定义不同的文字样式名；单击【重命名】按钮可以对已经有的文字样式名进行变更；单击【删除】按钮可以删除已有的文字样式名，但 Standard 样式和在使用中的样式不能删除。

(3) 如果在【字体】选项组中的【高度】文本框内设置文字高度为 0，在使用 dtext 命令标注文字时，命令行提示用户“指定高度”；如果已经指定了文字高度，在使用该命令时将不再提示“指定高度”。

(4) 在【效果】选项组中，【颠倒】复选框表示文字是否倒写；【反向】复选框表示文字是否反写；【垂直】复选框表示文字是否沿垂直方向书写；【宽度比例】文本框可设宽度比例因子，默认值为 1，若输入值小于 1，则文本变窄，否则，文本变宽；【倾斜角度】文本框表示文字相对于 90° 方向的倾斜角。

### 6.2.2 创建单行文字

1. 功能

在工程设计图中对指定点进行文字标注。单行文字可以由字母、单词或完整的句子组成。

2. 操作

在【绘图】下拉菜单的【文字】选项中选择【单行文字】或在命令行输入“dtext”可执行该命令，具体操作如下。

```
命令:_dtext
当前文字样式:Standard 当前文字高度:2.5000(系统提示)
指定文字的起点或 [对正(J)/样式(S)]:(在屏幕上拾取一点，作为文字起点)
指定高度 <2.5000>:10(指定文字高度)
指定文字的旋转角度 <0>:(指定文字旋转角度，此时在屏幕上出现工字形光标，可以输入文字，
英文字符可以直接输入，如果输入汉字，则需要切换输入法)
```

文字输入完毕，连续按两次 Enter 键即结束命令。

3. 说明

(1) 在“指定文字的起点或[对正(J)/样式(S)]:”提示下，如果选择【对正】(可输入字母“J”)，系统将在命令行给出如下提示信息：

```
输入选项
[对齐(A)/调整(F)/中心(C)/中间(M)/右(R)/左上(TL)/中上(TC)/右上(TR)/左中(ML)/正中(MC)/右中(MR)/左下(BL)/中下(BC)/右下(BR)]:
```

其中，【对齐】选项表示在选定的两点之间自动对齐；【调整】选项表示在【对齐】的基础上按新的高度通过拉伸或压缩在两点之间重新进行对齐；【中心】选项表示以给定的一点作为中点来对齐文字；【中间】选项与【中心】选项不同的是所给定的一点既是中点也是文字高度的中间点；【右】选项表示所给点的一点是文字的右端点，文字行向左延伸；其余选项以此类推。

(2) 在“指定文字的起点或[对正(J)/样式(S)]:”提示下，如果选择【样式】(输入字母“S”)，系统提示如下。

```
输入样式名或 [?] <Standard>:
```

此时输入当前要使用的文字样式的名称；如果输入“？”后按两次 Enter 键，则显示当前所有的文字样式；若直接按 Enter 键，则使用默认文字样式。

(3) 控制码与特殊字符：实际绘图时，有时需要标注一些特殊字符，如在一段文本的上方或下方加线、标注“°”(度)、“±”、“$\phi$”等，以满足特殊需要。由于这些特殊字符不能从键盘上直接输入，为此，AutoCAD 系统提供了各种控制码，用来实现这些要求。AutoCAD 的控制码由两个百分号(% %)以及在后面紧接的一个字符构成，用这种方法可以表示特殊字符。表 6-1 是常用的控制码一览表。

表 6-1　常用控制码一览表

| 符　号 | 功　能 |
|---|---|
| %%O | 打开或关闭文字上画线 |
| %%U | 打开或关闭文字下画线 |
| %%D | 标注“度”符号(°) |
| %%P | 标注“正负公差”符号(±) |
| %%C | 标注“直径”符号($\phi$) |
| %%% | 标注 “百分号”符号(%) |

## 6.2.3 创建多行文字

1. 功能

在指定的边界内创建一行或多行文字及文字段落，系统将多行文字视为一个整体对象。

2. 操作

在【绘图】下拉菜单的【文字】选项中选择【多行文字】、在【绘图】工具栏中单击A按钮或在命令行输入“mtext”都可执行该命令，具体操作如下。

```
命令：_mtext 当前文字样式：“Standard”当前文字高度：10
指定第一角点：(在绘图区选择一点单击，此点即为多行文字的起点)
指定对角点或 [高度(H)/对正(J)/行距(L)/旋转(R)/样式(S)/宽度(W)]：(拾取另一点，即形成多行文字的边界并进入如图 6.16 所示的文字输入窗口)
```

在文字输入窗口输入需要标注的文字段落，单击【确定】按钮完成操作。

图 6.16　文字输入窗口

3. 说明

(1) 在命令行的提示中，【高度】用于指定新的文字高度；【对正】用于指定矩形边界中文字的对正方式和文字的走向；【行距】用于指定行与行之间的距离；【旋转】用于指定整个文字边界的旋转角度；【样式】用于指定多行文字对象所使用的文字样式；【宽度】通过键盘输入或拾取图形中的点指定多行文字对象的宽度。

(2) 在文字输入窗口可以使用上方的工具栏及快捷菜单，对多行文字进行更多的设置。

### 6.2.4　插入外部文字

1. 功能

在 AutoCAD 系统中，除了可以直接创建文字对象外，还可以在设计图形中插入使用其他的字处理程序创建的 ASCII 或 RTF 文本文件。系统提供多行文字编辑器的输入文字功能、拖放功能以及复制、粘贴功能等三种不同的方法插入外部的文字。

2. 操作

(1) 利用多行文字编辑器的输入文字功能：在文字输入窗口右击，从弹出的快捷菜单中选择【输入文字(I)】命令，弹出【选择文字】对话框(图 6.17)，在其中选择文件，然后单击【打开(O)】按钮即可输入文字。输入的文字将插入在文字窗口当前光标位置处。注意，除 RTF 文件中的制表符将转换为空格、行距转换为单行外，输入的文字将保留原有的字符格式和样式特征。

(2) 拖动文字进行插入：就是利用 Windows 的拖放功能将其他软件中的文本文件插入

当前图形中。如果拖放扩展名为.txt 的文件，AutoCAD 将把文件中的文字作为多行文字对象进行插入，并使用当前的文字样式和文字高度。如果拖放的文本文件具有其他的扩展名，AutoCAD 则将其作为 OLE 对象处理。注意，在文字窗口中应根据图样设计要求确定放置对象的插入点，而文字对象的最终宽度取决于原始文件的每一行断点和换行位置。

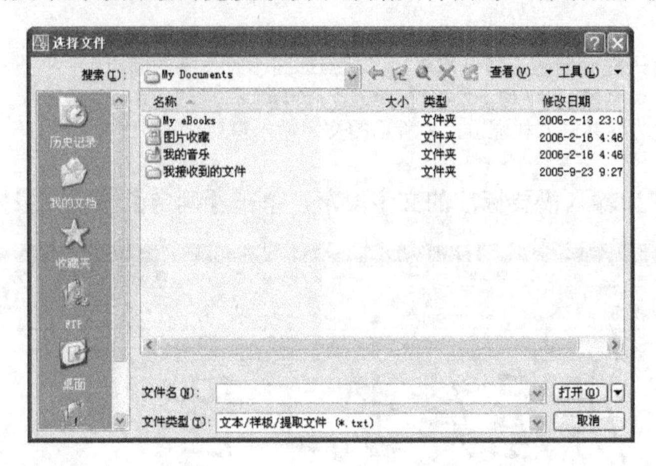


图 6.17　【选择文件】对话框

(3) 复制与粘贴文字：利用 Windows 的剪贴板功能，将外部的文字进行复制，然后粘贴到当前的图形中。

### 6.2.5　编辑文字

1. 功能

已经写好的文字可以进行修改内容、改变文字大小和对正方式等编辑。单行文字和多行文字的修改过程基本相同，只是单行文字不能使用 explode 命令来分解，而该命令可以将多行文字变为单行文字对象。

2. 操作

(1) 使用 ddedit 命令编辑文字：在命令行输入“ddedit”或者在【修改】下拉菜单中选择【对象】中的【文字】，并在其选项中单击【编辑】，系统提示如下。

```
命令：_ddedit
选择注释对象或 [放弃(U)]:
```

选择需要编辑的文字即可以修改。如果编辑的对象是多行文字，系统将显示与创建多行文字时相同的窗口界面，其编辑和修改也是在文本输入窗口中进行，但是如果要修改文字的大小和字体的属性，需先选中要修改的文字，然后选取新的字体或输入新的字体高度值。

在【修改】下拉菜单【对象】中选择【文字】，并在其选项中单击【比例】或【对正】，可以缩放文字大小或改变对正方式。

(2) 使用【特性】选项板修改文字：选择需要编辑的文字，单击【标准】工具栏的按钮弹出【特性】选项板，利用该选项板不仅可以修改文字本身的内容，还可以修改文字的其他特性，如文字的颜色、图层、插入点、高度、旋转角度、宽度比例、特殊效果、倾斜角度、对齐方式等。如果要修改多行文字对象的文字内容，必须先单击【文字】选项区的【内容】，然后单击【内容】右侧的按钮，然后在创建文字时的界面中编辑文字。

### 6.2.6　查找与替换文字

1. 功能

可以在单行文字、多行文字、块的属性、尺寸标注中的文字以及表格文字、超链接说明和超链接文字中进行查找和替换操作。查找和替换功能既可以定位模型空间中的文字，也可以定位图形中任何一个布局中的文字，还可以缩小查找范围在一个指定的选择集中查找。如果正在处理一个部分打开的图形，则该命令只考虑当前打开的这一部分图形。

2. 操作

(1) 在【编辑】下拉菜单中单击【查找】命令；或者在打开的图形绘图区右击，在快捷菜单中选择【查找】命令；或者直接在命令行输入“find”，系统弹出如图 6.18 所示的【查找和替换】对话框。

(2) 在【查找字符串】下拉列表框内输入想要查找的文字，如果需要替换则在【改为】下拉列表框内输入想要替换的文字，或者单击【改为】下拉列表框右侧的按钮，在最近使用过的 6 个字符串列表中选择一个。

(3) 单击对话框内的【查找】按钮开始查找，在【上下文】区域将显示所找到的匹配文字串以及周围的文字，单击【替换】按钮替换所找到的匹配文字；如果需要全部替换所匹配的文字则单击【全部改为】按钮。

3. 说明

(1) 在【查找和替换】对话框中，【搜索范围】下拉列表框可以用来指定是在整个图形中还是在当前选择集中查找，单击其右边的【选择对象】按钮，可以定义一个新的选择集。

(2) 在该对话框中，单击【选项】按钮，系统将弹出如图 6.19 所示的【查找和替换选项】对话框，可以进一步设置搜索的规则。

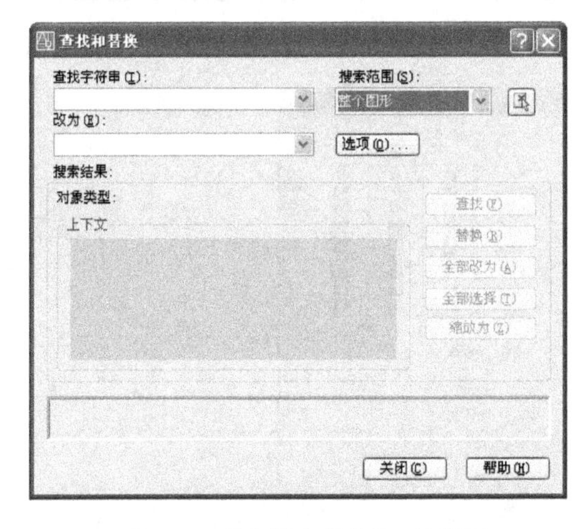


图 6.18 【查找和替换】对话框

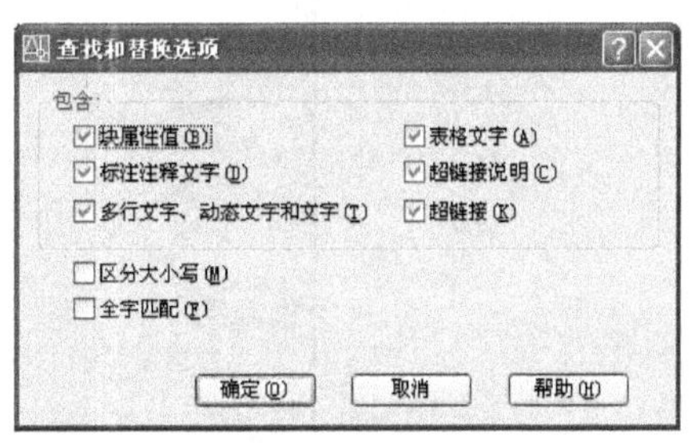


图 6.19 【查找和替换选项】对话框

(3) 在对话框中，单击【缩放为】按钮，系统将立即放大显示所找到的文字。

## 6.3 创建表格对象

利用 AutoCAD 提供的自动创建表格的功能，可以十分方便地在设计图形中创建表格，如图纸目录、门窗表、材料表、零件明细表等。

### 6.3.1 表格样式的设置

1. 功能

表格样式主要用于定义表格的外观，控制表格中的字体、颜色和文本的高度、行距等特性。在创建表格时，可以使用系统默认的表格样式，也可以自定义表格样式。

2. 操作

(1) 选择【格式】下拉菜单中的【表格样式】命令，或者直接在命令行中输入“tablestyle”命令，系统将弹出如图 6.20 所示的【表格样式】对话框。

(2) 在【表格样式】对话框中单击【新建】按钮，系统弹出如图 6.21 所示的【创建新的表格样式】对话框，在对话框中的【新样式名】文本框中输入新的表样式名，在【基础样式】下拉列表框中选择一种基础样式作为模板，新的样式将在该样式的基础上进行修改。单击【继续】按钮，系统弹出如图 6.22 所示的【修改表格样式】对话框。

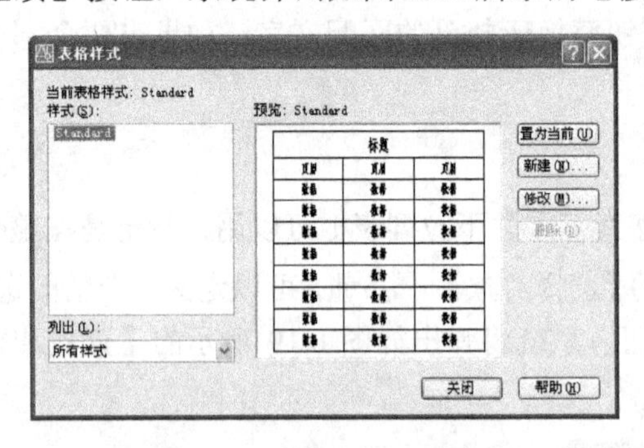


图 6.20 【表格样式】对话框

图 6.21 【创建新的表格样式】对话框

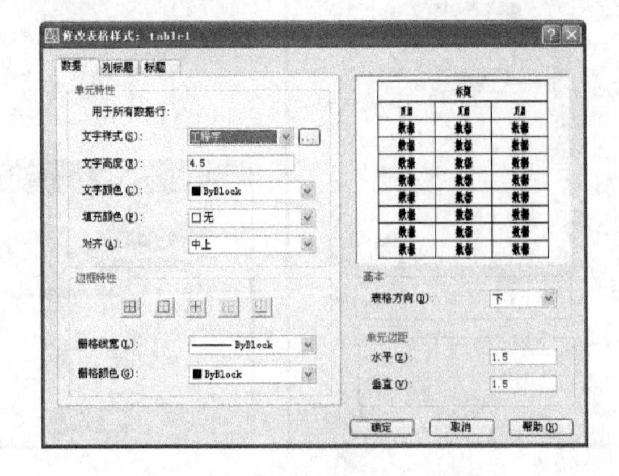


图 6.22 【修改表格样式】对话框

(3) 在【修改表格样式】对话框中，使用【数据】、【列标题】和【标题】选项卡按照设计需要分别设置表的数据、列标题和标题对应的样式。设置完新的样式后，单击【确定】按钮，然后再在【表格样式】对话框中单击【置为当前】按钮，新的样式将成为今后的默认样式。

3. 说明

(1) 【修改表格样式】对话框中【单元特性】选项组的【文字样式】用于设置【数据】、【列标题】和【标题】等单元格中的文字样式，单击 ... 按钮，即可弹出如图 6.14 所示的【文字样式】对话框，同样可选择字体，设置单元格中的文字高度、文字颜色、背景填充颜色和文字对齐方式。

(2) 单击【修改表格样式】对话框中【边框特性】选项组的五个按钮可以设置表格的各个边框是否存在；当表格具有边框时，【栅格线宽】下拉列表框用于选择表的边线宽度，【栅格颜色】下拉列表框用于设置边框颜色。

(3)【修改表格样式】对话框中【基本】选项组的【表格方向】下拉列表框可选择表格的生成方向是向上或向下。【单元边距】选项组的【水平】和【垂直】文本框用于设置表格中文字距边线的水平和垂直距离。

### 6.3.2　表格的创建

1. 功能

在设计图形中插入表格并进行修改。

2. 操作

下面以图 6.23 为例说明表格创建与修改的方式与方法。

(1) 选择【绘图】下拉菜单中的【表格】命令，或者直接在命令行中输入“table”命令，系统将弹出如图 6.24 所示的【插入表格】对话框。

| 图 纸 目 录 | | | | |
|---|---|---|---|---|
| 类 别 | 编 号 | 图纸内容 | 页 码 | |
| 建 施 | 首页 | 目录 | 001 | |
| | 01 | 门窗表 | 002 | |
| | 02 | 底层平面图 | 003 | |
| | 03 | 二层平面图 | 004 | |
| | 04 | 屋顶平面图 | 005 | 含天沟大样 |

图 6.23　创建表格

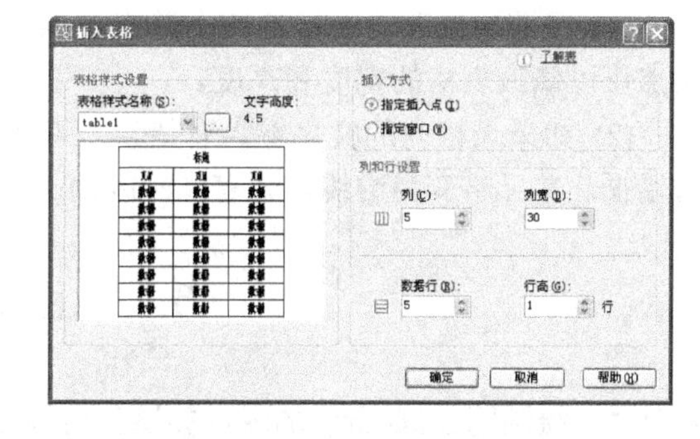


图 6.24 【插入表格】对话框

(2) 在【表格样式名称】下拉列表框中选择“table1”表格样式。

(3) 在【插入方式】选项组中选中【指定插入点】。

(4) 在【列和行的设置】选项组中的【列】文本框中输入 5，在【列宽】文本框中输入 30，在【数据行】文本框中输入“5”，在【行高】文本框中输入“1”。

(5) 表格各项设置完毕，单击【确定】按钮。

(6) 根据命令行提示，在设计图形中选择一点作为表格的放置位置，系统弹出如图 6.25 所示【文字格式】工具栏，同时表格标题单元格变为虚线，并有光标闪动，键盘输入“图纸目录”字样后，用键盘的方向键将光标移动到任意单元格后进行文字输入，文字输入完成后，单击【确定】按钮完成表格的制作。

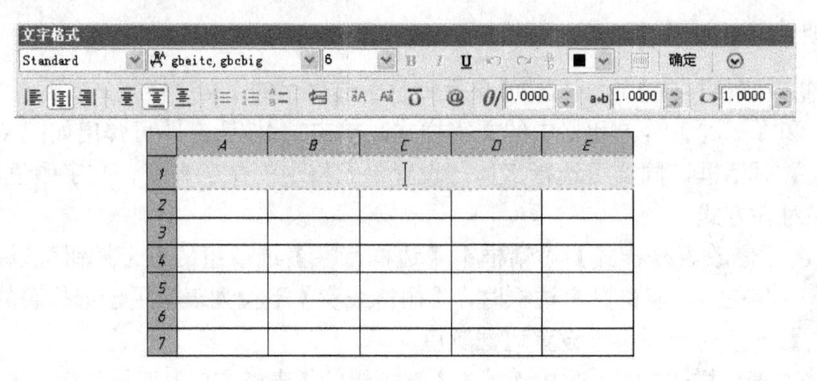


图 6.25 【文字格式】工具栏

3. 说明

在完成一个单元格的文字输入以后，按 Tab 键将光标横向移动到下一单元格，按 Enter 键将光标向下移动到下一单元格，也可以利用键盘的方向键进行移动，进行新的单元格的文字输入。

### 6.3.3 表格的修改

1. 功能

对已经创建的表格及其文字内容进行修改。

2. 操作

(1) 在需要修改的表格边线上单击，系统立即在表格的关键点显示蓝色的夹点，移动夹点可以修改表格的宽度和高度。

(2) 如果表格内的文字输入有错误，双击需要修改的单元格文字，出现【文字格式】对话框，单元格变为虚线，并有光标闪动，修改文字后，单击【确定】按钮即完成操作。

## 6.4 上 机 实 验

### 实验 1 绘制图 6.26 所示的图形并填充材料图例

1. 目的要求

进一步熟悉图形填充的操作方法，并熟练运用到工程设计实践中。

2. 操作指导

(1) 按图 6.26 所示尺寸绘制图形(不标注尺寸，尺寸单位为 mm)，要求线型标准、顺畅、光滑。

(2) 图案填充应符合制图标准，墙体材料为标准砖，压顶和泛水为钢筋混凝土。

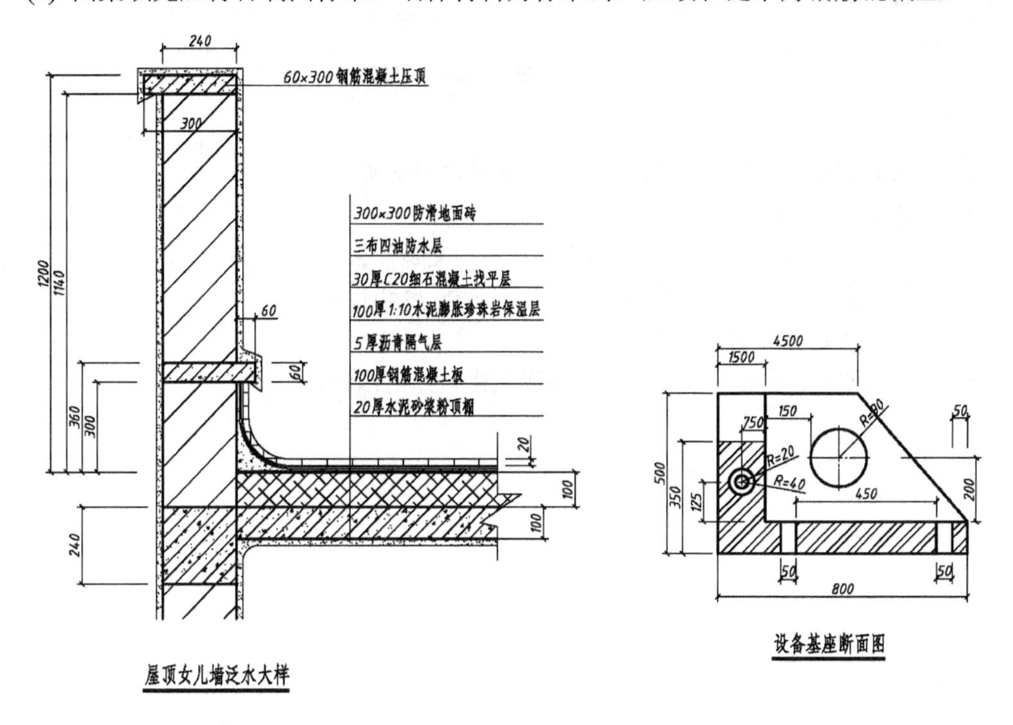


图 6.26　施工大样图

(3) 在注写文字时应先定义文字样式，并根据设计要求确定文字的高度。为保证文字整齐美观，应考虑分别使用单行文字和多行文字，并且将相关的文字起点定位一致，可以考虑在注写一行文字后使用【复制】或【阵列】命令复制文字，再修改文字内容。

## 实验 2　绘制图 6.27 所示的表格

| 屋面材料消耗表 | | | |
|---|---|---|---|
| 编号 | 材料名称 | 单位 | 数量 |
| 01 | PVC防水布 | 100m² | 2136.0 |
| 02 | 水泥 | T | 13.86 |
| 03 | 砂子 | M³ | 5.90 |
| 04 | 石子 | M³ | 9.35 |
| 05 | 油膏 | kg | 1109.0 |
| 06 | 沥青 | kg | 561.0 |
| 07 | 膨胀珍珠岩 | M³ | 50.45 |
| 08 | 标准砖 | 1000块 | 6.34 |

图 6.27　创建表格

1. 目的要求

进一步熟悉创建文字与表格的命令和操作方法，并熟练运用到工程设计实践中。

2. 操作指导

文字字体应符合建筑制图标准，表格大小以 90×50 为宜，表格内的标题文字高度建议采用 7，数据文字高度建议采用 5。

## 6.5 思 考 题

1. 在 AutoCAD 系统中如何定义复杂图形的填充边界？
2. 怎样定义文字样式？
3. 单行文字的对齐方式有哪些？其各自的含义是什么？
4. 如何按设计要求确定多行文字插入范围的宽度和行数？
5. 表格样式定义有哪些步骤？
6. 在 AutoCAD 系统中如何按要求创建表格？如何修改？

# 第 7 章　图块及其属性

**教学提示：**图块及其属性在 AutoCAD 中属于较高级的功能，如果能将这些功能熟练地应用到实际工作中，有时会起到事半功倍的效果。在本章中将介绍如何创建块、写块和插入块以及属性的定义、编辑和使用。

**教学目标：**了解图块及其属性的特点，熟悉图块、属性的定义和编辑，重点掌握属性块的创建、插入、编辑的内容和方法，并能合理、灵活地应用这些方法来解决实际的工程制图问题。

## 7.1　图块的概念和创建

### 7.1.1　图块的概念

在工程绘图中，人们往往需要绘制许多重复的对象，如建筑图中的门、窗、标注符号；管道图中的阀门、接头等。对于这类问题，AutoCAD 提供了非常理想的解决方案，即引进了一个新概念——图块，简称块。

块一般是由几个图形对象组合而成的图形单元。在该图形单元中，各图形实体均有各自的图层、线型、颜色等特征，但 AutoCAD 将块对象视为一个单独的对象来使用。块对象可以由直线、圆弧、圆等对象以及定义的属性组成。系统会将块定义自动保存到图形文件中，另外用户也可以将块保存在硬盘上。

在 AutoCAD 系统中使用块主要有以下几个特点。

1. 可建立图形库，提高工作效率

把一些常用的重复出现的图形做成块，保存在图形库中，使用时就可以多次从图形库中调出并插入到当前图形中，从而避免了大量的重复性工作，提高了绘图工作效率。

2. 可减小图形文件大小，节省存储空间

AutoCAD 必须为图形中的每个对象保存诸如类型、位置、坐标等信息。而插入块时，事实上只是插入了原块定义的引用，AutoCAD 仅需要记住这个块对象的有关信息(如块名、插入点坐标及插入比例等)而不是块对象的本身。从而明显减小整个图形文件的大小，节省磁盘空间。

3. 便于快速、准确修改图形

在一张工程图中，只要对块进行修改和重新定义，则原图中所有插入的该块均进行相应的修改，不会出现遗漏。

4. 可以添加属性，为数据分析提供原始的数据

AutoCAD 允许用户为块创建属性，即加入文本信息(如门窗的代号和尺寸等)，并可在

插入的块中指定是否显示这些属性，还可以从图形中提取这些信息并将它们传送到数据库中，为数据分析提供原始数据。

### 7.1.2　创建块

1. 功能

要创建块，应首先绘制所需的图形对象。【创建块】命令可将选择的图形对象在当前图形文件中创建为内部块。

2. 操作

单击【绘图】工具栏【创建块】按钮、选择【绘图】下拉菜单中【块】子菜单的【创建】命令或在命令行输入“block”命令都可以创建块，具体步骤如下。

```
命令：block
```

此时系统弹出如图 7.1 所示的【块定义】对话框。对话框中各参数说明如下。

(1) 【名称】：在文本框中输入块的名称。

(2) 【基点】：在【基点】选项组中用户可以直接在 X：、Y：、Z：文本框中输入基点的坐标。用户也可以单击【拾取点】旁边的按钮，切换到绘图区选择基点。

(3) 【对象】：单击【选择对象】旁边的按钮，可以切换到绘图区选择组成块的对象；也可以单击【快速选择】按钮，使用系统弹出的如图 7.2 所示的【快速选择】对话框设置所选择对象的过滤条件。

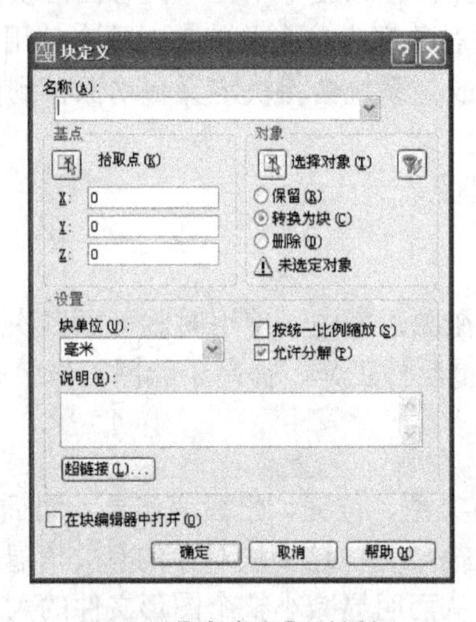


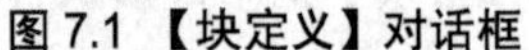
图 7.1 【块定义】对话框

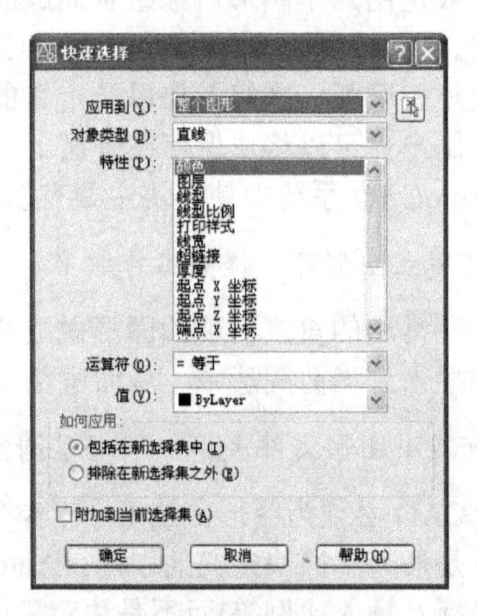


图 7.2 【快速选择】对话框

【对象】选项组中的单选按钮说明如下：【保留】表示在所选对象当前的位置上，仍将所选对象保留为单独的对象；【转换为块】表示将所选对象转换图形中的块实例；【删除】表示创建块后，从当前图形中删除所选的对象。

(4) 【设置】：在【块单位】下拉列表框中选取相应的单位；在【说明】文本框中输入当前块的说明部分；也可单击【超链接】按钮，打开【插入超链接】对话框，用它将超链接与块定义相关联。

【设置】选项组中各选项说明如下：【块单位】用于设计从 AutoCAD 设计中心、工具选项板中拖动插入图块到当前图形文件时对块进行缩放使用的单位；【按统一比例缩放】指定插入块时不允许沿 X、Y、Z 方向使用不同的比例；【说明】可在文本框中输入当前块的说明部分，在 AutoCAD 设计中心可以看到；【允许分解】指定块是否可以被分解；【在块编辑器中打开】指定块是否在块编辑器中打开。

(5) 单击对话框中的【确定】按钮，完成块的创建。

3. 说明

(1) AutoCAD 默认的插入基点为坐标原点。为了作图方便，指定基点时一般选择块的中心、左下角或其他有特征的位置。

(2) 输入块的名称时应尽量表达清楚块的具体用处，而不要使用“111”、“aa”等随意输入的名称，以方便使用。

### 7.1.3 写块

1. 功能

将块以文件的形式写入磁盘。

2. 操作

```
命令：wblock
```

此时系统弹出【写块】对话框，如图 7.3 所示。

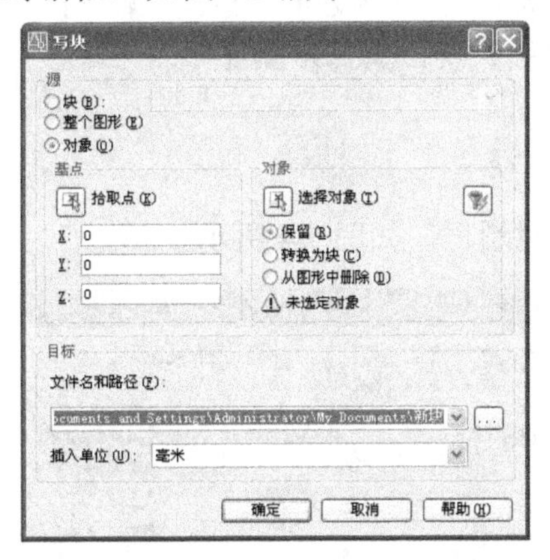


图 7.3 【写块】对话框

(1) 确定块文件的来源：在【源】选项组中，有三个单选按钮来定义写入块的来源，含义如下。

【块】：选取某个用“block”命令创建的块作为写入块的来源。所有用“block”命令创建的块都会列在其后的下拉列表框中。

【整个图形】：选取当前的全部图形作为写入块的来源。选中后，系统自动选取全部图形。

【对象】：选取当前的图形中的某些对象作为写入块的来源。

(2) 设定写入块的保存路径和文件名：在【目标】选项组的【文件名和路径】下拉列表框中，输入块文件的保存路径和名称；也可以单击下拉列表框后面的[...]按钮，在弹出的【浏览图形文件】对话框中设定写入块的保存路径和文件名。

(3) 【插入单位】：在下拉列表框中选择从 AutoCAD 设计中心拖动块时的缩放单位。

(4) 单击对话框中的【确定】按钮，完成块的写入操作。

3. 说明

(1) 使用 block 命令创建的内部块只能由块所在的图形使用，而不能由其他图形使用。如果希望在其他图形中也能够使用该块，则需要使用 wblock 命令创建外部块。

(2) 选中【整个图形】单选按钮，系统将自动删除原文件中未用的层定义、线型定义等。

(3) 选中【转换为块】单选按钮，定义外部块后在当前的图形中会生成相应的内部块。

## 7.2 图块的插入

创建图块后，在需要时就可以将它插入到当前的图形中。在插入一个块时，必须指定插入点、缩放比例和旋转角度。块的插入点对应于创建块时指定的基点。

1. 功能

将已定义的块插入图中，并可控制插入图形的比例和旋转角度。

2. 操作

单击【绘图】工具栏【插入块】按钮、【插入】下拉菜单的【块】菜单项或在命令行输入命令“insert”都可以插入块，具体步骤如下。

```
命令：insert
```

此时系统弹出【插入】对话框，如图 7.4 所示。

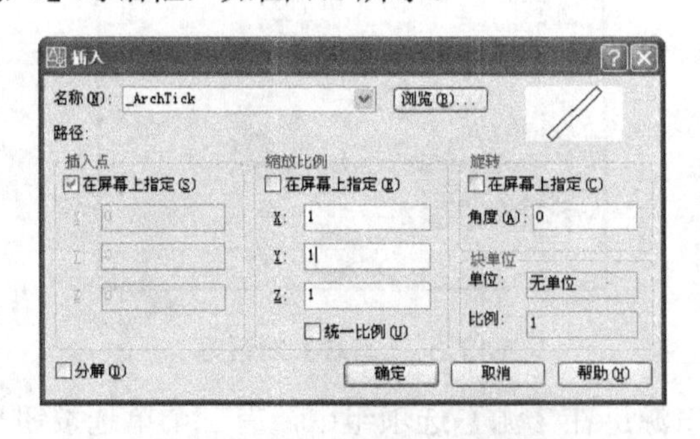


图 7.4　块【插入】对话框

(1) 如果用户要插入当前图形中含有的块，应从【名称】下拉列表框中选取，当前图形中所有的块都会在该列表中列出；如果要插入保存在磁盘上的块，可单击【浏览】按钮在磁盘上选取。

(2) 设置插入点：用于确定图块插入点的坐标。可直接在 X：、Y：、Z：文本框中输入三个方向上的坐标；也可以通过选中【在屏幕上指定】复选框，在屏幕上指定。

(3) 设置缩放比例：在【缩放比例】选项组中，可直接在 X：、Y：、Z：文本框中输入所插入的块在此三个方向上的缩放比例值(默认的比例均为 1)；也可以通过选中【在屏幕上指定】复选框，在屏幕上指定。如果插入块的比例系数被定义为负数，则系统将插入它的镜像图。

(4) 设置旋转角度：在【旋转】选项组中，可在【角度】文本框中输入插入块的旋转角度值；也可以选中【在屏幕上指定】复选框，在屏幕上指定旋转角度。

(5) 确定是否分解块：选中【分解】复选框可以将插入的块分解成单独的基本对象。

(6) 单击【确定】按钮，完成块的插入操作。

3. 说明

(1) 任何一个存盘的 DWG 文件都可以作为图块插入到其他图形文件中。保存在磁盘上的某个块或 DWG 图形文件插入到当前图形中后，当前图形就会包含该块，如果需要再次插入该块，就可以从【名称】下拉列表框中选取。

(2) 【统一比例】复选框用于确定所插入块在 X、Y、Z 三个方向的插入比例是否相同，选中【统一比例】复选框时表示比例相同，这时只需在 X：文本框中输入比例值即可。

(3) 在插入一个块时，组成块的原始对象的图层、颜色、线型和线宽将采用其创建时的定义。例如，如果组成块的原始对象是在 0 层上绘制的，并且颜色、线型和线宽均配置成 bylayer(随层)，当块放置在当前图层——0 层上时，这些对象的相关特性将与当前图层的特性相同；而如果块的原始对象是在其他图层上绘制的，并且颜色、线型和线宽的设置都是指定的，当块放置在当前图层——0 层上时，块将保留原来的设置。

(4) 如果要控制块插入时的颜色、线型和线宽，则在创建块中的原始对象时，需把它们的颜色、线型和线宽设置成为 byblock(随块)，并在插入块时，再将【对象特性】工具栏中的颜色、线型和线宽设置成为 bylayer(随层)。

4. 实例

将图 7.5 中的建筑平面图中门的图例(不包含尺寸标注)创建为块，写入磁盘，再以适当的缩放比例和旋转角度插入图 7.6 中。

(1) 将图 7.5 中的建筑平面图门图例创建为块，具体步骤如下：

① 选择【绘图】下拉菜单中【块】子菜单的【创建】命令，弹出【块定义】对话框。

② 在【名称】下拉列表框中输入块的名称“平面门”。

③ 单击【基点】选项组中的【拾取点】按钮，然后用端点捕捉的方法选取图 7.5 中所示的右下角端点为块的基点。

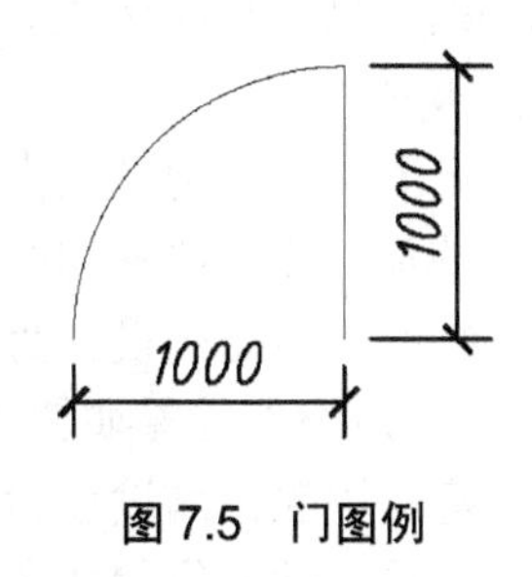


图 7.5　门图例

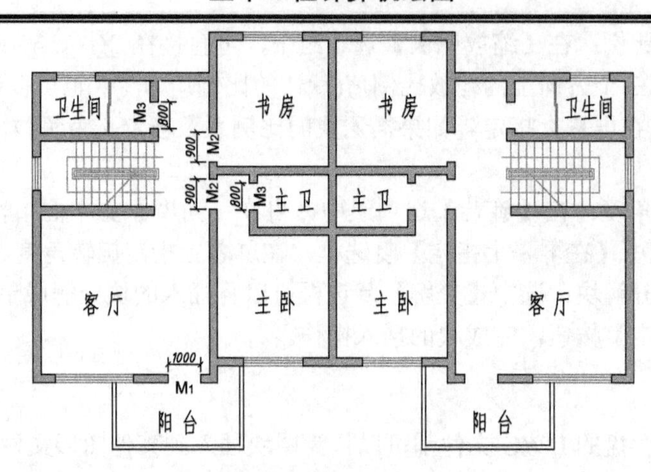


图 7.6 平面图形对象

④ 选中【对象】选项组中的【保留】单选按钮，再选择该选项组中的【选择对象】按钮，这时系统会自动切换到绘图窗口，用交叉窗口选择方法选取图 7.5 中图例，按 Enter 键返回到【块定义】对话框。

⑤ 在【块单位】下拉列表框中选择“毫米”选项，将单位设置为毫米。

⑥ 单击对话框中的【确定】按钮，完成块的创建。

(2) 将块“平面门”写入磁盘，具体步骤如下：

① 在命令行输入 wblock 命令并按 Enter 键。此时系统弹出【写块】对话框。

② 在对话框的【源】选项组中选中【块】单选按钮，然后在其后的下拉列表框中选择块“平面门”。

③ 在【目标】选项组的【文件名和路径】文本框中，将文件名和路径设置为“D:\AutoCAD_book1\work_file\ch7.2\平面门 1.dwg”。

④ 在【块单位】下拉列表框中选择“毫米”选项。

⑤ 单击【确定】按钮完成块写入的操作。

(3) 将块“平面门”以适当的缩放比例和旋转角度插入图 7.6 中，具体步骤如下：

① 在当前的图形中，选择【插入】下拉菜单中【块】命令，系统弹出【插入】对话框。

② 在【名称】下拉列表框中，选择块的名称“平面门”；在【插入点】选项组中，选中【在屏幕上指定】复选框；在【缩放比例】选项组中，选中【统一比例】复选框；在【旋转】选项组的【角度】文本框中输入插入块的旋转角度值“0”，如图 7.7 所示。单击【确定】按钮，返回绘图区，捕捉如图 7.8 所示的门洞墙线的端点作为插入点。

③ 重复选择【插入块】命令，将图块的比例设置为“0.9”，旋转角度设置为“-90”，其他参数默认设置，插入位置如图 7.9 所示。

④ 重复选择【插入块】命令，将图块的比例设置为 X：“-0.8”，Y：“0.8”，旋转角度设置为“-90”，其他参数默认设置，插入位置如图 7.10 所示。

⑤ 重复选择【插入块】命令，将图块的比例设置为 X：“-0.8”，Y：“0.8”，旋转角度设置为“90”，其他参数默认设置，插入位置如图 7.11 所示。

⑥ 重复选择【插入块】命令，将图块的比例设置为 X：“-0.9”，Y：“0.9”，旋转角度设置为“-90”，其他参数默认设置，插入位置如图 7.12 所示。

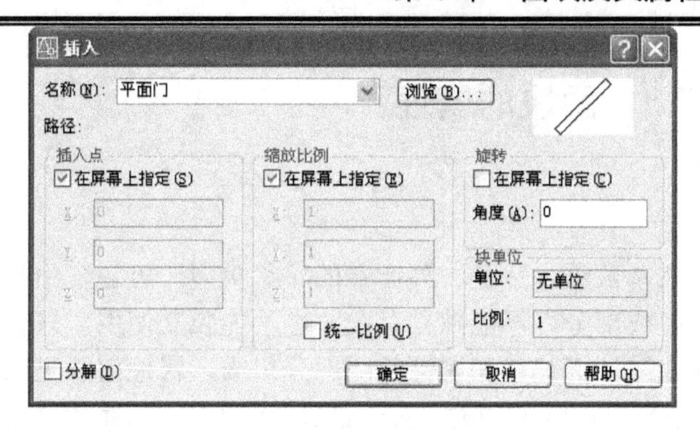


图 7.7　块的插入设置

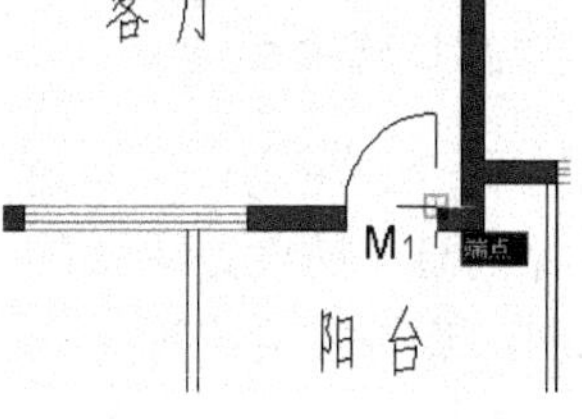
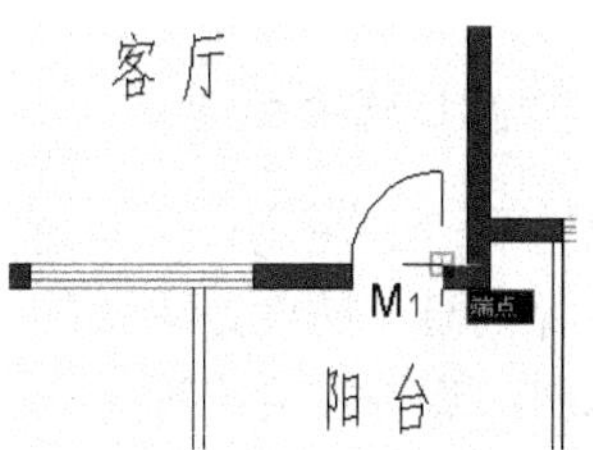


图 7.8　客厅块的插入效果

图 7.9　书房块的插入效果

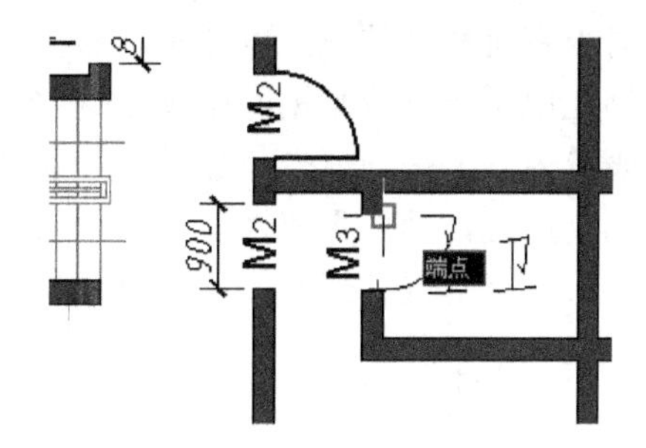


图 7.10　主卫块的插入效果

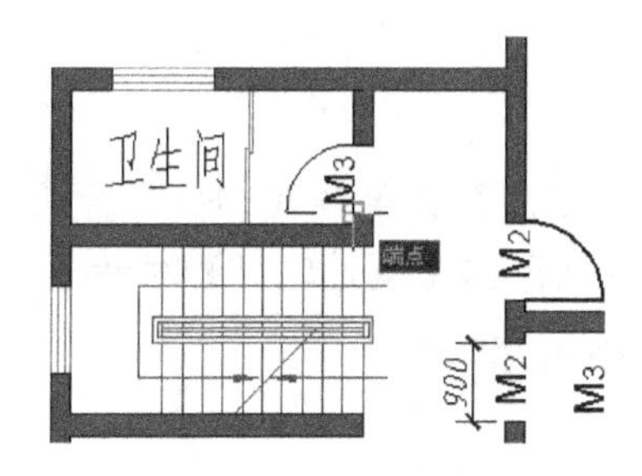


图 7.11　卫生间块的插入效果

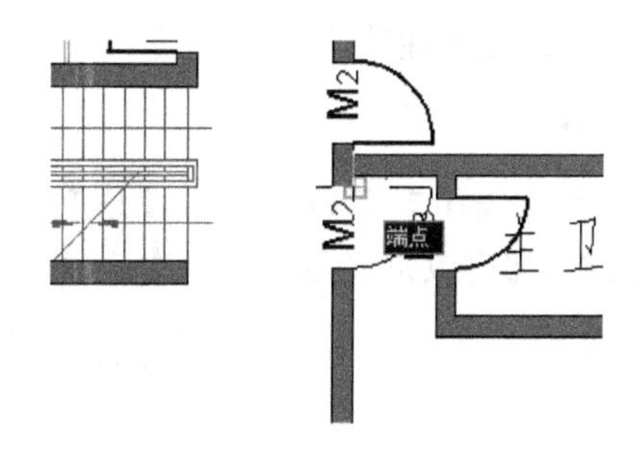


图 7.12　主卧块的插入效果

⑦ 将插入的平面门图形镜像，生成平面图右半侧的门图形，结果如图 7.13 所示。

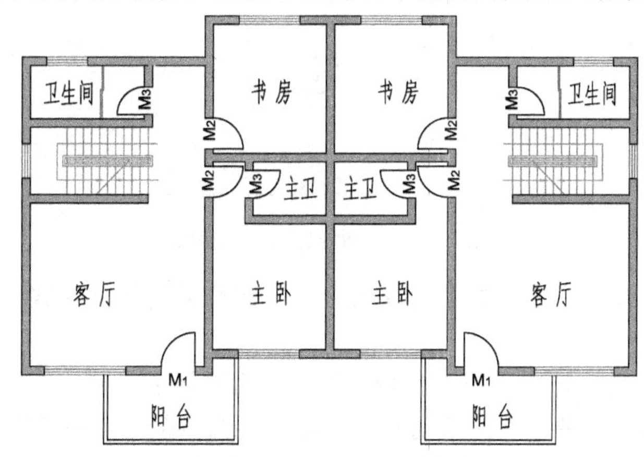


图 7.13　块的插入效果

# 7.3　图块的属性

## 7.3.1　块属性的特点

属性是附加在块对象上的各种文本数据，它是一种特殊的对象类型，可包含用户所需要的各种信息。属性是图块的一个组成部分，不能独立存在，也不能独立使用，只有在图块插入时，属性才会出现。块属性由属性标记名和属性值两部分组成，属性值既可以是变化的，也可以是不变的。在插入一个带有属性的块时，AutoCAD 将把固定的属性值随块添加到图形中，并提示输入那些可变的属性值。

对于带有属性的块，可以提取属性信息并将这些信息保存到一个单独的文件中，这样就能够在电子表格或数据库中使用这些信息进行数据分析，并可利用它来快速生成如材料明细表等内容。另外属性值还可以设置成为可见或不可见。不可见属性就是不显示和不打印输出的属性，而可见属性就是可以看到的属性。不管使用哪种方式，属性值都一直保存在图形中，当提取它们时，都可以把它们写到一个文件中。

## 7.3.2　定义属性

1. 功能

定义带有属性的块。

2. 操作

单击【绘图】下拉菜单中【块】子菜单的【定义属性】菜单项或在命令行输入命令“attdef”都可以定义属性。此时系统将弹出如图 7.14 所示的【属性定义】对话框。

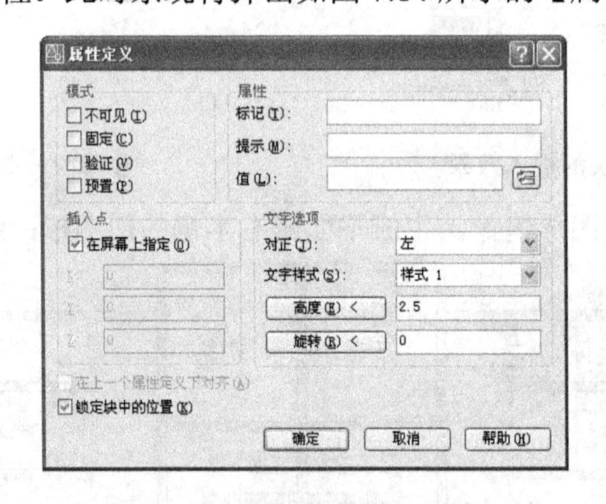


图 7.14　【属性定义】对话框

(1) 定义属性模式。在【模式】选项组中，设置有关的属性模式。【模式】选项组中的各模式选项说明如下。

【不可见】复选框：选中该复选框表示插入块后不显示其属性值，即属性不可见。

【固定】复选框：如果选中该复选框，表示属性为定值，可在【属性】选项组中【值】文本框中指定该值，插入块时该属性值随块添加到图形中。如果未选中该复选框，表示该属性值是可变的，系统将在插入块时提示输入其值。

【验证】复选框：如果选中该复选框，当插入块时，系统将显示提示信息，让用户验证所输入的属性值是否正确。

【预置】复选框：选中该复选框，则在插入块时，系统将把【属性】选项组中【值】文本框中输入的默认值自动设置成实际属性值。但是与属性的固定值不同，预置的属性值在插入后还可以进行编辑。

(2) 定义属性内容：在【属性】选项组中的【标记】文本框中输入属性的标记；【提示】文本框输入插入块时系统显示的提示信息；在【值】文本框中输入属性的值。单击【值】文本框后的按钮，系统弹出如图 7.15 所示的【字段】对话框，可将属性值设置为某一字段的值，这项功能可为设计的自动化提供极大的帮助。

图 7.15　【字段】对话框

(3) 定义属性文字的插入点：在【插入点】选项组中，可直接在 X：、Y：、Z：文本框中输入点的坐标；也可以选中【在屏幕上指定】复选框，在绘图区中拾取一点作为插入点。确定插入点后，系统将以该点为参照点，按照在【文字选项】选项组中设定的文字特征来放置属性值。

(4) 定义属性文字的特征选项：在【文字选项】选项组中设置文字的放置特征。此外，在【属性定义】对话框中如果选中【在上一个属性定义下对齐】复选框，表示当前属性将采用上一个属性的文字样式、字高及旋转角度，且另起一行按上一个属性的对正方式排列。

【属性定义】对话框的【文字选项】选项组中各选项意义如下。

【对正】：用于设置属性文字相对于参照点的排列形式。

【文字样式】：用于设置属性文字的样式。

【高度】：用于设置属性文字的高度。可以直接在文本框中输入高度值，也可以单击该按钮，然后在绘图区中指定高度。

【旋转】：用于设置属性文本的旋转角度。可以直接在文本框中输入旋转角度值，也可以单击该按钮，然后在绘图区中指定两点以确定角度。

(5) 单击【确定】按钮，完成属性定义。

# 7.4　图块和属性的编辑

## 7.4.1　修改块定义

可以对图块进行复制、移动、镜像、阵列、夹点编辑等编辑操作，也可以将其分解成若干基本实体对象后再进行编辑。如果在一个图形中相同的块很多，这些块又需要作同样的修改，这时就可以修改块定义。即创建新块时，将新确定的图块名与当前图形文件中的图块名相同，原图块将被新图块所代替。在对图块进行重新定义时，新图块的插入基点要与原图块的插入基点相对应，其尺寸也要与原图块的尺寸保持一致，否则，插入图块后难与相邻的图形实体衔接好，达不到预期的效果。

## 7.4.2　多重插入图块

1. 功能

将块按指定的格式实现矩形阵列插入。

2. 操作

```
命令：minsert
输入块名或 [?] <>:(输入多重插入的图块名称)
指定插入点或{[比例(S)/X/Y/Z/旋转(R)/预览比例/(PS)/PX/PY/PZ/预览旋转(PR)]:(指定多重插入块的插入点)
输入 X 比例因子，指定对角点，或[角点(C)/XYZ]<1>:(输入 X 向的缩放比例或输入一个选项)
输入 Y 比例因子或<使用 X 比例因子>:(输入 Y 向的缩放比例)
指定旋转角度<0>:(给定块的旋转角度)
输入行数(---)<1>:(输入多重插入行数)
输入列数(|||)<1>:(输入多重插入列数)
输入行间距或指定单位单元:(输入行间距或单位单元)
指定列间距:(输入列间距)
```

3. 说明

(1) 【预览比例】和【预览旋转】：确定图块插入之前的预览比例系数和预览旋转角度。当输入预览比例系数和预览旋转角度后，绘图区会出现图块的预览图形。

(2) 【PX】、【PY】、【PZ】：分别确定图块在 X、Y、Z 轴向上的预览比例系数。

(3) 【比例】：确定图块的插入比例。

(4) “minsert”命令只能以矩形阵列方式插入图块，不能以环形阵列方式插入图块。

(5) 不能使用【分解】命令分解“minsert”命令插入的图块。

### 7.4.3 指定基点

1. 功能

当将图形文件作为块插入时，图形文件默认的基点是坐标原点(0，0，0)，为了作图方便，也可以打开原始图形，用“base”命令重新定义它的基点。

2. 操作

单击【绘图】下拉菜单中【块】子菜单的【基点】菜单项或在命令行输入命令“base”都可以重新指定插入文件的插入基点。

```
命令：base
输入基点<0.0000，0.0000，0.0000>:(输入新的基点或使用光标点取图形文件的特征点作为新的插入基点)
```

### 7.4.4 图块的嵌套

一个图块中包含别的图块称为图块嵌套。当用户分解一个嵌套图块时，嵌套在图块中的那个图块并未被分解开，它还是一个单独的整体。要使它分解开，还必须用【分解】命令再次将它分解。

### 7.4.5 修改属性定义

1. 功能

在属性定义与块关联之前修改属性定义中的属性标记、提示及默认值。

2. 操作

单击【修改】下拉菜单中【对象】子菜单【文字】中【编辑】选项、在命令行输入“ddedit”命令或双击块属性标记均可实现该操作。

```
命令：ddedit
选择注释对象或[放弃(U)]:
```

(1) 在提示下，选择属性标记，系统弹出如图 7.16 所示的【编辑属性定义】对话框。
(2) 在对话框中，对属性定义的标记、提示和默认值进行修改。
(3) 修改完成后，单击对话框中的【确定】按钮。

### 7.4.6 使用增强属性编辑器

1. 功能

在属性定义与块关联之后修改单一块中的某个属性的属性标记、提示及默认值。

2. 操作

单击【修改】下拉菜单中【对象】子菜单【属性】的【单个】选项或在命令行输入

“eattedit”命令，都能修改单一块中的某个属性，具体操作如下。

```
命令：eattedit
选择块：
```

(1) 选择某个块对象后，系统弹出【增强属性编辑器】对话框，如图 7.17 所示。

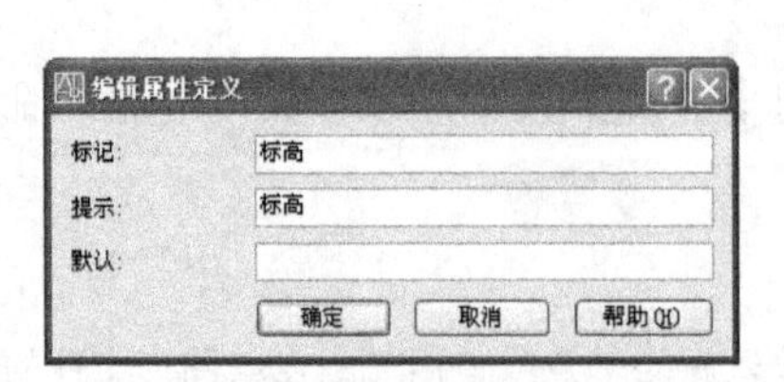


图 7.16 【编辑属性定义】对话框

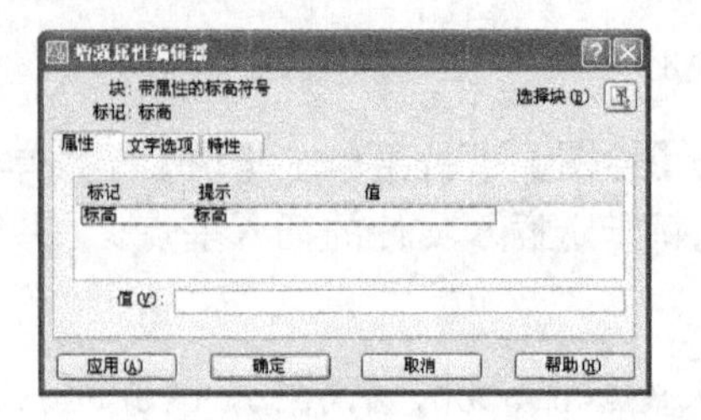


图 7.17 【增强属性编辑器】对话框

(2) 选择【属性】选项卡，在列表框中显示了块中每个属性的标记、提示和值。

(3) 在列表框中选择需修改的属性，【值】文本框中将显示出该属性对应的属性值，单击该值进行修改。

(4) 选择【文字选项】选项卡，系统显示如图 7.18 所示的界面。在该界面中可分别设定属性文字的样式、对齐方式、高度值、旋转角度值、宽度系数、倾斜角度值。

(5) 如果要使文字行反向显示则选中【反向】复选框，如果要使文字上下颠倒显示则选中【颠倒】复选框。

(6) 选择【特性】选项卡，系统显示如图 7.19 所示的界面。在该界面中可分别设定属性文字的图层以及它的线宽、线型、颜色及打印样式。

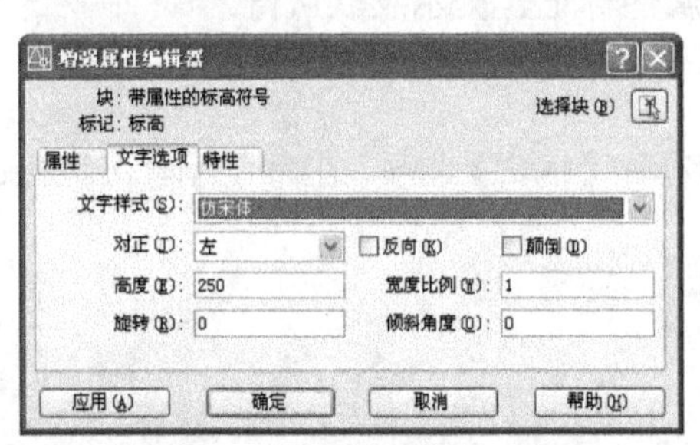


图 7.18 【文字选项】选项卡

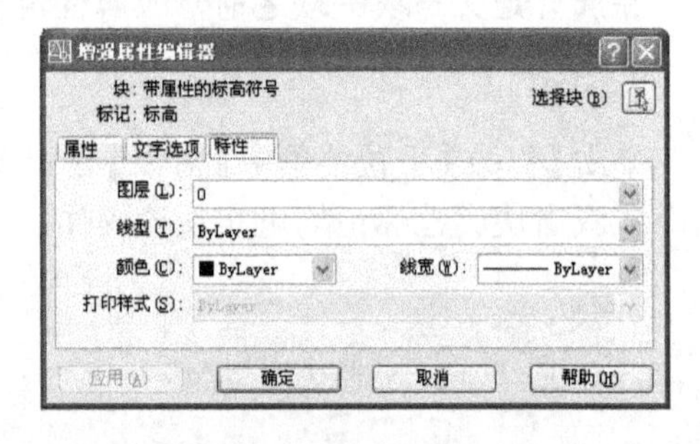


图 7.19 【特性】选项卡

(7) 单击【应用】按钮确认已进行的修改，单击【确定】按钮完成修改操作。

3. 应用举例

创建属性块，标注图 7.20 所示的建筑立面图，标高尺寸如图 7.21 所示。

先打开图 7.20 所示的图形对象，在“0”图层上根据图 7.22 所示的标高符号的尺寸绘制标高符号。注意图形中的对象只是用直线命令绘制的一般对象，它们目前还不是一个块。

(1) 创建属性“标高”，具体步骤如下：

① 单击【绘图】下拉菜单中【块】子菜单的【定义属性】菜单项，弹出【属性定义】对话框。

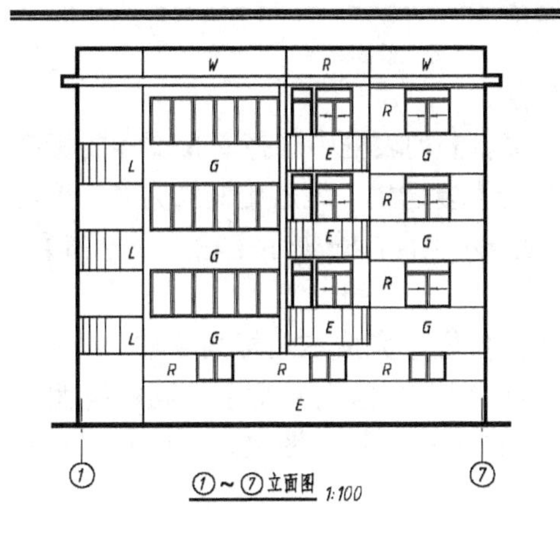


图 7.20　建筑立面图

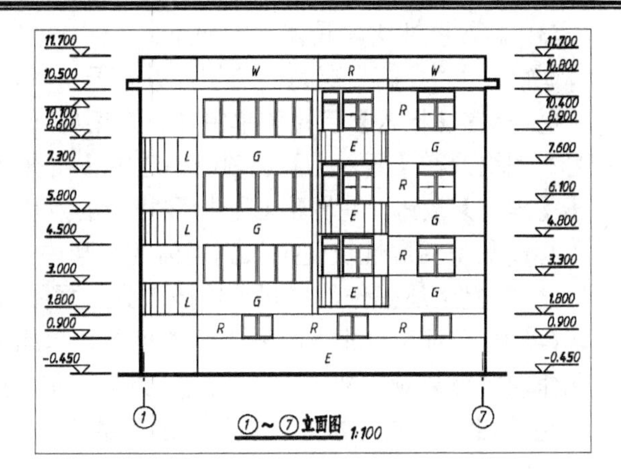


图 7.21　标注建筑立面图的标高

② 在【属性】选项组的【标记】文本框中输入属性的标记“标高”，在【提示】文本框中输入“标高”。

③ 在【文字选项】选项组中的【对正】下拉列表框中选择“左”对正，在【文字样式】下拉列表框中选择样式“仿宋体”，其他选项采用默认设置。

④ 选中【插入点】选项组中的【在屏幕上指定】复选框。

⑤ 单击【确定】按钮，然后在图形中拾取一点作为标记插入点的位置，系统便在标记插入点的位置显示出该属性的标记，用【移动】命令将属性标记移到图 7.23 中所示的位置。

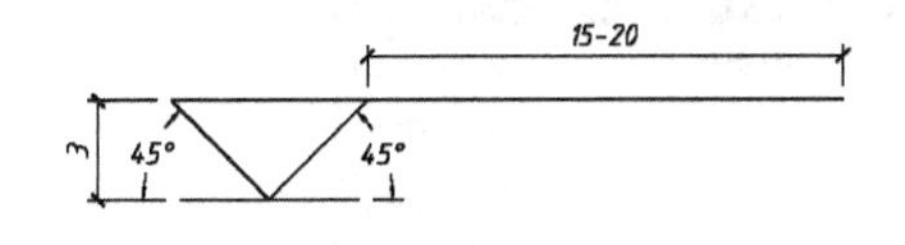


图 7.22　标高符号的尺寸

图 7.23　带属性的标高符号

(2) 创建属性块，具体步骤如下：

在命令行输入“block”命令并按 Enter 键，此时系统弹出【块定义】对话框。在对话框中设置各选项的参数，如图 7.24 所示，选择绘制的标高符号和定义的属性，将其创建为内部块。

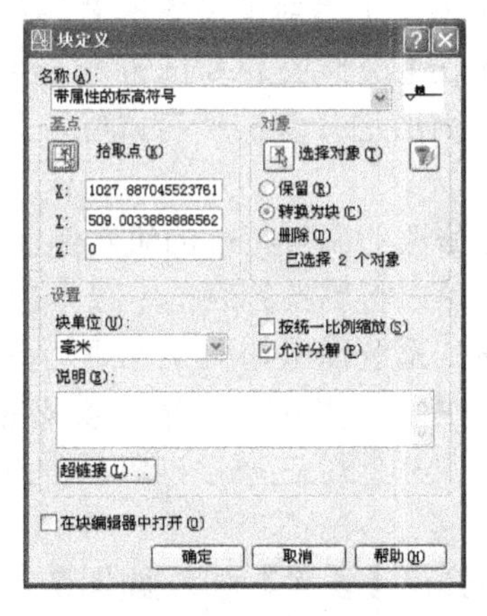


图 7.24　设置标高符号属性块的参数

(3) 插入属性块，具体步骤如下：

① 设置“标高”层为当前层，并打开“辅助线”层。

② 单击【插入】下拉菜单中【块】菜单项，在【块名】列表框中选择“带属性的标高符号”图块，在【插入点】选项组中选中【在屏幕上指定】复选框，缩放比例均为 1，然后单击【确定】按钮，在图形右边拾取相应的点作为块的插入点，命令提示【输入属性值】，输入标高数值后属性块便插入到当前的图形中。

③ 重复上述操作，将属性块插入到立面图右边相应位置，完成右边标高标注。

(4) 由于插入缩放比例采用负数虽然可以得到镜像的图形，但属性文字也同样镜像，重新编辑操作麻烦。建议按照上述步骤重新定义跟图 7.23 反向的标高图块，再插入到立面图左边的相应位置，得到如图 7.21 所示的尺寸标注。

### 7.4.7 使用块属性管理器

1. 功能

对当前图形所有块定义中的属性进行编辑管理。

2. 操作

单击【修改】下拉菜单中【对象】子菜单【属性】的【块属性管理器】选项或在命令行输入“battman”命令，都可以打开【块属性管理器】对话框，如图 7.25 所示。

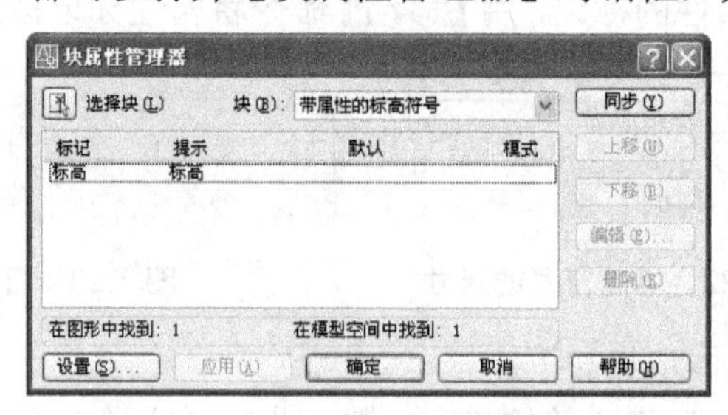


图 7.25 【块属性管理器】对话框

主要选项功能如下：

(1) 在【块】下拉列表框中列出了当前图形中所有属性块的名称，用户可在该下拉列表框中选取要管理的块。或者单击【选择块】按钮，切换到绘图窗口选择需要管理的块。

(2) 属性列表框：显示了当前所选择块的所有属性，并列出每个属性的标记、提示、默认值和模式等。

(3) 【同步】：可以更新已修改的属性特性的块实例。

(4) 【上移】、【下移】：可以将属性列表框中选中的属性行向上、下移动一行。

(5) 【编辑】：选择该按钮，系统弹出如图 7.26 所示的【编辑属性】对话框，利用该对话框可以重新设置选定属性的模式、数据、文字选项及特性等。

(6) 【删除】：可以从块定义中删除在属性列表框中选中的属性定义，块中对应的属性值也同时被删除。

(7) 【设置】：单击该按钮弹出【设置】对话框(图 7.27)，可设置属性列表框中的显示内容等。

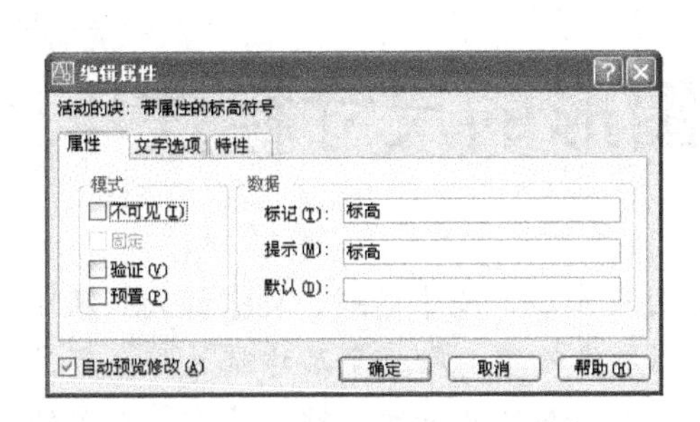


图 7.26 【编辑属性】对话框

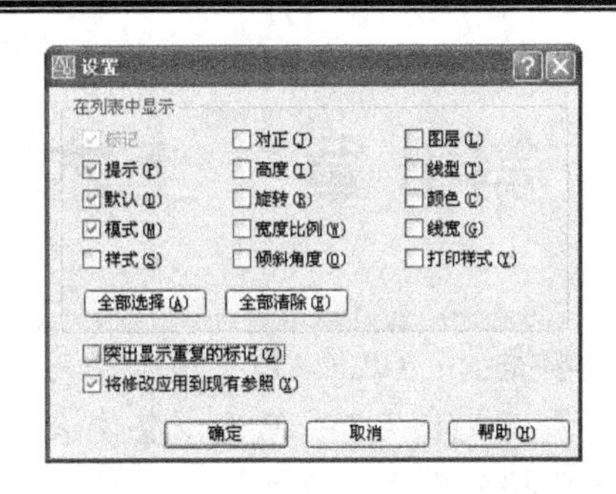


图 7.27 【设置】对话框

# 7.5 上 机 实 验

## 实验 1　创建属性块绘制主梁断面图

1. 目的要求

通过该实验，掌握属性块的定义、插入等内容和方法，提高绘图效率。

2. 操作指导

首先按照图 7.28 所示，用有关绘图和编辑命令画出主梁断面图外形和钢筋布置，然后将钢筋编号图例定义为属性块，再将属性块插入到相应位置。

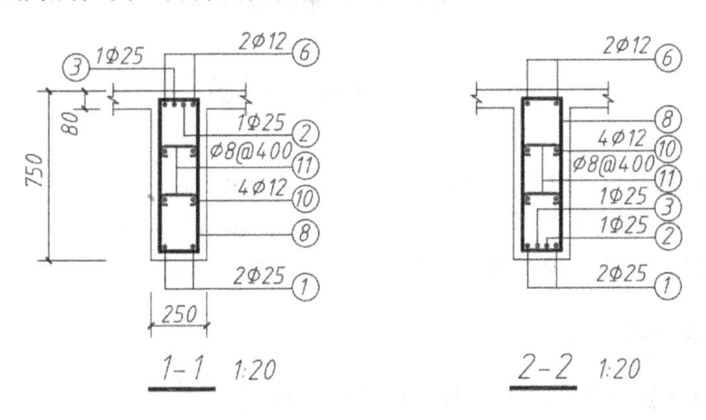


图 7.28　主梁断面图

# 7.6 思　考　题

1. 简述块的特点，并举例说明定义块和插入块的一般操作步骤。
2. 简述【定义块】命令与【写块】命令的区别。
3. 块属性的特点是什么？如何定义块属性？
4. 先使用【复制】(copy)命令来练习本章的例题，再回答用【定义块】和【插入】命令来绘制重复图形与使用【复制】命令来绘制重复图形相比，有什么区别和优势？

# 第 8 章　土木工程图形的尺寸标注

**教学提示**：AutoCAD 定义一个完整的尺寸是由尺寸线、尺寸界线、尺寸箭头和尺寸文本四要素组成(图 8.1)。它们以整体块形式存放在图形文件中，即一个尺寸就是一个标注对象。本章按创建尺寸标注样式、标注尺寸和编辑尺寸三部分来讲授，标注尺寸是本章的重点，创建、修改和替代尺寸标注样式是本章的难点。对图形进行尺寸标注时，用户最好建立一个单独的尺寸标注图层来标注尺寸，以便使标注的尺寸与图形的其他信息分开。

**教学目标**：熟悉尺寸对象的组成，能根据不同的出图要求建立尺寸标注样式，熟练掌握各种尺寸标注命令和编辑命令。按 8.4 节上机实验 2 的要求，标注图 8.22 的尺寸。

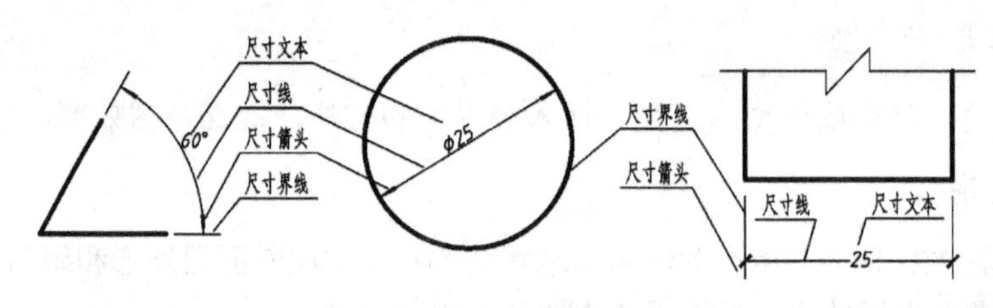


图 8.1　尺寸的组成

## 8.1　尺寸标注样式

在没有建立新的尺寸标注样式之前，AutoCAD 按 ISO−25 的默认标注样式来标注尺寸，这是一个符合 ISO 标准的标注样式，用户可以根据工程图的需要，在进行尺寸标注之前，创建一个或多个符合行业、项目或国家标准的尺寸标注样式来标注尺寸。

### 8.1.1　新建尺寸标注样式的步骤

(1) 单击【标注】或【样式】工具栏中【标注样式】按钮、【格式】或【标注】下拉菜单中【标注样式】菜单项，或在命令行输入“ddim”，都可打开图 8.2 所示的【标注样式管理器】对话框。

(2) 单击【标注样式管理器】对话框中的【新建】按钮，打开【创建新标注样式】对话框(图 8.3)，在【新样式名】文本框中输入新的标注样式名，如“线性标注”。

(3) 单击【创建新标注样式】对话框中的【继续】按钮，打开【新建标注样式】对话框，用户可对该对话框中的七项选项卡分别进行设置，定义新的尺寸标注样式特性。

(4) 设置完毕，单击【新建标注样式】对话框中的【确定】按钮，回到【标注样式管理器】对话框中，单击【关闭】按钮，创建的新的尺寸标注样式完成。如果在单击【关闭】按钮之前，单击【置为当前】按钮，则把新创建的标注样式(如“线性标注”)设置为当前样式。

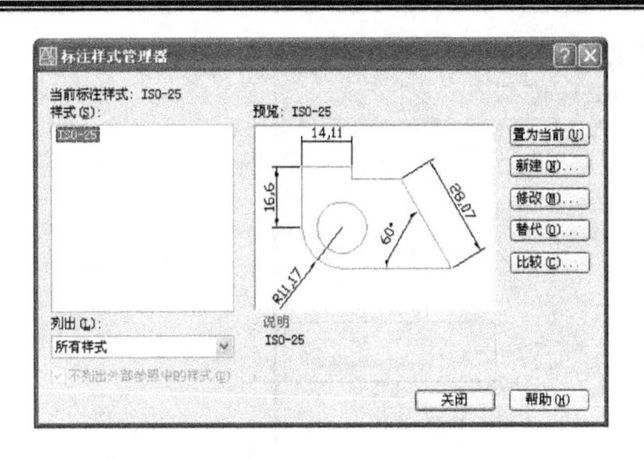


图 8.2 【标注样式管理器】对话框

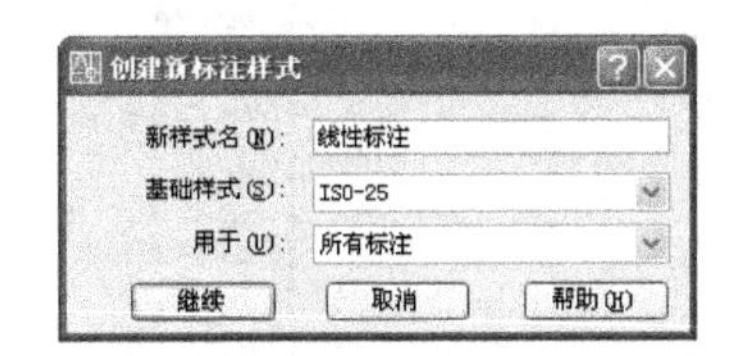


图 8.3 【创建新标注样式】对话框

### 8.1.2 【标注样式管理器】对话框

单击【标注】工具栏中【标注样式】按钮，打开【标注样式管理器】对话框(图 8.2)，各选项含义如下。

【当前标注样式】：显示当前标注样式的名称，默认标注样式为 ISO-25。

【样式】：列出了图形中的标注样式，当前样式被亮显。若要将某样式置为当前样式，选择某样式后单击【置为当前】按钮即可，或是选择某样式后右击，从显示的快捷菜单中选择【置为当前】或【重命名】和【删除】(不能删除当前样式或当前图形中使用的样式)。

【列出】：控制【样式】列表中标注样式的显示。如果要列出图形中所有的标注样式，选择【所有样式】，要列出图形中当前使用的标注样式，选择【正在使用的样式】。

【不列出外部参照中的样式】：选中此复选框，将不在【样式】列表中显示外部参照图形的标注样式。

【预览】：显示【样式】列表中当前标注样式的图示。

【说明】：显示【样式】列表中当前标注样式的相关参数设置。

【置为当前】：将【样式】列表中选定的标注样式设置为当前标注样式。

【新建】：创建一个新的尺寸标注样式。

【修改】：修改已有的尺寸标注样式内的各项设置。

【替代】：设置当前尺寸标注样式的临时替代。

【比较】：比较【样式】列表中选定的标注样式与当前标注样式的所有特性。

【关闭】：尺寸标注样式设置完成后，关闭【标注样式管理器】对话框，回到图形窗口。

【帮助】：打开帮助窗口，系统中包含了如何使用【标注样式管理器】的完整信息。

### 8.1.3　新建尺寸标注样式

要新建一个尺寸标注样式，单击【创建新标注样式】对话框(图 8.3)中的【继续】按钮，打开【新建标注样式】对话框(图 8.4)，该对话框有七个标签，单击一个标签打开相应的一个选项卡(当前打开的是【直线】选项卡)，通过设置选项卡中的各选项来定义新的尺寸标注样式特性。选项卡中的右上方有一个预览区，每一选项设置完成后，即可在预览区中看到设置结果，根据预览结果更改设置，直至满意。

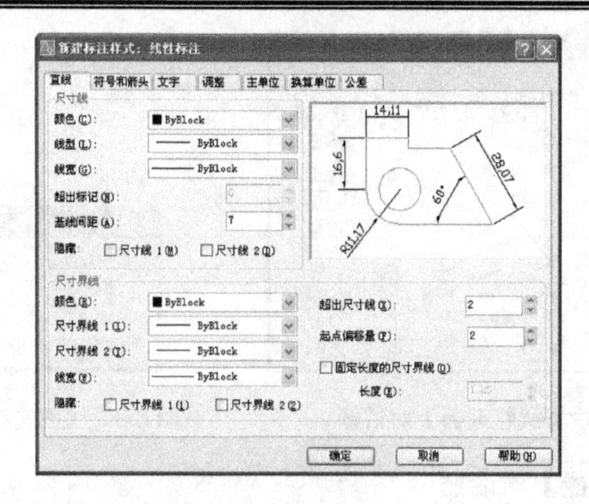


图 8.4 【直线】选项卡

尺寸标注样式的部分特性也可通过修改尺寸标注变量值来完成。如果对尺寸标注变量名很熟悉，只要在命令窗口输入对应的尺寸标注变量名，在系统的提示下输入新的尺寸标注变量值即可。各选项卡的操作说明中都列出了对应选项的尺寸标注变量名。

1. 【直线】选项卡操作(图 8.4)

(1) 【尺寸线】：设置尺寸线的特性。

【颜色】：设置尺寸线的颜色，对应的系统变量为 DIMCLRD。

【线型】：设置尺寸线的线型。

【线宽】：设置尺寸线的线宽，对应的系统变量为 DIMLWD。

【超出标记】：设置当使用“倾斜”、“建筑标记”、“小点”、“积分”和“无标记”等箭头时尺寸线超出尺寸界线的距离(图 8.5)，土木工程图样一般设为 0，对应的系统变量为 DIMDLE。

【基线间距】：设置基线标注的两尺寸线之间的距离(图 8.5)。按《房屋建筑制图统一标准(GB/T50001—2001)》规定两尺寸线之间的距离为 7～10mm，对应的系统变量为 DIMDLI。

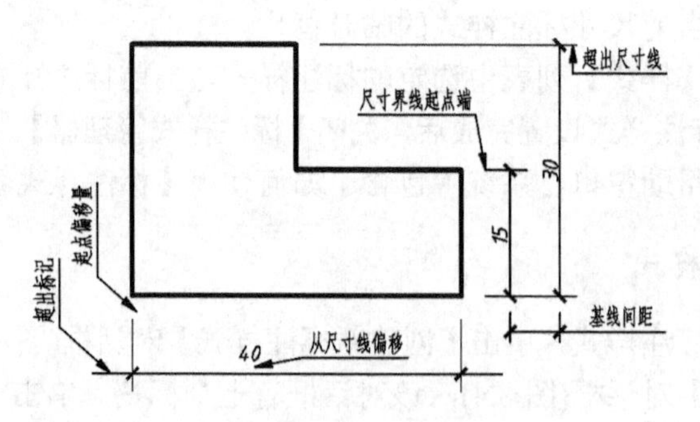


图 8.5 尺寸部分选项图示

【隐藏】：不显示尺寸线。系统的默认设置是尺寸文本在中间，将尺寸线断开为两条尺寸线，选中【尺寸线 1】复选框，隐藏第一条尺寸线，选中【尺寸线 2】复选框，隐藏第二条尺寸线，对应的系统变量为 DIMSD1 和 DIMSD2。

(2) 【尺寸界线】：设置尺寸界线的特性。

【颜色】：设置尺寸界线的颜色，对应的系统变量为 DIMCLRE。

【尺寸界线 1】、【尺寸界线 2】：设置第一、二条尺寸界线的线型。

【线宽】：设置尺寸界线的线宽，对应的系统变量为 DIMLWE。

【隐藏】：不显示尺寸界线。选中【尺寸界线 1】复选框，隐藏第一条尺寸界线，选中【尺寸界线 2】复选框，隐藏第二条尺寸界线，对应的系统变量为 DIMSE1 和 DIMSE2。

【超出尺寸线】：指定尺寸界线超出尺寸线的距离(图 8.5)。《房屋建筑制图统一标准(GB/T50001—2001)》规定尺寸界线超出尺寸线的距离为 2～3mm，对应的系统变量为 DIMEXE。

【起点偏移量】：设置尺寸界线的起点端离开图形轮廓线的距离(图 8.5)。《房屋建筑制图统一标准(GB/T50001—2001)》规定尺寸界线的起点端离开图形轮廓线的距离不小于 2mm，对应的系统变量为 DIMEXO。

【固定长度的尺寸界线】：设置从尺寸界线的起点端到尺寸线之间的总长度。选中此复选框后，【起点偏移量】文本框的设置无效。

2. 【符号和箭头】选项卡操作(图 8.6)

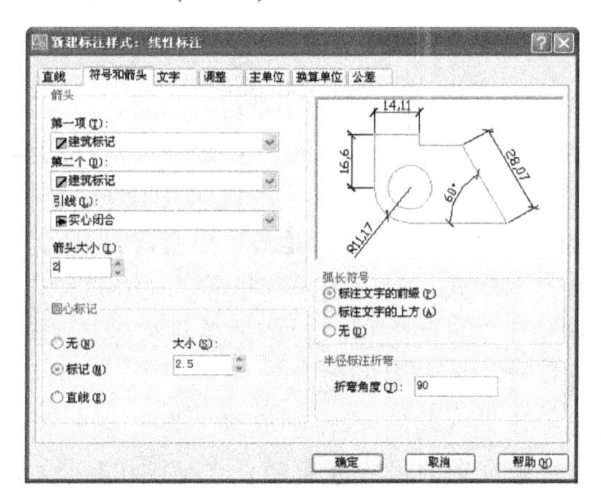


图 8.6 【符号和箭头】选项卡

(1) 【箭头】：设置尺寸箭头的特性。

【第一项】、【第二个】：设置第一、二条尺寸线的箭头形式，对应的系统变量为 DIMBLK1 和 DIMBLK2。

【引线】：设置引线的箭头形式，对应的系统变量为 DIMLDRBLK。

【第一项】、【第二项】和【引线】下拉列表中各有 20 种箭头形式供用户选择，建筑施工图中一般选【建筑标记】作为箭头。如果要指定用户定义的箭头块，选择【用户箭头】，打开【选择自定义箭头块】对话框，从图形块中选择用户定义的箭头块的名称。

【箭头大小】：设置尺寸箭头的大小，对应的系统变量为 DIMASZ。

(2) 【圆心标记】：设置圆心标记的特性。

圆心标记的设置有【无】、【标记】和【直线】等选项。

(3) 【弧长符号】：设置弧长标注中圆弧符号的位置。

弧长标注中圆弧符号的位置有【标注文字的前缀】、【标注文字的上方】和【无】选项。

(4) 【半径标注折弯】：设置折弯(Z 字型)半径标注的折弯角度。

通常用于较大圆弧半径的标注。【折弯角度】：设置大圆弧尺寸线的折弯角度。

3. 【文字】选项卡操作(图 8.7)

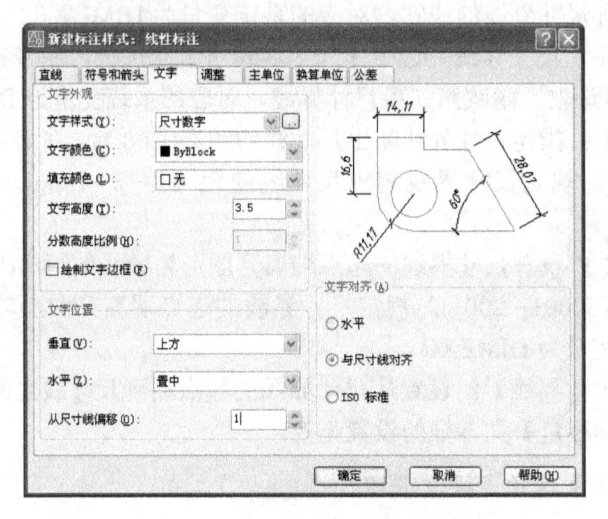


图 8.7 【文字】选项卡

(1) 【文字外观】：设置尺寸文本的样式和高度。

【文字样式】：显示当前图形中已建立的所有文字样式，选择一种文字样式作为尺寸文本的文字样式。尺寸文本样式中的字体，建议采用国标直体(gbenor.shx)或国标斜体(gbeitc .shx )。也可以单击下拉列表框右边的【...】按钮，打开【文字样式】对话框，创建和修改文字样式作为尺寸文本样式，对应的系统变量为 DIMTXSTY。

【文字颜色】：设置尺寸文本的颜色，对应的系统变量为 DIMCLRT。

【填充颜色】：设置尺寸文本背景的颜色。

【文字高度】：设置尺寸文本的高度(特别提醒：为尺寸文本设置的文字样式，必须将其中的高度选项设置为 0，此选项的设置才有效)，图形中的尺寸文本高度一般设为 3.5 号字，对应的系统变量为 DIMTXT。

【分数高度比例】：设置分数相对于尺寸文本高度的比例。仅当【主单位】选项卡上的【单位格式】选择“分数”时，此选项才可用，对应的系统变量为 DIMTFAC。

【绘制文字边框】：选中此复选框，在尺寸文本的周围绘制一个边框。

(2) 【文字位置】：设置尺寸文本的位置。

①【垂直】：设置尺寸文本相对于尺寸线的垂直位置。对应的系统变量为 DIMTAD。

“居中”、“上方”将尺寸文本放置在尺寸线的中间或上方。

“外部”将尺寸文本放置在尺寸线的外侧。

“JIS”按照日本工业标准(JIS)放置尺寸文本。

②【水平】：设置尺寸文本相对于尺寸线的水平位置，对应的系统变量为 DIMJUST。

【第一条尺寸界线】、【第二条尺寸界线】：设置尺寸文本标注在靠近第一条(或第二条)尺寸界线的一端。

【第一条尺寸界线上方】、【第二条尺寸界线上方】：将尺寸文本标注在第一条(或第二条)尺寸界线上，并与之对齐。

③【从尺寸线偏移】：设置尺寸文本离开尺寸线的距离(图 8.5)，对应的系统变量为 DIMGAP。

(3) 【文字对齐】：设置尺寸文本的方向，对应的系统变量为 DIMTIH 和 DIMTOH。

【水平】、【与尺寸线对齐】：设置尺寸文本水平放置或与尺寸线对齐。

【ISO 标准】：当尺寸文本在尺寸界线内时，尺寸文本与尺寸线对齐。当尺寸文本在尺寸界线外时，尺寸文本水平放置。

4. 【调整】选项卡操作(图 8.8)

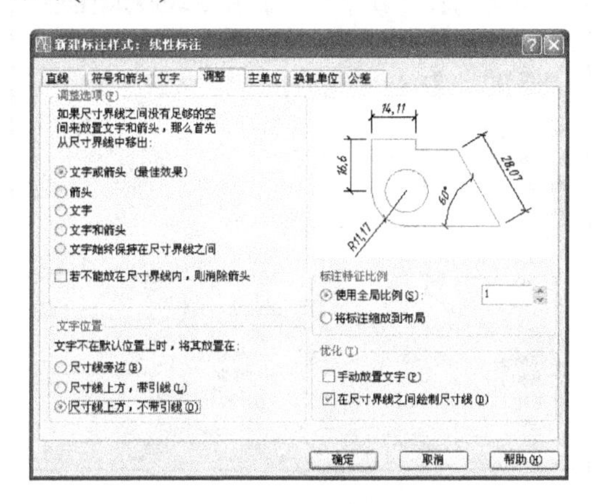


图 8.8 【调整】选项卡

如果两尺寸界线之间的距离较大，尺寸文本和尺寸箭头都放在尺寸界线内。 否则，按【调整】选项放置尺寸文本和尺寸箭头。

(1) 【调整选项】：调整尺寸文本和尺寸箭头的位置。

【文字或箭头(最佳效果)】、【箭头】、【文字】或【文字和箭头】：当两尺寸界线之间的距离较小，可单选移出这些选项中的一项到尺寸界线之外。

【文字始终保持在尺寸界线之间】：始终将尺寸文本放在两尺寸界线之间，对应的系统变量为 DIMTIX。

【若不能放在尺寸界线内，则消除箭头】：如果两尺寸界线之间不能放置尺寸箭头，则隐藏尺寸箭头，对应的系统变量为 DIMSOXD。

(2) 【文字位置】：设置尺寸文本的位置，对应的系统变量为 DIMTMOVE。

如果尺寸文本不在默认位置时，可设置将其放在【尺寸线旁边】、【尺寸线上方，带引线】或【尺寸线上方，不带引线】位置。

(3) 【标注特征比例】：设置当前图形的全局标注比例或图纸空间比例。

【使用全局比例】：为当前标注样式中的尺寸文本和尺寸箭头、基线间距等几何特征设置比例。该缩放比例不更改标注的测量值。用户一般按 1∶1 作图，但出图比例则根据需要随时调整，如按 1∶50 出图，输出的图形缩小到原来的 1/50，图形中标注的尺寸的几何特征(如尺寸文本高度、尺寸箭头大小等)也同样缩小到原来的 1/50，必须在【使用全局比例】文本框中输入 50，才可以保证被注尺寸的几何特征不变。对应的系统变量为 DIMSCALE。

【将标注缩放到布局】：根据当前模型空间视口和图纸空间之间的比例确定比例因子，

对应的系统变量为 DIMSCALE。

(4) 【优化】：提供用于放置尺寸文本的其他选项。

【手动放置文字】：忽略所有水平对正设置，标注尺寸时，尺寸文本随十字光标移动放置在两尺寸界线的左边、右边或之间，对应的系统变量为 DIMUPT。

【在尺寸界线之间绘制尺寸线】：强制在两尺寸界线之间绘制尺寸线，对应的系统变量为 DIMTOFL。

5. 【主单位】选项卡操作(图 8.9)

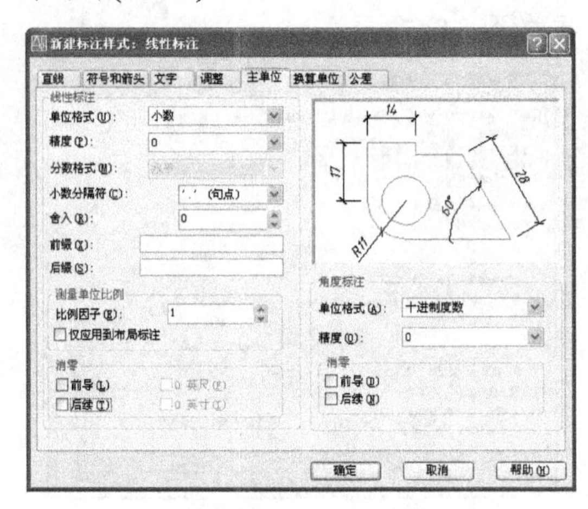


图 8.9 【主单位】选项卡

(1) 【线性标注】：设置线性标注的格式和精度。

【单位格式】：设置除角度之外的所有标注类型的当前单位格式，土木工程图中尺寸文本的单位格式设置为【小数】，对应的系统变量为 DIMLUNIT。

【精度】：设置尺寸文本中的小数位数，土木工程图中尺寸文本的精度设置为 0，无小数位，对应的系统变量为 DIMDEC。

【分数格式】：当【单位格式】设置为“分数”时的分数格式，对应的系统变量为 DIMFRAC。

【小数分隔符】：当【单位格式】设置为“小数”时的小数分隔符，只有当【精度设置】为有小数位时，小数分隔符设置才有意义，对应的系统变量为 DIMDSEP。

【舍入】：设置除角度之外的所有标注类型测量值的舍入规则。如果输入 0.5，则所有测量值都以 0.5 为单位舍入。如果输入 1.0，则所有测量值都将舍入为最接近的整数。小数点后显示的位数取决于【精度】设置，对应的系统变量为 DIMRND。

【前缀】、【后缀】：设置尺寸文本的前缀或后缀，可以是文字或特殊符号，对应的系统变量为 DIMPOST。

(2) 【测量单位比例】：设置线性标注测量值的比例。

【比例因子】：设置线性标注测量值的比例因子。如按 1∶50 的比例画施工图(缩小到原来的 1/50)，那么在标注尺寸时，就应该将测量单位比例放大 50 倍，在【比例因子】文本框中输入“50”，这样画出的 1 个单位长度对应实际 50 单位长度，标注的测量值才符合标注要求。该值不应用到角度标注，也不应用到舍入值或者正负公差值，对应的系统变量为 DIMLFAC。

【仅应用到布局标注】：仅将测量单位比例值应用于布局视口中创建的标注。除特殊情形外，此设置应保持关闭状态，对应的系统变量为 DIMLFAC。

(3) 【消零】：控制不输出前导零和后续零，对应的系统变量为 DIMZIN。

【前导】：不输出所有十进制标注中的前导零，以 0.8000 为例，选中此复选框，则 0.8000 变成 .8000。

【后续】：不输出所有十进制标注中的后续零，以 80.0000 为例，选中此复选框，则 80.80000 变成 80。

(4) 【角度标注】：设置角度标注的格式和精度。

角度标注中的【单位格式】、【精度】、【消零】等设置与线性标注一样，此处不再赘述。

6. 【换算单位】选项卡和【公差】选项卡

画土木工程图时，一般不选择设置这两项选项卡，所以这里不多介绍，如果用户需要，完全可以借鉴前面的介绍自学进行设置。

### 8.1.4　修改尺寸标注样式

要修改某一尺寸标注样式，单击【标注】工具栏【标注样式】按钮，打开【标注样式管理器】对话框，从【样式】列表中选定要修改的某个尺寸标注样式，单击【修改】按钮，打开【修改标注样式】对话框，该对话框的操作参看【新建标注样式】对话框中各选项卡的操作。

### 8.1.5　替代尺寸标注样式

替代样式是设置某一尺寸标注样式的临时替代。替代样式对当前标注样式中的个别选项进行临时设置时很有用，且方便、快捷。如要将当前标注建筑尺寸的样式(“线性标注”)用来标注圆弧尺寸，则设置“线性标注”样式的替代样式，替代样式中只要将“建筑标记”箭头改为“实心闭合”箭头即可，其操作步骤如下。

(1) 设置当前标注样式的替代样式：单击【标注】工具栏中的【标注样式】按钮，打开【标注样式管理器】对话框(图 8.2)，从【样式】列表中选择“线性标注”，单击【替代】按钮，打开【替代当前样式】对话框，打开【符号和箭头】选项卡，将“建筑标记” 箭头改为“实心闭合” 箭头，关闭【替代当前样式】和【标注样式管理器】对话框，回到图形窗口。

(2) 标注圆弧尺寸。

(3) 打开【标注】工具栏中的【标注样式控制】下拉列表框，重新选择“线性标注”样式，使其置为当前样式，这时“线性标注”的替代样式被取消，又可继续标注建筑尺寸。

## 8.2　尺 寸 标 注

### 8.2.1　线性标注

1. 功能

标注两点之间的距离。被注对象是水平线段为水平标注，尺寸线方向是水平的(图 8.10(c)、(d)、(e))；被注对象是垂直线段为垂直标注，尺寸线方向是垂直的(图 8.10(b))；被注对象是倾斜线段，定尺寸线位置时，如果上下移动光标为水平标注，左右移动光标为垂直标注，尺寸线不与倾斜线段平行，且标注的尺寸文本值也不与倾斜线段的长度相等(图 8.10(a))。

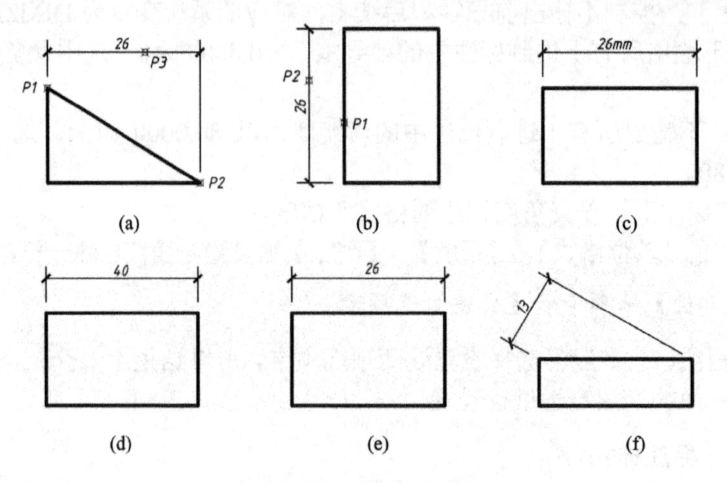


**图 8.10 线性尺寸标注**

2. 操作

单击【标注】工具栏【线性标注】按钮、【标注】下拉菜单中【线性】菜单项或在命令行输入命令“dimlinear”都可标注线性尺寸。具体步骤如下：

(1) 选择尺寸界线的起点标注尺寸，如图 8.10(a)所示，操作时务必使用对象捕捉方式捕捉对象的端点，确保被标注的线段测量值精确。

```
命令：_dimlinear
指定第一条尺寸界线原点或 <选择对象>:(选择图 8.10(a)中的 P1 点)
指定第二条尺寸界线原点:(选择 P2 点)
指定尺寸线位置或[多行文字(M)/文字(T)/角度(A)/水平(H)/垂直(V)/旋转(R)]:(上下移动光标选择 P3 点确定尺寸线位置进行水平标注)
标注文字 =26(得到图 8.10(a)标注的尺寸)
```

(2) 选择对象标注尺寸。

```
命令：_dimlinear
指定第一条尺寸界线原点或 <选择对象>:(按 Enter 键)
选择标注对象:(在被注线段上选择 P1 点，如图 8.10(b)所示)
指定尺寸线位置或[多行文字(M)/文字(T)/角度(A)/水平(H)/垂直(V)/旋转(R)]:(选择P2点确定尺寸线位置)
标注文字 =26(得到图 8.10(b)标注的尺寸)
```

3. 说明

(1) 【多行文字(M)】选项：输入字母“M”并按 Enter 键，即可打开多行文字编辑器来编辑尺寸文本。AutoCAD 用尖括号“< >”表示生成的测量值，要更改尺寸文本，去“< >”后再输入新的尺寸文本，要给生成的测量值添加前缀或后缀，移动光标到尖括号前输入前缀(或尖括号后输入后缀)，如保留默认值〈26〉，补上后缀“mm”，移动光标到尖括号“< >”后，输入“mm”，单击【确定】按钮关闭多行文字编辑器，指定尺寸线位置后标注的尺寸文本就是"26mm"(图 8.10(c))。特殊字符或符号用控制代码和 Unicode 字符串来输入。

(2) 【文字(T)】选项：输入字母"T"并按 Enter 键，可以任意修改尺寸文本值，如图 8.10(d)所示。

```
命令：_dimlinear
⋮
指定尺寸线位置或[多行文字(M)/文字(T)/角度(A)/水平(H)/垂直(V)/旋转(R)]:t(选文字编辑选项)
输入标注文字 <26>: 40(输入新的尺寸文本值)
指定尺寸线位置或[多行文字(M)/文字(T)/角度(A)/水平(H)/垂直(V)/旋转(R)]:(定尺寸线位置)
标注文字 =26
```

(3) 【角度(A)】选项：若输入字母"A"并按 Enter 键，可将尺寸文本旋转指定的角度(图 8.10(e))。

```
命令:_dimlinear
⋮
指定尺寸线位置或[多行文字(M)/文字(T)/角度(A)/水平(H)/垂直(V)/旋转(R)]: a (选角度编辑选项)
指定标注文字的角度:45
指定尺寸线位置或[多行文字(M)/文字(T)/角度(A)/水平(H)/垂直(V)/旋转(R)]:(定尺寸线位置)
标注文字 = 26
```

(4) 【水平(H)】选项强制建立水平标注，【垂直(V)】选项强制建立垂直标注，这两个选项在执行命令时可以不选择，由 AutoCAD 来作出智能判断，定尺寸线位置时，上下移动光标为水平标注，左右移动光标为垂直标注。

(5) 【旋转(R)】选项：输入字母"R"并按 Enter 键，可将尺寸线旋转指定的角度，尺寸线旋转的角度可正可负。尺寸文本值的大小随着尺寸线的旋转而被改变，其大小等于被注线段长度与指定角度的余弦的乘积，如尺寸线旋转 60°后，尺寸文本值由 26 改变到为 13 (26×cos(60°))，如图 8.10(f)所示。

```
命令：_dimlinear
⋮
指定尺寸线位置或[多行文字(M)/文字(T)/角度(A)/水平(H)/垂直(V)/旋转(R)]:R(选尺寸线旋转选项)
指定尺寸线的角度 <0>:60(输入尺寸线的角度)
指定尺寸线位置或[多行文字(M)/文字(T)/角度(A)/水平(H)/垂直(V)/旋转(R)]:(定尺寸线位置)
标注文字 = 13
```

### 8.2.2　对齐标注

1. 功能

标注任意两点间的距离，尺寸线的方向平行于两点连线方向或与选择的线段平行(图 8.11)，被注线段可以是任意位置，也可以是水平或垂直位置。

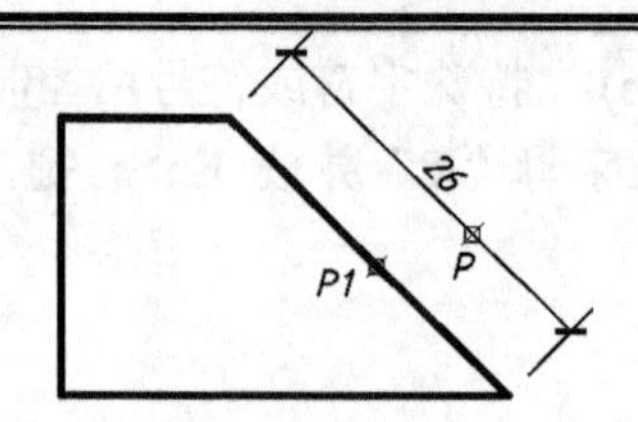


图 8.11　对齐尺寸标注

2. 操作

单击【标注】工具栏【对齐标注】按钮、【标注】下拉菜单中【对齐】菜单项或在命令行输入命令“dimaligned”都可对齐标注，具体步骤如下。

```
命令:_dimaligned
指定第一条尺寸界线原点或 <选择对象>:(按 Enter 键)
选择标注对象:(在被注线段上选择 P1 点，如图 8.11 所示)
指定尺寸线位置或[多行文字(M)/文字(T)/角度(A)]:(选择 P2 点定尺寸线位置)
标注文字 = 26
```

【多行文字(M)】、【文字(T)】和【角度(A)】各选项的操作同线性标注。

### 8.2.3　角度标注

1. 功能

为相交两直线(图 8.12(a))或圆弧(图 8.12(c))标注角度尺寸。

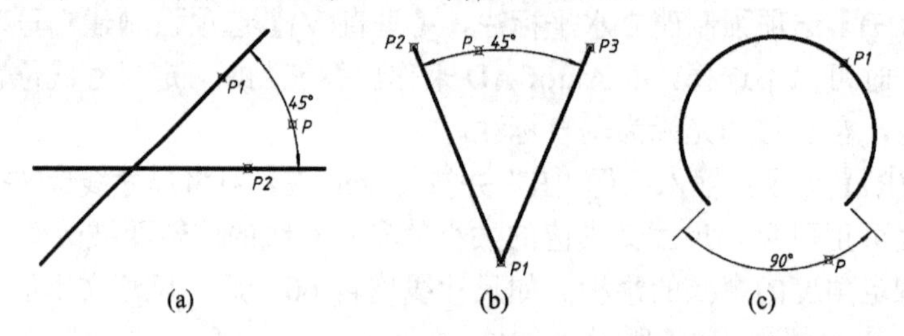


图 8.12　角度尺寸标注

2. 操作

单击【标注】工具栏【角度标注】按钮、【标注】下拉菜单中【角度】菜单项或在命令行输入命令“dimangular”都可标注角度尺寸。具体步骤如下。

(1) 标注相交两直线的角度尺寸

① 选择角的两边标注角度尺寸。

```
命令:_dimangular
选择圆弧、圆、直线或 <指定顶点>:(在角的一边选择 P1 点，如图 8.12(a)所示)
选择第二条直线:(在角的另一边选择 P2 点)
指定标注弧线位置或 [多行文字(M)/文字(T)/角度(A)]:(选择 P 点定尺寸弧线位置)
标注文字 = 45
```

② 选择角的顶点标注角度尺寸。

```
命令：_dimangular
选择圆弧、圆、直线或 <指定顶点>：(按 Enter 键指定角的顶点)
指定角的顶点：(选两边的交点定角的顶点 P1，如图 8.12(b)所示)
指定角的第一个端点：(在角的一边的端点定 P2 点)
指定角的第二个端点：(在角的另一边的端点定 P3 点)
指定标注弧线位置或 [多行文字(M)/文字(T)/角度(A)]：(选择 P 点定尺寸弧线位置)
标注文字 = 45
```

(2) 标注圆弧的角度尺寸

```
命令：_dimangular
选择圆弧、圆、直线或 <指定顶点>：(在被注圆弧上选择 P1 点，如图 8.12(c)所示)
指定标注弧线位置或 [多行文字(M)/文字(T)/角度(A)]：(选择 P 点定尺寸弧线位置)
标注文字 = 90
```

3. 说明

(1) 【多行文字(M)】、【文字(T)】和【角度(A)】各选项的操作参看线性标注。用户在修改角度值时，应按“角度%%d”格式输入。

(2) 如果选择的是圆弧，则以圆心作为角度的顶点来建立角度尺寸。

(3) 角度标注中的定尺寸弧线位置，至少有两个位置选择，图 8.12(a)中的相交两直线还有四个位置选择，用户应把尺寸弧线位置定在确定的那个角上。

### 8.2.4 直径标注

1. 功能

标注圆或圆弧的直径尺寸，尺寸线通过圆心或指向圆心(图 8.13)。

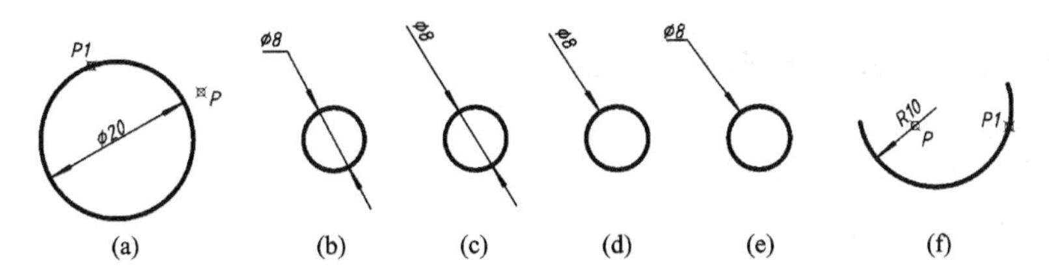


图 8.13　直径、半径尺寸标注

2. 操作

单击【标注】工具栏【直径标注】按钮、【标注】下拉菜单中【直径】菜单项或在命令行输入命令“dimdiameter”都可标注直径尺寸。具体步骤如下。

```
命令：_dimdiameter
选择圆弧或圆：(在圆周上选择 P1 点，如图 8.13(a)所示)
标注文字 = 20
指定尺寸线位置或 [多行文字(M)/文字(T)/角度(A)]：(选择 P 点定尺寸线位置)
```

3. 说明

(1) 【多行文字(M)】、【文字(T)】和【角度(A)】各选项的操作参看线性标注。修改直径时，应按“%%C 直径”格式输入。

(2) 尺寸线位置可以定在圆外(图 8.13(a))、圆周上或圆内。

(3) 如果要使直径尺寸线在圆内完整标注，在【标注样式管理器】对话框的【调整】选项卡上选中【尺寸线旁边】单选按钮。该单选按钮实际上就是设置系统变量 DIMFIT 的值为 0。

(4) 标注的圆比较小，如果要在尺寸界线之间绘制尺寸线(图 8.13(b)、(c))，则在尺寸标注样式对话框的【调整】选项卡上选中【在尺寸界线之间绘制尺寸线】复选框。

(5) 标注的圆比较小，尺寸文本在圆外，如果在尺寸标注样式对话框的【文字】选项卡上选中【与尺寸线对齐】单选按钮，标注的尺寸如图 8.13(c)、(d)所示，选中【水平】单选按钮，标注的尺寸如图 8.13(b)、(e)所示。

### 8.2.5 半径标注

1. 功能

标注圆或圆弧的半径尺寸，尺寸线通过圆心或指向圆心(图 8.13(f))。

2. 操作

单击【标注】工具栏【半径标注】按钮、【标注】下拉菜单中【半径】菜单项或在命令行输入命令“dimradius”都可标注半径尺寸。具体步骤如下。

```
命令:_dimradius
选择圆弧或圆:(在圆周上定 P1 点，如图 8.13(f)所示)
标注文字 = 10
指定尺寸线位置或 [多行文字(M)/文字(T)/角度(A)]:(选择 P 点，定尺寸线位置)
```

**注意：修改半径时，应按“R 半径”格式输入。**

### 8.2.6 坐标标注

1. 功能

将点的 X 坐标和 Y 坐标用引导线分开标注。使用该命令标注时，ortho 命令置为 on 状态，使两条引导线垂直相交于标注的坐标点。

2. 操作

单击【标注】工具栏【坐标标注】按钮、【标注】下拉菜单中【坐标】菜单项或在命令行输入命令“dimordinate”都可标注坐标尺寸。具体步骤如下。

```
命令:_dimordinate
指定点坐标:(选择 P1 点定圆心，如图 8.14 所示)
指定引线端点或[X 基准(X)/Y 基准(Y)/多行文字(M)/文字(T)/角度(A)]:X(标注 X 坐标)
指定引线端点或[X 基准(X)/Y 基准(Y)/多行文字(M)/文字(T)/角度(A)]:(选择 P 点，定引线
```

```
端点)
标注文字 = 170
```

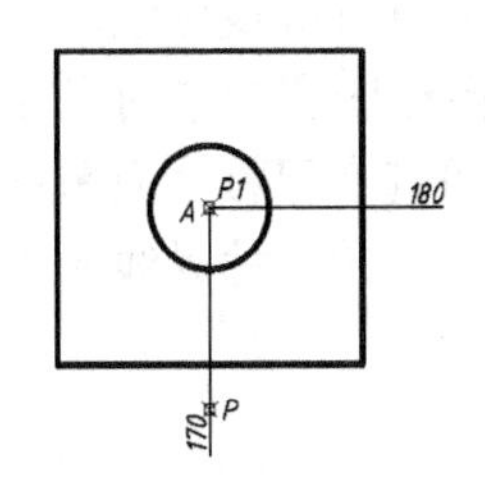


图 8.14　坐标尺寸标注

重复执行该命令可标注 Y 坐标。

3. 说明

ortho 命令置为 ON 状态后，X、Y 选项可以不选择，如果引导线是水平线(或光标左右移动)标注 Y 坐标，引导线是垂直线(或光标上下移动)标注 X 坐标。

### 8.2.7　基线标注

1. 功能

必须先标注一个线性、角度或坐标尺寸，从上一个标注尺寸或选定标注尺寸对象的基线处创建自相同基线测量的一系列相关标注。基线间距(两尺寸线之间的距离)在尺寸标注样式对话框【直线和箭头】选项卡上的【基线间距】中指定。基线标注也称为平行尺寸标注。

2. 操作

单击【标注】工具栏【基线标注】按钮、【标注】下拉菜单中【基线】菜单项或在命令行输入命令“dimbaseline”都可基线标注长度、角度和坐标尺寸。具体步骤如下。

```
命令：_dimbaseline
指定第二条尺寸界线原点或 [放弃(U)/选择(S)] <选择>:(定第二条尺寸界线原点 P1 点，如图 8.15(a)所示)
标注文字 = 14
指定第二条尺寸界线原点或 [放弃(U)/选择(S)] <选择>:(定第二条尺寸界线原点 P2 点)
标注文字 = 20
指定第二条尺寸界线原点或 [放弃(U)/选择(S)] <选择>:(按 Esc 键结束命令)
```

3. 说明

(1) 【指定第二条尺寸界线原点】选项，在被注线段端点定基线标注的第二条尺寸界线原点。

(2) 【放弃(U)】选项，输入字母“U”并按 Enter 键，可放弃最近一个尺寸标注。

(3) 【选择(S)】为默认选项，输入字母“S”并按 Enter 键和直接按 Enter 键都是选择基准标注，可以在一个图上进行基线标注，【选择(S)】选项的多次输入，也可在多个图上进行基线标注。

(4) 在“指定第二条尺寸界线原点或 [放弃(U)/选择(S)] <选择>：”提示下，按 Esc 键为结束基线标注，若按 Enter 键两次也结束基线标注。

(5) 如果在当前任务中未创建标注，AutoCAD 将提示用户选择长度标注、坐标标注或角度标注对象作为基线标注的基准来进行基线标注。

(6) 【选择基准标注】就是选择已标注对象的尺寸界线或尺寸界线原点作为基线标注的基准标注，长度标注和坐标标注可选在已标注对象的尺寸界线上，也可选在尺寸界线的原点，但角度标注只能选在已标注对象的尺寸界线原点。

### 8.2.8 连续标注

1. 功能

必须先标注一个线性、角度或坐标尺寸，从上一个标注尺寸或选定标注尺寸对象的第二条尺寸界线处创建一系列相关标注，连续标注也称为链式标注。

2. 操作

单击【标注】工具栏【连续标注】按钮、【标注】下拉菜单中【连续】菜单项或在命令行输入命令“dimcontinue”都可连续标注长度、角度和坐标尺寸，具体步骤如下。

```
命令:_dimcontinue
指定第二条尺寸界线原点或[放弃(U)/选择(S)] <选择>:(选择 P1 点，如图 8.16 所示)
标注文字 = 6
指定第二条尺寸界线原点或 [放弃(U)/选择(S)] <选择>:(选择 P2 点)
标注文字 = 6
指定第二条尺寸界线原点或 [放弃(U)/选择(S)] <选择>:(按 Enter 键两次结束命令)
```

连续标注中各选项的操作参见基线标注。

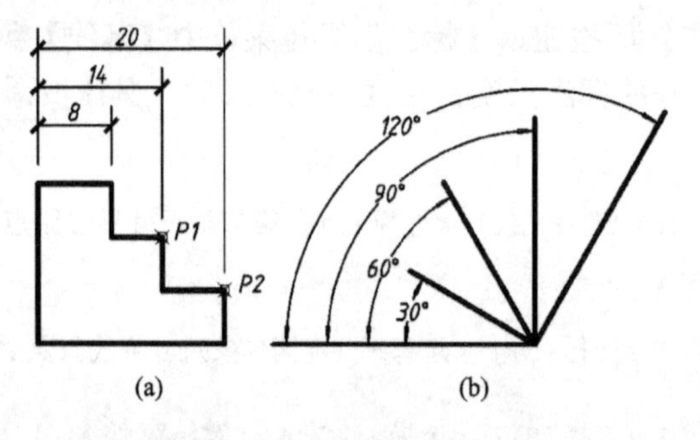


图 8.15 基线尺寸标注

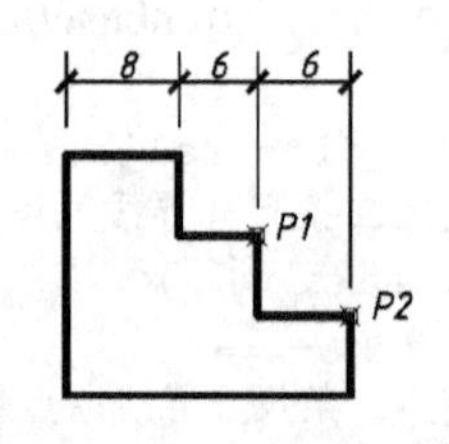


图 8.16 连续尺寸标注

### 8.2.9 快速引线标注

1. 功能

对图形中的某一特征加上注释。

2. 操作

单击【标注】工具栏【引线标注】按钮、【标注】下拉菜单中【引线】菜单项或在命令行输入命令“qleader”都可标注引线尺寸，具体步骤如下。

```
命令：_qleader
```

指定第一个引线点或[设置(S)]<设置>:(指定引线起点，如图 8.17 所示)
指定下一点:(指定第二点)
指定下一点:(指定第三点)
指定文字宽度 <18.0198>:(按 Enter 键)
输入注释文字的第一行 <多行文字(M)>:14*14(输入注释文字)
输入注释文字的下一行:(按 Enter 键)

3. 说明

在“指定第一个引线点或[设置(S)]<设置>:”提示下按 Enter 键，弹出【引线设置】对话框，该对话框含有三个选项卡(图 8.18)，可对引线进行设置。

(1) 【注释】选项卡设置引线【注释类型】、指定【多行文字选项】和是否需要【重复使用注释】，如图 8.18 所示。

(2) 【引线和箭头】选项卡(图 8.19)包括【引线】、【点数】、【箭头】和【角度约束】的设置，其中【第一段】和【第二段】引线的方向可以与水平方向成定角(15°、30°、45°、90°、0°)和任意角，如果是多段引线，第三段引线开始是任意角。

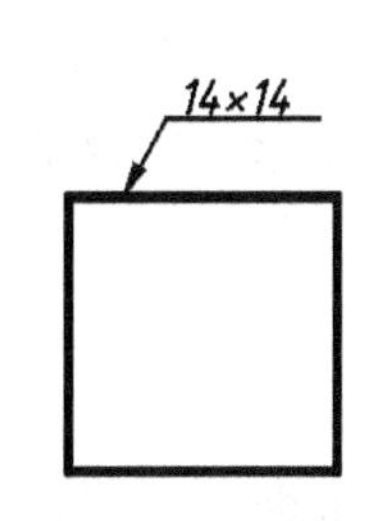


图 8.17　快速引线标注

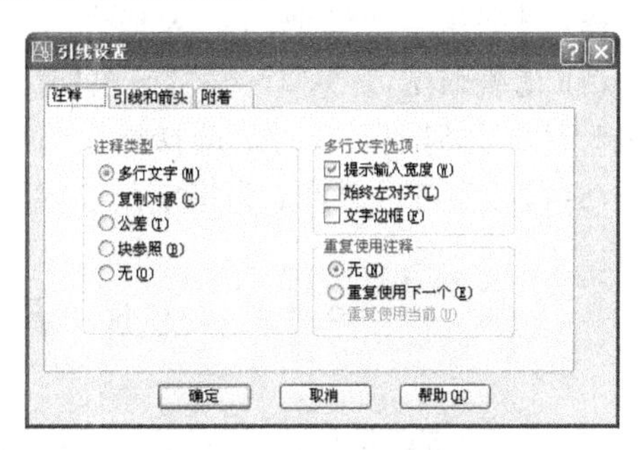


图 8.18 【注释】选项卡

(3) 【附着】选项卡(图 8.20)设置多行文字注释的附着位置和下画线。只有在【注释】选项卡上选定【多行文字】时，此选项卡才可设置。

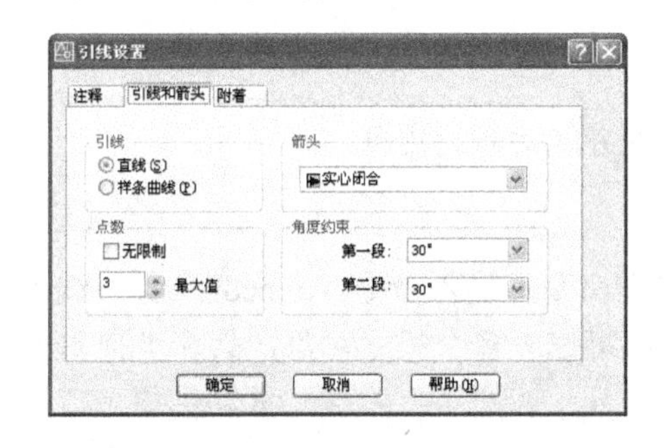


图 8.19 【引线和箭头】选项卡

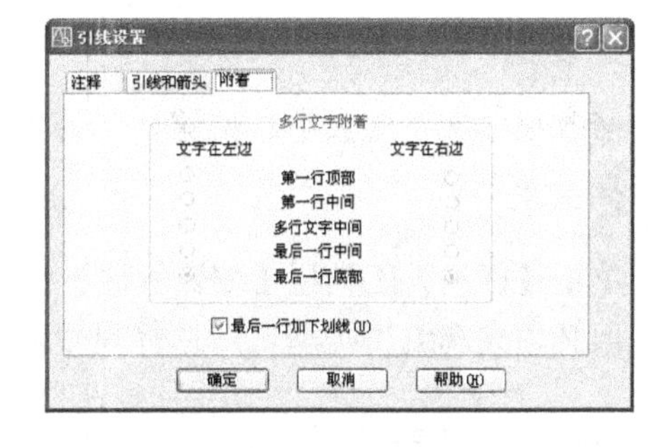


图 8.20 【附着】选项卡

## 8.2.10　快速标注

1. 功能

快速创建或编辑标注连续、并列、基线、坐标、半径和直径尺寸。

2. 操作

单击【标注】工具栏【快速标注】按钮、【标注】下拉菜单中【快速标注】菜单项或在命令行输入命令“qdim”都可快速标注连续、并列、基线、坐标、半径和直径尺寸。具体步骤如下。

```
命令:_qdim
关联标注优先级 = 端点
选择要标注的几何图形:(可以用单选、窗口或交叉窗口等方式选择要标注的对象)
指定尺寸线位置或[连续(C)/并列(S)/基线(B)/坐标(O)/半径(R)/直径(D)/基准点(P)/编辑
(E)/设置(T)]<连续>:(输入选项或按 Enter 键)
```

3. 说明

(1) 【连续(C)】、【并列(S)】、【基线(B)】、【坐标(O)】选项：无须先标注一个尺寸对象，可创建标注一系列的连续、并列、基线或坐标尺寸。

(2) 【半径(R)】、【直径(D)】选项：创建标注一系列的半径、直径尺寸。

(3) 【基准点(P)】选项：为基线标注和坐标标注设置新的基准点。

(4) 【编辑(E)】选项：编辑一系列标注，如连续、并列、基线标注等，在系统提示“选择要标注的几何图形”时，选择标注的尺寸对象，选择删除或添加标注点。

(5) 【设置(T)】选项：为指定尺寸界线原点设置默认对象捕捉的优先级是端点还是交点。

## 8.3　尺寸标注的编辑

尺寸对象可用编辑命令编辑，如移动、复制等，或用 explode 命令将尺寸对象分解成单个的要素后编辑。也可用 dimedit、dimtedit 和 dimstyle 等命令编辑尺寸对象。

### 8.3.1　编辑标注

1. 功能

修改尺寸文本的大小、位置、旋转角度和尺寸界线的倾斜角度。

2. 操作

单击【标注】工具栏【编辑标注】按钮或在命令行输入命令“dimedit”都可编辑尺寸，但必须先选编辑类型，后选择尺寸对象，一次可修改多个尺寸对象，具体步骤如下。

```
命令: _dimedit
输入标注编辑类型 [默认(H)/新建(N)/旋转(R)/倾斜(O)] <默认>: (输入选项)
选择对象:(选择尺寸对象)
```

3. 说明

(1) 【默认(H)】选项：把尺寸文本放置到样式中设置的默认位置，如图 8.21(a)所示。

(2) 【新建(N)】选项：把一组尺寸对象的尺寸文本更换为指定的新值(先启动多行文本编辑器，要求输入新的尺寸文本，然后再要求用户选择一组尺寸对象)，或给一组尺寸对象的尺寸文本加上前缀或后缀等。

(3) 【旋转(R)】选项：把尺寸文本旋转到指定的角度，如图 8.21(b)所示。

(4) 【倾斜(O)】选项：把尺寸界线倾斜到指定的角度(默认为与被注线段垂直的角度)，如图 8.21(c)所示，该选项对修改轴测图上标注对象的尺寸界线位置很有用。

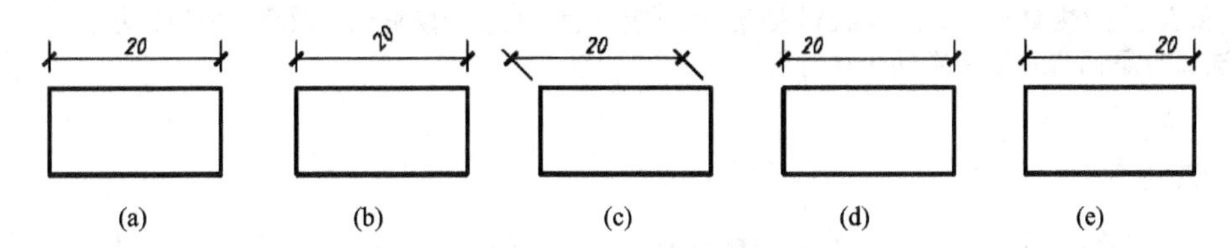


(a)　(b)　(c)　(d)　(e)

图 8.21　尺寸标注的编辑

### 8.3.2　编辑标注文字

1. 功能

移动尺寸文本的位置或改变尺寸文本的角度。

2. 操作

单击【标注】工具栏【编辑标注文字】按钮或在命令行输入命令“dimtedit”都可编辑标注文字，但必须先选尺寸对象，后选择编辑类型，一次只能修改一个尺寸对象，具体步骤如下。

```
命令：dimtedit
选择标注：(选择一个尺寸对象)
指定标注文字的新位置或 [左(L)/右(R)/中心(C)/默认(H)/角度(A)]：(输入选项)
```

3. 说明

(1) 【标注文字的新位置】选项：拖动鼠标动态更新尺寸文本的位置或尺寸线的位置，如果尺寸标注样式【调整】选项卡中的【文字位置】，设置其选项为【尺寸线旁边】，则移动尺寸文本时，尺寸线也随之移动；【文字位置】设置为其他两选项之一，移动尺寸文本时，尺寸线不会移动。

(2) 【左(L)】、【右(R)】选项：沿尺寸线左(或右)对正尺寸文本位置。本选项只适用于线性、直径和半径标注，如图 8.21(d)、(e)所示。

(3) 【中心(C)】选项：将尺寸文本放在尺寸线的中间。

(4) 【默认(H)】选项：将尺寸文本移回默认位置。

(5) 【角度(A)】选项：修改尺寸文本的角度，如图 8.21(b)所示。

### 8.3.3　标注更新

1. 功能

用当前标注样式来更新图形中尺寸对象的原有标注样式。

2. 操作

单击【标注】工具栏【标注更新】按钮和【标注】下拉菜单中【更新】菜单项可进

行尺寸标注更新，具体步骤如下。

```
命令:_dimstyle
当前标注样式:Standard
输入标注样式选项
[保存(S)/恢复(R)/状态(ST)/变量(V)/应用(A)/?] <恢复>: a(输入应用选项)
选择对象:(选择要更新的尺寸对象)
```

3. 说明

(1) 【保存(S)】选项：将当前的标注样式以一个新的标注样式名保存，并将新的标注样式置为当前样式。

(2) 【恢复(R)】选项：将输入的标注样式设置为当前标注样式。

(3) 【状态(ST)】选项：列出所有当前图形中命名的标注样式系统变量设置。

(4) 【变量(V)】选项：列出输入的标注样式系统变量设置，但不修改当前设置。

(5) 【应用(A)】选项：将选择的尺寸对象按当前的标注样式更新。

(6) 【？】选项：列出当前图形中命名的标注样式。

## 8.4 上机实验

### 实验 1　建立符合建筑制图标准的尺寸标注样式

1. 目的要求

掌握尺寸标注样式的设置，创建一个或多个符合行业、项目或国家标准的尺寸标注样式来标注尺寸。

2. 操作指导

按照《房屋建筑制图统一标准》(GB/T 50001—2001)和《建筑制图标准》(GB/T 50104—2001)中的有关规定，按 1∶1 的比例建立线性、圆弧和角度尺寸的标注样式，相对于默认的 ISO-25 基础样式而言，对于新样式，仅修改那些与基础样式特性不同的特性，以下内容必须设置：

①【基线间距】为 7~10。

②【超出尺寸线】为“2”、【起点偏移量】为“2”。

③ 线性尺寸箭头形式为【建筑标记】，圆弧、角度的尺寸箭头形式为【实心闭合】。

④ 尺寸文本的高度为 3.5，为尺寸文本建立的文字样式中的字体，建议采用国标直体(gbenor.shx)或国标斜体(gbeitc.shx)。

⑤【使用全局比例】按出图比例调整，如按 1∶2 出图，就应该将全局比例放大 2 倍，【使用全局比例】为 2。

⑥ 尺寸文本的【单位格式】选“小数”，“精度”为“0”。

⑦【测量单位比例】按画图比例调整，如按 1∶50 画图，在标注尺寸时，就应该将测量单位比例放大 50 倍，【比例因子】为“50”。

**实验 2　绘制如图 8.22 所示的图形并标注尺寸**

1. 目的要求

通过平面图形的尺寸标注，掌握尺寸标注样式设置、尺寸标注方法和尺寸标注编辑。

2. 操作指导

先建立线性、圆弧和角度的尺寸标注样式，然后标注下图尺寸，当尺寸箭头和尺寸文本位置不佳时，用尺寸编辑命令调整。

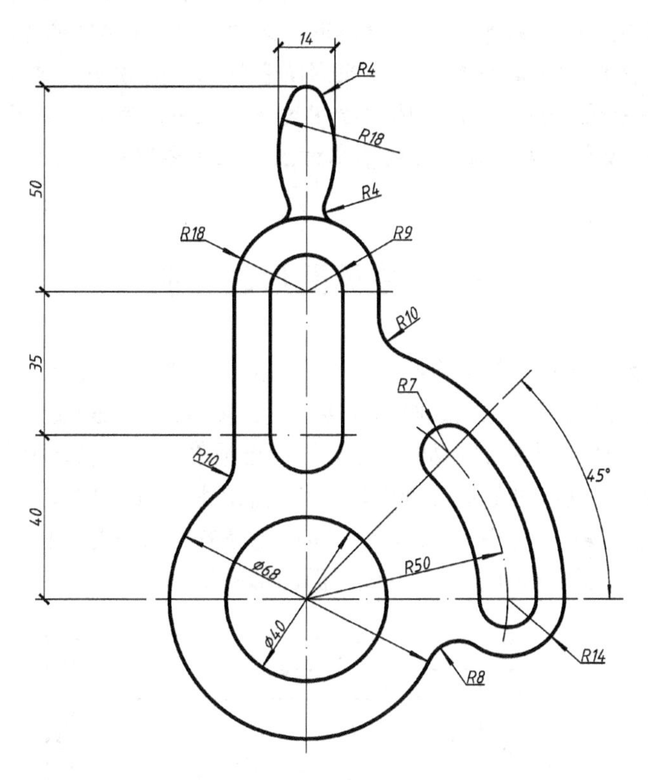


图 8.22　平面图形尺寸标注

## 8.5　思　考　题

1. 建立新的尺寸标注样式分哪几步？尺寸标注样式设置是否就是修改尺寸标注系统变量值？相对于基础尺寸标注样式而言，新的尺寸标注样式应该修改哪些特性？

2. 建立新的尺寸标注样式、替代尺寸标注样式和修改尺寸标注样式有什么区别？

3. 如何设置一种尺寸标注样式，使角度尺寸文本始终水平，其他尺寸文本与尺寸线对齐？

# 第 9 章　正投影图和轴测图的绘制

**教学提示**：用二维绘图和编辑命令绘制正投影图和轴测图。平面图形和三面投影是最基本的正投影图，平面图形按照先画已知线段，后画连接线段的步骤绘制。三面投影图利用绘制平面图形的方法绘制，并保证三面投影图遵循“长对正、高平齐、宽相等”的对应关系。轴测图是反映物体三维形状的二维图形，必须在 AutoCAD 的等轴测模式下绘制。

**教学目标**：熟悉绘制平面图形、三面投影图和轴测图的方法和过程。重点熟悉各种常用命令的操作，平面图形和三面投影图的绘图过程，注写文字和标注尺寸的方法；以及在 AutoCAD 的等轴测模式下绘制轴测图的基本方法，注写文字和标注尺寸的技巧。

## 9.1　平面图形的绘制

平面图形用二维绘图和编辑命令绘制。绘图前对平面图形进行尺寸分析和线段分析，确定定形和定位尺寸，从而得出已知线段和连接线段。按照先画已知线段，后画连接线段的步骤绘制平面图形。根据平面图形的结构特点，选择合适的命令，确定相应的绘图方式。例如相同图形用【复制】、【阵列】或【创建块】和【插入块】命令生成；平行线用【直线】、【偏移】或【复制】等命令绘制；对称图形通过镜像方法获得等。同一图形绘制方法不是唯一的，本节用实例(图 9.1)引导读者完成平面图形的绘制。

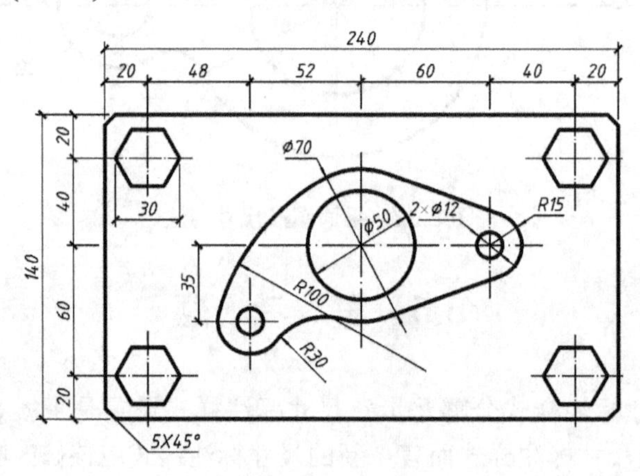


图 9.1　平面图形

该平面图形图示内容包括轮廓线(Outline)、细实线(Line)、中心线(Axis)、尺寸(Dim)和文字(Text)五个部分，单击【格式】下拉菜单中的【图层】项，打开【图层特性管理器】对话框设置五个图层，各图层的名称、颜色、线型和线宽如图 9.2 所示。

| 状 | 名称 | 开 | 冻结 | 锁定 | 颜色 | 线型 | 线宽 | 打印 | 打 | 说明 |
|---|---|---|---|---|---|---|---|---|---|---|
| | Axis | | | | 红色 | ACAD_ISO04W100 | 0.15 毫米 | Color_1 | | |
| | Outline | | | | 绿色 | Continuous | 0.50 毫米 | Color_3 | | |
| | Text | | | | 青色 | Continuous | 0.15 毫米 | Color_4 | | |
| | Dim | | | | 蓝色 | Continuous | 0.15 毫米 | Color_5 | | |
| | 0 | | | | 白色 | Continuous | 默认 | Color_7 | | |
| | Line | | | | 白色 | Continuous | 0.15 毫米 | Color_7 | | |

图 9.2　图层和线型

## 9.1.1　绘制定位中心线

定位中心线是绘制其他图线的基准。在绘制定位中心线前，单击【图层】工具栏【图层特性管理器】按钮或【图层】工具栏图层控制列表(图 9.3)将 Axis 层设为当前层，线型和颜色使用各层事先设置好的。

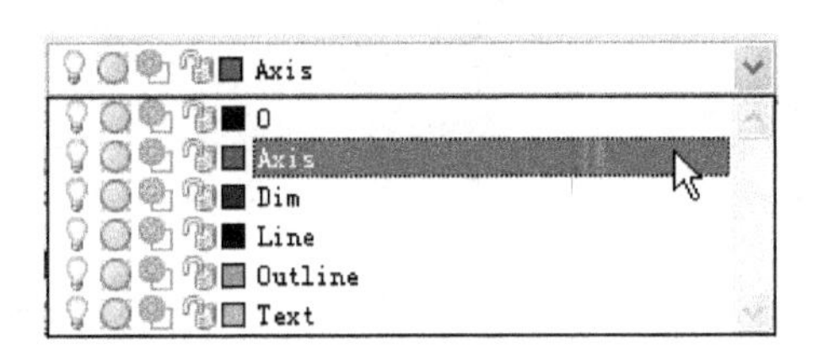


图 9.3　图层控制列表

### 1. 绘制水平和竖直定位线

平面图形中水平和竖直中心线长度为 250 和 150，用命令“line”(直线)绘制水平和竖直方向第一根定位线(图 9.4 中 *A* 和 *B*)。绘制定长直线可用如下方法。

(1) 正交方式：单击状态行【正交】按钮打开正交方式，鼠标指针指定直线方向，直接从键盘输入直线长度，绘制水平和竖直定长直线。

(2) 极轴方式：右击【极轴】按钮，选择【设置】项，打开【草图设置】对话框，在【增量角】下拉列表框中选择“角度值”，在【对象捕捉追踪设置】中选择【用所有极轴角设置追踪】。用极轴方式控制直线的方向，长度通过移动鼠标指针控制或从键盘输入，绘制设定方向定长直线。

(3) 极坐标方式：用 F6 键或 Ctrl+D 键切换动态极坐标方式，用极坐标方式输入直线长度和角度，绘制任意方向定长直线。

```
命令：_line
指定第一点：50，100(或点取任一点)
指定下一点或[放弃(U)]：@250<0(极坐标方式)
指定下一点或[放弃(U)]：
命令：(重复【直线】命令)
指定第一点：175，25(或点取任一点)
指定下一点或[放弃(U)]：<正交 开> 150(正交方式)
指定下一点或[放弃(U)]：
```

### 2. 绘制其他中心线

其他中心线与水平和竖直定位线有定位要求，用命令“offset”(偏移 )或【复制】命令生成。

```
命令:_offset
当前设置:删除源=否  图层=源  OFFSETGAPTYPE=0
指定偏移距离或 [通过(T)/删除(E)/图层(L)]<通过>:40(指定偏移距离)
选择要偏移的对象，或 [退出(E)/放弃(U)]<退出>:(选择水平线 A)
指定要偏移的那一侧上的点，或 [退出(E)/多个(M)/放弃(U)]<退出>:(单击 A 线上方)
```

重复上述过程，设定偏移距离，绘制其他水平和竖直中心线，结果如图 9.4 所示。如果中心线等距分布，则可用【阵列】命令产生。

## 9.1.2 绘制外轮廓

设 Outline 层为当前层，绘制外轮廓如图 9.5 所示。

1. 绘制外轮廓线

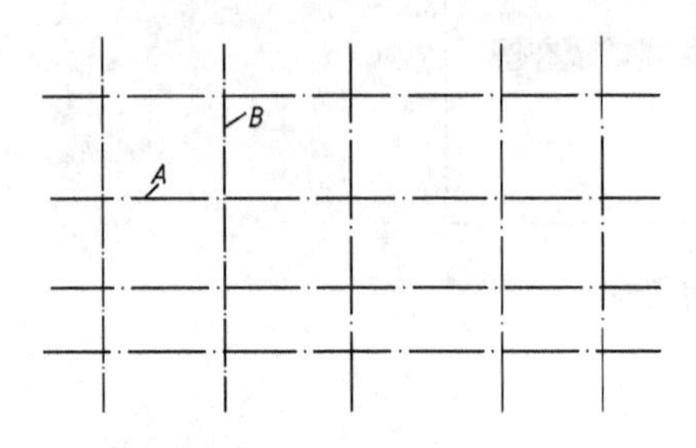


图 9.4　绘定位中心线

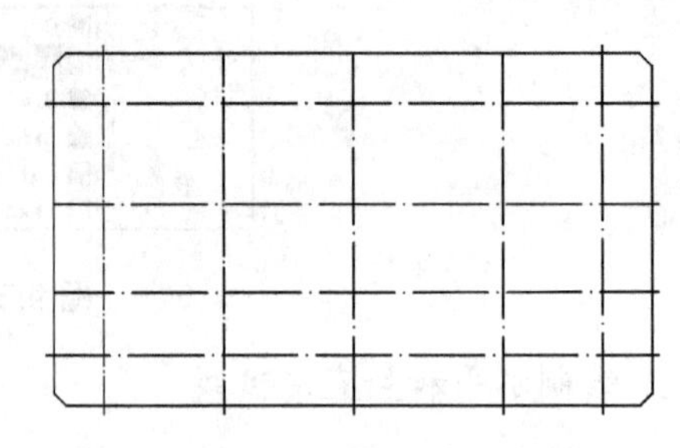

图 9.5　绘外轮廓

根据外轮廓与中心线的定位尺寸，用【偏移】命令偏移新对象。偏移的外轮廓线可指定在当前层(Outline 层)；或放在原图层(Axis 层)，再用命令“properties”或【标准】工具栏【特性】按钮打开【特性】对话框(图 9.6)，将偏移的轮廓线修改到 Outline 层。

2. 两条轮廓线之间倒角

用命令“chamfer”(倒角)在两直线之间倒角(图 9.7)。

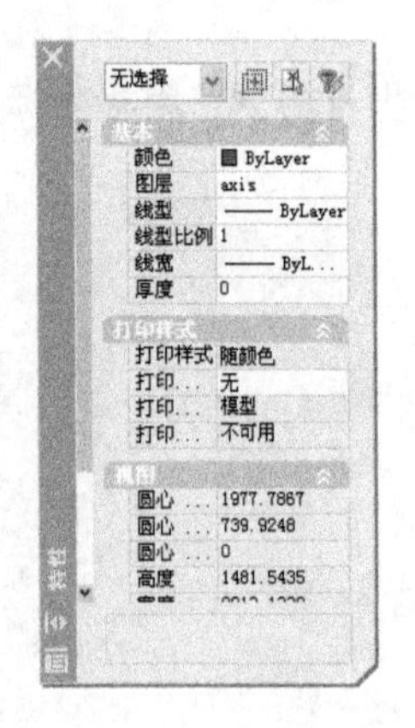


图 9.6 【特性】对话框

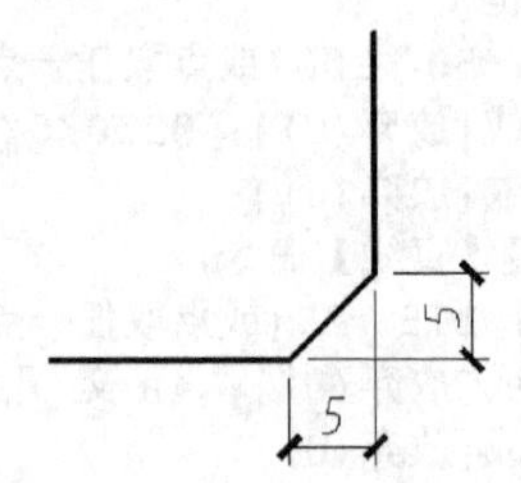


图 9.7　轮廓线倒角

```
命令:_chamfer
(“修剪”模式) 当前倒角距离 1 = 0.0000，距离 2 = 0.0000
```

```
选择第一条直线或 [放弃(U)/多段线(P)/距离(D)/角度(A)/修剪(T)/方式(E)/多个(M)]:D(修改倒角距离)
指定第一个倒角距离 <0.0000>:5(指定倒角距离)
指定第二个倒角距离 <5.0000>:(等距)
选择第一条直线或 [放弃(U)/多段线(P)/距离(D)/角度(A)/修剪(T)/方式(E)/多个(M)]:(选取第一条线)
选择第二条直线，或按住 Shift 键选择要应用角点的直线:(选取第二条线)
```

重复以上操作，将四个直角绘成 5×45° 的倒角。

### 9.1.3　绘制正六边形

绘制四个正六边形如图 9.8 所示。

1. 绘制正六边形

根据正六边形对角尺寸为 30，用命令“polygon”(正多边形)，按内接圆方式绘制。

```
命令:_polygon
输入边的数目 <4>: 6(输入边数)
指定正多边形的中心点或 [边(E)]:_int 于(捕捉左上角中心线交点)
输入选项 [内接于圆(I)/外切于圆(C)] <I>:
指定圆的半径:15(内接圆半径)
```

2. 编辑正六边形

正六边形按等距排列，可用【阵列】命令生成，或用【复制】命令复制。用命令“array”(阵列)，打开【阵列】对话框(图 9.9)，设【行】、【列】均为“2”，【行偏移】为“-100”、【列偏移】为“200”，单击【选择对象】按钮选择正六边形，单击【确定】按钮，即按指定距离阵列复制四个正六边形。

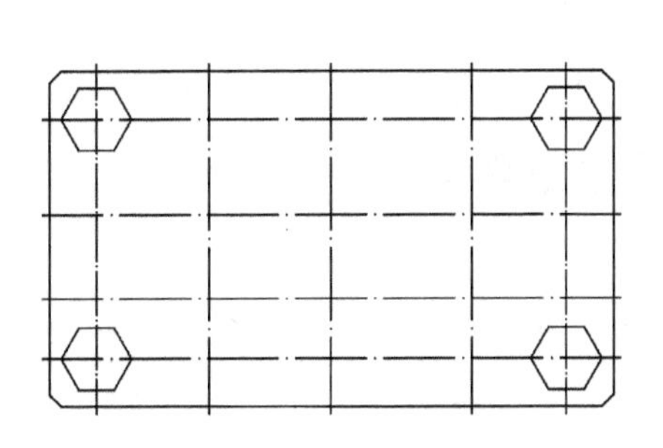

图 9.8　绘制正六边形

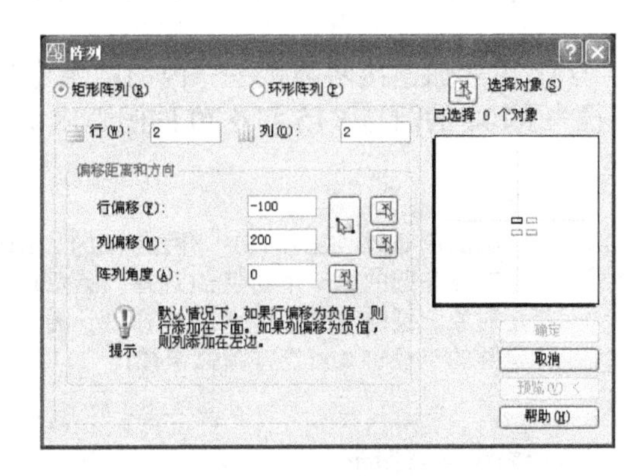


图 9.9　【阵列】对话框

### 9.1.4　绘制中部几何图形

如图 9.1 所示中部几何图形，半径为 R30、R100 的两圆弧和两切线为连接线段，其余线段均为已知线段。

1. 绘制已知线段

图形中 2×$\phi$12、$\phi$50 的 3 个圆和$\phi$70、R15 的圆弧为已知线段，即绘 6 个圆。用【圆】命令绘制左边、中间 4 个不同直径的圆。再用【复制】命令复制右边 2 个圆，如图 9.10(a)所示。

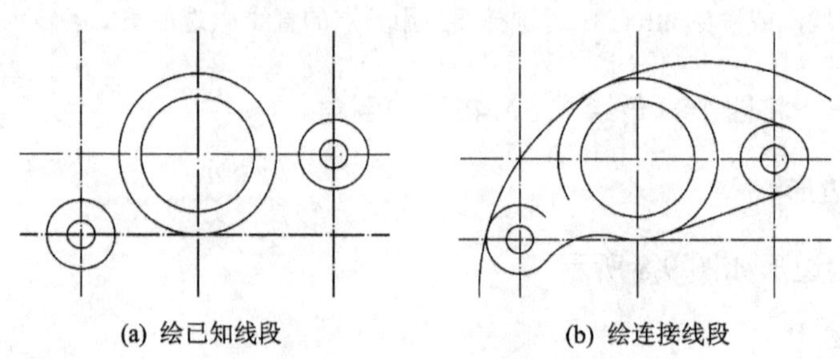

(a) 绘已知线段　　(b) 绘连接线段

图 9.10　绘几何图形

2. 绘制连接线段

(1) 用直线连接两圆弧：采用切点捕捉模式，用【直线】命令绘制切线，外切直径为$\phi$70 和半径为 R15 的圆弧，如图 9.10(b)所示。

(2) 用圆弧连接两圆弧——外切：先用【打断】命令将圆打断成圆弧。再用命令"fillet"(圆角 )绘制圆弧外切两圆弧。

```
命令:_fillet
当前设置: 模式 = 修剪，半径 = 0.0000
选择第一个对象或[放弃(U)/多段线(P)/半径(R)/修剪(T)/多个(M)]:R(改圆角半径)
指定圆角半径 <0.0000>: 30 (圆角半径)
选择第一个对象或 [放弃(U)/多段线(P)/半径(R)/修剪(T)/多个(M)]:(选择一圆弧)
选择第二个对象，或按住 Shift 键选择要应用角点的对象:(选择另一圆弧)
```

(3) 用圆弧连接两圆弧——内切：用【圆】命令的"相切、相切、半径(T)"选项，画半径为 R100 的圆与 R15 和$\phi$70 的圆弧内切。

```
命令:_circle
指定圆的圆心或 [三点(3P)/两点(2P)/相切、相切、半径(T)]:T
指定对象与圆的第一个切点:(选择一圆弧)
指定对象与圆的第二个切点:(选择另一圆弧)
指定圆的半径:100(连接圆弧半径)
```

3. 编辑整理图形

用【修剪】命令剪掉多余的图线，用【打断】命令断开过长的中心线，用【删除】命令擦除多余的线，结果如图 9.1 所示。

## 9.1.5　绘制图框和标题栏

一幅完整的图，应包括图框和标题栏(图 9.11)，并注写标题栏内容。

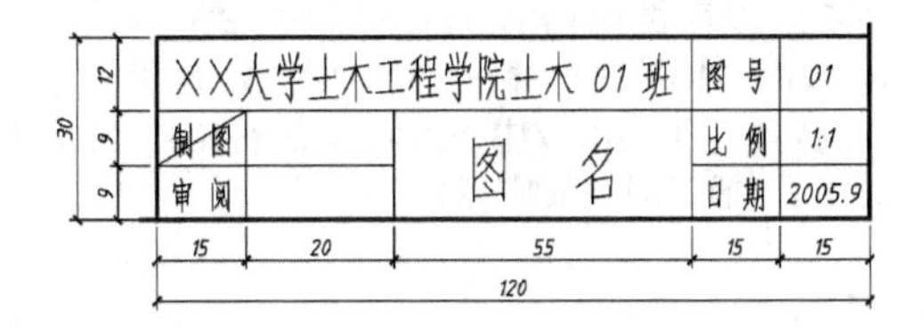


图 9.11　标题栏尺寸及内容

1. 绘制图框和标题栏

本例按照 A3 图幅(420×297)绘制裁边线，图框线尺寸则为 390×287，标题栏及分格线尺寸如图 9.11 所示。设 Outline 层为当前层，用【直线】命令绘出图框和标题栏外框线，也可用【多段线】命令绘制有宽度线。再设 Line 层为当前层，用【直线】或【偏移】命令绘出裁边线和标题栏分格线。

2. 注写文字

设 Text 层为当前层，用【缩放】命令将标题栏的局部图形放大。先设置文字样式，再注写文字。

(1) 设置文字样式：用命令“style”或【样式】工具栏【文字样式】按钮打开【文字样式】对话框(图 9.12)。单击【新建】按钮创建文字样式“仿宋体”。在【字体】下拉列表框中选择“gbetic.shx ”字体(国标斜体字母、数字)，并在【大字体】下拉列表框中选择“gbcbig.shx”字体(国标直体汉字)，字高为“5”；单击【应用】按钮，再单击【关闭】按钮关闭对话框。按上述方法创建文字样式“数字”，字高为“3.5”；再创建文字样式“数字下标”，在【字体】下拉列表框中选择“gbenor.shx”字体(国标直体字母、数字)，字高为“2”。

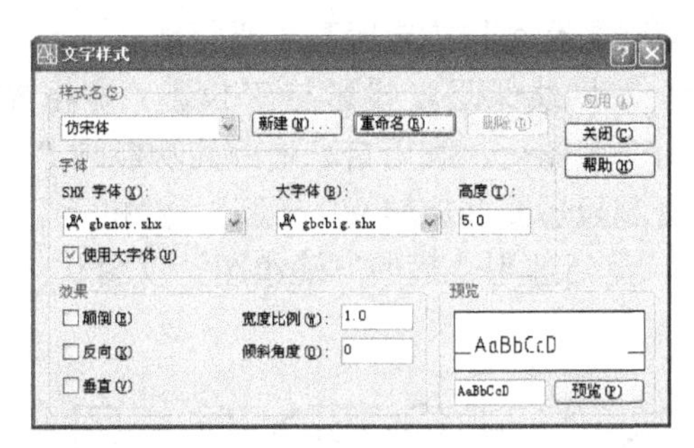


图 9.12　【文字样式】对话框

字高的设置与出图比例有关，如比例为 1∶100，出图字高为 5，需将字高设置为“500”。

(2) 注写文字：可用【多行文字】或【单行文字】注写表格内文字。

用命令“mtext”(多行文字 )注写时，捕捉表格两对角点，弹出【文字格式】编辑框(图 9.28)，采用“居中”和“中央对齐”方式注写标题栏内文字。若用命令“dtext”(单行文字)注写，先画表格对角线(图 9.11)，捕捉对角线中点，采用正中对正方式注写文字，操作如下。

```
命令:_dtext
当前文字样式:仿宋体 当前文字高度:5
```

指定文字的起点或 [对正(J)/样式(S)]:J(修改对正方式)
输入选项[对齐(A)/调整(F)/中心(C)/中间(M)/右(R)/左上(TL)/中上(TC)/右上(TR)/左中(ML)/正中(MC)/右中(MR)/左下(BL)/中下(BC)/右下(BR)]:MC(正中对正)
指定文字的中间点: mid 于(捕捉对角线中点)
指定高度 <5>:
指定文字的旋转角度 <0>:

从显示的文字框输入文字，按 Enter 键两次结束文字输入，文字则按正中对正方式填写在指定表格内。重复上述操作，注写标题栏内其他文字；或用【复制】命令将文字复制在其他表格内，双击文字弹出文字编辑框进行修改。

输入汉字时，用 Ctrl+空格键切换西文和中文输入状态。

3. 将平面图形和图框存盘

用【另存为】命令将完成后图形以文件名“平面图形” 赋名存盘。用【删除】命令将图形部分擦除，再用【另存为】命令将图形以文件名为“图框 A3”存盘。

## 9.2 三面投影图的绘制

三面投影图可以看成三幅平面图形，用绘制平面图形的方法绘制。三面投影图之间应遵循“长对正、高平齐、宽相等”的投影规律，利用 AutoCAD 绘图时，可用以下方法保证投影图之间的对应关系。

(1) 捕捉栅格法：设置合适栅格间距，打开栅格、捕捉功能，捕捉栅格点绘图。

(2) 输入坐标法：通过输入坐标值控制图形的位置和大小，仅适用于简单图形。

(3) 构造线法：开始绘图时，用【构造线】命令绘定位线和基本轮廓。

(4) 平行线法：用【偏移】命令按指定距离绘平行线。

(5) 辅助线法：作 45° 辅助线保证 $H$ 投影与 $W$ 投影“宽相等”(图 9.15(b))。

(6) 对象追踪法：画出一个图后，利用自动追踪的功能画“长对正、高平齐”线。

(7) 投影图旋转法：复制投影图并旋转 90° 保证“宽相等”。

根据图形的难易程度，灵活选用合适的方法绘图。以图 9.13 所示形体的投影图为例，介绍绘图方法。

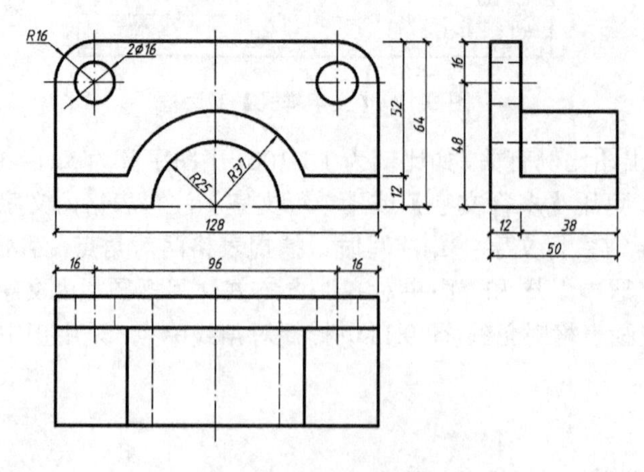


图 9.13 形体的投影图

### 9.2.1　设置绘图环境

1. 设置图形界限、绘图单位、栅格和捕捉间距

按照图 9.13 形体的尺寸，确定图幅为 A3，绘图比例一般均取 1∶1。图形界限、绘图单位、栅格和捕捉间距均可按默认设置。

2. 设置图层、线型和线型比例

一般图样包含粗实线、细实线、虚线、点画线、尺寸及文本等信息，根据图样的类型、难易程度可分成若干图层，将同类信息放置在同一层上。利用图层属性，对每一层的颜色、线型和状态进行控制。图 9.13 所示形体可设中心线层(Axis)、细实线层(Line)、轮廓线层(Outline)、虚线层(Hide)、尺寸标注层(Dim)和文字层(Text)等。并设定各图层相应的颜色和线型，设定适当的线型。

3. 设置文字样式

用【文字样式】命令设置“仿宋体”和“数字”两种文字样式。

4. 设置尺寸标注样式

尺寸分可为线性尺寸和圆尺寸两类。在标注尺寸前，必须设置尺寸标注样式，以统一和规范尺寸标注的外观和形式。用命令“dimstyle”或【样式】工具栏【标注样式】按钮打开【标注样式管理器】对话框(图 9.14)，单击【新建】按钮创建线性尺寸样式“ld”，【箭头】选“建筑标记”或选自定义的图块，短斜线长为 2～3；【文字样式】选择已设置的文字样式“数字”;【文字高度】为“3.5”。其他参数设置按照《房屋建筑制图统一标准(GB/T50001—2001)》参照第 8 章介绍的方法完成。重复上述操作再创建圆尺寸样式“cd”，【箭头】选“实心闭合”，箭头长度设为 2～3。单击【关闭】按钮结束设置。

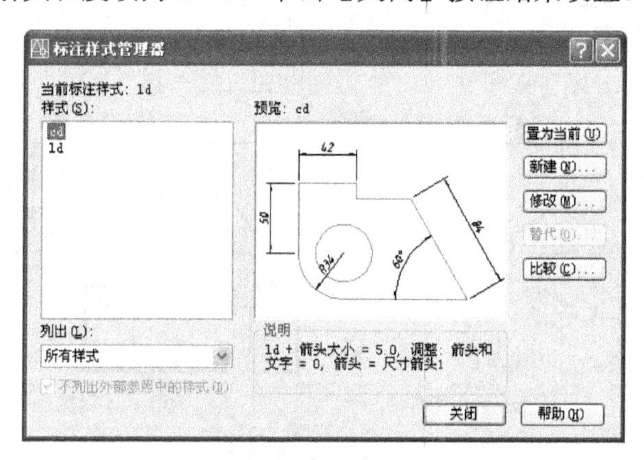


图 9.14　管理器【标注样式】对话框

5. 保存样图

按照 A3 图幅绘制图框和标题栏，填写标题栏后，用【另存为】命令赋名“三面投影 A3”，并指定文件保存类型为.dwt 存盘，即保存为样图。启动【新建】命令绘新图时，在样图(Template)文件夹中，可以调用 AutoCAD 提供的多种样图(如 acad.dwt)，也可以选择用

户自己定义的样图(如三面投影 A3. dwt)开始绘制新图。

### 9.2.2　三面投影的绘图步骤

1. 绘定位线

设 Axis 层为当前层，用【直线】命令绘制 $H$ 和 $V$ 投影左右对称线，设 Outline 层为当前层，用【直线】命令绘制 $H$ 、$V$ 和 $W$ 投影的定位基准线；$H$ 和 $W$ 投影的定位基准线也可用【偏移】命令偏移生成，如图 9.15(a)所示。

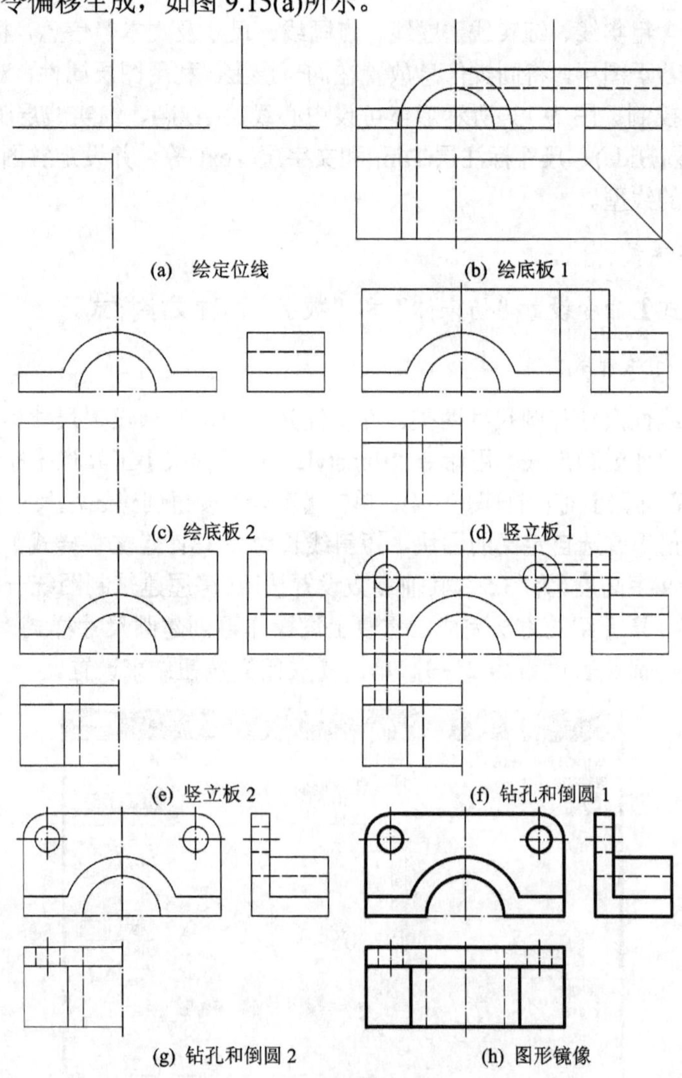


图 9.15　绘图步骤

2. 绘底板

用【圆弧】命令绘制 $V$ 投影半径为 R25 的半圆；或用【圆】命令画圆，用【修剪】命令修剪为半圆。再用【偏移】命令偏移半径为 R37 的半圆、板厚 12 及板的左右长度 128，$H$ 和 $W$ 投影板宽度 50，并指定偏移对象放在当前层进行偏移。然后用【直线】命令利用

交点捕捉模式绘制 $H$ 和 $V$ 投影其他实线(Outline)和虚线(Hide)(图 9.15(b))。

用【修剪】命令修剪多余图线，结果如图 9.15(c)所示。

3. 竖立板

立板 $V$ 投影的高度 64、$H$ 和 $W$ 投影的宽度 12 用【偏移】命令生成，$V$ 投影的长度及 $W$ 投影的高度用【延伸】命令延伸生成(图 9.15(d))。

用【修剪】命令修剪多余图线，并将半圆内实线先用【打断】命令断开，再用【特性匹配】按钮将实线修改成单点长画线(图 9.15(e))。

4. 钻孔和倒圆

用【偏移】命令在 $V$ 投影中确定两孔 2$\phi$15 的中心位置，再用【圆】命令绘制直径为 $\phi$16 的圆；用【直线】命令在 $H$ 和 $W$ 投影中绘制孔的中心线(Axis)和轮廓线(Hide)。半径为 R15 的圆角用【圆角】命令生成(图 9.15(f))。

用【修剪】命令修剪多余图线，结果如图 9.15(g)所示。

5. 图形镜像

打开正交方式，用命令“mirror”(镜像)镜像复制 $H$ 投影的右侧对称图形(图 9.15(h))。

```
命令:_mirror
选择对象:(选择需镜像的对象)
选择对象:
指定镜像线的第一点:<正交 开>(捕捉镜像线一端点)
指定镜像线的第二点:(指定另一点)
是否删除源对象? [是(Y)/否(N)] <N>:
```

6. 标注尺寸

将 Dim 层设为当前层标注尺寸。

(1) 标注线性尺寸：用或选择尺寸样式“ld“为当前标注样式，再用命令“dimlinear”(线性标注)标注线性尺寸。

```
命令:_dimlinear
指定第一条尺寸界线原点或 <选择对象>:(捕捉第一点)
指定第二条尺寸界线原点:(捕捉另一点)
指定尺寸线位置或
[多行文字(M)/文字(T)/角度(A)/水平(H)/垂直(V)/旋转(R)]:(指定尺寸线位置)
标注文字= 12
```

再用命令“dimcontinue”(连续标注)标注连续尺寸 38，标注结果如图 9.16(a)所示。用相同的方法标注图 9.13 形体中其他水平和竖直方向尺寸。

(2) 标注圆尺寸：圆尺寸有直径尺寸和半径尺寸两种，标注方式基本相同。

选择圆尺寸样式“cd”为当前标注样式，用命令“dimdiameter”(直径标注)标注直径尺寸 2×$\phi$16(图 9.16(b))。

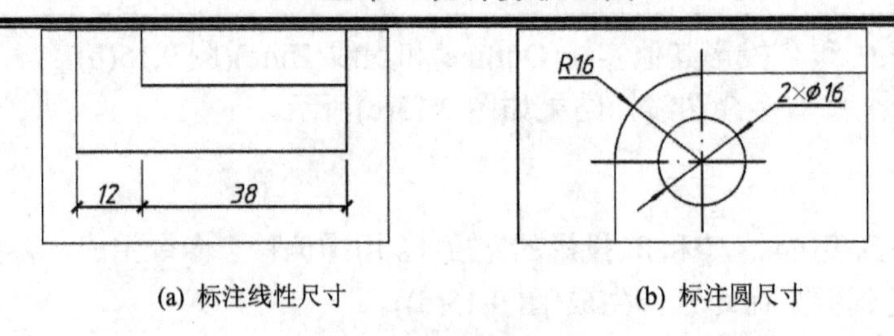


(a) 标注线性尺寸　　(b) 标注圆尺寸

图 9.16　标注尺寸

```
命令:_dimdiameter
选择圆弧或圆:(拾取圆)
标注文字 = 16
指定尺寸线位置或 [多行文字(M)/文字(T)/角度(A)]:t(修改文字)
输入标注文字 <12>: 2<>(添加前缀)
指定尺寸线位置或 [多行文字(M)/文字(T)/角度(A)]:(指定尺寸线位置)
```

再用命令“dimradius”(半径标注)标注半径尺寸 R16。重复上述操作，标注图 9.13 形体中其他圆尺寸。

### 9.2.3　剖视图的绘制

1. 选择剖视图种类

*H* 和 *W* 投影都有虚线，将 *W* 投影改为阶梯剖，将虚线改为实线，去掉多余图线；*H* 投影仍为外形投影图，并且可以省略虚线(图 9.17(a))。

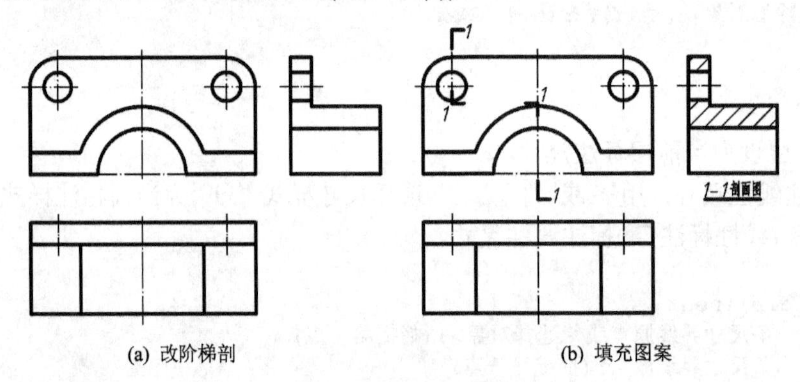


(a) 改阶梯剖　　(b) 填充图案

图 9.17　剖视图绘制

2. 填充剖面图案

根据《房屋建筑制图统一标准(GB/T50001—2001)》规定不同的材料应填充不同的图案。设 Line 层为当前层，用命令“bhatch”(图案填充)打开【图案填充和渐变色】对话框(图 9.18)，在【图案】下拉列表框中选择“LINE”图案，角度为“45”，比例为“0.5”，单击【添加：拾取点】添加按钮选择填充区域，将 W 投影填入 45° 细斜线，并用【直线】和 A 标注剖切位置和注写剖面图名称如图 9.17(b)所示。

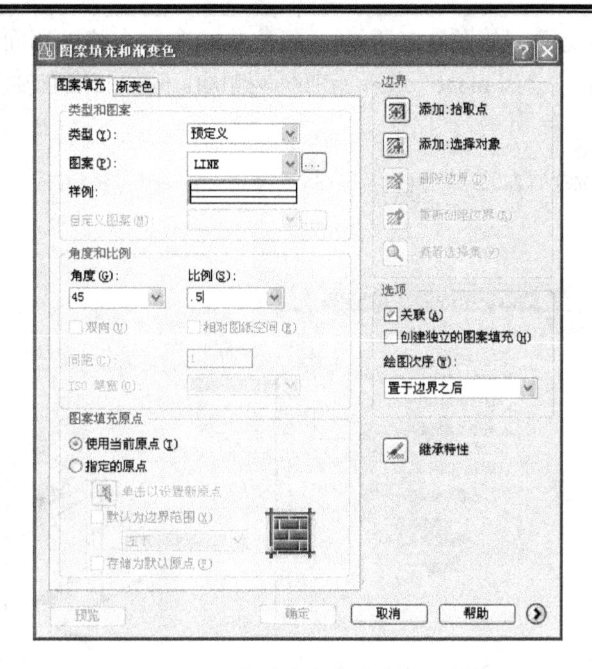


图 9.18 【图案填充和渐变色】对话框

## 9.3 轴测图的绘制

轴测图(轴测投影图的简称)是通过改变投射方向或转动物体，在同一投影面上反映物体三个坐标面上的形状特征。轴测图不是三维图形，是反映物体三维形状的二维图形，即用二维图形模拟三维模型沿特定视点产生的平行投影图。不能通过旋转模型(轴测图)获得多面投影图、生成不同方位轴测图或透视图，也不能进行消隐。由于作图简单快速，富有直观效果，因此被广泛应用于土木工程和机械工程等专业的工程设计中。

轴测图的类型很多，最常用的轴测图是正等轴测投影图(简称正等测)。绘制正等测图采用二维绘图命令，并在 AutoCAD 为用户提供了特定环境——等轴测模式下绘制。以下描述的轴测图均指正等测。

### 9.3.1 设置等轴测模式

1. 设置等轴测模式

绘制轴测图前，必须打开并设置等轴测模式。等轴测模式可以用命令“dsettings”或通过【工具】菜单中【草图设置】菜单项，打开【草图设置】对话框(图 9.19)进行设置。在对话框的【捕捉和栅格】选项卡中，选中【捕捉类型和样式】选项组中的【等轴测捕捉】单选按钮，单击【确定】按钮，则进入等轴测模式。

2. 切换等轴测面

打开等轴测模式后，互相垂直的十字光标变成等轴测模式，光标线分别限制在左轴测面、上轴测面和右轴测面三个等轴测面内。如果用一个正方体来表示三维坐标系，等轴测面即为正方体三个可见面，如图 9.20 所示。每次只能在一个等轴测面内绘图，必须选择当前等轴测面，可调用命令“isoplane”选择当前等轴测面。例如切换右轴测面为当前等轴测面。

```
命令: isoplane
输入等轴测平面设置 [左(L)/上(T)/右(R)] <上>:r
当前等轴测面:右
```

图 9.19 【草图设置】对话框

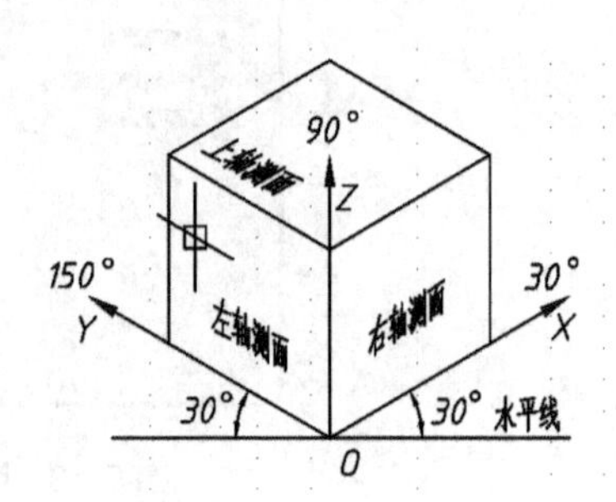


图 9.20 等轴测面

在绘图过程中，可按 F5 键或 Ctrl+E 键按左→上→右的顺序循环快速切换等轴测面。

### 9.3.2 绘制直线

如图 9.21 所示形体的轴测图，根据轴测图的结构特点，将形体分成底板和立板两个基本形体，逐个绘出基本形体各轴测面上的轴测图，再拼合整个轴测图。

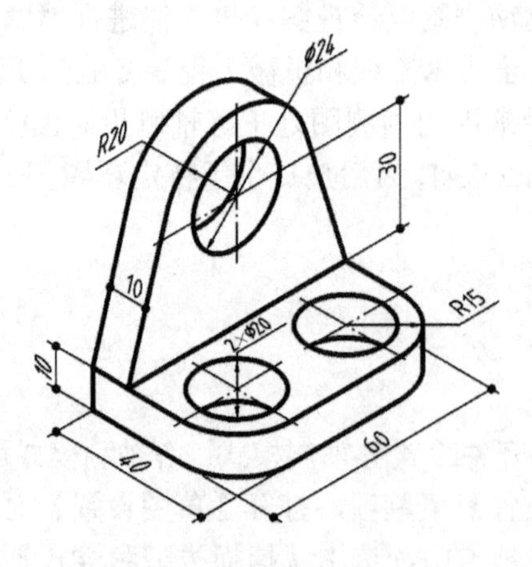


图 9.21 形体的轴测图

#### 1. 绘制直线

在等轴测模式下，用【直线】命令绘制与轴测轴平行的定长直线有如下方法。

(1) 正交方式：打开正交方式，鼠标指针确定直线方向，直接从键盘输入直线长度。

(2) 极轴方式：打开【草图设置】对话框，在【增量角】下拉列表框中选择“30”，在【对象捕捉追踪设置】中选择【用所有极轴角设置追踪】。用极轴方式(30° 的整倍数)控制直线的方向，长度移动鼠标控制或从键盘输入。

(3) 极坐标方式：用 F6 键或 Ctrl+D 键切换动态极坐标方式，根据 X、Y、Z 轴测轴的角度分别为 30° 或 210°、90° 或-90°、150° 或-30°，用极坐标方式输入直线长度和角度。

按上述"正交方式"，在右轴测面绘底板的右侧面四边形 ABCD (图 9.22(a))。按 F5 键或 Ctrl+E 键，切换左轴测面为当前等轴测面，再绘左侧面四边形 BEFC 。

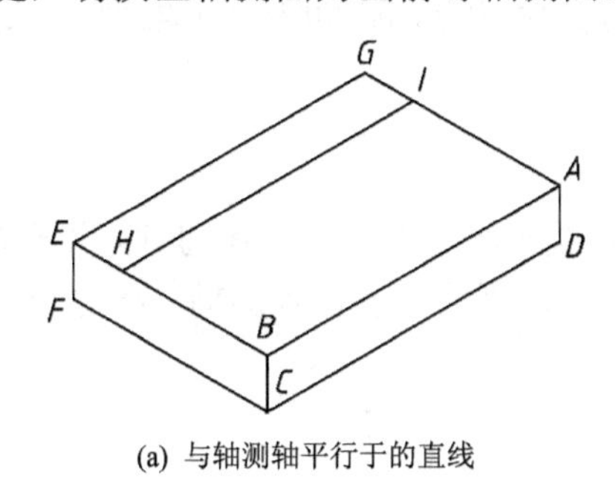


(a) 与轴测轴平行于的直线

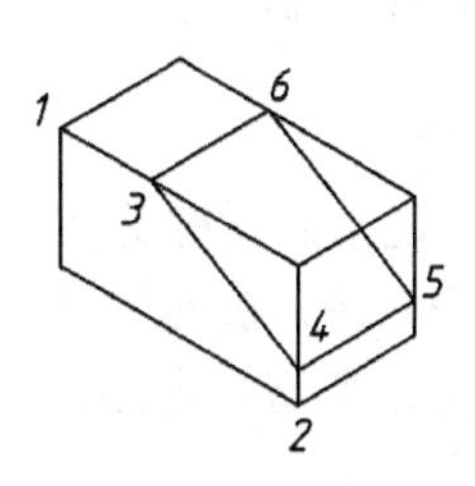


(b) 与轴测轴不平行的直线

**图 9.22　绘制直线**

如果直线与轴测轴不平行，如图 9.22(b)中的 34、56，则可关闭正交方式，打开极轴追踪、对象捕捉和对象捕捉追踪，沿轴测轴方向测量确定直线的两个端点 3 和 4，连接两个端点得该直线的轴测图。

2. 编辑直线

用命令"copy"(复制)生成平行线 EG 、 HI 、 AG 。切换上轴测面为当前等轴测面，用【复制】命令将线段 AB 以 B 为基点复制到 E 和 H 点，BH 的距离为 30 。

```
命令:_copy
选择对象:(选取 AB 线段)
选择对象:(按 Enter 键结束对象选择)
指定基点或位移:(捕捉交点 B)
指定位移的第二点或 <用第一点作位移>:(捕捉交点 E)
指定位移的第二点:30(输入 BH 长度)
指定位移的第二点:
```

重复上述操作，将线段 BE 以 B 为基点复制到 A 点。执行结果如图 9.22(a)所示。轴测图中平行线不能用【偏移】命令生成。

### 9.3.3　绘制圆

圆的轴测投影是椭圆——轴测圆。打开等轴测模式时，调用【椭圆】命令将出现【等轴测圆(I) 】选项，利用该选项可在左、上和右三个等轴测面上绘轴测圆。

1. 绘制圆

切换右轴测面为当前等轴测面。用命令"ellipse"(椭圆)画轴测圆。为了给圆心定位，用【复制】命令将直线 HI 以 H 为基点，复制辅助线到 H 点上方 30 处，再捕捉辅助线的中点确定圆心。圆的半径值宜从键盘输入。

```
命令:_ellipse
指定椭圆轴的端点或 [圆弧(A)/中心点(C)/等轴测圆(I)]:i(选择等轴测圆选项)
指定等轴测圆的圆心: _mid 于(捕捉辅助线中点为圆心)
指定等轴测圆的半径或 [直径(D)]:12(输入半径值)
```

重复上述操作，绘制立板上前表面半径为 R20 的圆。再切换到上轴测面，绘制底板上表面直径为 $\phi$ 10 的圆。

2. 绘制圆弧

用命令“ellipse”(椭圆弧)的圆弧选项绘制半径为 R10 的 1/4 圆弧，并指定圆弧的起始角度和终止角度。亦可用【椭圆】命令绘制，用【修剪】命令裁剪 1/4 圆弧。但轴测圆弧不能用【圆角】命令绘制。

```
命令:_ellipse
指定椭圆轴的端点或 [圆弧(A)/中心点(C)/等轴测圆(I)]:_a(选择圆弧选项)
指定椭圆弧的轴端点或 [中心点(C)/等轴测圆(I)]:i(选择等轴测圆选项)
指定等轴测圆的圆心:(捕捉 L 点为圆心)
指定等轴测圆的半径或 [直径(D)]:15(输入半径值)
指定起始角度或 [参数(P)]:150(起点角度)
指定终止角度或 [参数(P)/包含角度(I)]:-150(终点角度)
```

重复上述操作，绘制底板上表面另一半径为 R10 的 1/4 圆弧。轴测图中对称图形不能用【镜像】命令复制。

3. 编辑圆和圆弧

立板后表面的圆和底板下表面的圆和圆弧用【复制】命令生成。复制时以圆心为基点，向后和向下位移值均为 10。执行结果如图 9.23 所示。

### 9.3.4 绘制切线

切线有两个圆(圆弧)的公切线和点与圆(圆弧)的切线两种。

1. 绘制两圆公切线

关闭正交方式，将作切线的局部图形放大(图 9.24)，采用象限点捕捉模式，用【直线】命令过 J、K 点作两圆的公切线。

```
命令:_line
指定第一点:_qua 于(捕捉圆的象限点 J)
指定下一点或 [放弃(U)]:_qua 于(捕捉另一个圆的象限点 K)
```

重复上述操作，画底板上圆的公切线，执行结果如图 9.24 所示。

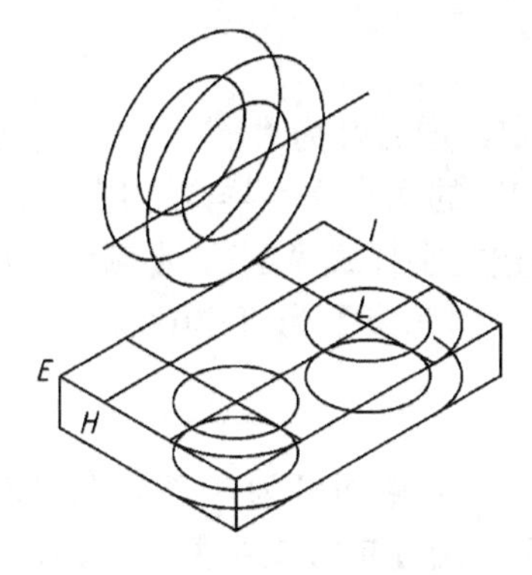


图 9.23　绘制和编辑圆

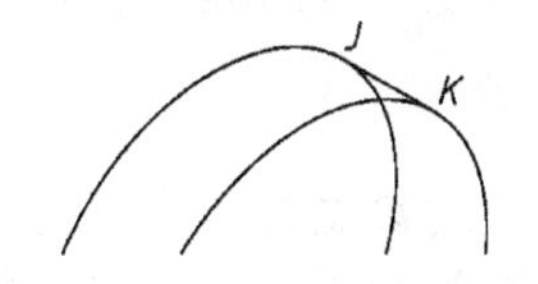


图 9.24　作两圆的公切线

2. 过点向圆作切线

采用交点和切点捕捉模式，用【直线】命令过 H 点和大圆作切线。

```
命令:_line
指定第一点:_int 于(捕捉交点 H)
指定下一点或 [放弃(U)]:_tan 到(捕捉大圆切点)
```

重复上述操作，过 I、E 点向圆作切线，如图 9.25 所示。

### 9.3.5　修改轴测图

用【缩放】命令放大图形后，再用【修剪】和【删除】等命令删掉不可见和多余的图线段，保留轴测图中可见的形状特征；用【直线】命令补上中心线，完成全图。结果如图 9.26 所示。

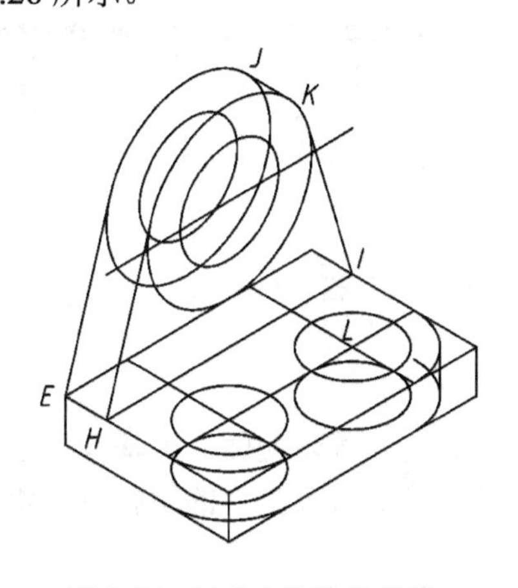


图 9.25　过点向圆作公切线

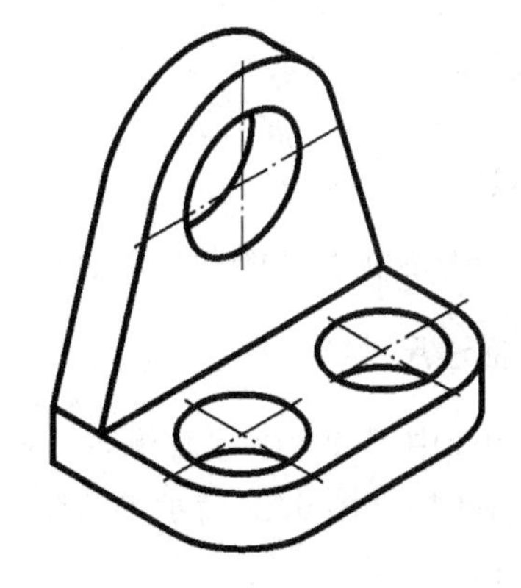

图 9.26　编辑轴测图

### 9.3.6　添加文字

在轴测图上添加文字，文字沿轴测轴方向排列，文字的倾斜方向与另一轴测轴平行。通常控制文字倾斜角度和文字旋转角度为 30° 或-30° ，当倾斜角度和旋转角度均为 30° 时，文字在右轴测面看起来是直立的，两个角度对文字效果的影响如图 9.27 所示。

1. 设置文字样式

文字倾斜角度参照倾斜角度为 0° (正体)设定，逆时针为“-”，顺时针为“+”，并由文字样式确定。设置文字倾斜角度为 30° 和-30° 的两个文字样式。用【文字样式】命令打开【文字样式】对话框，单击【新建】按钮创建文字样式“A”，【倾斜角度】为“30”，单击【应用】按钮；再创建文字样式“B”，【倾斜角度】为“-30”。

2. 注写文字

文字旋转角度参照 X 坐标设定，逆时针为“+”，顺时针为“-”，在输入文字时确定。可用【单行文字】和【多行文字】命令注写文字。用【单行文字】命令输入文字，在命令提示需指定旋转角度时，输入旋转角度即可。用【多行文字】命令注写图 9.27 右轴测面文字，按照如下方式操作。

```
命令:_mtext
当前文字样式:"A" 当前文字高度:5
指定第一角点:(指定一角点)
指定对角点或 [高度(H)/对正(J)/行距(L)/旋转(R)/样式(S)/宽度(W)]:R
指定旋转角度 <0>: 30(输入旋转角度)
指定对角点或[高度(H)/对正(J)/行距(L)/旋转(R)/样式(S)/宽度(W)]:(指定对角点)
```

弹出【文字格式】编辑框(图 9.28)输入文字后，单击【确定】按钮完成文字输入。如果文字是按正常方式书写的，可通过【特性】对话框对文字样式和旋转角度进行修改。

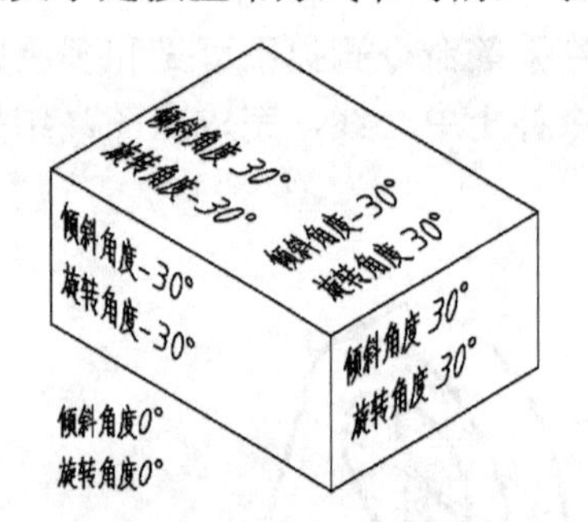


图 9.27　轴测图中文字的倾斜和旋转角度

图 9.28　【文字格式】编辑框

## 9.3.7　标注尺寸

轴测图中尺寸界线沿轴测轴方向倾斜，尺寸数字直立在各轴测面。用基本尺寸标注命令不能直接标注图 9.22 所示轴测图的尺寸，必须调整尺寸界线及文字的倾斜角度才能完成尺寸标注。

1. 设置文字样式

用【文字样式】命令设置文字样式。如图 9.29 所示，“A”向尺寸的倾斜角设为 30°，创建文字样式“A”。“B”向尺寸的倾斜角设为-30°，创建文字样式“B”。

2. 设置尺寸标注样式

用【标注样式】命令设定尺寸样式“A”和“B”。“A”和“B”尺寸样式分别选择对应的文字样式“A”和“B”，并将【箭头】选为“点”。

3. 标注尺寸

用命令“dimaligned”(对齐标注 )标注尺寸。选用标注样式“A”标注尺寸 40、10(底板)，选用标注样式“B”标注尺寸 60、30、10(立板)，如图 9.30 所示。

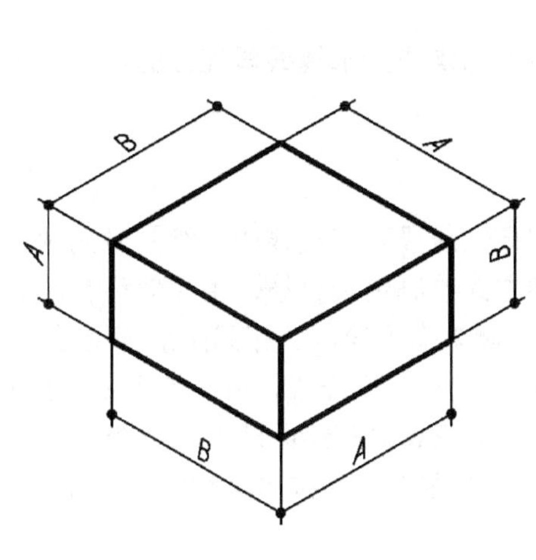

图 9.29　标注样式

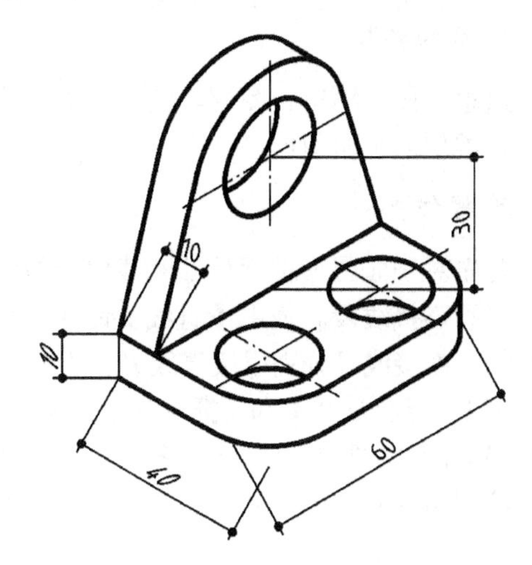

图 9.30　轴测图的标注

```
命令:_dimaligned
指定第一条尺寸界线原点或 <选择对象>:
指定第二条尺寸界线原点:
指定尺寸线位置或[多行文字(M)/文字(T)/角度(A)]:(指定尺寸线到合适位置)
标注文字 = 40
```

4. 修改尺寸界线

尺寸界线的倾斜角度是指尺寸界线相对 X 轴的夹角，平行于 X 轴测轴的尺寸界线倾斜角为 30°；平行于 Y 轴测轴的尺寸界线倾斜角为 150°；平行于 Z 轴测轴的尺寸界线倾斜角为 90°。不平行于轴测轴的尺寸界线可用两点连线确定角度。用命令“dimedit”(编辑标注 )的倾斜选项(Oblique)改变尺寸界线的倾斜角度。

```
命令:_dimedit
输入标注编辑类型 [默认(H)/新建(N)/旋转(R)/倾斜(O)] <默认>: o
选择对象:(选取尺寸 40、10)
输入倾斜角度(按 Enter 键表示无):30(90°、150°或指定两点)
```

轴测图中半径和直径尺寸不能直接标注。先用【对齐标注】命令标注，并将尺寸线通过圆心，从键盘输入文本标注尺寸，然后通过修改获得。若要标注图 9.22 所示半径和直径尺寸，需先将【对齐标注】命令标注的尺寸用【分解】命令分解，再用【多行文字】、【移动】、【延伸】等命令将文本、尺寸线修改到合适的位置。

## 9.4 上机实验

### 实验 1 绘制平面图形

1. 目的要求

熟悉绘图、编辑、图层、注写文本等常用命令的操作，掌握线段连接的绘图方法，绘出各种类型的平面图形。

2. 操作指导

首先对平面图形进行尺寸和线段分析，确定已知线段和连接线段。绘图时先画已知线段，再画连接线段。使用【直线】命令采用多种方式绘制定长直线，用【偏移】命令绘制平行线。连接线段分别用【直线】、【圆角】和【圆】命令绘制。相同图形可用【复制】、【阵列】、【创建块】和【插入块】多种命令实现。设置文字样式，用【单行文字】或【多行文字】命令注写文字。熟悉各种命令的使用，以便积累提高绘图速度的技巧。

绘制图 9.31、图 9.32、图 9.33、图 9.34 所示平面图形，并按照 A3 图幅绘制图框和标题栏。

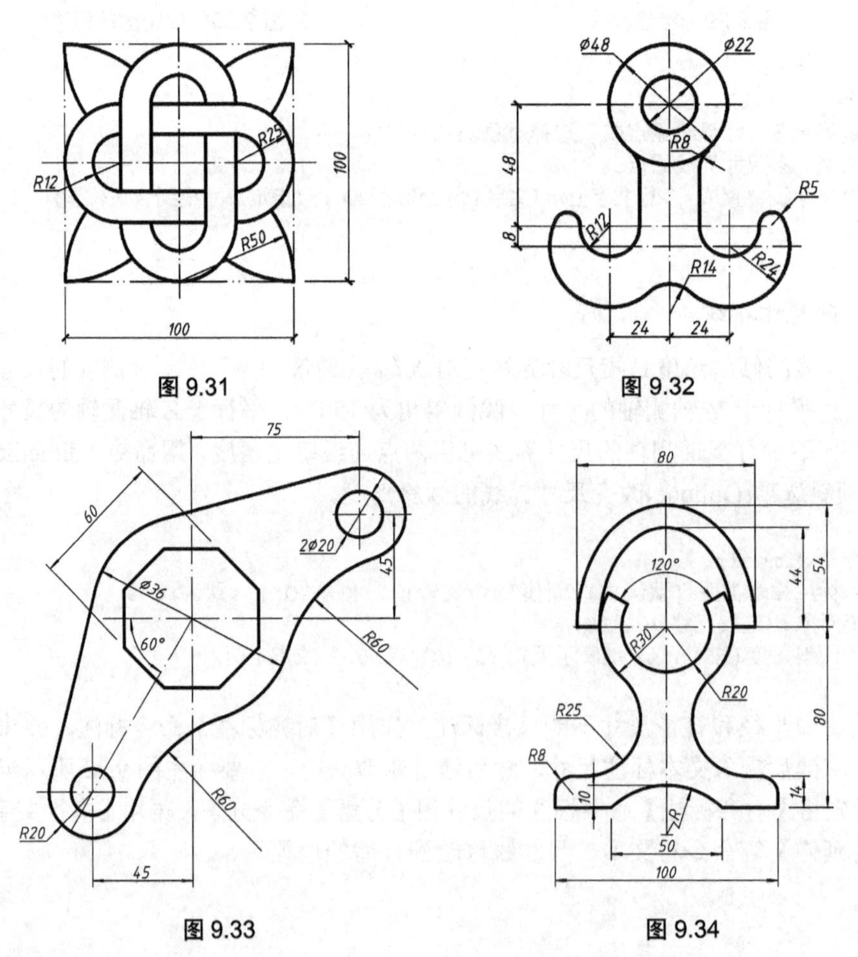


图 9.31　　图 9.32

图 9.33　　图 9.34

## 实验 2　绘制三面投影图

1. 目的要求

熟悉绘图、编辑、绘图辅助命令和图层、图块、尺寸标注等命令的操作，掌握三面投影图及剖视图的绘图方法。

2. 操作指导

按照平面图形的绘制方法，绘制三面投影图的每个图，用多种方式必须保证三面投影图之间“长对正、高平齐、宽相等”的对应关系。设置尺寸样式，用【线性标注】、【直径标注】和【半径标注】命令标注尺寸。根据形体的结构特征，改绘合适的剖视图，用【图案填充】绘制各种剖面符号。

绘制图 9.35、图 9.36 所示三面投影，图 9.37、图 9.38 所示剖视图，并标注尺寸。

## 实验 3　绘制轴测图

1. 目的要求

在等轴测模式下，熟悉绘图、编辑、注写文字、尺寸标注等命令的操作，掌握绘制轴测图的基本方法。

2. 操作指导

打开和设置轴测模式后，切换三个轴测面，用【直线】和【椭圆】命令绘制各轴测面的直线和圆。设置文字倾斜角度和旋转角度，用【单行文字】或【多行文字】命令注写轴测面上文字。设置合适文字倾斜角的尺寸样式，用【对齐标注】命令标注线性尺寸，用【编辑标注】命令修改尺寸界线的倾斜角度。

绘制图 9.35、图 9.36、图 9.39、图 9.40 所示形体的轴测图，并标注尺寸；绘制图 9.37、图 9.38 所示形体的轴测图，并作 1/4 剖切。

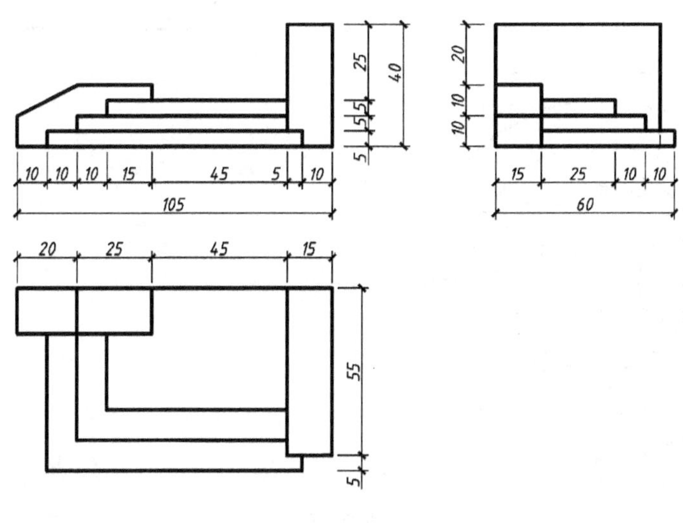


图 9.35

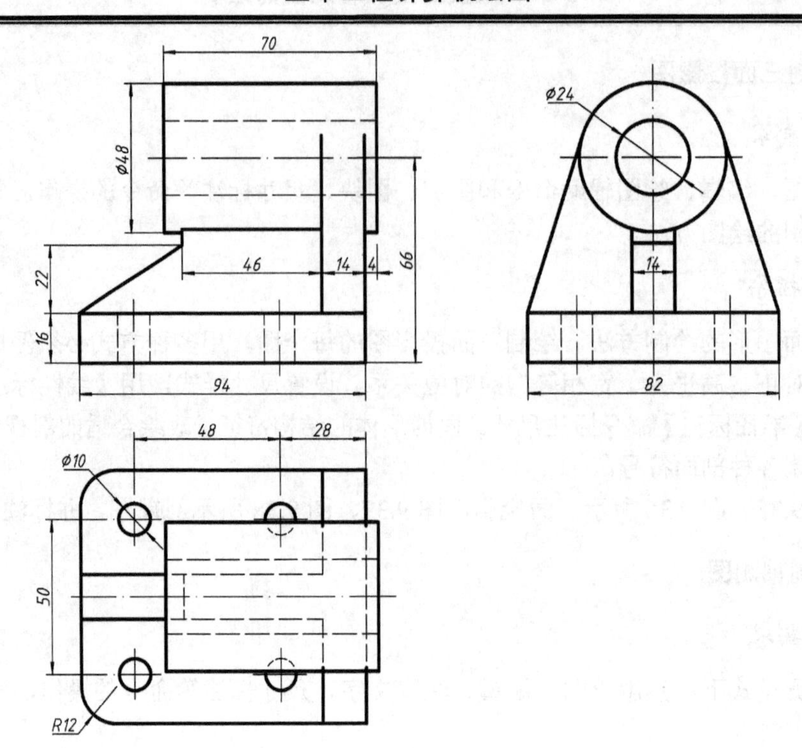
70
Ø48
Ø24
22
16
46
14
4
66
14
94
82
48
28
Ø10
50
R12

图 9.36

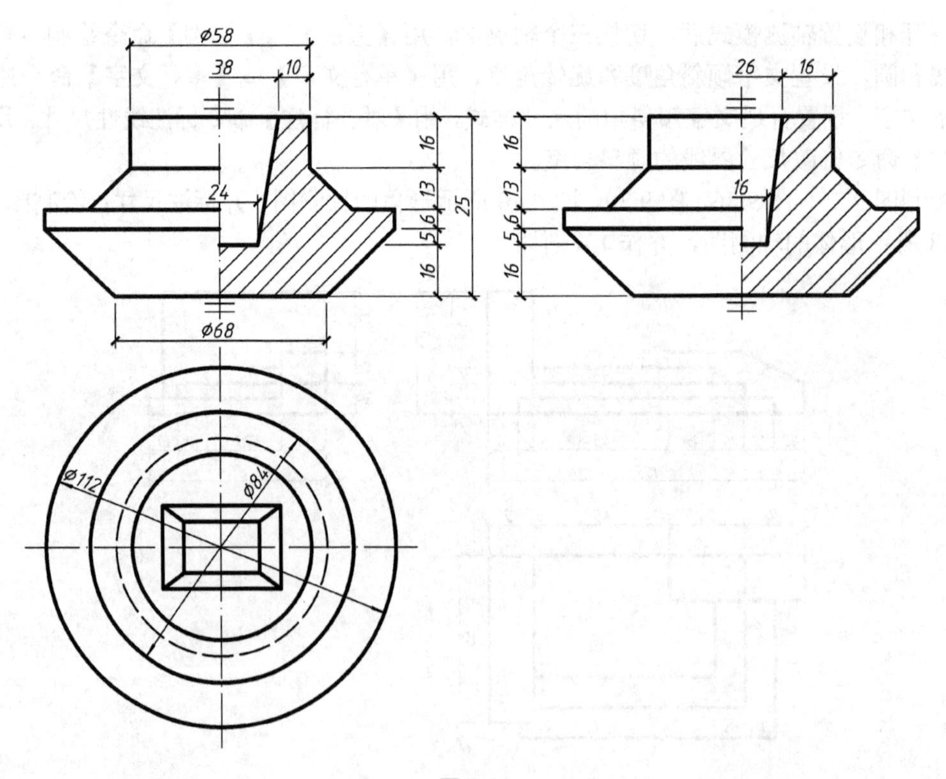
Ø58
38
10
26
16
16
13
25
24
16
5
6
16
Ø68
Ø112
Ø84

图 9.37

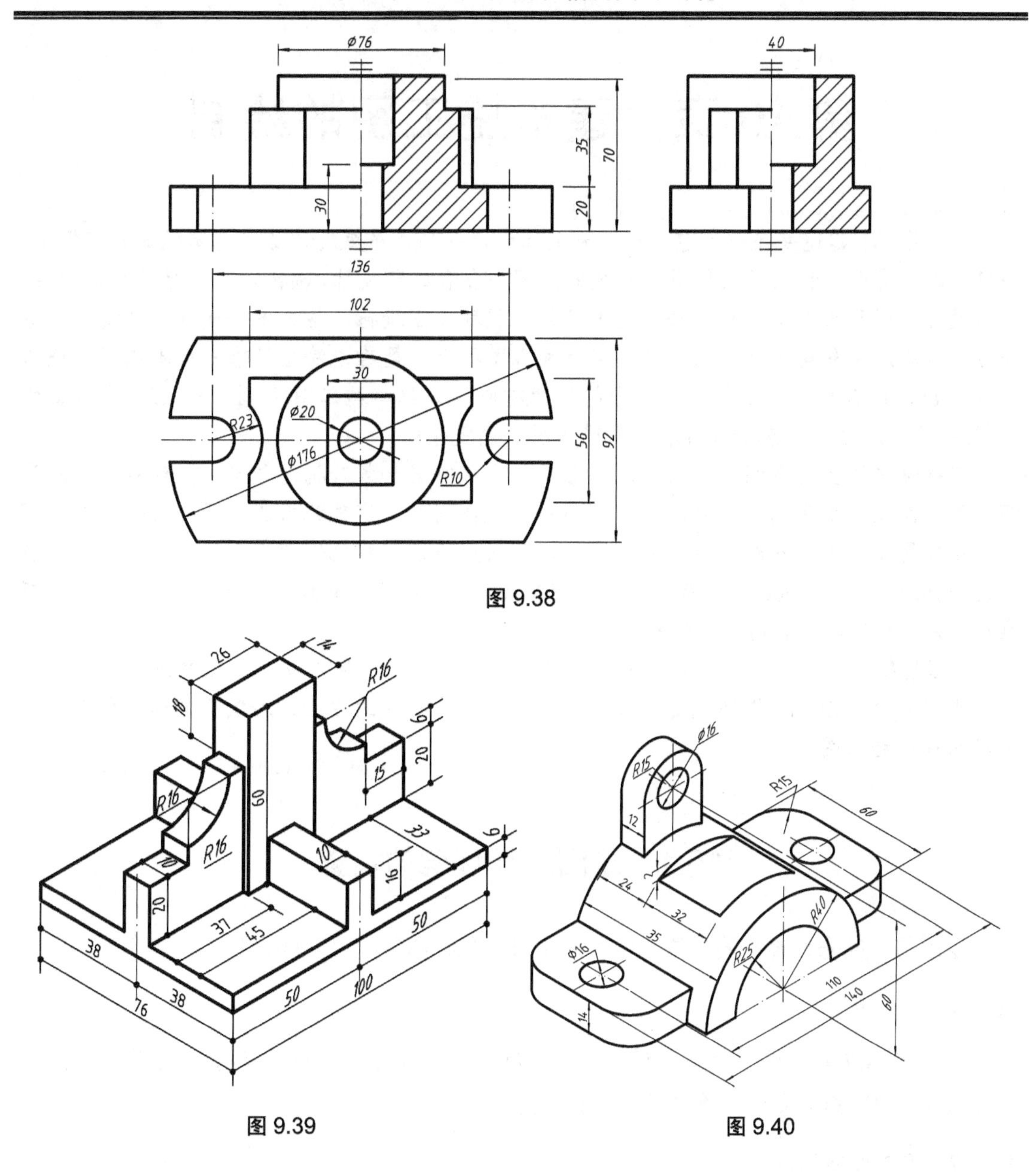


图 9.38

图 9.39

图 9.40

## 9.5 思 考 题

1. 绘制定长直线段(斜线、水平和竖直线)，可以用哪几种方法？

2. 绘制连接线段(直线、圆弧)，可以采用哪些命令？

3. 用哪些方法保证三面投影的对应关系？

4. 绘制轴测图时，圆弧能否用【圆角】命令绘制？平行线能否用【偏移】命令生成？对称图形能否用【镜像】命令复制？

5. 轴测图中注写文字、标注线性尺寸与平面图形中有何差别？

# 第 10 章　建筑施工图的绘制

**教学提示：**建造房屋一般包括设计和施工两个阶段。房屋设计是在总体规划的前提下，根据建设任务和工程技术条件进行房屋的空间组合和细部设计，选择切实可行的结构方案，并用设计图的形式表现出来。房屋施工必须依照施工图进行，施工图将建筑、结构、设备等各工种满足工程施工的各项具体要求反映在图纸上，是建造房屋的唯一技术依据。施工图根据专业的不同，分为建筑施工图(简称"建施")、结构施工图(简称"结施")和设备施工图(简称"设施"，包括给排水、采暖通风、电气等)。

建筑施工图主要表明建筑物的外部形状、内部布置和装饰构造等情况，包括设计总说明、总平面图、平面图、立面图、剖面图和构造详图等。建筑施工图除了要符合投影原理以及正投影图、剖面和断面等图示方法外，还应严格遵守建筑制图国家标准《房屋建筑制图统一标准》(GB/T 50001—2001)、《总图制图标准》(GB/T 50103—2001)和《建筑制图标准》(GB/T 50104—2001)中的有关规定。

**教学目标：**了解运用 AutoCAD 绘制建筑施工图的方法和步骤。重点熟练应用绘图命令、编辑命令，图层、图块的建立和设置，以及尺寸标注的方法，绘制符合建筑制图国家标准的建筑施工图。

## 10.1　绘图工作环境的设置

绘图前，应先设置绘图单位、精度、图形界限、图层、尺寸样式等。

### 10.1.1　新建文件

单击【标准】工具栏上的【新建】按钮，在弹出的【选择样板】对话框中，选择"acadiso.dwt"样板文件，单击【打开】按钮。

### 10.1.2　设置绘图区域

用手工绘制一张建筑施工图时，一般先要根据建筑物的实际大小，确定绘图比例，再计算出图纸幅面。而用计算机绘图软件 AutoCAD 绘图时，通常选择适当的单位和精度，按照建筑物的实际尺寸用 1∶1 的比例绘图。如果选择不同的出图比例时，可以绘出不同幅面的图纸。因此，绘图前应确定图形占多大区域，即确定绘图边界。绘图边界一般大于或等于图形区域。

选择【格式】下拉菜单中的【图形界限】命令设置绘图边界，再用【视图】下拉菜单的【缩放】子菜单中的【全部】选项显示绘图边界。

### 10.1.3　设置绘图单位

单击【格式】下拉菜单中的【单位】菜单项，出现【图形单位】对话框，选择长度类型为“小数”；考虑房屋的绘图精度，选择【精度】为“0”。选择角度类型为“十进制度数”；【精度】为“0”，如图 10.1 所示。

单击对话框下部【方向】按钮，出现【方向控制】对话框，选择【基准角度】为【东】，如图 10.2 所示。

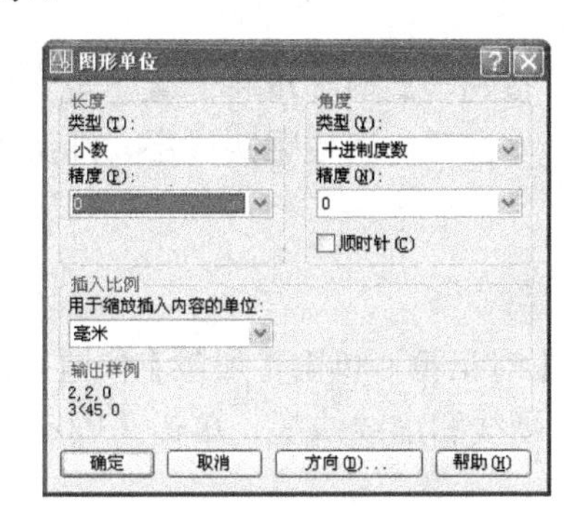


图 10.1 【图形单位】对话框

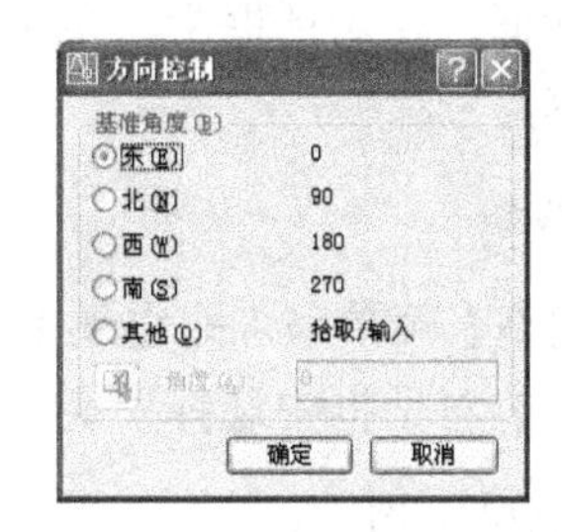


图 10.2 【方向控制】对话框

### 10.1.4　设置栅格和捕捉间距

为了便于点的观察和定位，可根据绘图区域的大小重新设置栅格和捕捉间距。栅格和捕捉间距可以通过【工具】下拉菜单中【草图设置】对话框进行设置。绘制建筑工程图时，根据建筑图模数的要求，可以将栅格和捕捉间距均设为“300”。

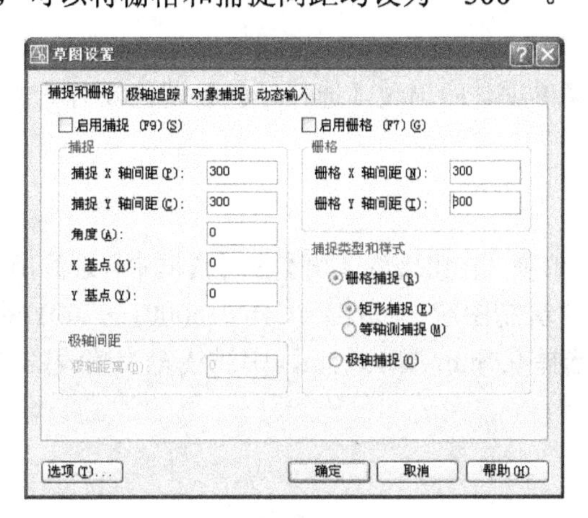


图 10.3 【设置捕捉和栅格】对话框

在绘图过程中可用快捷键、控制键或状态行按钮控制栅格、捕捉和正交功能。

### 10.1.5　设置图层

建筑图包含各种图线(实线、虚线、点画线)、尺寸、文本、图框、标题栏等许多信息，根据建筑图的类型、难易程度可以分成若干图层，同类信息放置在同一图层上。利用图层属性，对每一层的颜色、线型和状态进行控制。开始绘一幅新图时，AutoCAD 自动生成层名为“0”的图层，其余图层是用户自己建立的。图层的数目根据图形的需要来确定。一般可按照线型的不同建立粗实线层、细实线层、点画线层、虚线层、文本层、尺寸层等，也可以根据建筑物的不同组成部分建立轴线层、墙体层、门窗层、楼梯层、阳台层等。

建立图层包括新建图层，设置图层的颜色、线型、线宽和打印样式。图层的建立步骤如下。

1. 新建图层

单击【对象特性】工具栏上的【图层】按钮，此时在屏幕上会出现一个【图层特性管理器】对话框，在对话框中，单击【新建】按钮，新建粗实线层、细实线层、点画线层和虚线层等。

2. 加载线型

单击【线型】菜单项，即出现【选择线型】对话框。单击【加载】按钮，在出现的【加载或重载线型】对话框中选择所需要加载的点画线和虚线线型，单击【确定】按钮即可。

3. 设置线型比例

在标准线型中，除连续线型(Continuous)外，其他线型都由带间距的短线或点组成，其间距是定值。当绘图边界扩大后，间距显示相对缩小，所有线型可能显示为连续线。要显示各种线型，可用系统变量 LTSCALE 改变线型比例。也可在【线型管理器】对话框中，单击【显示细节】按钮，从全局比例因子编辑框内输入线型比例值。线型比例取值与绘图边界的大小成正比。图样输出时，一般线型比例与出图比例一致。

4. 设置颜色

单击某层【颜色】菜单项，即出现【选择颜色】调色板对话框，选好所需要的颜色后，单击【确定】按钮。

5. 设置线宽

单击某层【线宽】菜单项，在出现的【线宽】对话框中，选好所需要的线宽后，单击【确定】按钮。根据《房屋建筑制图统一标准》(GB/T 50001—2001)的规定，粗线宽度可以采用 0.35～2.0mm，一般选择 0.7mm 或 1.0mm，中线线宽为粗线的二分之一，细线、点画线宽度约为粗线的四分之一。

### 10.1.6 设置尺寸样式

AutoCAD 默认的尺寸格式不适合于不同绘图边界的建筑图形。在改变绘图边界后，应根据尺寸标注标准和出图比例，设置相应的尺寸格式。

1. 尺寸标注标准

根据《房屋建筑制图统一标准》(GB/T 50001—2001)规定，尺寸线、尺寸界线用细实线绘制，尺寸起止符用 45° 中粗短斜线绘制，长度宜为 2～3mm，尺寸界线距离图样不小于 2mm，另一端宜超出尺寸线 2～3mm，尺寸数字应依据其读数方向注写在靠近尺寸线的上方中部，尺寸线之间的间距宜为 7～8mm，尺寸数字的字高等于 2.5 或 3.5mm。

2. 设置尺寸样式

调用【尺寸样式管理器】对话框设置尺寸样式。它可以在同一图样中为不同比例、不同尺寸类型的图形设置不同的尺寸格式，即保存多个尺寸变量组合。在进行尺寸标注时，对相同的比例和尺寸类型调用同一格式。还可以始终用这些尺寸格式绘制其他同类工程图样。若要修改已标注的尺寸样式，只要启动尺寸样式命令，通过变更已命名保存的尺寸格式，便可刷新当前图形中已标注尺寸的格式。

尺寸样式中参数的设定与尺寸标注规范值和出图比例有关。出图比例为 1∶1 时，直接按照尺寸标注规范值设定；出图比例改变时，参数值等于尺寸标注规范值与出图比例之比。如出图比例为 1∶100，为使文字高度为 3.5mm，需将字高设置为 350mm，或将尺寸全局比例设为 100。

### 10.1.7　设置文字样式

单击【格式】下拉菜单中的【文字样式】菜单项，此时屏幕上会出现【文字样式】对话框，单击【新建】按钮，在样式名编辑框中键入字型名“工程字”，单击【确定】按钮。在【SHX 字体】下拉列表框中选择“gbeitc.shx”字体，在【大字体】下拉列表框中选择“gbcbig.shx”字体，高度设为尺寸标注规范值 0 或要求的高度，单击【应用】按钮，建立新字型“工程字”，再单击【关闭】按钮关闭对话框。

字高的设置与出图比例有关，如出图比例为 1∶100，要求出图后字高为 5mm，需将字高设置为“500”。定义字型指定字高后，用【单行文字】命令注写文本时不提示文字高度，即不能改变字高。若字高设为“0”，每次用该命令注写文本时可根据需要输入字高。

### 10.1.8　保存样板图

样板图是设置了绘图边界、绘图单位、图层、线型和其他信息但并未绘制对象的绘图环境。按照上述步骤可为各类工程图形设置绘图环境，再用【另存为】命令赋名存盘，并指定文件保存类型为.dwt，即保存为样板图。

## 10.2　建筑总平面图的绘制

建筑总平面图反映了新建建筑物的位置、朝向、占地范围、室外场地和道路布置，绿化配置，场地的形状、大小、朝向、地形、地貌、标高以及原有建筑物和周围环境之间关系的情况等信息。

图中建筑物、道路、绿化等图例，均应采用国家标准《总图制图标准》(GB/T 50103—2001)中规定的图例。对于《总图制图标准》中没有的或平时少用的图例，则在图中另加图例说明。

绘制建筑总平面图时，新建房屋的可见轮廓用粗实线绘制；新建的道路、桥梁涵洞、围墙等用中实线绘制；计划扩建的建筑物用虚线绘制；原有的建筑物、道路以及坐标网、尺寸线、引用线等用细实线绘制。

下面以图 10.4 所示的某小区建筑总平面图为例，说明基本的绘图步骤。

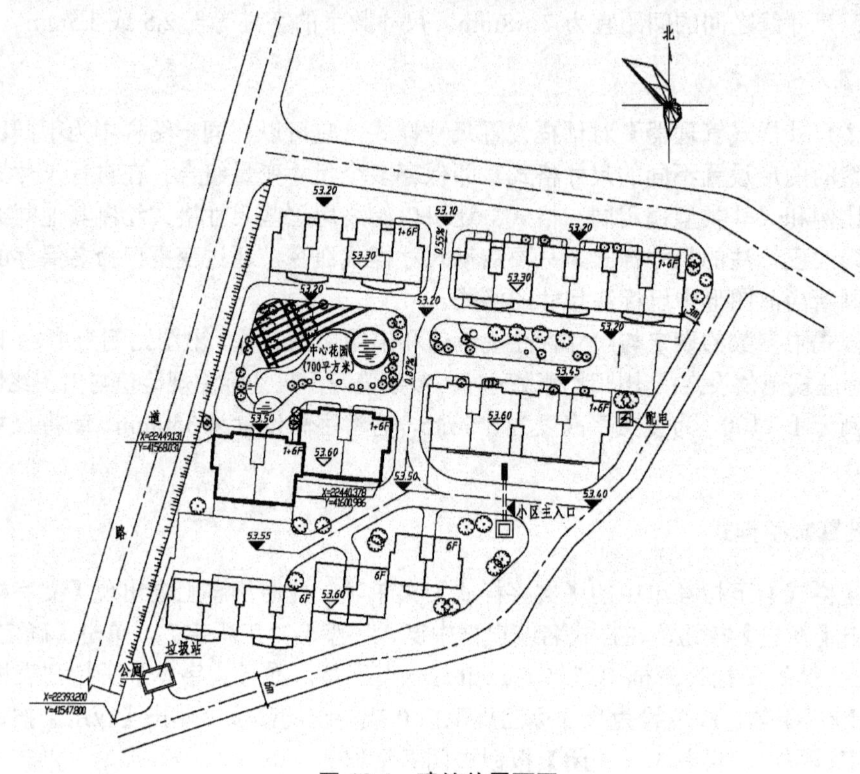


图 10.4　建筑总平面图

### 10.2.1　新建图形文件

调用样板图新建图形文件，或按照上节所讲的内容设置绘图环境，建立图层、文字样式、尺寸样式等。接着分析总平面图的构造和分布，确定建筑物的地理布局，绘制大体环境布局图，进行建筑物、道路、绿化等布局。

### 10.2.2　确定平面布局

根据小区的整体布置，对小区内的建筑、道路、绿化进行规划，建立平面布局如图 10.5 所示。

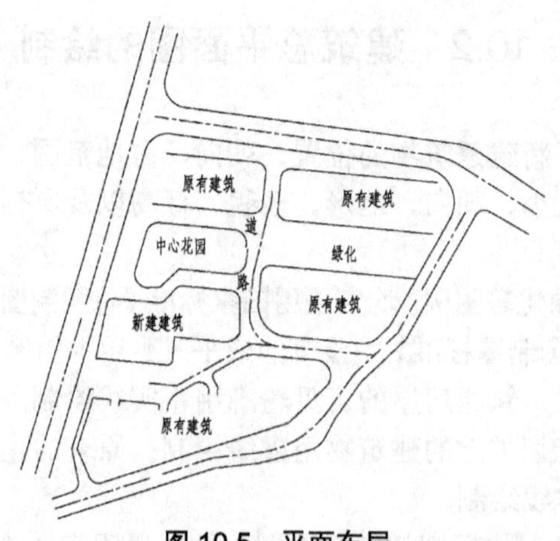


图 10.5　平面布局

### 10.2.3　绘制建筑物

(1) 建立“新建建筑”层并设为当前层，打开正交工具，用【直线】命令绘制新设计的建筑物的外轮廓。

(2) 建立“原有建筑”层并设为当前层，绘制已有的建筑物。

(3) 在建筑物右上角用数字或实心圆点标出建筑物的层数。

### 10.2.4　绘制中心花园及绿化图例

(1) 建立“绿化”层并设为当前层，用【直线】、【圆】、【圆弧】命令绘制花园的轮廓、水池、小路。

(2) 插入树木图例。

为了加快绘图速度，用户可以利用【工具选项板】。把花坛、树木、草地等图例放入【工具选项板】中，需要时直接从【工具选项板】中选取拖到要插入的位置。常用的图例在 AutoCAD 中已预设，没有录入的图形，用户可以先绘制后，做成图块，再录入其中。下面以 AutoCAD 设计中心里图形文件的图块录入过程为例进行说明。

单击【标准】工具栏中的【设计中心】按钮，显示【设计中心】选项卡，如图 10.6 所示。再单击【标准】工具栏中的【工具选项板】按钮，弹出【工具选项板】，新建【常用图块】选项板，然后在【设计中心】对话框中打开所需的图形文件，选中所需图块，直接拖至【工具选项板】窗口，如图 10.7 所示。

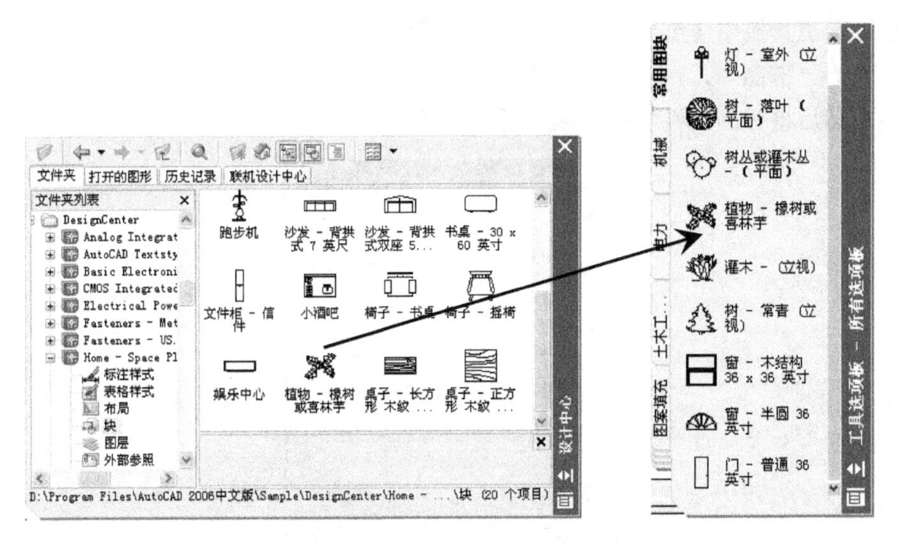


图 10.6　设计中心　　　图 10.7　设置【工具选项板】

### 10.2.5　标注标高及坐标

总平面图室外地坪标高符号，宜采用涂黑的直角等腰三角形表示，三角形的高约 3mm。建筑物室内地坪，用 3mm 高的直角等腰三角形标高符号，标注建筑图中±0.00 处的标高。为提高绘图效率，可以将标高符号建立成属性块，属性块创建方法如下。

1. 绘制标高符号

用【直线】和【图案填充】命令画出三角形符号。

2. 设置属性

从【绘图】下拉菜单中选择【块】命令的【定义属性】选项，弹出图 10.8 所示的【属性定义】对话框。在对话框中输入【标记】、【提示】等内容，定义【文字选项】，选择【插入点】，完成属性定义。

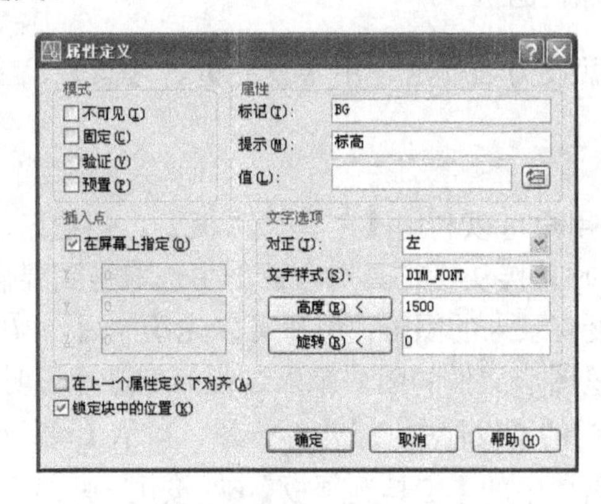


图 10.8 【属性定义】对话框

3. 定义图块

单击绘图工具栏中【创建块】 按钮，弹出图 10.9 所示的【块定义】对话框。输入块【名称】为“标高”，选择三角形直角顶点为基点，三角形及已定义的属性为对象，定义成图块。然后将标高属性块插入到合适的位置。

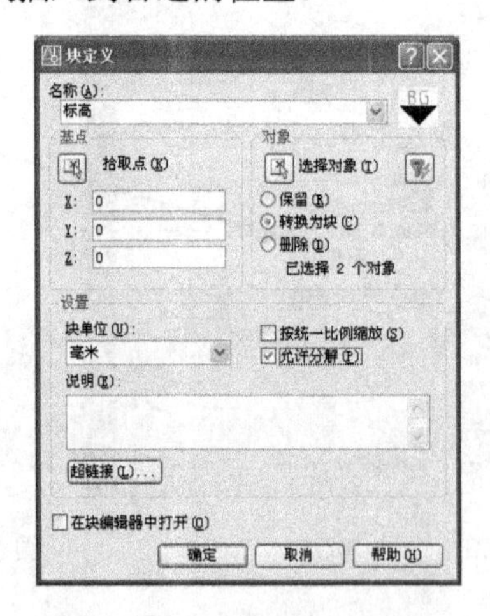


图 10.9 【块定义】对话框

另外，在新建建筑物的角点标注坐标，便于施工放线定位。

## 10.2.6 画风玫瑰

风玫瑰一般由气象部门绘制，如果已经有了测量数据，自己绘制也非常快捷。

(1) 画一条水平线，阵列该直线，采用环形阵列，使阵列【项目总数】为“16”，【填充角度】为“360”，阵列结果如图 10.10 所示。

(2) 设置对象捕捉为【端点】和【延伸】捕捉方式画多段线。将折线画成多段线，以便选择修剪边界。

(3) 修剪图线，完成风玫瑰作图。图 10.11 的风玫瑰表达了全年和夏季风向频率。

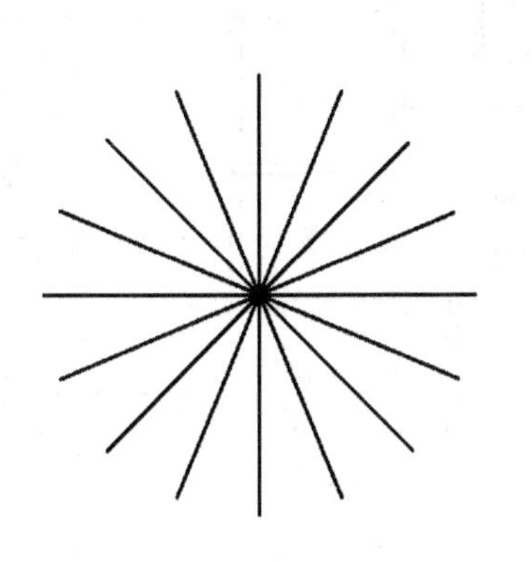

图 10.10　阵列直线

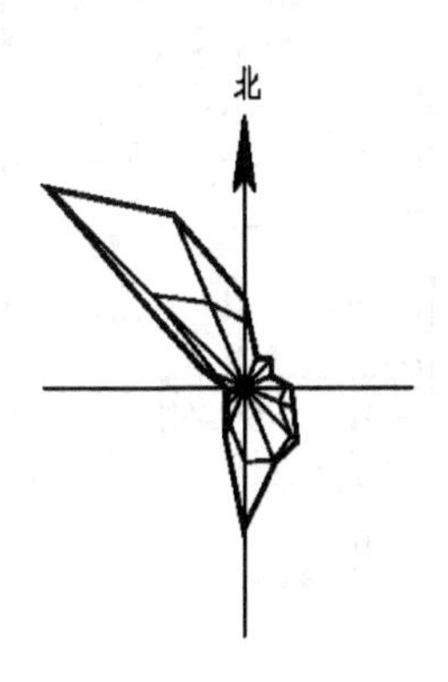


图 10.11　风玫瑰

(4) 用比例缩放命令，调整风玫瑰的大小，移到图 10.4 所示位置，完成总平面图的绘制。

## 10.3　建筑平面图的绘制

建筑平面图是反映建筑物内部功能、结构、建筑内外环境、交通联系及建筑构件设置、设备及室内布置最直观的手段，它是建筑立面、剖面及三维模型和透视图的基础，建筑设计一般是从平面设计开始的。

建筑平面图实际上是房屋的水平剖面图(除屋顶平面图外)，也就是假想用一个水平平面经过门窗洞处将房屋剖开，移去剖切平面以上的部分，对剖切平面以下的部分用正投影法得到的投影图，简称为平面图。它用以表达建筑物的平面形状、大小和房间的布置，以及墙、柱、门窗等构配件的位置、尺寸、材料和做法等。

建筑平面图中的图线应粗细有别，层次分明。一般被剖切到的墙、柱的断面轮廓线用粗实线绘制，门的开启线及窗的轮廓线用中实线，其余可见轮廓线、尺寸线、标高符号等用细实线，定位轴线用细点画线绘制。

下面以图 10.12 所示的某住宅的建筑平面图为例，说明平面图的绘制方法。

### 10.3.1　绘制轴线

建筑轴线用来确定柱和墙的位置。它由结构中心线组成，而且由于房屋的特点，大多数轴线是平行关系，因此可以首先绘制某条轴线，然后通过偏移操作，能快速完成轴线的绘制。图 10.12 所示的建筑平面图左右对称，为提高绘图效率，可先只绘制左边对称部分，再用【镜像】命令得到右边对称部分，局部修改后完成整个平面图。

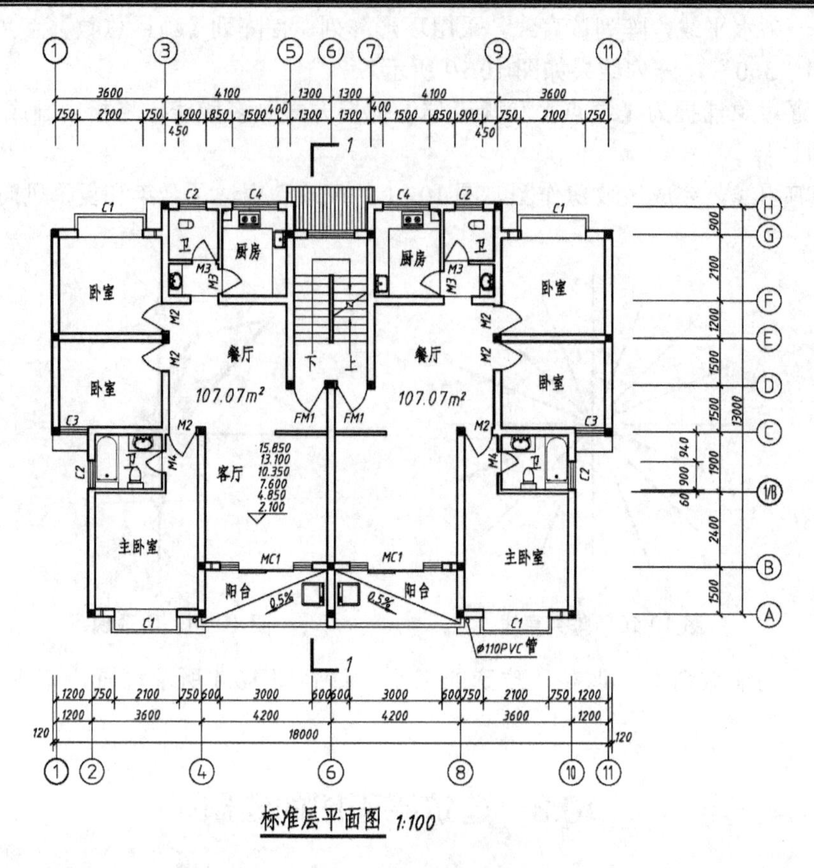


图 10.12 住宅建筑平面图

1. 准备工作

单击【图层特性管理器】工具栏按钮，设置“轴线”层，把该层设为当前图层，并设置线型为点画线，其他图层设置如图 10.13 所示。

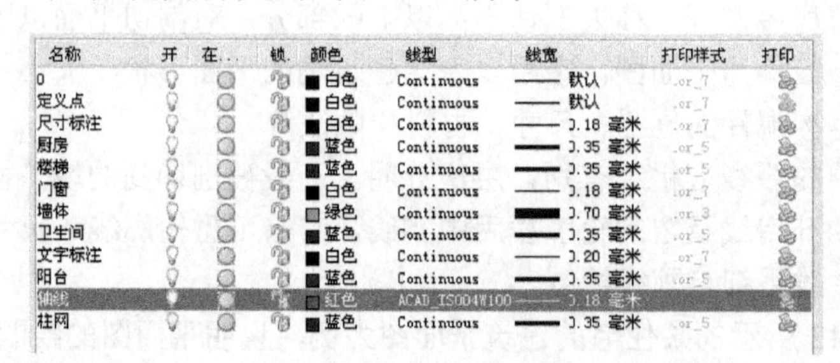

| 名称 | 开 | 在... | 锁 | 颜色 | 线型 | 线宽 | 打印样式 | 打印 |
|---|---|---|---|---|---|---|---|---|
| 0 | | | | 白色 | Continuous | 默认 | .or_7 | |
| 定义点 | | | | 白色 | Continuous | 默认 | .or_7 | |
| 尺寸标注 | | | | 白色 | Continuous | 0.18 毫米 | .or_7 | |
| 厨房 | | | | 蓝色 | Continuous | 0.35 毫米 | .or_5 | |
| 楼梯 | | | | 蓝色 | Continuous | 0.35 毫米 | .or_5 | |
| 门窗 | | | | 白色 | Continuous | 0.18 毫米 | .or_7 | |
| 墙体 | | | | 绿色 | Continuous | 0.70 毫米 | .or_3 | |
| 卫生间 | | | | 蓝色 | Continuous | 0.35 毫米 | .or_5 | |
| 文字标注 | | | | 白色 | Continuous | 0.20 毫米 | .or_7 | |
| 阳台 | | | | 蓝色 | Continuous | 0.35 毫米 | .or_5 | |
| 轴线 | | | | 红色 | ACAD_ISO04W100 | 0.18 毫米 | | |
| 柱网 | | | | 蓝色 | Continuous | 0.35 毫米 | .or_5 | |

图 10.13 设置当前图层

2. 绘制横向轴线

为了方便绘制，可以坐标原点为基准点，利用【直线】命令绘制编号为“1”的横向轴线，然后通过【偏移】命令得到其他横向轴线，具体步骤如下。

```
命令：_line
指定第一点：0，0(以坐标原点为基点)
```

```
指定下一点或[放弃(U)]: 0, 13500(指定轴线的另一端点)
指定下一点或[放弃(U)]:(得到第一条横向轴线)
命令:_offset
当前设置: 删除源=否图层=源 OFFSETGAPTYPE=0
指定偏移距离或 [通过(T)/删除(E)/图层(L)] <通过>:1200(输入墙体横向轴线间的距离)
选择要偏移的对象, 或 [退出(E)/放弃(U)] <退出>:(选择已经绘制的第一条横向轴线)
指定要偏移的那一侧上的点, 或 [退出(E)/多个(M)/放弃(U)] <退出>:(在基准轴线右边选择一点)
选择要偏移的对象, 或 [退出(E)/放弃(U)] <退出>:e
```

按同样的方法进行偏移可以生成其余横向轴线。若轴线之间等距，也可用【阵列】命令生成其他轴线。

3. 绘制纵向轴线

利用【直线】命令，绘制第一条编号为“A”的纵向轴线。然后同样利用【偏移】命令得到其余纵向轴线，绘制好的轴线如图 10.14 所示。为便于读者看图，在轴线上加了编号和尺寸。

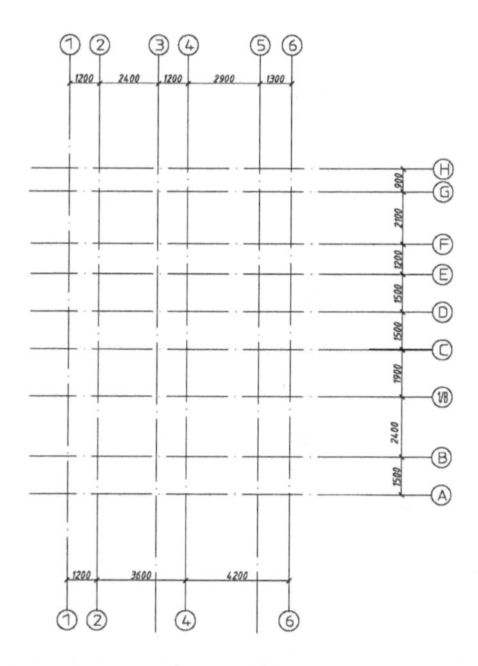


图 10.14　绘制轴线

绘制轴线时轴线长度一般取建筑物纵向和横向的最大长度，方便以后的墙体布置及编辑。用 AutoCAD 软件绘制工程图，当绘图尺寸要求精确时，常用键盘输入数值。

### 10.3.2　绘制柱网

绘制完轴线，就轴线为基准添加柱子，柱子的画法比较简单，它用 240×240 的填充正方形表示。为了准确地在轴线的交点处插入柱子，可以利用【正多边形】命令创建该正方形，步骤为：

(1) 将“柱网”层设为当前层。

(2) 单击【绘图】工具栏的【正多边形】按钮，绘制一个240×240的柱子轮廓。

```
命令：_polygon
输入边的数目<4 >：
指定正多边形的中心点或[边(E)]：(拾取需要添加柱子的轴线交点)
输入选项[内接于圆(I)/外切于圆(C)]<I>：C
指定圆的半径：120(正方形内接圆的半径等于其边长的一半)
```

**注意：** 矩形柱子轮廓也可以用【矩形】命令绘制，但必须精确输入柱子的一个角点坐标，然后输入另一个角点的相对坐标@240，240。

(3) 绘制出正方形后，单击【绘图】工具栏的【图案填充】按钮，弹出【图案填充和渐变色】对话框，从对话框中的【图案】下拉列表框中选择“SOLID”选项，单击【添加：拾取点】按钮，切换到绘图屏幕，在正方形中选择一点，按Enter键后回到该对话框，再单击【确定】按钮，完成第一个柱子的绘制。选择【复制】命令完成整个柱网的绘制，如图10.15所示。

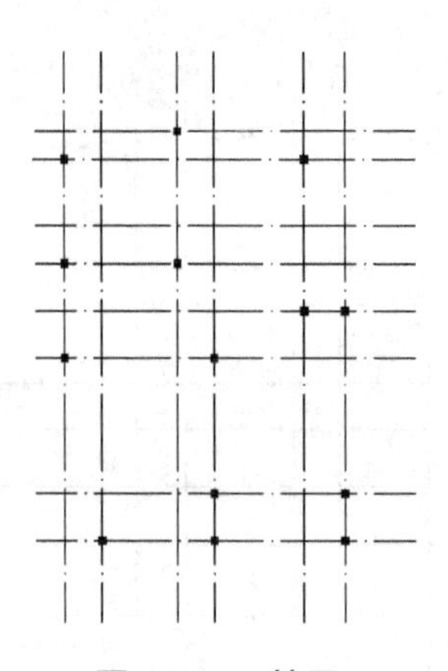

图 10.15　柱网

如果建筑物比较复杂，柱子比较多而且排列比较规则，可以用【阵列】命令一次性得到柱网的大致图形，再稍作修改即可。

### 10.3.3　绘制墙体

墙体为双线，一般都是以轴线为中心的，具有很强的对称关系，所以绘制墙体通常有两种方法：一种方法是直接偏移轴线，将轴线向两边偏移一半的墙厚；另一种方法是使用【多线】命令，直接得到墙体。下面介绍第二种方法绘制墙体。

本幢建筑墙体有两种，即起支撑作用的24墙(墙厚240mm)和起隔断作用的12墙 (墙厚120mm)。

#### 1. 定义多线样式

在利用【多线】命令绘制墙线之前，首先要定义多线样式。

选择【格式】下拉菜单中的【多线样式】命令，分别为24墙和12墙新建一个多线样式“WALL24”和“WALL12”。WALL24 样式中的多线元素偏移量均为 120，WALL12

样式中的多线元素偏移量均为 60。

2. 绘制 24 墙

(1) 选择“墙体”图层为当前层，并设置线宽为 0.7。

(2) 选择【绘图】下拉菜单中【多线】命令，绘制 24 墙的墙线。

```
命令：_mline
当前设置：对正＝无，比例＝1.00，样式＝WALL24
指定起点或[对正(J)/比例(S)/样式(ST)]:(从轴线的某个交点开始绘制)
指定下一点：(依次指定墙线的下一点)
指定下一点或[放弃(U):
指定下一点或[闭合(C)/放弃(U)]:
```

3. 绘制 12 墙

按照同样方法，用【多线】命令绘制卫生间的 12 墙。

4. 编辑墙线

利用【多线】命令绘制的墙线只是一个轮廓，在一些相交处并不满足要求，需要进行一定的编辑。

在命令行输入命令“mledit”，或从【修改】下拉菜单的【对象】子菜单中选择【多线】命令，会弹出如图 10.16 所示的【多线编辑工具】对话框，可以编辑多线的相交形式。

编辑好的墙体，如图 10.17 所示。

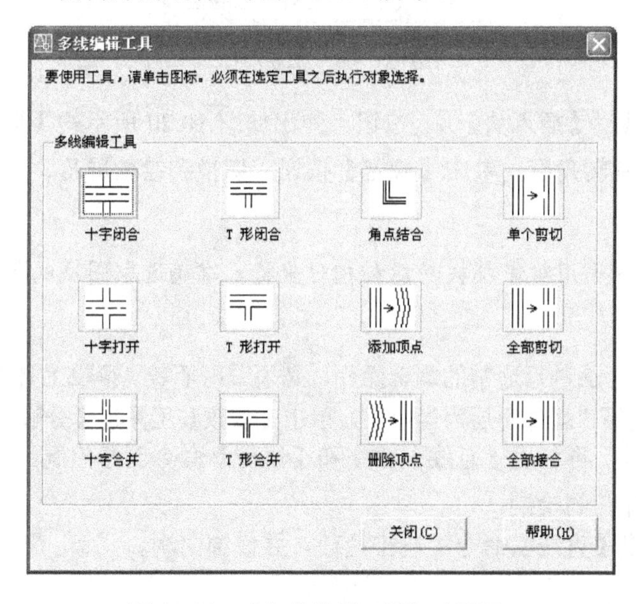


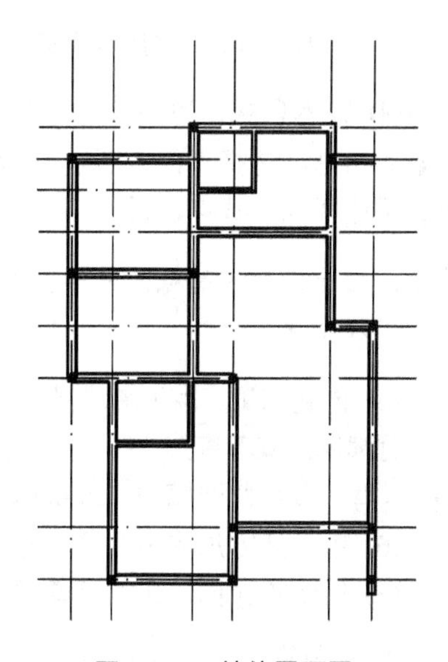

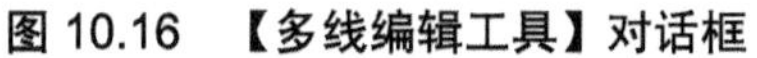

图 10.16　【多线编辑工具】对话框　　　图 10.17　墙体平面图

## 10.3.4　绘制门窗

《建筑制图标准(GB/T 50104—2001)》规定了门窗的图例，所以在使用 AutoCAD 设计建筑图形时，可以把它们作为标准图块插入到当前图形中，从而避免了大量的重复工作，提高了绘图效率。因此，在绘制平面图之前，用户应当首先绘制一些标准门窗图块。

1. 绘制门

本建筑物中虽然有很多门，但除了一个推拉门之外，其余的都是较为常见的单扇平开门，如图 10.18 所示。可以将单扇平开门制作成图块，再按照一定的比例和旋转角度把相应的图块插入到图形中。

(1) 选择“门窗”层为当前层。

(2) 利用【直线】和【圆弧】命令绘制宽度 900 的门 M2，如图 10.18 所示。

(3) 定义图块。单击【绘图】工具栏【创建块】按钮，弹出如图 10.19 所示的【块定义】对话框，定义门的图块，插入基点取斜线起点。

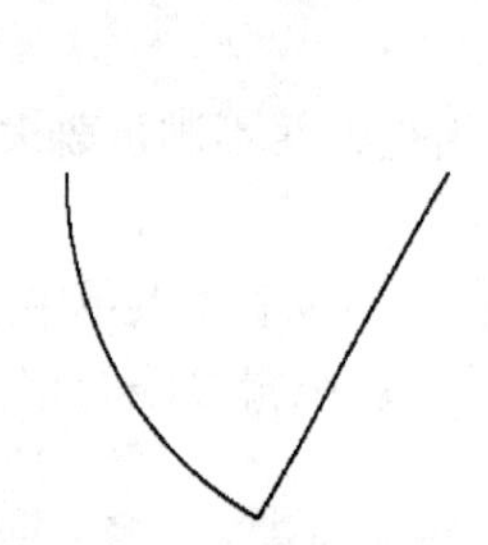

图 10.18　绘制单扇平开门

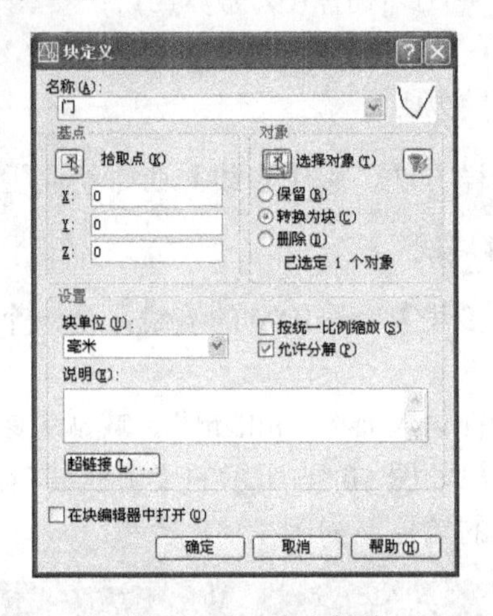


图 10.19　定义门块

(4) 插入门块。单击【绘图】工具栏【插入块】按钮，弹出如图 10.20 所示的【插入】对话框，选择“门”图块，指定旋转角度，单击【确定】按钮，切换到绘图屏幕，系统提示选择插入基点，插入门。

注意：在选择插入基点的时候，要充分利用对象捕捉功能和相对坐标，准确选取图块的插入位置。

(5) 创建门洞。由于墙线是多线，无法进行通常的编辑操作，必须采用【多线编辑工具】来进行编辑。或者将其分解，分解前选择“墙体”层为当前层，单击【修改】工具栏【分解】按钮，将需要创建门洞的墙线分解，再利用【直线】命令和【修剪】命令创建门洞。

(6) 用上述方法完成其余单扇平开门的绘制。

(7) 绘制推拉门。采用【矩形】或【直线】命令绘制推拉门，并修饰门洞。

2. 绘制窗

按照《建筑制图标准》(GB/T 50104—2001)的规定，窗的形式共有 10 多种，如单层固定窗、单层外开平窗、立转窗、推拉窗、百叶窗等，其平面图上均用图例表示。绘制窗的过程与门类似。

完成所有门窗布置后的图形如图 10.21 所示。

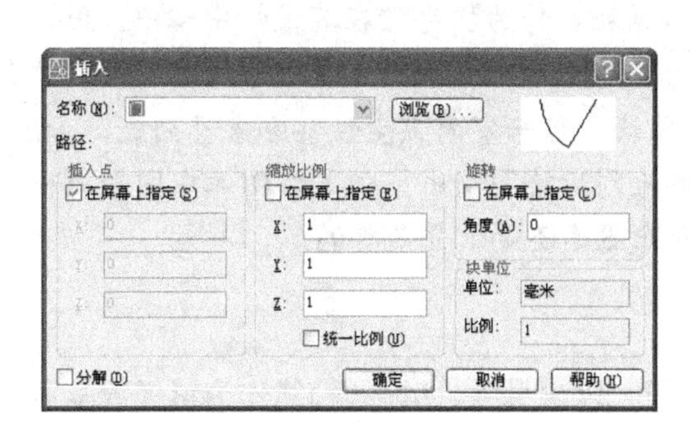


图 10.20　【插入】对话框

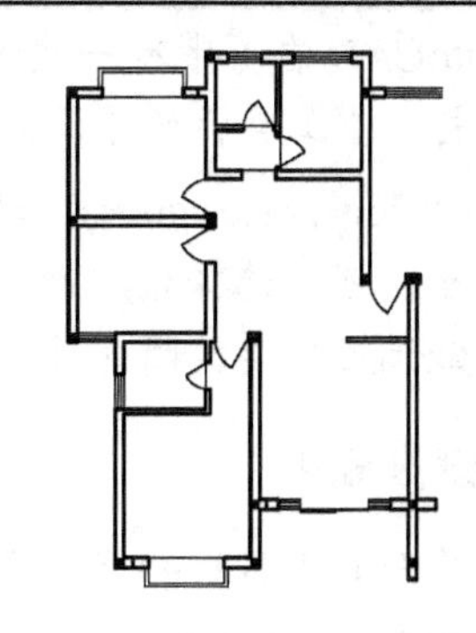

图 10.21　完成门窗布置后的平面图

从门窗的绘制过程来看，图块的应用使得工作效率大大提高。另外，如果用户经常使用 AutoCAD 进行建筑设计，最好把一些规范中涉及到的标准图形综合起来，创建一个自己的专业化图库以便使用。

### 10.3.5　绘制阳台

阳台是多高层建筑中与房间相连的室外平台，给人们提供一个舒适的室外活动空间。在建筑平面图中，可利用基本的绘图和编辑命令绘制阳台。

### 10.3.6　布置厨房和卫生间

在建筑物的各个单元房间中，厨房、卫生间的家具及设备构成相对较为固定，一般包括洗涤盆、液化气灶、坐便器、浴缸及洗脸盆等。绘制过程中，首先将这些设备和卫生器具制成图块，再插入到建筑平面图中。具体过程为：

(1) 选择“厨房”层为当前层。

(2) 绘制洗涤盆，并制成图块保存。

(3) 按照同样的方法，绘制液化气灶、坐便器、浴缸及洗脸盆，也制成图块保存，如图 10.22 所示。

(4) 将绘制的图块插入到厨房、卫生间内的适当位置，完成厨房和卫生间布置后的平面图如图 10.23 所示。

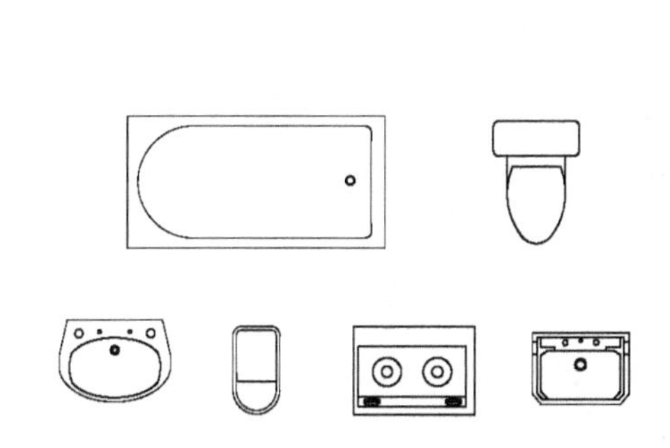

图 10.22　厨房、卫生间图块

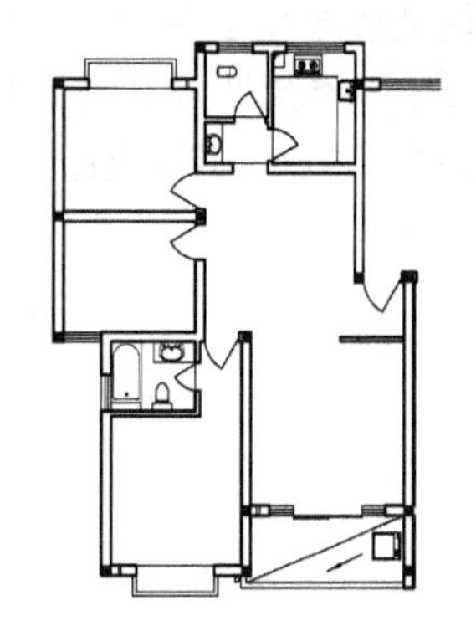

图 10.23　完成厨房和卫生间布置后的平面图

注意：AutoCAD 自身带有一些常用的设计素材，作为块存储在其设计中心中。用户可以从【标准】工具栏的【设计中心】按钮打开【设计中心】，在【文件夹列表】中选择“House Designer.dwg”文件的图块，显示室内卫生设备和家具列表，如图 10.24 所示，可以选择相应的图块将其插入到所绘图形中。但是该图库中图形较少，往往不能满足需要，因此建立自己的专业图库还是十分必要的。

### 10.3.7 镜像图形

用【修改】工具栏的【镜像】按钮，以编号为“6”的轴线作为镜像线复制对称图形。使用【镜像】命令时，应打开【正交】方式，并且使系统变量 MIRRTEXT 设置为 0，这样镜像的文本可读。镜像后的图形如图 10.25 所示，为了清楚起见，本图关闭了轴线图层。

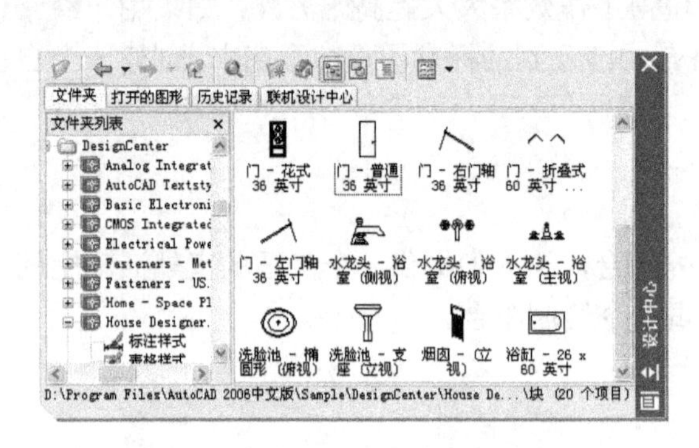


图 10.24 设计中心卫生器具列表

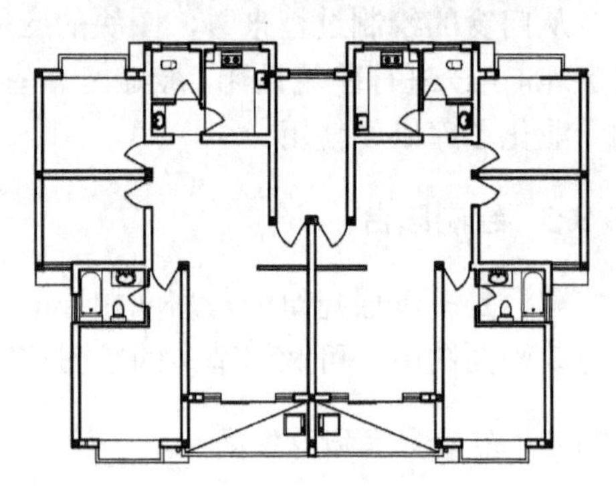

图 10.25 镜像后的平面图

### 10.3.8 绘制楼梯

楼梯是建筑中常用的垂直交通设施，楼梯的数量、位置以及形式应满足使用方便和安全疏散的要求，注重建筑环境空间的艺术效果。设计楼梯时，还应使其符合《建筑设计防火规范》和《建筑楼梯模数协调标准》等其他有关单项建筑设计规范的要求。

根据楼梯平面形式的不同，楼梯可以分为单跑直楼梯、双跑直楼梯、双跑平行楼梯、弧形楼梯等。本图中的楼梯是双跑平行楼梯，绘制方法较为简单，只需在楼梯间墙体所限制的区域内按设计位置的投影绘制即可。

本幢住宅楼层高 2750mm，设计标准层楼梯共 18 步，踏步高 153mm，宽 260mm，梯段长 2080mm。楼梯平面图如图 10.26 所示，绘制步骤如下：

(1) 选择“楼梯”层为当前层。

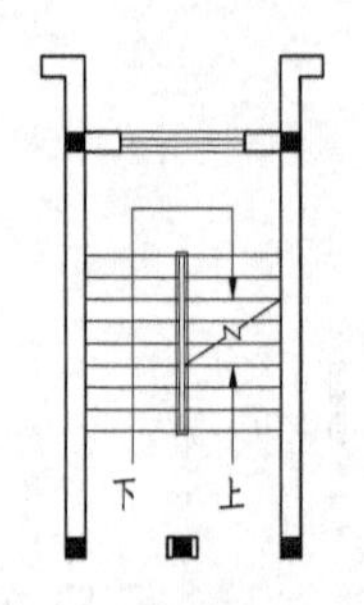


图 10.26 楼梯平面图

(2) 利用【直线】命令绘制靠近休息平台的楼梯左边台阶第一根线。

(3) 利用【阵列】命令完成楼梯左边台阶线的绘制。单击【修改】工具栏中【阵列】按钮，弹出【阵列】对话框，在对话框中选择【矩形阵列】，【行数】为“9”，【列数】为“1”，【行偏移】为“260”。

(4) 利用【镜像】命令复制完成右边的台阶线。

(5) 利用【多线】命令绘制扶手。然后用【分解】命令将其分解，用【修剪】命令修饰扶手。

(6) 利用【多段线】和【直线】命令绘制楼梯起跑方向线和 45° 折断线。用户可将折断线和楼梯方向箭头做成图块以备调用。

### 10.3.9 标注尺寸

尺寸标注是施工图的主要部分，它是现场施工的主要依据。利用 AutoCAD 提供的尺寸标注功能，可以方便地解决施工图中的尺寸标注问题。

建筑施工图中尺寸标注的内容包括总尺寸、轴线(或墙体)尺寸和外墙门窗尺寸。根据相关建筑制图规范，在尺寸标注时需要遵守以下几点规定：

(1) 尺寸一般以毫米为单位，当使用其他单位来标注尺寸时需要注明采用的尺寸单位。

(2) 施工图上标注的尺寸是实际的设计尺寸。

(3) 标注尺寸的所有汉字要遵循规范的要求，采用仿宋体。数字采用阿拉伯数字。

尺寸标注的步骤如下。

#### 1. 设置尺寸标注样式

尺寸标注样式的设置具体包括直线、符号和箭头、文字、调整、主单位、换算单位和公差七个方面。在这里，主要对直线、符号和箭头、文字、主单位进行设置，其余的均采用默认设置。

单击【标注】工具栏的【标注样式】按钮，弹出【标注样式管理器】对话框，从中新建并设置一个标注样式，设置后如图 10.27 所示。

#### 2. 标注水平和垂直尺寸

(1) 选择“尺寸标注”层为当前层。

(2) 利用【线性标注】和【连续标注】按钮标注水平和垂直尺寸。

(3) 编辑尺寸。有时由于标注的距离太小，在尺寸界线之间无法放置标注文字，这时系统会根据尺寸样式中的有关设置来调整文字的位置。然而，可能这样的调整并不能满足图样的标注要求，因为它影响了下一步轴线标注的位置。这时，可对尺寸进行编辑，调整好尺寸界线、尺寸线和标注文字之间的位置关系，并使之与其他尺寸标注相互协调。

单击【标注】工具栏上的【编辑标注文字】按钮，然后选择所要编辑的标注文字，移动鼠标，这时被选中的文字及引线会随着光标移动，在适当位置单击即可。

#### 3. 绘制轴线编号

用【圆】命令画直径为 800 的圆(如果出图比例为 1∶100，图形输出时为 8mm)，再用【单行文字】(dtext)命令采用 MC 对齐方式，捕捉圆心注写字高为 500 的文本，然后用【复制】命令或【阵列】命令复制，并用【特性】选项板修改文字即可生成轴线编号。或者建立属性块，用【插入块】命令时输入 1、2…，A、B…等字符，生成轴线编号。

### 10.3.10 注写文字

建筑施工图中有许多地方需要注写文字，以说明施工图设计信息，因此，文字注写是建筑制图的一个重要组成部分。一般来说，文字注写的内容包括图名和比例、房间功能划分、门窗符号、楼梯说明及其他有关文字说明等。

注写文字的步骤如下。

1. 设置文字样式

在【格式】下拉菜单中选择【文字样式】，弹出【文字样式】对话框，新建字体样式“工程字”，在【SHX 字体】下拉列表框中选择“gbeitc.shx”字体，在【大字体】下拉列表框中选择“gbcbig.shx”字体，高度为“500”，其他为默认设置，如图 10.28 所示。

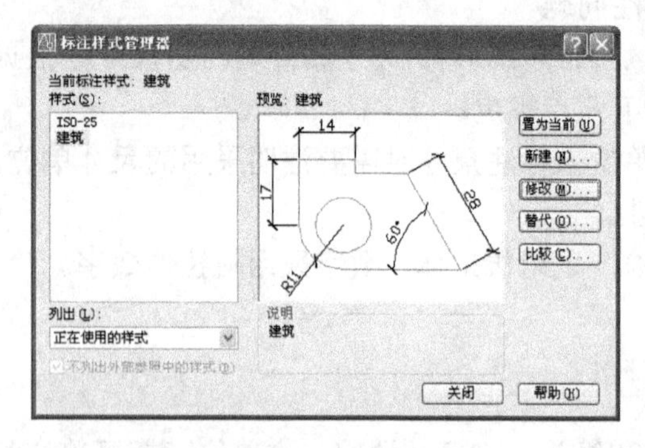


图 10.27 设置尺寸标注样式

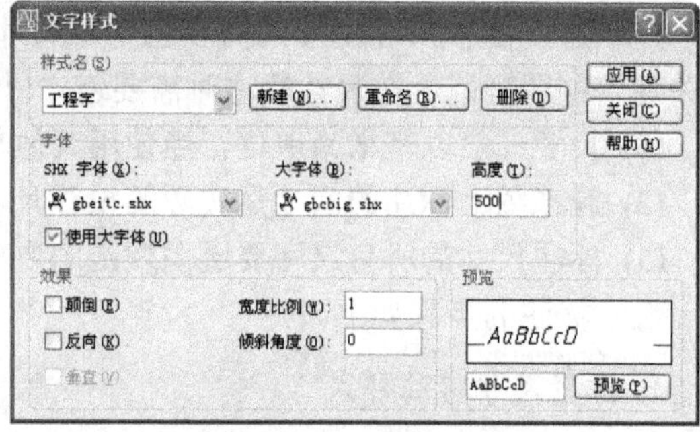


图 10.28 设置文字样式

2. 注写文字

用【多行文字】或【单行文字】命令进行文字注写。

完成尺寸和文字标注后的平面图如图 10.12 所示。

## 10.4 建筑立面图的绘制

将房屋的各个立面按照正投影的方法投影到与之平行的投影面上，所得到的正投影图称为建筑立面图，简称立面图。建筑立面图是建筑施工图中的重要图样，也是指导施工的基本依据。在绘制建筑立面图之前，应首先了解立面图的内容、图示原理和方法，才能将设计意图和设计内容准确地表达出来。

为了加强立面图的表达效果，使建筑物的轮廓突出、层次分明，通常选用的线型如下：屋脊线和外墙最外轮廓线用粗实线($b$)，室外地坪线采用特粗实线($1.4b$)，所有凹凸部位如阳台、雨篷、肋脚、门窗洞等用中实线($0.5b$)，其他部分如门窗扇、雨水管、尺寸线、标高等用细实线($0.25b$)。

建筑立面图的绘制一般是在完成平面图的设计之后进行的。用 AutoCAD 绘制建筑立面图有两种基本方法：传统方法和三维模型投影法。

传统方法：同平面图的绘制一样，是手工绘图方法和二维 AutoCAD 命令的结合。这种绘图方法简单、直观、准确，只需以完成的平面图作为绘制基础，然后选定某一投影方向，根据建筑形体的情况，直接利用 AutoCAD 的二维绘图命令绘制建筑立面图。这种方法基本上能体现出计算机绘图的优势，但是，绘制的立面图是彼此相互分离的，不同方向的立面图必须独立绘制。

三维模型投影法：这种方法是调用建筑平面图，关闭不必要的图层，删去不必要的图素，根据平面图的外墙、外门窗等的位置和尺寸，构造建筑物外表三维表面模型或实体模型，然后利用计算机优势，选择不同视点方向观察模型并进行消隐处理，即得到不同方向的建筑立面图。这种方法的优点是，它直接从三维模型上提取二维立面信息，一旦完成建模工作，就可生成任意方向的立面图，但编辑和修改图形比较麻烦。

由于读者尚未学习 AutoCAD 三维图形的设计，因此，本节还是以传统方法讲述如图 10.29 所示的建筑立面图具体绘制过程和步骤。

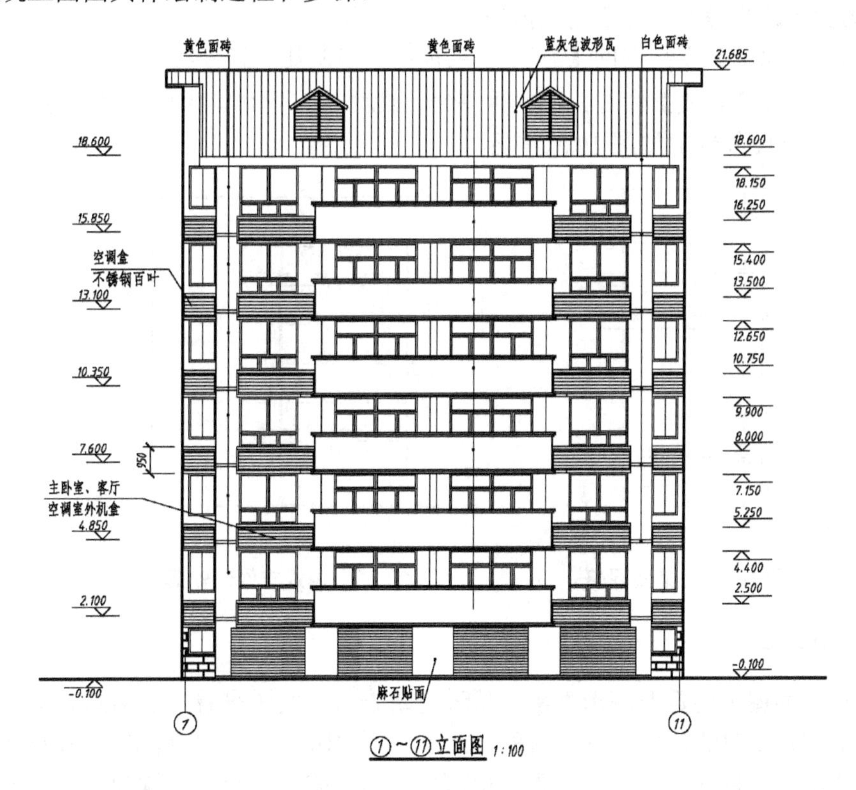


图 10.29　住宅建筑立面图

### 10.4.1　绘制轮廓线

1. 创建辅助网格

多数立面图图形元素的排列很有规则，因此，创建辅助网格对于以后绘图时的定位非常有利，创建辅助网格的步骤如下：

(1) 新建“辅助线”层，并把该层设为当前层。

(2) 绘制两条基准定位轴线，一条水平线和一条竖直线，作为绘制整个辅助网格的基准。这里以地坪线作为水平基准，建筑物左侧的外轮廓线作为竖直基准。

(3) 利用【修改】工具栏中的【偏移】按钮，将两条基准线经过一系列的偏移，即可生成辅助网格。

从下至上，它们各自的偏移量依次为：2600，1900，850，1900，850，1900，850，1900，850，1900，850，1900，450，3085。

利用同样的方法，可以得到全部的竖直网格线。从左至右，它们相对于垂直基准线的偏移距离依次为：1200，3600，4200，120。

至此，辅助网格已经创建完成，如图 10.30 所示。

本幢建筑立面左右对称，可以先画出左边立面布置，然后用【镜像】命令生成立面的右边图形，完成立面图的绘制。

2. 绘制外形轮廓线

(1) 新建“轮廓线”层并置为当前层。

(2) 利用【绘图】工具栏的【直线】按钮，绘制建筑物外轮廓。

(3) 同样选择【直线】命令，绘制地坪线，此时应设置线宽为建筑物外轮廓的 1.4 倍。绘制好的建筑立面外轮廓如图 10.31 所示。

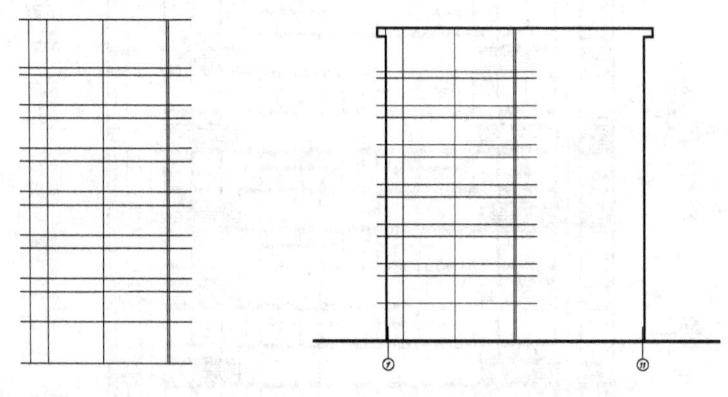

图 10.30　辅助网格　　　　图 10.31　建筑立面外轮廓

### 10.4.2　绘制门窗

门窗是立面图上的重要图形对象，从该建筑物的立面图来看，虽然总共有 12 扇门和 26 扇窗户，但门、窗的形式只有一两种。因此，在作图时只需将每种形式的门窗绘出一个，将其定义成图块，插入到适当的位置。也可以使用【阵列】命令，排列门窗，还可以使用【复制】命令，将门窗复制到相应位置。

事实上，建筑立面图中所有门窗的绘制方法大同小异，基本都是由矩形和直线组合而成，因此，熟练运用【矩形】和【直线】命令是绘制门窗的关键所在。

1. 绘制窗

(1) 选择“门窗”图层为当前图层。

(2) 启动【对象捕捉】功能，选择【工具】下拉菜单中的【移动 UCS】命令，将坐标原点移到水平和垂直基准线的交点上。

(3) 利用【绘图】工具栏的【矩形】□按钮，绘制左下角的两个窗洞，如图 10.32 所示。

(4) 选择【直线】和【矩形】命令，绘制两种窗户。绘制好的两种窗户如图 10.33 所示。

(5) 将这两种窗户设置成图块，插入到相应位置，完成窗户的绘制。

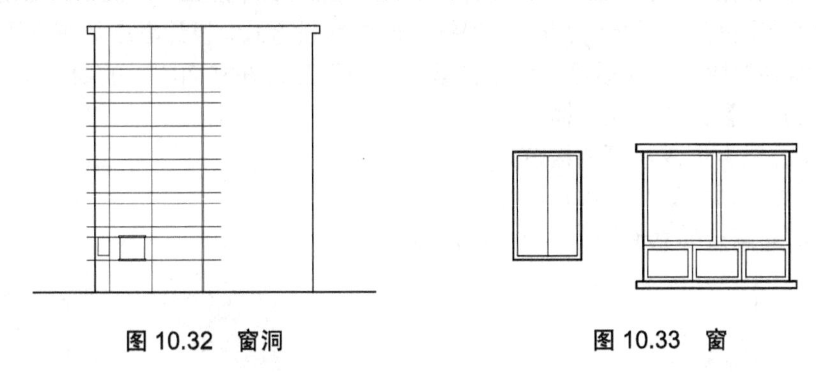

图 10.32　窗洞　　　　图 10.33　窗

2. 绘制门

门的绘制与窗类似，先作出门洞，然后绘制一扇门作为模板，相同形式的其他门通过复制得到。该立面图上客厅对阳台的推拉门被阳台遮住了一部分，没有全部表达出来。

从以上门窗的绘制过程来看，虽然方法不难，但是过程的确比较繁杂，主要是【矩形】和【直线】命令的反复使用以及【镜像】、【修剪】等编辑命令的辅助运用。当绘制完一个新的门窗图案时，应该将其制成图块，创建自己的建筑工程专业化图库，以后需要时直接从图库中调出插入即可。当然，这样的图库不仅仅含有门窗，也同样包含建筑设计中的其他常用构件。

### 10.4.3　细部设计

完成了建筑立面的基本要素设计之后，还需要对立面细部进行设计，如阳台、空调室外机盒、首层卷帘门等。这个过程非常细致和烦琐，它主要是一个熟练运用 AutoCAD 绘图和编辑命令的过程。对于一些在立面图上表达不清楚的细部设计，还应绘制立面详图。

1. 绘制阳台

阳台是建筑物的亮点之一，它的设计不仅与人们的日常生活需要相关，而且对建筑物的美观起一定的作用。

(1) 选择“阳台”层为当前层。

(2) 利用【直线】命令绘制阳台的轮廓。由于立面上左右两户阳台外轮廓是连通的，可以先只画出一半。

添加阳台后，用户可能发现，阳台的轮廓线与门发生了冲突，需要将阳台遮挡住的门线剪除掉，这可以通过【修剪】命令很容易的完成。

2. 绘制空调室外机盒、卷帘门

(1) 用【矩形】命令绘制空调室外机盒和卷帘门的外轮廓。

(2) 用【图案填充】命令绘制空调机盒不锈钢百叶和卷帘门。

完成细部设计后的立面图如图 10.34 所示(为清楚起见，关闭了“辅助线”层)。

### 10.4.4 绘制屋面

屋面是建筑物的主要轮廓，从造型来看，屋面主要有平屋面、坡屋面、拱屋面等。建筑立面图中的屋面有一定的铺设方法，根据不同的铺设方式，设计者应该填充不同的图案。

这幢建筑物的屋面为坡屋面，屋顶铺蓝灰色波形瓦，在立面图上的绘制步骤如下：

(1) 用【直线】命令绘制屋檐。

(2) 用【直线】命令绘制阁楼窗户。

(3) 用【图案填充】命令进行屋面填充。

完成屋面绘制后的立面图如图 10.35 所示。

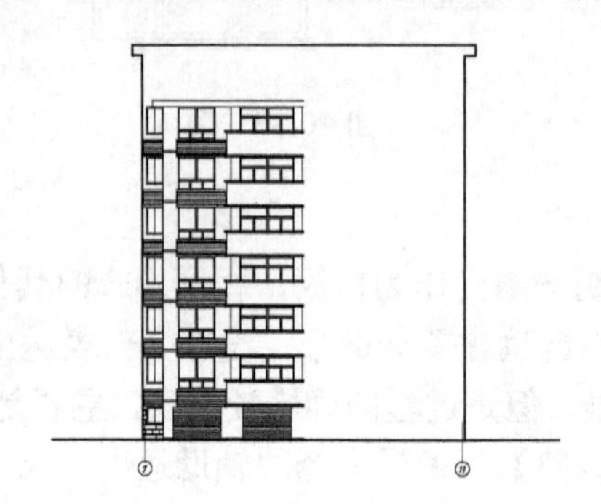

图 10.34　完成细部设计后的立面图

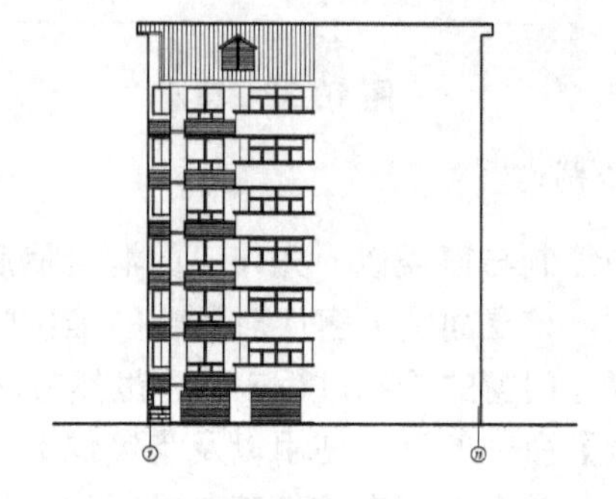

图 10.35　完成屋面绘制后的立面图

### 10.4.5 镜像图形

建筑立面图左边的门、窗、阳台、空调机盒、屋面等已经绘制完成，可以通过单击【修改】工具栏的【镜像】按钮得到右边对称图形，具体步骤如下。

```
命令：_mirror
选择对象：(选择左边的门、窗、阳台、空调机盒、屋面等)
选择对象：(按 Enter 键结束选择)
指定镜像线的第一点：(以建筑物中轴线为镜像线)
指定镜像线的第二点：
要删除源对象？[是(Y)/否(N)]<N>：n
```

镜像后的建筑立面图如图 10.36 所示。

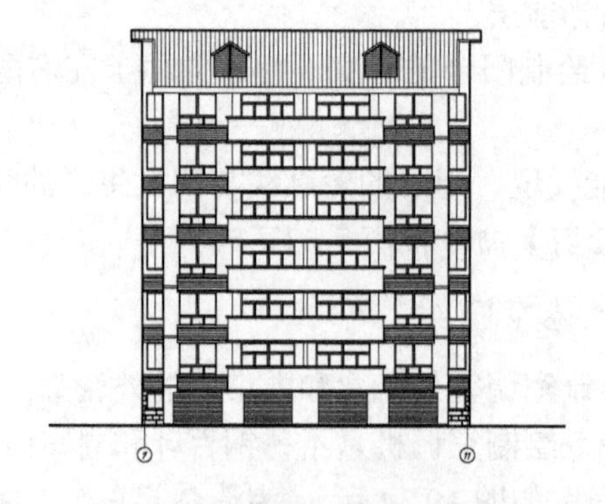

图 10.36　镜像后的建筑立面图

### 10.4.6　尺寸及文字标注

完成图形的绘制之后，下一步就是尺寸标注及文字注写。

1. 尺寸标注

立面图的尺寸标注与平面图不同，它无法完全采用 AutoCAD 自带的标注功能来完成，它主要是标高标注。立面图上要标注出外墙各主要部位的标高，如室外地面、台阶、窗台、门窗顶、阳台、雨篷、檐口、屋顶等处的标高。

标高时，除了门窗洞口，其他的要区别建筑标高和结构标高，某些应标注粉刷层完成之后的建筑标高，如阳台栏杆顶面的标高，某些应该标注不包括粉刷层的结构标高，如雨篷底面的标高。在需要绘制详图的地方，还应画上详图索引符号。

AutoCAD 没有立面图的标高符号，用户可以自己绘制一个，定义成属性块，存成一个块文件，以便以后调用。

标高以外的其他尺寸标注同平面图完全一样，在这里不再赘述。

2. 文字注写

立面图的文字注写除图名标注外，还有立面材质做法、详图索引以及其他必要的文字说明。例如这幅图上的墙面、屋面、阳台的装饰材料等。

此外，立面图中还要绘出定位轴线以及轴线编号，以便与平面图对照识读。一般情况下不需要绘出所有的定位轴线，只画出两端的定位轴线即可。

完成后的①～□建筑立面图如图 10.29 所示。

## 10.5　建筑剖面图的绘制

用一个假想的垂直外墙轴线的铅垂平面沿指定的位置将建筑物剖切为两部分，将其中一部分进行投影得到的图形，称为建筑剖面图，简称剖面图。建筑剖面图表达建筑物竖向构造的方法，主要可以表现建筑物内部的垂直方向的高度、楼层的分层、垂直空间的利用以及简要的结构形式和构造方式，如屋顶的形式、屋顶的坡度、檐口的形式、楼板的搁置方式和搁置位置、楼梯的形式等。

建筑剖面图也是建筑施工图中的一个重要内容，与平面图及立面图配合在一起，更加清楚地反映建筑物的整体结构特征。在绘制建筑剖面图之前，应首先了解剖面图的内容、图示原理和方法，才能将设计意图和设计内容准确地表达出来。同平面图一样，建筑剖面图的设计与绘制也应遵守国家标准《房屋建筑制图统一标准》(GB/T 50001—2001)和《建筑制图标准》(GB/T 50104—2001)中的有关规定。

建筑剖面图中凡是剖到的墙、板、梁等构件的轮廓线用粗实线表示，没有剖到的其他构件的投影线用中实线表示，细部构造用细实线表示。

下面介绍图 10.37 所示建筑剖面图的具体绘制过程和步骤。

### 10.5.1　设置绘图环境

启动 AutoCAD，打开已经保存的建筑施工图样板图文件，或者按照本章 10.1 节的方法，设置绘图区域、绘图单位，规划图层，建立合适的尺寸和文字样式，为绘制剖面图设置好绘图环境。

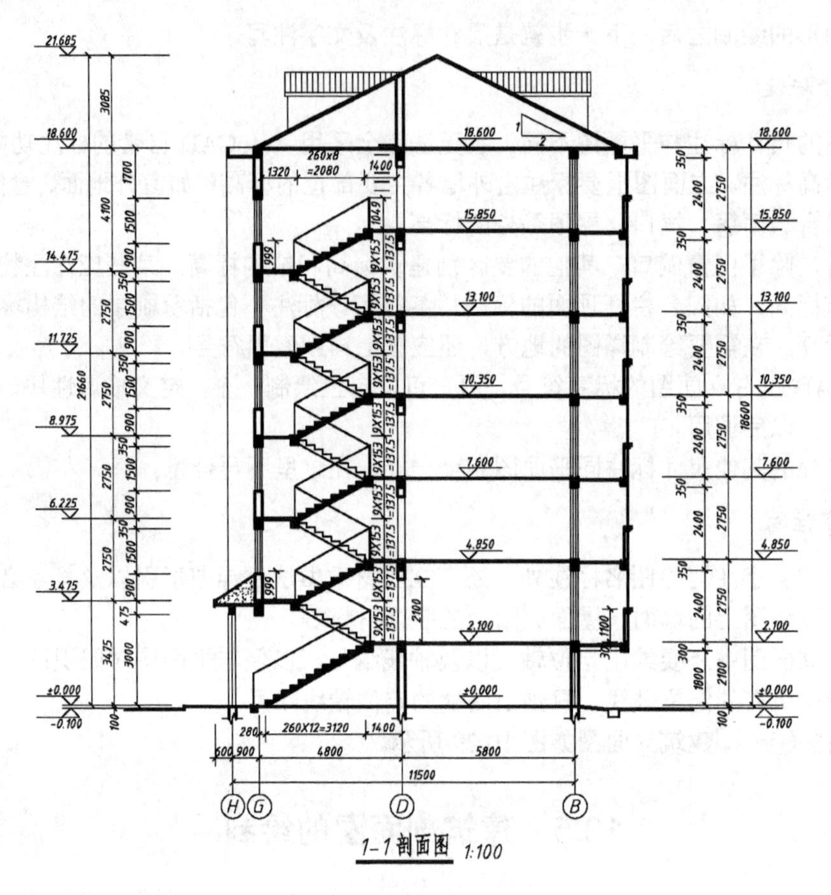


图 10.37　住宅建筑剖面图

建筑剖面图图层设置如图 10.38 所示。

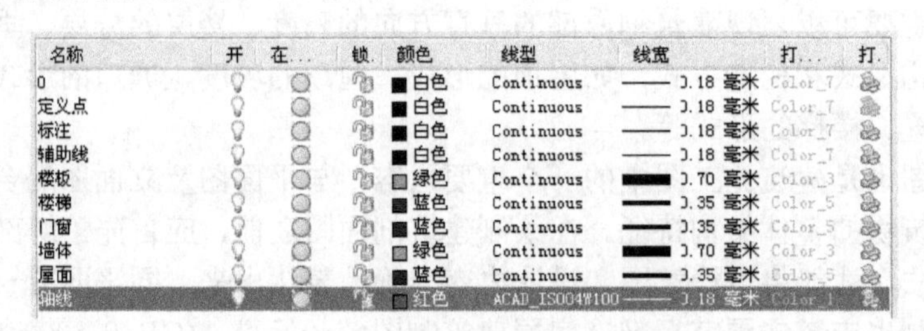

| 名称 | 开 | 在... | 锁. | 颜色 | 线型 | 线宽 | 打... | 打. |
|---|---|---|---|---|---|---|---|---|
| 0 | | | | 白色 | Continuous | 0.18 毫米 | Color_7 | |
| 定义点 | | | | 白色 | Continuous | 0.18 毫米 | Color_7 | |
| 标注 | | | | 白色 | Continuous | 0.18 毫米 | Color_7 | |
| 辅助线 | | | | 白色 | Continuous | 0.18 毫米 | Color_7 | |
| 楼板 | | | | 绿色 | Continuous | 0.70 毫米 | Color_3 | |
| 楼梯 | | | | 蓝色 | Continuous | 0.35 毫米 | Color_5 | |
| 门窗 | | | | 蓝色 | Continuous | 0.35 毫米 | Color_5 | |
| 墙体 | | | | 绿色 | Continuous | 0.70 毫米 | Color_3 | |
| 屋面 | | | | 蓝色 | Continuous | 0.35 毫米 | Color_5 | |
| 轴线 | | | | 红色 | ACAD_ISO04W100 | 0.18 毫米 | Color_1 | |

图 10.38　建筑剖面图图层设置

## 10.5.2　绘制轴线及轮廓线

1. 绘制轴线

(1) 将“轴线”层设为当前层。

(2) 用【直线】命令画出左边第一条轴线。

(3) 用【偏移】命令偏移复制其他轴线，偏移距离从左至右分别为 900、4800、5800。

2. 绘制地面、楼面、顶棚轮廓线

(1) 选择“辅助线”层为当前层。

(2) 绘制一条水平线作为室外地坪线，并将其设为水平基准。

(3) 将地坪线经过一系列的偏移，即可生成楼面、顶棚的轮廓线。从下至上偏移量依次为：2100、2750、2750、2750、2750、2750、2750。

至此，轴线及高度方向轮廓线已经创建完成，如图 10.39 所示。

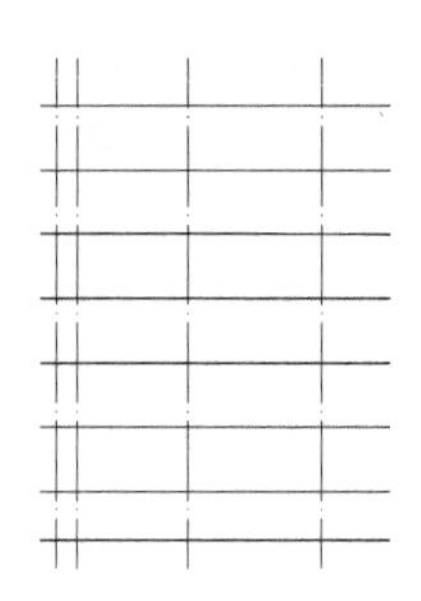

图 10.39　轴线及轮廓线

### 10.5.3　绘制地坪

(1) 用【直线】命令绘制室内地坪线。

(2) 绘制室外地坪线，室内外地坪高差 0.1m。

### 10.5.4　绘制墙体

由于建筑剖面图比例较小，可不用画出墙体的具体材料，所以不必考虑填充的问题，那么墙体中被剖切到的部分就用粗实线来表示，没有剖切到的部分用中实线表示。

(1) 选择“墙体”层为当前层。

(2) 用【多线】命令绘制剖到的墙体，多线元素偏移量为 120。

(3) 用【直线】命令绘制左边未剖到但可看到的墙体，该墙体用单线表示，采用中实线绘制。由于墙体图层设置的是粗实线，可选择该直线，用【特性】选项板修改其线宽为中实线。

绘制完成的地坪和墙体如图 10.40 所示。

### 10.5.5　绘制楼板

楼板即建筑物各层的地板和楼梯间的休息平台，其中被剖切到的部分可以用多段线表示。

(1) 选择“楼板”层为当前层。

(2) 在【绘图】工具栏单击【多段线】按钮，提示如下。

```
命令:_pline
指定起点:(指定楼板起点)
当前线宽为 0
指定下一个点或 [圆弧(A)/半宽(H)/长度(L)/放弃(U)/宽度(W)]: w
```

```
指定起点宽度 <0>:100
指定端点宽度 <100>:100
指定下一个点或 [圆弧(A)/半宽(H)/长度(L)/放弃(U)/宽度(W)]:  (指定楼板终点)
指定下一点或 [圆弧(A)/闭合(C)/半宽(H)/长度(L)/放弃(U)/宽度(W)]:
```

其他楼板和楼梯的休息平台按同样方法绘制。

(3) 用【矩形】命令画出楼板下的过梁轮廓，并在【图案填充】对话框中选择“SOLID”图案填充过梁。

绘制完成的楼板如图 10.41 所示。

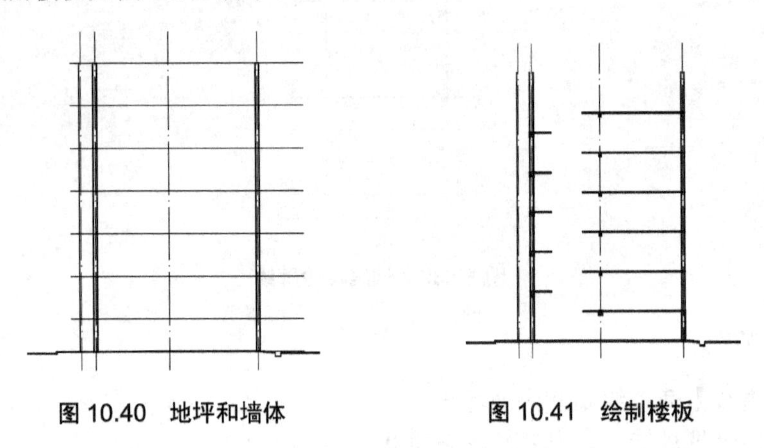

图 10.40　地坪和墙体　　　　图 10.41　绘制楼板

### 10.5.6　绘制屋面

对于一般的工业和民用建筑来说，屋面的样式比较简单，在剖面图中用几条直线表示。屋面为了便于排水，屋面板通常是带有坡度的，本栋建筑采用的是坡屋面，绘制过程如下：

(1) 用【直线】命令画出屋面闭合多边形。

(2) 画出阁楼的外形并填充。由于阁楼没有剖切到，用中实线绘制。

绘制完成的屋面如图 10.42 所示。

### 10.5.7　绘制门窗

在建筑平面图和建筑立面图的设计过程中，都接触到门窗的设计。由于门窗的种类各有不同，因此绘制方法也略有差异。前面介绍了一些常见门窗的绘制方法，这些方法在剖面图的绘制过程中依然可以采用。

总的来说，剖面图中的门窗有两类。一类是没有被剖切到的部分，它们的绘制方法与立面图中门窗的绘制方法相同；另一类是被剖切到的，其绘制方法与平面图中门窗的绘制方法有相似之处，可以借鉴。

无论在何种投影图中，一般而言，门窗都是很有规律的建筑结构，可以采用先绘制一组门窗，然后复制或者建块插入。绘制过程如下。

1. 绘制剖切到的窗户

(1) 选择“门窗”层为当前层。

(2) 窗户图例由四条平行线构成，可以用两次【多线】命令画出。直接在命令行中输入命令“mline”，提示如下。

```
命令:mline
当前设置：对正=上，比例=20，样式=STANDARD
指定起点或 [对正(J)/比例(S)/样式(ST)]：s
输入多线比例 <20>：80(平行线间距离)
当前设置：对正=上，比例=80，样式=STANDARD
指定起点或 [对正(J)/比例(S)/样式(ST)]：(输入窗户的起点)
指定下一点：(输入窗户的终点)
指定下一点或 [放弃(U)]：
```

(3) 利用【分解】命令分解多线绘制的墙体，修剪多余的墙线。

(4) 选择“墙体”层为当前层，画出窗洞上、下两条水平线。

2. 绘制剖切到的门

与绘制窗户相同，依然利用【多线】命令来绘制。

绘制完成的门窗如图 10.43 所示，为清楚起见，关闭了“轴线”和“辅助线”层。

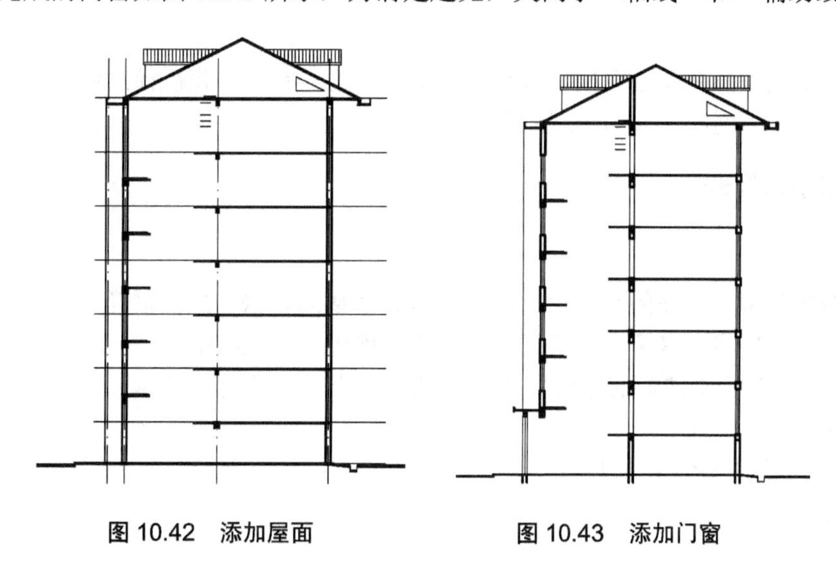

图 10.42　添加屋面　　　　图 10.43　添加门窗

### 10.5.8　绘制楼梯

在剖面图中，楼梯是最常见的，也是绘制中最为复杂的一部分，建筑剖面图一般都要剖到一段楼梯和一个楼梯平台，被剖切到的楼梯采用粗实线绘制，同时辅以材料填充，未被剖切到的楼梯部分采用中实线绘制。

绘制楼梯时，分为台阶、扶手和栏杆几部分来画。

1. 台阶

(1) 单击【绘图】工具栏的【直线】按钮，绘制台阶。台阶由相交成直角的折线组成，可以采用相对坐标绘制。绘制第一段楼梯，提示如下。

```
命令：_line
LINE 指定第一点：(在图形上拾取起始点)
```

```
指定下一点或 [放弃(U)]:@0,153(输入相对于起始点的相对坐标)
指定下一点或 [放弃(U)]:@260,0(输入相对于上一点的相对坐标)
指定下一点或 [闭合(C)/放弃(U)]:@0,153  (同上)
指定下一点或 [闭合(C)/放弃(U)]:@260,0
指定下一点或 [闭合(C)/放弃(U)]:@0,153
指定下一点或 [闭合(C)/放弃(U)]:@260,0
……
```

连续运用相对坐标，可以画出九级台阶。

(2) 按照相同的方法绘制另一段楼梯。

(3) 在两段楼梯下面各增添一条轮廓线，这条线的斜率要和楼梯的坡度一致。同时在楼梯与楼板和休息平台连接的地方，要做相应的修补和添加。

(4) 填充被剖切的梯段。由于比例小，楼梯的填充不需表达建筑物的材料图例，只需填成黑色即可。单击【绘图】工具栏上的按钮，弹出【图案填充和渐变色】对话框，在【图案】下拉列表框中选择“SOLID”选项，然后单击【添加：拾取点】按钮，在剖面图上选择所要填充的范围，按 Enter 键，返回到对话框，单击【确定】按钮即可。

2. 扶手

直接用【直线】命令绘出楼梯扶手，注意扶手的斜率也要和楼梯的坡度一致。

加绘楼梯后的剖面图如图 10.44 所示。

### 10.5.9 绘制建筑细部

1. 阳台

阳台是楼上房间外面的小平台。阳台一般有悬挑式，嵌入式、转角式三种。从剖面图上看，阳台像是楼层上多了一个房间，由楼板、墙体、护栏等组成。

(1) 按照前面绘制楼板的方法将阳台的楼板画出。注意为了防水，阳台楼板比房间的楼板低 30mm。

(2) 用【多线】命令画出栏杆。

2. 雨篷

在剖面图中，用【直线】命令画出雨篷轮廓，再填充上相应的图例。

所有的结构都绘制完成之后，得到如图 10.45 所示的剖面图。

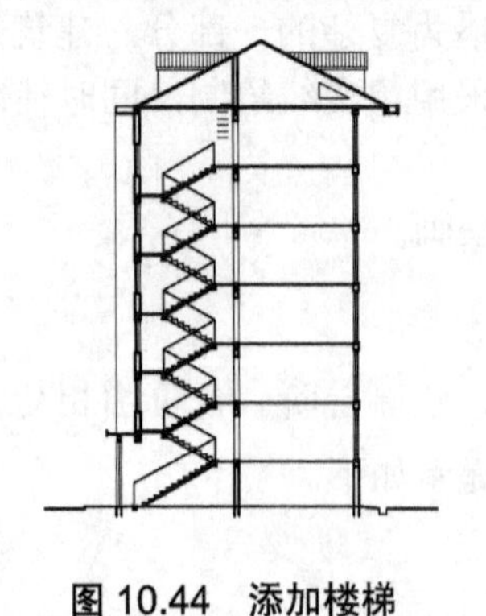

图 10.44 添加楼梯

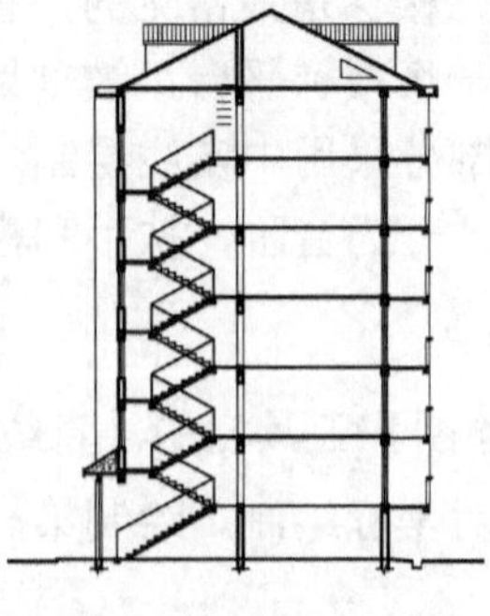

图 10.45 添加阳台、雨篷

### 10.5.10　尺寸标注及文字说明

1. 尺寸标注

在剖面图中，应该标出被剖切到部分的必要尺寸，包括竖直方向剖切部位的尺寸和标高。

外墙的竖直尺寸需要标注门、窗洞以及墙体的高度尺寸，还需要标注层高尺寸，即各层到上层楼面的高度差。同时还应该注出室内外的地面高度差及建筑物的总高。这些标注分三道由细部至整体分别标出，可以使用【标注】工具栏的有关命令完成。

除此之外，剖面图还须标注一些结构的标高，包括各部分的地面、楼面、楼梯休息平台、梁、雨篷等。AutoCAD 没有自带的标高工具，需要自己绘制或者调用前面设置的块文件，标高时要注意区别建筑标高和结构标高。

标注完成的剖面图如图 10.37 所示。

2. 文字说明

在一些特殊结构的剖面图中，对间隔结构所用材料、坡度，泛水等需要作一定的文字说明。

## 10.6　上 机 实 验

### 实验 1　建立建筑施工图的样板图文件

1. 目的要求

AutoCAD 的样板图是一种图形文件，是作图的起点。通过该实验，了解样板图的设置内容和方法，提高绘图效率。

2. 操作指导

按照《房屋建筑制图统一标准》(GB/T 50001—2001)和《建筑制图标准》(GB/T 50104—2001)中的有关规定，利用 AutoCAD 对话框设置图形的绘图边界、绘图单位、图形辅助功能、图层、线型、颜色以及尺寸标注样式、文字样式和其他信息。样板图以.dwt 文件类型保存。

### 实验 2　绘制如图 10.46 所示的建筑平面图

1. 目的要求

熟练掌握图形的绘图、编辑功能，运用图形显示命令和图层、图块的操作，绘出符合建筑制图国家标准的建筑平面图。

2. 操作指导

平面图中墙体采用【多线】命令绘制，定义多线样式，编辑多线的相交形式。将门、窗定义成图块，以便提高绘图速度。

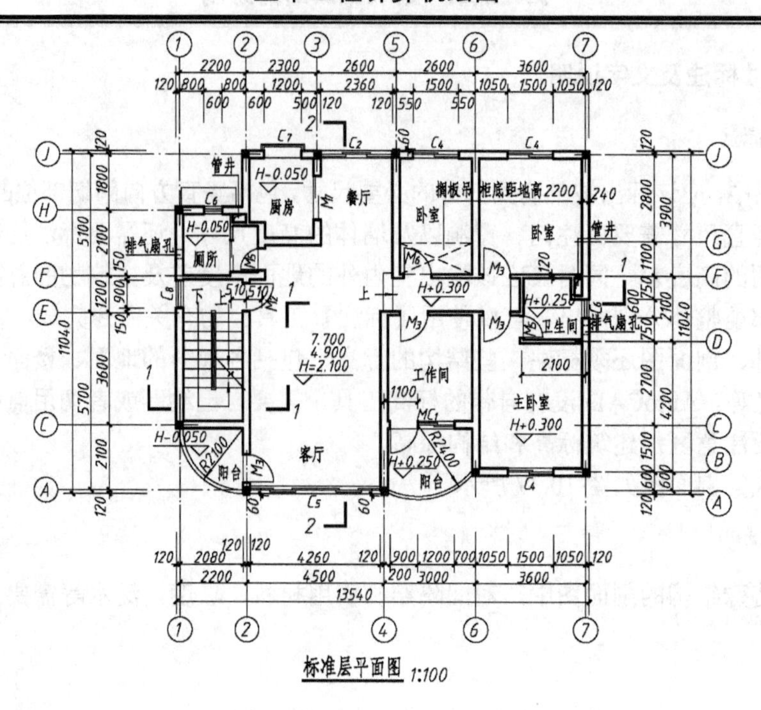


图 10.46　建筑平面图

## 实验 3　绘制如图 10.47 所示的建筑立面图

1. 目的要求

熟练掌握图形的绘图、编辑功能，熟练运用图形显示命令和图层、图块的操作，绘出符合建筑制图国家标准的建筑立面图。

2. 操作指导

建筑立面图的绘制方法与建筑平面图基本相似，关键在于熟练运用各种绘图、编辑命令和图层、图块功能。特别是标注立面标高时，建立属性块，可以大大提高尺寸标注的速度。图 10.47 长度方向可参考 10.46 的尺寸。

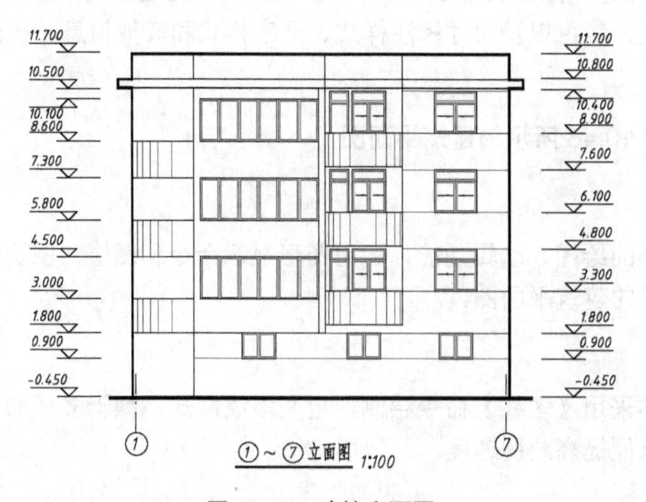


图 10.47　建筑立面图

## 10.7 思 考 题

1. 利用 AutoCAD 绘制建筑施工图，一般采用多大的比例？
2. 设定图层在建筑施工图绘制时有什么好处？
3. 建筑施工图尺寸样式如何设置？
4. 建筑施工图文字样式如何设置？
5. 【设计中心】和【工具选项板】有什么作用？
6. 墙体有几种绘制方法？如何用【多线】命令绘制墙体？多线相交形式如何编辑？
7. 绘制门窗、标注标高为什么要建立图块？如何建立属性块？

# 第 11 章　土木工程图的绘制

**教学提示：** 土木工程图包括结构施工图、给水排水工程图、道路和桥梁工程图等图样。工程图的绘图比例一般为 1∶1，出图比例根据图幅设置。结构施工图、给水排水管道平面布置图、道路和桥梁工程图按照绘制平面图形的方法逐步绘制，并将常用工程图例绘制成图库。给水排水管道系统轴测图为正面斜等轴测投影，利用绘图辅助工具绘制给水排水管道系统轴测图。

**教学目标：** 了解各类土木工程图的绘制过程。重点了解绘制结构施工图、给水排水工程图、道路和桥梁工程图的基本方法和技巧。

## 11.1　结构施工图的绘制

结构施工图是表达房屋结构的整体布置和各种承重构件(结构支承和联系构件)的形状、大小、构造等结构设计的图样。主要包括基础平面图、标准层(屋盖)结构平面布置图、楼梯结构平面图及剖面图、构件详图等。结构施工图可以按照绘制平面图形的方法逐步绘制。

工程图的绘图比例一般为 1∶1，按照实际尺寸绘制。根据图样大小、图样内容、出图比例设置图形界限、单位、图层、尺寸标注样式等，并保存为结构施工图“样板图”。也可将建筑施工图“样板图”，增加结构施工图需要的图层，关闭和冻结无关图层后开始绘制结构施工图。根据结构施工图的特点设置的图层及含义(表 11-1)，并为各图层选择合适的线型和颜色如图 11.1 所示。

表 11-1　结构施工图图层及含义

| 序　号 | 图　层　名 | 含　义 | 序　号 | 图　层　名 | 含　义 |
|---|---|---|---|---|---|
| 1 | Axis | 轴线 | 6 | Text | 通用文本 |
| 2 | Wall | 墙体 | 7 | Textc | 结构文本 |
| 3 | Zw | 柱网 | 8 | Jgtx | 条形基础 |
| 4 | Dimt | 通用尺寸 | 9 | Sb | 附属设备 |
| 5 | Dimc | 结构尺寸 | 10 | Gc | 附属工程 |

### 11.1.1　基础平面图的绘制

基础平面图分为砖混条形基础平面图和独立基础平面图两种。以图 11.2 所示条形基础平面图为例，介绍基础平面图的绘制方法。

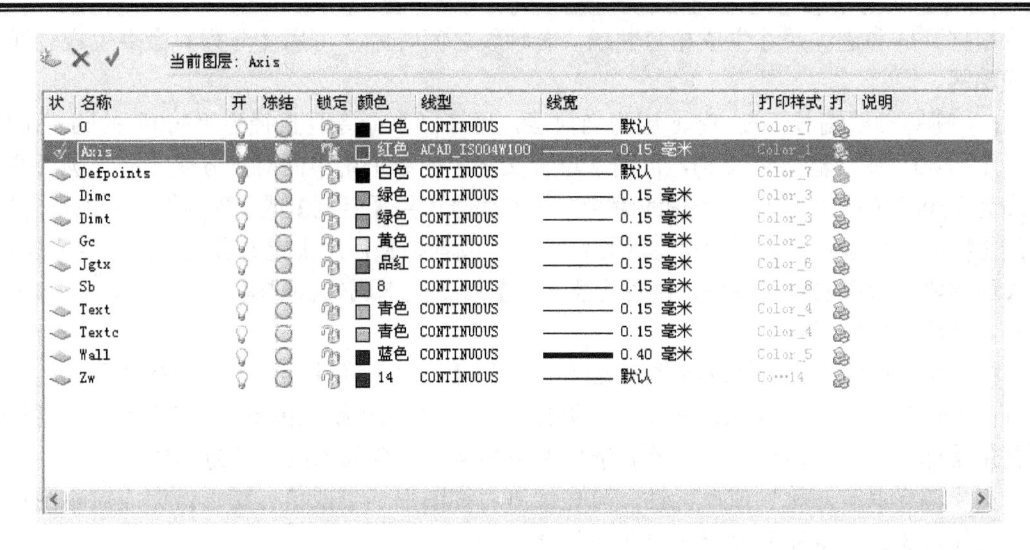


图 11.1　图层及线型

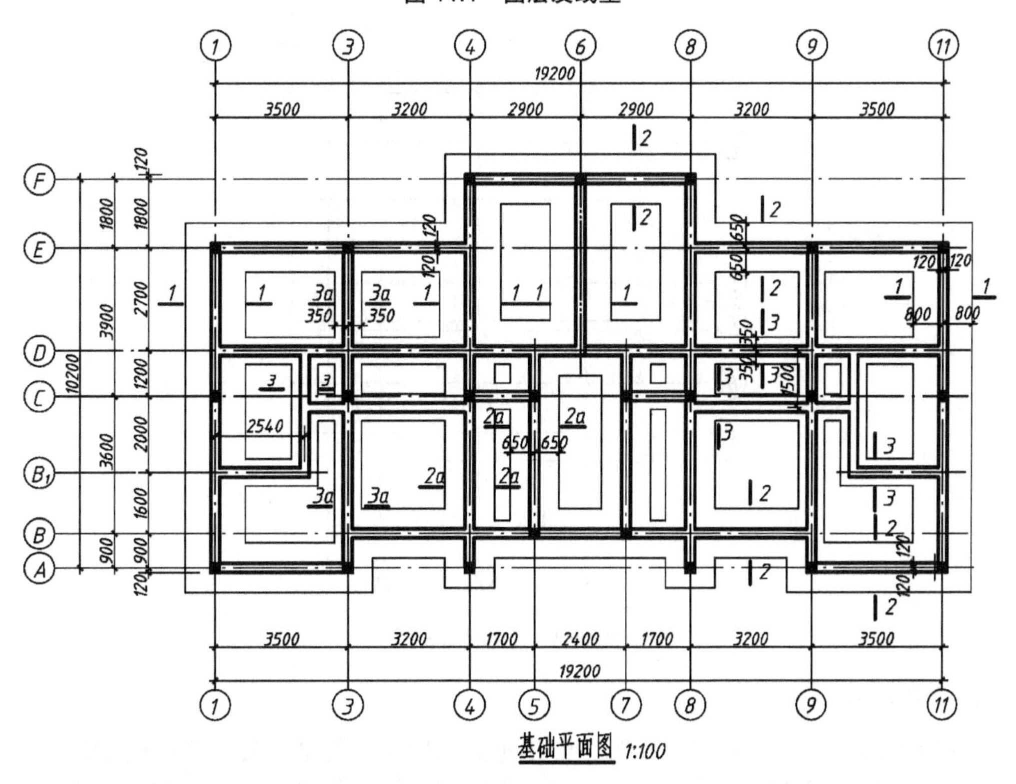


图 11.2　条形基础平面图

1. 绘制轴网

轴线是建筑定位的基本依据，结构施工的每一构件都是以轴线为基准定位的。确定了轴线，就确定了建筑的开间及进深，同时决定了柱网和墙体的布置。

(1) 绘制轴线：将 Axis 层设为当前层，关闭其他无关图层。根据水平和竖直方向轴线长度，用【直线】命令绘制出水平第一轴 A 和竖直第一轴 1。再用【偏移】命令或【复制】

命令根据开间和进深尺寸生成相应轴线；若轴线之间等距，可用【阵列】命令生成轴线，形成轴网。

(2) 注写轴线编号：设 Text 层为当前层，用【圆】命令画直径为“800”的圆(出图比例为 1∶100，图形输出时为 8)，再用【单行文字】命令采用中间对正方式，捕捉圆心注写字高为“500”的文本绘出一个轴线编号；其他编号可用【复制】或【阵列】命令进行复制，再用【特性】命令修改文字即可生成轴线编号。或者画圆后用【定义属性】命令定义属性，用【创建块】命令创建属性块，再用【插入块】命令插入属性块时输入 1、2…，A、B…等字符，生成轴线编号。

(3) 标注通用尺寸：设 Dimt 层为当前层，用【线性】和【连续】命令标注各轴线之间的开间和进深尺寸，如图 11.3 所示。如果按照 1∶1 的比例绘制图形，出图比例为 1∶100，则需用【标注样式】命令将【调整】选项卡中的【使用全局比例】设为“100”。

如果图形具有对称性或单元性，可先绘制对称图形一半或单元图形，完成对称图形后再用【镜像】或【复制】命令完成其他部分。

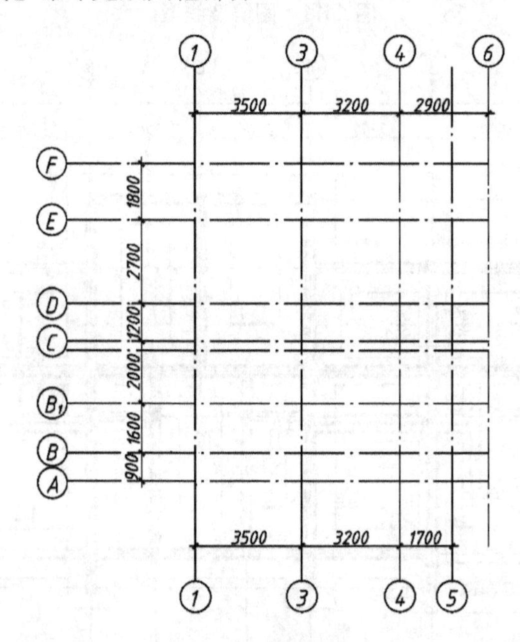


**图 11.3　绘轴线及编号**

2. 绘制柱网

确定了轴线后，可布置平面柱网。设 Zw(柱网)层为当前层，关闭其他无关图层。

(1) 绘制标准柱截面：柱截面一般为矩形、正方形和圆形。矩形和正方形柱可用【多段线】命令绘制，圆形柱可用【圆环】命令绘制。绘制的柱截面可【创建块】以备块插入。

(2) 绘制柱网：以标准柱截面为基础，用【阵列】或【复制】命令生成柱网。若柱截面已定义为“块”，用【插入块】命令或多重插入命令“minsert”插入块生成柱网。

若柱截面与轴线之间有偏心距，可用【移动】命令进行调整，如图 11.4 所示。

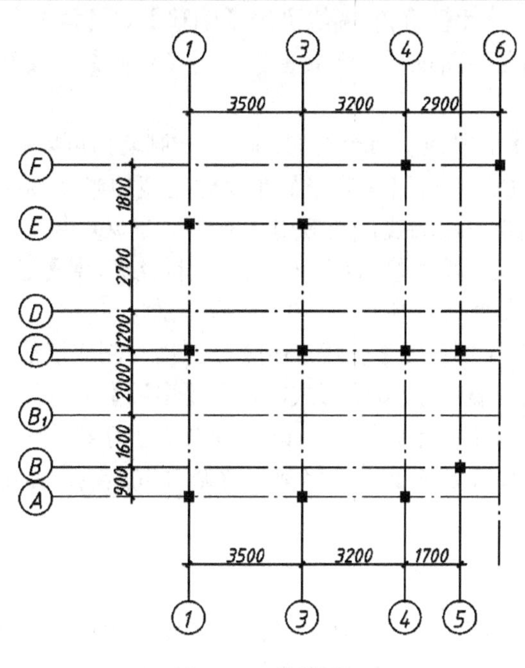


图 11.4　绘柱网

3. 绘制墙体

打开 Axis 层作为参考层，设定 Wall 层为当前层，关闭无关图层。用【直线】或【多段线】命令绘制墙体，也可用【多线】命令直接绘制双线墙体，如图 11.5 所示。

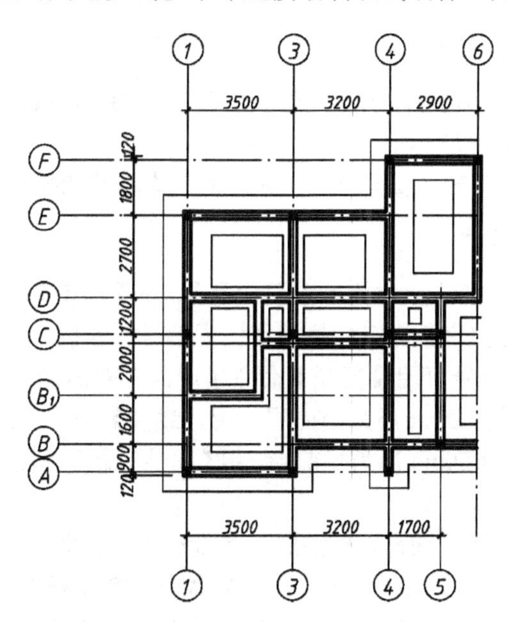


图 11.5　绘墙体和放大脚边线

建筑设计一般以 300 为基本模数，绘制墙体时，可将【栅格】、【捕捉】间距设为“300”。绘制水平和竖直墙线时，可打开正交和捕捉功能，以轴网为参考点确定墙线端点。相同特征(如平行等距、对称、单元性等)的墙线可用【偏移】、【阵列】、【镜像】、【复制】等编辑命令快速完成。在绘图过程中还要善于运用【延伸】、【修剪】、【圆角】等命令对墙线进行修改。

(1) 用【直线】或【多段线】命令绘制：一般绘制墙体可以利用【直线】或【多段线】命令绘制墙的中心线(轴线)，再用【偏移】命令确定墙的半宽度向两侧偏移，并指定偏移对象在当前层(Wall 层)绘出双墙线；或者用【复制】命令复制双墙线后，用【特性】命令和特性匹配按钮将复制的墙线修改到 Wall 层。墙角线可用【延伸】、【修剪】命令进行修剪，也可用【圆角】命令将半径设为“0”进行修剪。

(2) 用【多线】命令绘制：用【多线】命令可直接绘制双墙线。先用【多线样式】命令设置线型、线宽(多线间的宽度)及多线形式，再用【多线】命令绘制的双墙线。用【多线】绘制的“双墙线”可用多线编辑命令“mledit”修改成 T 字型、十字型、L 型或开缺口等形式。若用其他编辑命令如【延伸】、【修剪】等修改双墙线，需用【分解】命令将双墙线分解后才能进行编辑。

4. 绘制放大脚边线

打开 Wall 层作为参考层，设定 Jgtx 层为当前层，关闭无关图层。

(1) 绘制放大脚边线：用【偏移】命令偏移放大脚边线，偏移距离为条形基础宽度与墙厚度之差的一半，偏移时用光标选取墙线向墙线的外侧偏移，并指定偏移对象在当前层(Jgtx 层)。

(2) 编辑放大脚边线：用【修剪】、【删除】命令修剪和擦除多余的图线，结果如图 11.5 所示。

5. 图形镜像

(1) 复制对称图形：打开正交方式，将系统变量 MIRRTEXT 设置为 0，镜像可读文本。用【镜像】命令镜像复制图形。

(2) 修改轴线编号：双击轴线编号，用弹出的文本框修改轴线编号。

6. 注写文本和标注尺寸

(1) 标注剖切平面：设 Textc 层为当前层，用【直线】或【多段线】命令绘剖切位置线，用【单行文字】或【多行文字】命令标注剖切位置编号，若按 1∶100 的比例出图，则文本高为“500”。其他剖切符号可用【复制】命令生成，并双击剖切位置编号修改文字。

(2) 标注通用尺寸：设 Dimt 层为当前层，用【线性】命令标注总尺寸。

(3) 标注结构尺寸：设 Dimc 层为当前层，用【线性】命令标注基础尺寸，得到如图 11.2 所示的条形基础平面图。

对于框架结构独立基础平面图，可参照上述方法绘制轴线、柱网、墙体、通用尺寸等，再用【直线】、【偏移】、【复制】或【阵列】命令绘制和编辑独立基础的外轮廓线和基础梁，然后用【直线】、【单行文字】命令标注基础的代号和编号。

### 11.1.2 结构平面布置图的绘制

结构平面布置图是表示建筑物各构件(梁、板、柱等)平面布置的图样(图 11.7)。基础平面图与结构平面布置图有相同的部分，如绘图环境、轴线、柱网等。因此可从基础平面图中提取与结构平面布置图相同的初始图，在此基础上绘制结构平面布置图。

1. 提取初始图

在基础平面图上，执行以下各项操作，提取结构平面布置图的初始图。

(1) 增设图层：用【图层】命令增设四个图层 Beam(点画线梁)、Beam1(虚线梁)、Dimcp(结构平面尺寸)和 Textcp(结构平面文本)，并置 Beam 层为当前层。

(2) 绘制梁格：采用交点捕捉模式，用醒目的粗实线绘出梁中心线，用【直线】或【多段线】命令绘制有一定宽度的线。

(3) 选择图层：保持 Axis、Zw、Dimt、Dimcp、Textcp、Beam、Beam1 图层为打开状态，冻结其他图层。

(4) 保存文件：用“wblock”命令将屏幕上的图形保存为 Beam.dwg，得到结构平面梁格布置初始图，如图 11.6 所示。

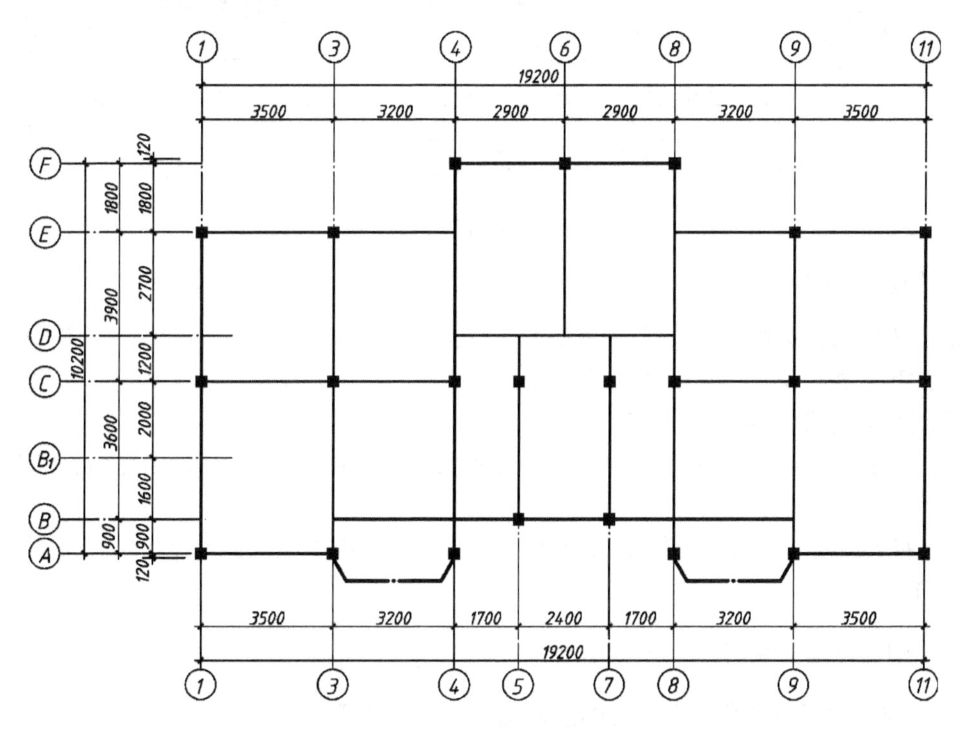


图 11.6　结构平面梁格布置初始图

2. 绘制梁

(1) 设 Beam 层为当前层，关闭 Axis 层，用【偏移】命令将梁中心线向其两侧偏移复制，偏移距离为实际梁宽的一半，偏移的对象指定在当前层。用【删除】命令擦除多余的梁中心线，将保留的梁中心线用【特性】命令或按钮打开【特性】对话框修改为点画线。

(2) 被楼板挡住的实线梁用【特性】命令或按钮打开【特性】对话框修改到虚线层(Beam1)，如图 11.7 所示。

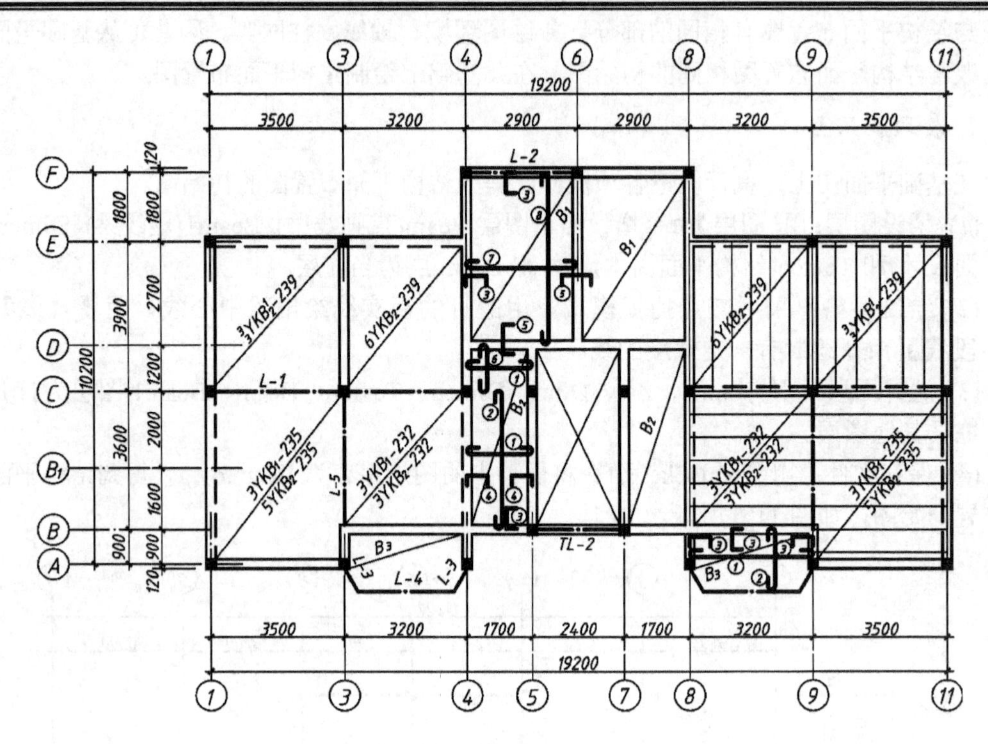

图 11.7　结构平面布置图

3. 绘制其他部分

(1) 将 Textcp 置为当前层，用【直线】和【偏移】命令绘制预制板布置图，用【单行文字】命令标注预制板、梁的编号，再用【复制】命令复制其他预制板、梁的编号。不同的预制板、梁编号可用【特性】命令修改。

(2) 用【多段线】与【单行文字】命令绘制现浇板钢筋布置图，再用【复制】和【特性】命令进行复制和修改。

(3) 将 Dimcp 置为当前层，用【线性】命令标注结构平面尺寸，得到结构平面布置图(图 11.7)。

### 11.1.3　构件详图的绘制

构件详图主要包括梁、板、柱的配筋图、剖面详图等。

1. 绘制构件配筋图

如图 11.8 所示主梁配筋图可以按照绘制平面图形的方法逐步绘制。针对配筋图的图示特点，在绘制过程中应注意以下几点。

(1) 构件配筋立面图的绘制：钢筋可分为分布筋、受力筋、架力筋、拉筋和箍筋等。在立面图中，分别用不同的线型表示(图 11.9)。可以用【直线】和【圆】等命令在不同的图层设置不同线宽绘制各种钢筋；也可以在图形输出时，按照颜色设置线宽打印不同线宽的钢筋；或者用不同线宽的【多段线】绘制不同的钢筋。

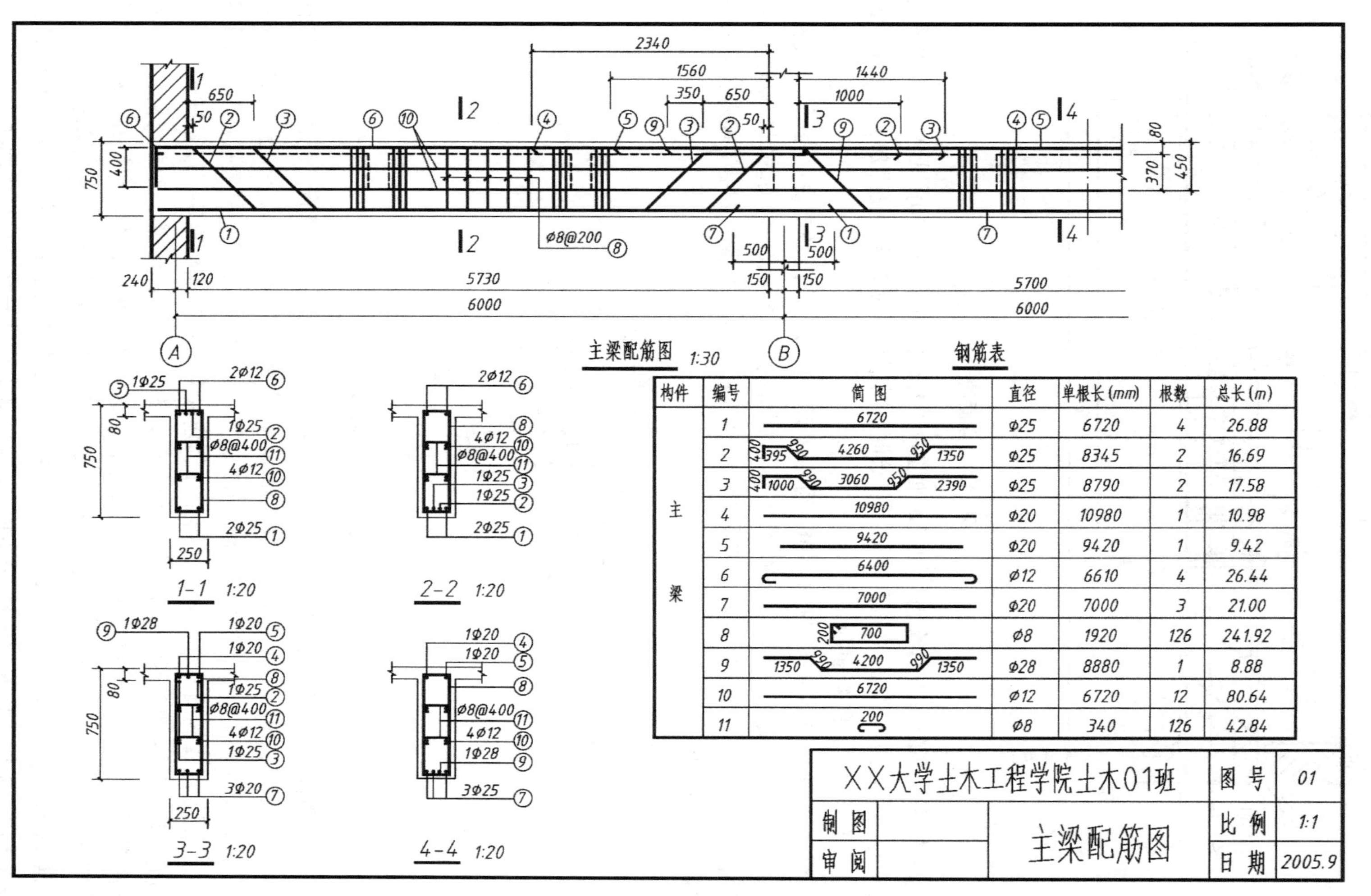


钢筋表

| 构件 | 编号 | 简图 | 直径 | 单根长(mm) | 根数 | 总长(m) |
|---|---|---|---|---|---|---|
| 主梁 | 1 | 6720 | Φ25 | 6720 | 4 | 26.88 |
| | 2 | 400 395 990 4260 950 1350 | Φ25 | 8345 | 2 | 16.69 |
| | 3 | 400 1000 990 3060 950 2390 | Φ25 | 8790 | 2 | 17.58 |
| | 4 | 10980 | Φ20 | 10980 | 1 | 10.98 |
| | 5 | 9420 | Φ20 | 9420 | 1 | 9.42 |
| | 6 | 6400 | Φ12 | 6610 | 4 | 26.44 |
| | 7 | 7000 | Φ20 | 7000 | 3 | 21.00 |
| | 8 | 200 700 | Φ8 | 1920 | 126 | 241.92 |
| | 9 | 1350 990 4200 990 1350 | Φ28 | 8880 | 1 | 8.88 |
| | 10 | 6720 | Φ12 | 6720 | 12 | 80.64 |
| | 11 | 200 | Φ8 | 340 | 126 | 42.84 |

图 11.8　主梁配筋图

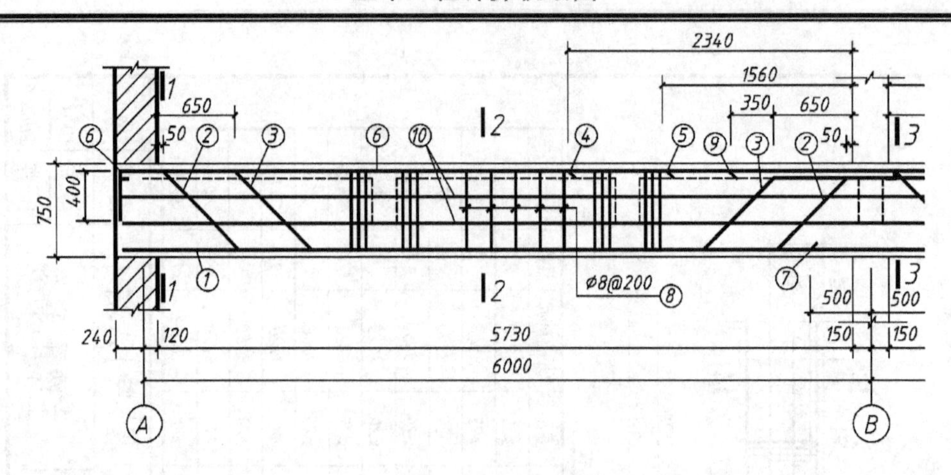


图 11.9　立面图

(2) 构件配筋断面图的绘制：钢筋断面图(1∶20)比立面图(1∶30)的比例大，绘图时采用与立面图相同的比例(1∶1)按照实际尺寸绘制，图形完成后，再用【缩放】命令将断面图放大 1.5 倍得到放大的断面图。

钢筋断面用黑圆点表示(图 11.10)，可用【圆环】命令将圆环内径设为“0”绘制。多个类似的断面图可先绘制一个，其他断面图用【复制】命令生成，再用编辑命令进行修改。或者用【创建块】命令建立内部，或用“wblock”命令将块存盘，再用【插入块】命令插入块后作适当的修改。

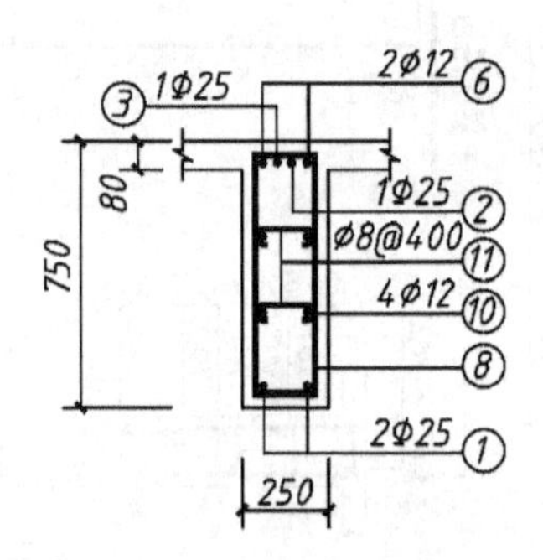


图 11.10　断面图

(3) 钢筋代号的标注：根据钢筋种类等级不同，分别用不同的钢筋代号表示，钢筋有Φ、Φ、Φ等符号(图 11.10)。定义的字型选用“gbetic.shx”字体，并使用【大字体】中“gbcbig.shx”字体，注写符号Φ时，可以输入控制码“%%C”。其他符号 Φ、Φ不能直接注写，可用【直线】、【圆】或【椭圆】命令画出，再用【创建块】命令建立标准块，以备插入。

(4) 标注尺寸：断面图比立面图放大 1.5 倍，直接利用测量长度进行尺寸标注，标注的尺寸比实际尺寸扩大 1.5 倍。标注此类尺寸时，可用【标注样式】命令打开【标注样式管理器】对话框，定义“DIM1.5”标注样式，选择【主单位】选项卡打开【新建标注样式】对话框(图 11.11)，将【测量单位比例】选项组中的【比例因子】设为“2/3”(即 1/1.5)，其他参数按照制图标准设置。选择该标注样式即可直接测量长度进行尺寸标注。

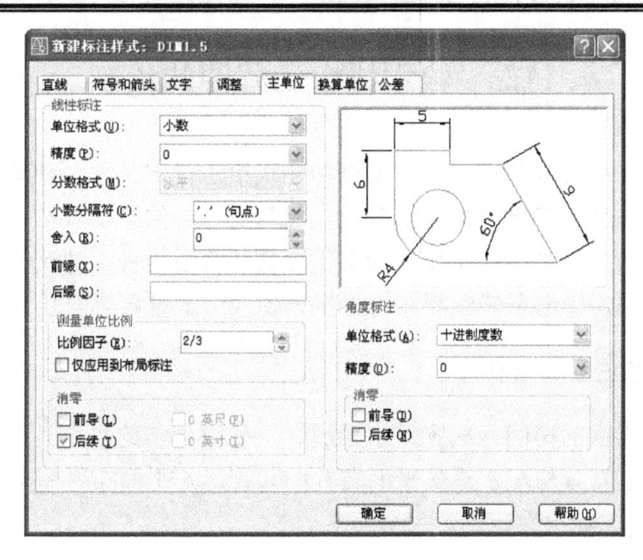


图 11.11 【新建标注样式】对话框

(5) 注写文本：钢筋表可用【直线】命令绘制。注写钢筋表内文本时，先用【文字样式】命令定义字型，再用【单行文字】或【多行文字】命令注写文本；或将文本做成属性块，【插入块】时输入不同的属性值注写文本。若表格比较规整时，可先定义【表格样式】，再用【表格】命令绘制表格，然后双击每一格子在弹出的【文字格式】对话框中注写钢筋表内文本。

2. 编辑标准图

对于同一个或多个工程图中相类似的节点详图，通常只绘制一个，并把它保存为一个单独的图形文件，称为标准图。绘制其他类似的详图时，只需更名复制标准图。打开复制的标准图后，利用 AutoCAD 的【特性】命令对图形进行适当的修改即可。例如图 11.12(a)所示板的标准图(BAN120.dwg)，板厚为 120，当板厚改为 180 时，按如下方法操作：

(1) 用【另存为】命令将文件保存为 BAN180.dwg 文件，或用“wblock”命令保存为 BAN180.dwg 文件。

(2) 【打开】BAN180.dwg 文件，用【拉伸】命令将板边线往上拉伸 60，并保存即可。如图 11.12 (b)所示。

对于梁、板、柱剖面详图、配筋图等也可以制成标准块或属性块，插入后再作适当的修改。

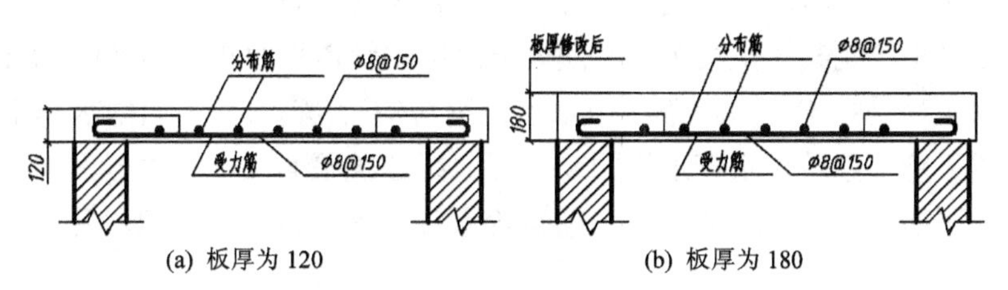


(a) 板厚为 120　　　　(b) 板厚为 180

图 11.12　标准图

# 11.2　给水排水工程图的绘制

给水排水工程包括给水工程、排水工程和建筑给水排水工程。建筑给水排水通常是指从室外给水管网引水到建筑物内的给水管道，建筑物内部的给水及排水管道，自建筑物内排水到检查井之间的排水管道以及相应的卫生器具和管道附件。建筑给水排水工程图主要包括管道平面布置图、管道系统轴测图、卫生设备或用水设备等安装详图等图样。

## 11.2.1　管道平面布置图的绘制

在房屋内部各用水的房间，配置给水管道、卫生设备、给水用具等。给水平面布置图由建筑平面图、卫生器具与配水设备平面布置图和管道的平面布置图构成。

1. 绘制建筑平面图

一般完成建筑设计后，进行给水排水系统设计，因此可以从已绘制的建筑平面图上获得平面图。即打开墙体、轴线及尺寸标注层，关闭和冻结管道图上不需要的图层，将墙体层线型改为细线，删除多余的图线和尺寸即得平面图。也可以按照绘建筑平面图的方法绘制平面图，并新建卫生设备和管道图层。

2. 绘制卫生器具与配水设备平面布置图

选择设备层为当前层，设备层线型设为中实线，绘制常见的卫生器具和配水设备，并【创建块】(图 11.13)。再将图块按照合适的比例插入建筑平面图的适当位置，这样可以节省绘图时间，提高工作效率，便于图形修改。也可以用【复制】命令生成相同图形，绘出卫生器具与配水设备平面布置图。

盥洗槽　　地漏　　蹲式大便器

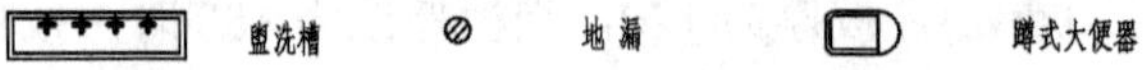

图 11.13　卫生器具和配水设备图块

3. 绘制管道平面布置图

选择给水管道层为当前层，管道层线型设为中粗实线。先绘制配水龙头，并【创建块】。用【直线】命令绘制给水管道，再用【插入块】命令，采用【节点】捕捉方式，将已创建的配水龙头“块”插入给水管道适当位置，绘出管道的平面布置图。

按照上述方法绘制某学生宿舍卫生间的建筑给水管道平面布置图如图 11.14 所示。

建筑排水工程是指把建筑内部各用水点使用后的污(废)水和屋面雨水排出到建筑物外部的排水管道系统。建筑排水管道平面布置图包括建筑平面图、卫生器具与设备平面图。建筑排水管道平面布置图的绘制方法与建筑给水管道平面布置图相似，用单线条粗虚线绘制排水管道。

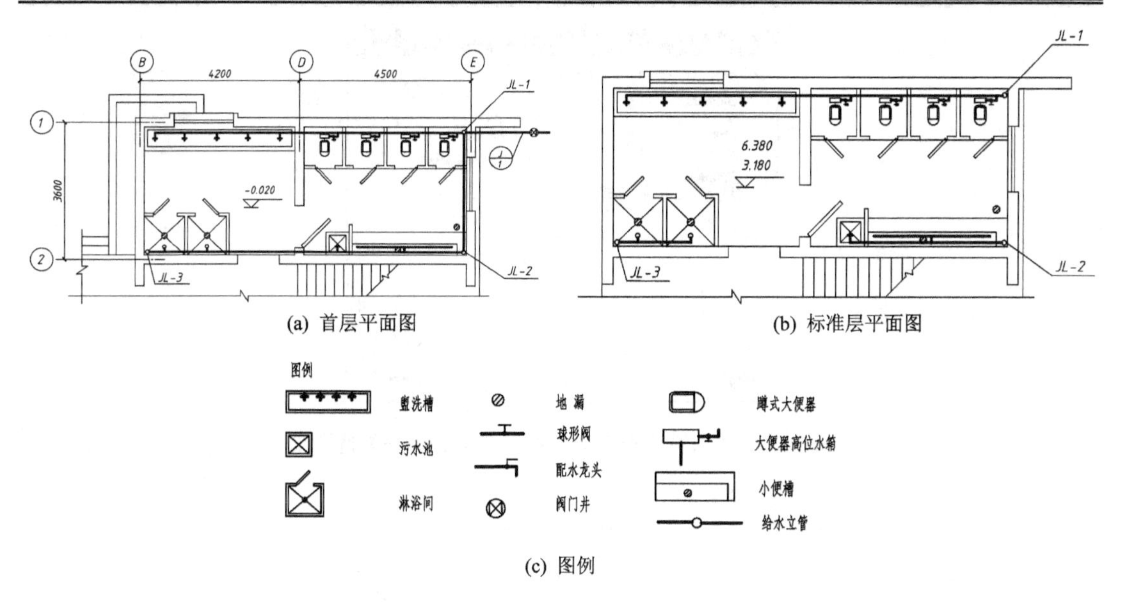


(a) 首层平面图　　(b) 标准层平面图

(c) 图例

**图 11.14 建筑给水管道平面布置图**

## 11.2.2 管道系统轴测图的绘制

### 1. 管道系统轴测图的绘制特点

管道系统轴测图表达管道在空间三个方向的延伸、转折交叉、连接情况和配水控件的安装位置，具有较强的直观性，画图简便，符合工程图的要求，是重要的施工图样。

《给水排水制图标准》(GB/T 50106—2001)规定，给水排水管道系统轴测图宜按正面斜等轴测投影绘制。管道系统的布置方向应与平面图一致，并宜按比例或局部不按比例用单线绘制。给水管线用中粗实线绘制，排水管线用粗虚线绘制。

可以按照绘制二维图形的方法，利用 AutoCAD 中绘图辅助工具“极轴追踪”和“捕捉”功能两种方法绘制，这样比采用三维建模的方法简单、快速。

### 2. 用极轴追踪功能绘制

(1) 设置“极轴追踪”功能 用命令“dsettings”或通过【工具】菜单中的【草图设置】菜单项，打开【草图设置】对话框的【极轴追踪】选项卡(图 11.15)，将角度增量设定为 45°(必要时可设 30°、60°)，选择【用所有极轴角设置追踪】功能，并选择【绝对】极轴角测量，即以当前坐标系的 *X* 轴为测量角度的基准线。

(2) 打开“极轴追踪”功能：按下状态行的【极轴】按钮或 F10 键打开“极轴追踪”功能。

(3) 绘制三个方向的定长直线：设定 *OX* 轴为水平方向(0°或 180°)，*OZ* 轴为竖直方向(90°或 270°)，*OY* 轴为倾斜的 45°(225°)方向。用【直线】命令先确定直线的起点，然后移动光标到所画直线方向，将出现橡皮筋辅助线，并在动态标注输入提示框中显示线段长度和角度值，从键盘输入直线长度值，按 Enter 键即可画出定方向定长度的直线(图 11.16)。

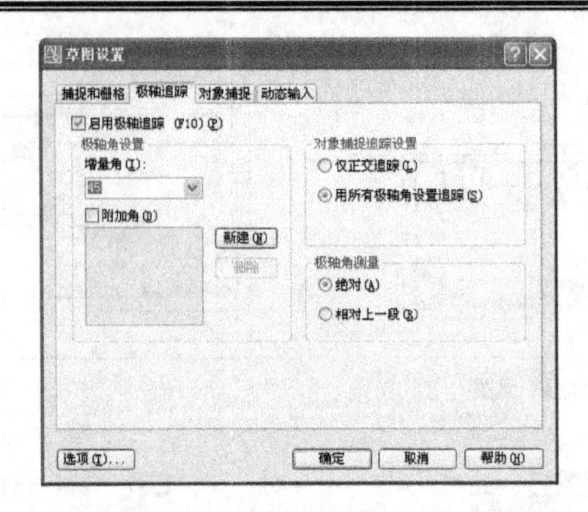


图 11.15 【草图设置】对话框的【极轴追踪】选项卡

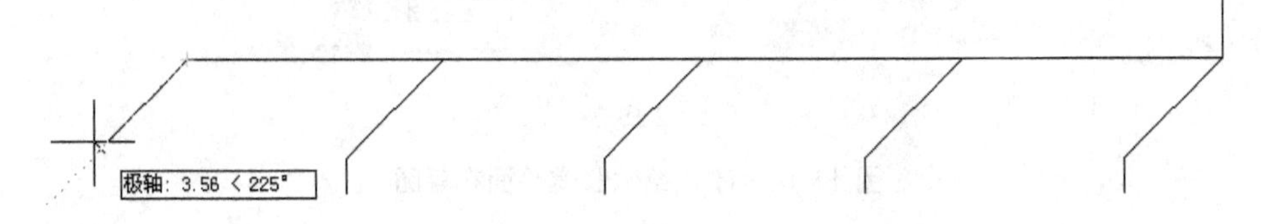


图 11.16 用极轴追踪功能绘不同方向的定长直线

3. 用捕捉功能绘制

正面斜轴测正面反映实形，在“矩形捕捉”样式下，用【直线】命令绘制水平方向(0° 或 180° )和竖直方向(90° 或 270° )定长直线。绘制 45° (225° )方向直线可以按以下方式完成：

通过【工具】菜单中的【草图设置】菜单项，打开【草图设置】对话框的【捕捉和栅格】选项卡(图 11.17)，将捕捉旋转角度设置为 45°；再用【直线】命令绘制 45° 方向直线。

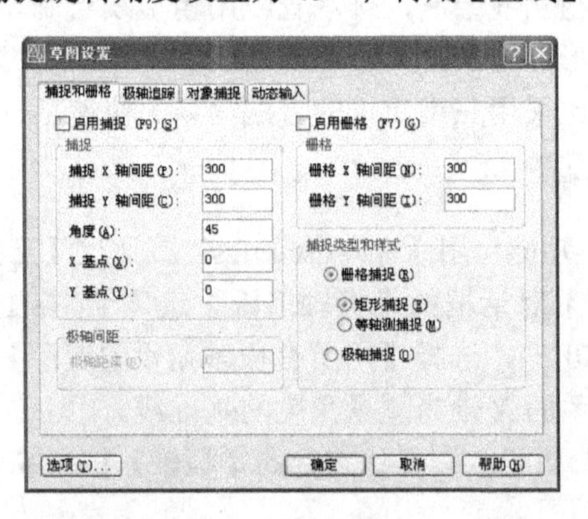


图 11.17 【草图设置】对话框的【捕捉和栅格】选项卡

4. 绘制系统轴测图的实例

建筑给水管道系统轴测图的绘制如图 11.18 所示。

(1) 设置图层：根据给水管网轴测图的内容，可设置管线、设备、墙体、标高、标注、数字等图层，并分别在不同的图层设置不同的线宽和不同的颜色，管线图层设置的线型较宽，如 0.5~0.7mm，并按下状态行的【线宽】按钮，显示线宽。

(2) 设置“极轴追踪”：设定极轴追踪角度增量为 45°，按下状态行的【极轴】按钮，进入“极轴追踪”状态。

(3) 用“极轴追踪”方式绘制管线：选择管线图层为当前层，用【直线】命令绘制干管和支管；相同的支管可以先绘制一组，若其他支管均布在管线上，可先用“_divide”(定数等分)命令把管线等分；再用【复制】命令采用“节点捕捉”方式复制支管，并进行适当的修改。交叉管线重叠部分用【修剪】命令断开。

(4) 绘制设备：切换设备层为当前层，用【直线】、【圆】、【修剪】、【断开】、【删除】等命令绘制和编辑直管、弯管、水龙头及阀门等设备，并用【创建块】或“wblock”命令将设备图例建成图块；再用【插入块】命令将设备图例块插入管道上适当的位置。

(5) 注写文本：用命令“style”或【文字样式】命令打开【文字样式】对话框，选择“gbetic.shx ”字体，并使用【大字体】中“gbcbig.shx”字体设置文字样式，字高的设置与出图比例有关。再用【多行文字】或【单行文字】命令注写管径和标高尺寸。水平、垂直和 45°方向文本的旋转角度分别设为 0°、90°和 45°，绘制结果如图 11.18 所示。

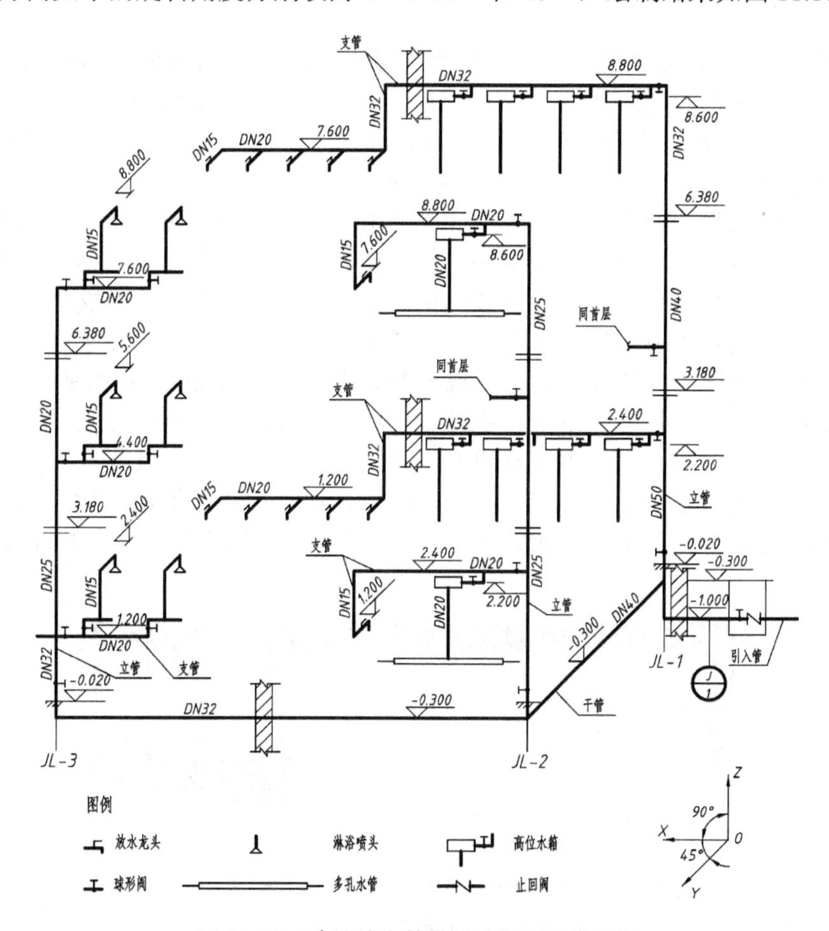


图 11.18　建筑给水管道系统轴测图的绘制

建筑排水管道系统轴测图与给水管道系统轴测图的绘制方法相似。

## 11.3　道路、桥梁工程图的绘制

道路工程的施工图包括道路路线、路基与路面、排水与防护、桥梁、涵洞、隧道等工程的施工图，下面主要介绍道路路线工程图和桥梁工程图的绘制。

### 11.3.1　道路路线工程图的绘制

道路(公路与城市道路)是一种带状三维空间结构物。路线则是指道路中心线的空间位置，它是一条由直线、曲线(圆弧曲线和缓和曲线)组成的空间曲线。道路中心线在水平面上的投影称为路线平面图简称路线的平面；用一曲面沿道路中心线铅垂剖切后，再展开在一个 $V$ 面平行面上的投影图称为路线的纵断面图；沿道路中心线上任意一点(中桩)作的法向剖切平面所得的断面图，称为该点的横断面图简称横断面。

道路路线工程图一般包括路线平面图、路线纵断面图、路线横断面图等工程图样。

1. 绘制路线平面图

路线平面图用来表达路线的方向，平面线形(直线和左、右弯道)以及沿线两侧一定范围内的地形、地物情况。图 11.20 为某高速公路中 K52＋200～K52＋900 段路线平面图。

(1) 设置图层：路线平面图包括地形和路线两部分内容，可设置地形等高线、文本、地貌、地物图例、坐标网和路线线形、文本等图层。

(2) 绘制地形图：地形图一般是用等高线和图例表示，其图线不规则，无法根据标注的尺寸和文本绘制图线，一般将地形图扫描为 JPG 或 TIF 文件后，用插入【光栅图像】命令打开【选择图像文件】对话框(图 11.19)，选定扫描的 JPG 或 TIF 文件，指定插入基点，将图像文件插入当前图形文件中；再用【工具】菜单中的【绘图顺序】菜单项，将插入的光栅图像后置。等高线和其他不规则曲线用命令“spline”(样条曲线)绘制，地形等高线绘成细实线，且每隔四条细实线绘制一条中实线；坐标网用【直线】和【偏移】等命令绘制，各种地物图例先用【直线】、【圆】、【修剪】、【断开】、【删除】等命令绘制，再用【创建块】命令将图例建成图块，用【插入块】命令插入适当的位置；注写高程数字时用【文字样式】命令设置合适文字样式，用【多行文字】或【单行文字】命令注写文本。

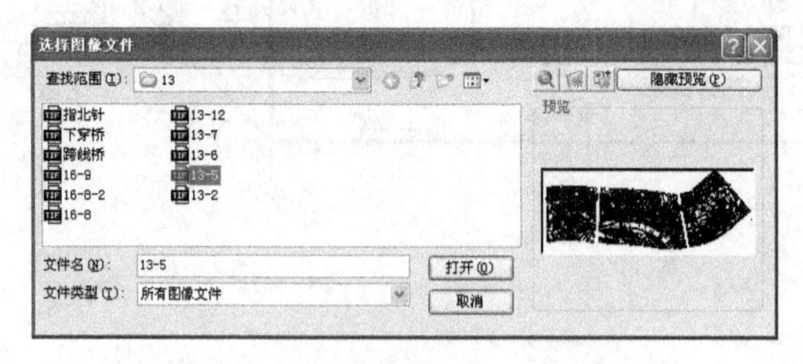


图 11.19　【选择图像文件】对话框

此外可用以下方法获得地形图：将扫描为 JPG 文件进行矢量化，直接获得地形图图形文件，该方法将文字也转换成图形文件，若需修改文本，要重新注写文本；若对地形图有更高要求，可从测绘局直接获得电子版的地形图。

(3) 绘制路线平面线形图：根据交点坐标值用【偏移】命令从坐标网偏移直线确定各交点(JD3、JD4)的位置，用【直线】命令过交点画第一条直线，根据偏角绘制未示出交点的另一直线；平曲线为圆曲线时，可用【圆角】命令指定半径绘制；若平曲线由圆曲线和缓和曲线组成时，用【圆角】命令指定半径绘制圆曲线，用【直线】命令连接交点和圆曲线圆心，根据外距 E 尺寸用【平移】命令移动圆曲线确定圆曲线和曲中点位置，利用直缓、缓圆、圆缓、缓直点桩号确定各曲线起点、终点位置，缓和曲线用【样条曲线】命令根据曲线上各点坐标值绘制。按照上述方法绘制路线平面图如图 11.20 所示。

### 2. 绘制路线纵断面图

路线纵断面图的作用是表达路线中心纵向线形以及地面起伏、地质和沿线设置构造物的概况，图样的长度表示路线的长度，竖直方向表示高程，如图 11.21 所示。路线的地面高差比线路的长度小得多，为了清晰显示竖直方向的高差，竖直方向的比例按水平方向的比例放大 10 倍，如横向比例为 1∶2000，则竖向比例为 1∶200。

绘制如图 11.21 所示路线纵断面图。

(1) 设置图层：纵断面图包括高程标尺、图样和资料表三部分内容，一般可设置标尺、测设资料、地形线、设计线、构造物、文本和辅助线等图层。

(2) 绘制测设资料表：根据横向比例、竖向比例和出图比例用【直线】、【偏移】命令绘制测设表格，再在辅助线层用【偏移】命令绘制横向和竖向辅助线，确定各桩号位置，对应各桩号在测设资料层用【单行文字】或【多行文字】命令注写里程桩号、原地面高程、设计高程、平曲线和超高要素等文本。平曲线和超高图例依据路线平面图的相关要素绘制。

(3) 绘制标尺：根据竖向比例用【直线】、【图案填充】和【单行文字】命令绘制。

(4) 绘制纵断面图：地形线用【多段线】命令绘制，多段线线宽设置为“0”，在辅助线层用【偏移】命令偏移各桩号对应原地面高程确定多段线的端点。设计线可先在辅助线层确定变坡点，再用【直线】命令绘制，竖曲线可根据曲线半径用【圆角】命令绘制。相同构造物可先绘制一个，其他的在合适的桩号处用【复制】命令生成；亦可【创建块】，再用【插入块】命令插入合适的桩号处。图中文字用【单行文字】命令注写。

### 3. 绘制横断面图

路基横断面图是在路线中心桩处作一垂直于路线中心线的断面图，如图 11.22 所示。图样中图线比较简单，由横断面设计线和地面线所构成。横断面设计线包括车行道、路肩、分隔带、边沟、边坡、截水沟、护坡道等设施，地面线是表示地面在横断面方向的起伏变化，可以按照绘制平面图形的方法绘制。但按《道路工程制图标准》(GB 50162-1992)规定：尺寸起止符宜采用单边箭头表示，箭头在尺寸线的右方时，应标注在尺寸线之上；反之，应标注在尺寸线之下。AutoCAD 不能直接标注单边箭头的尺寸，可用下述方法标注：

(1) 用【直线】、【图案填充】命令绘制图 11.23 所示单边箭头。

(2) 用【创建块】命令创建“单边箭头”块。

(3) 用【标注样式】命令打开【标注样式管理器】对话框，新建“单边箭头”标注样式，在打开的【新建标注样式】对话框(图 11.24)中，从【箭头】选项组中的【第一项】下拉列表框中选择已定义用户箭头“单边箭头”块，箭头大小可按照制图标准取设置。

(4) 选择“单边箭头”为当前标注样式，用【线性】命令标注单边箭头尺寸如图 11.22 所示。

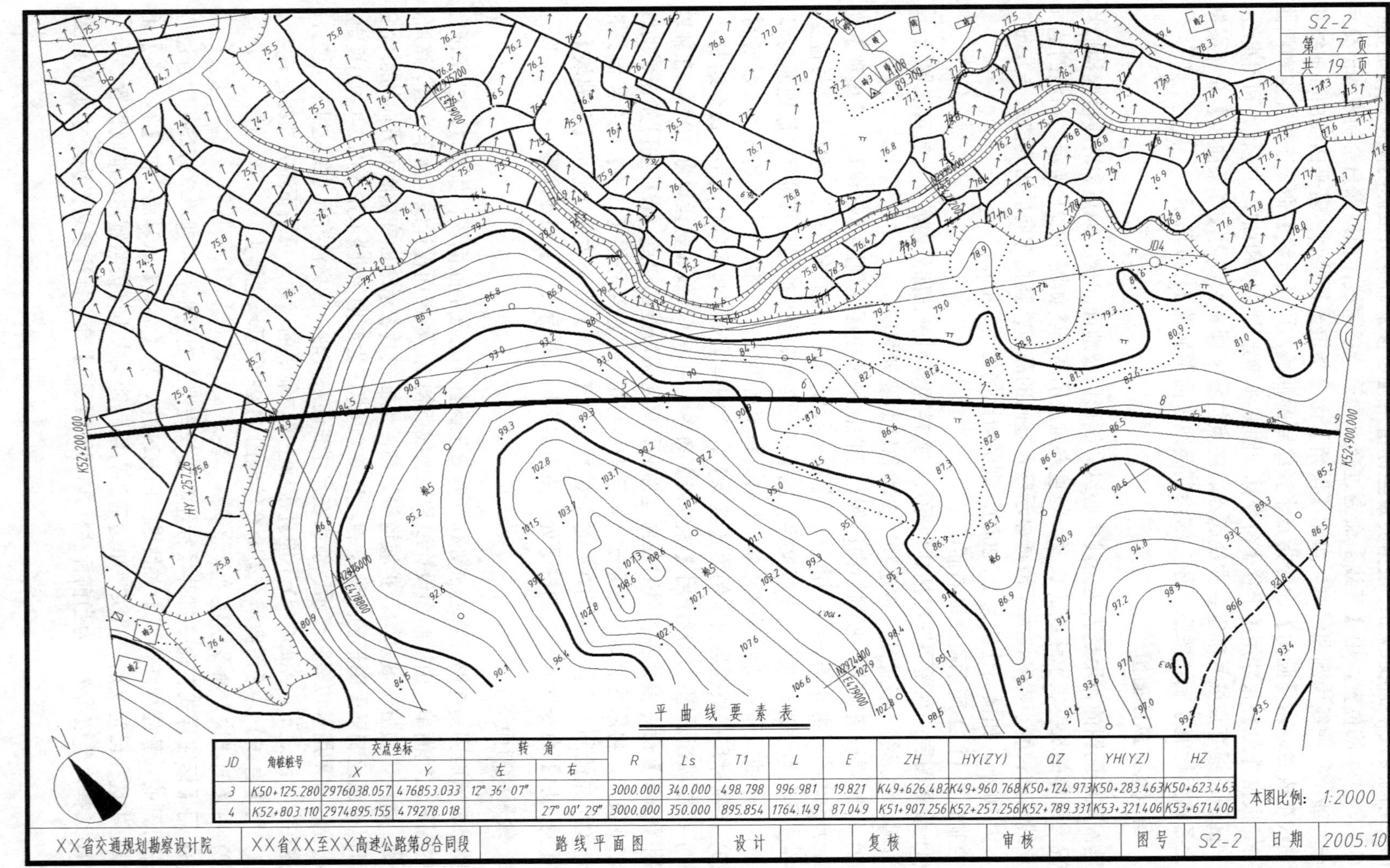


| JD | 角桩桩号 | 交点坐标 X | 交点坐标 Y | 转角 左 | 转角 右 | R | Ls | T1 | L | E | ZH | HY(ZY) | QZ | YH(YZ) | HZ |
|---|---|---|---|---|---|---|---|---|---|---|---|---|---|---|---|
| 3 | K50+125.280 | 2976038.057 | 476853.033 | 12° 36′ 07″ | | 3000.000 | 340.000 | 498.798 | 996.981 | 19.821 | K49+626.482 | K49+960.768 | K50+124.973 | K50+283.463 | K50+623.463 |
| 4 | K52+803.110 | 2974895.155 | 479278.018 | | 27° 00′ 29″ | 3000.000 | 350.000 | 895.854 | 1764.149 | 87.049 | K51+907.256 | K52+257.256 | K52+789.331 | K53+321.406 | K53+671.406 |

图 11.20　公路路线平面图

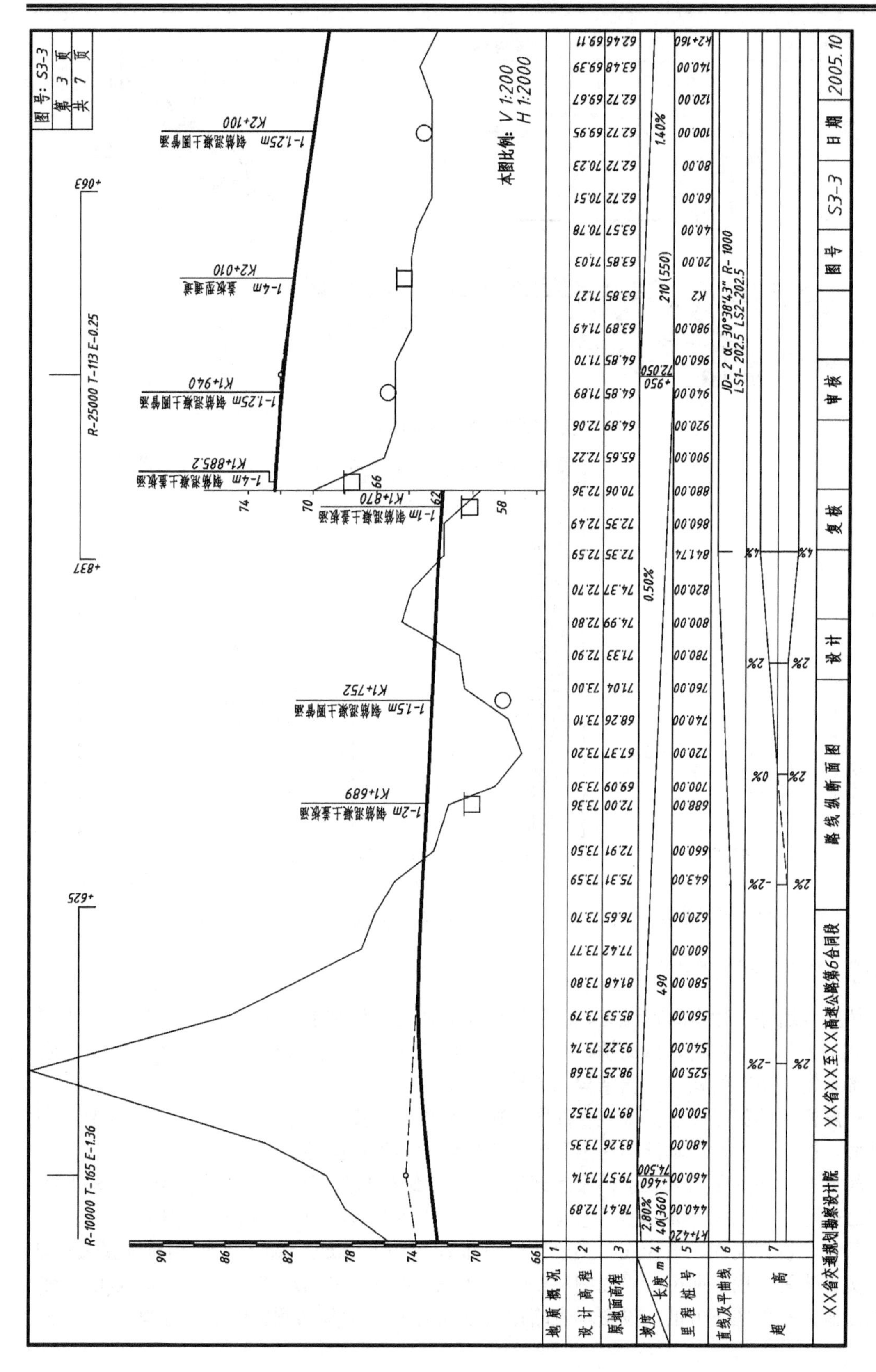


图 11.21　公路路线纵断面图

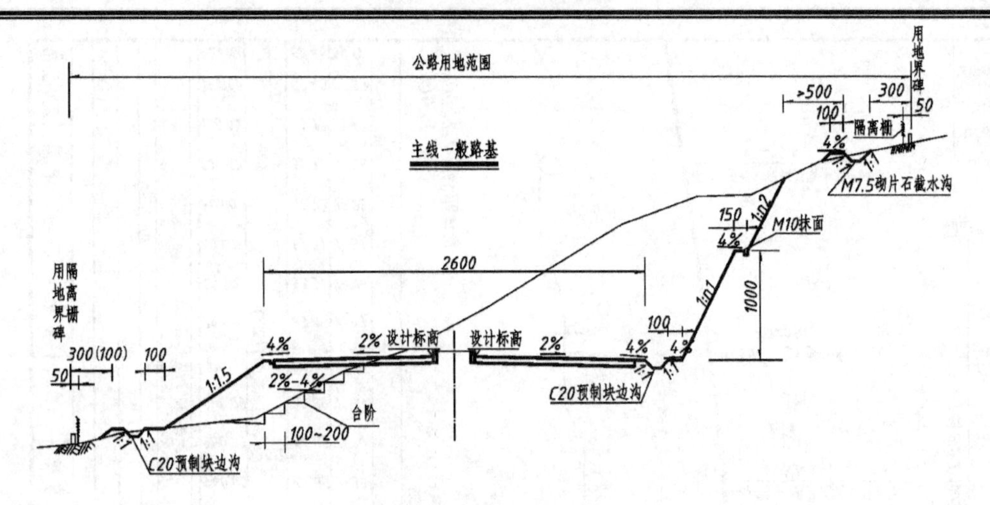


图 11.22 路基横断面图

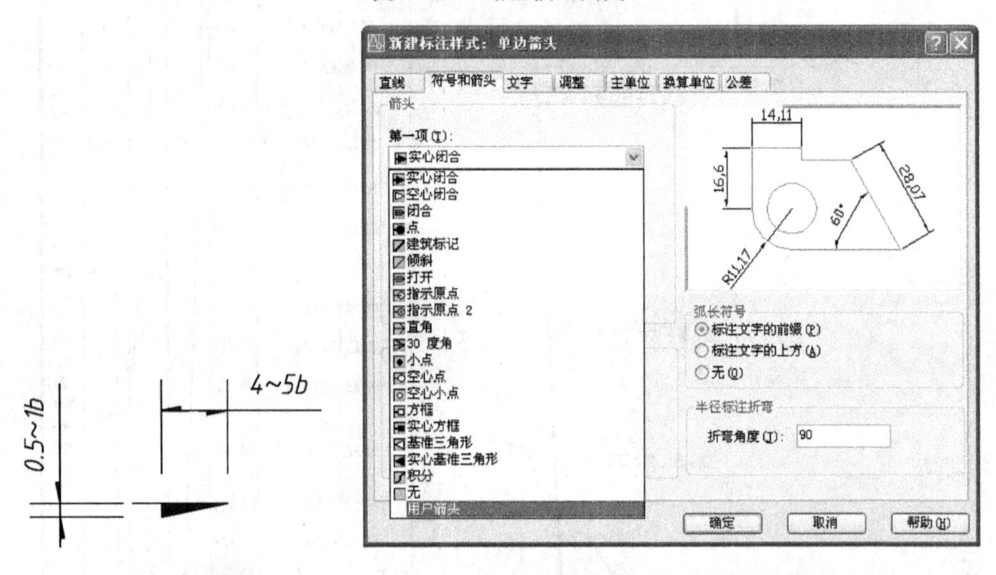


图 11.23 单边箭头

图 11.24 【新建标注样式】对话框

## 11.3.2 桥梁工程图的绘制

桥梁是道路工程中跨越江河、山谷和道路立体交叉处必不可少的工程结构物。按其结构形式可分为：梁式桥、拱式桥、刚架桥、吊桥(悬索桥和斜拉桥)及组合体系桥。其构造由上部结构、下部结构和附属结构三大部分组成。

一座桥梁的施工图包括桥位平面图和桥位地质断面图、桥梁总体布置图、主梁或主拱构件图、桥墩、桥台、基础构件图和附属构件详图等工程图样。

桥梁总体布置图用来表示桥梁上部结构、下部结构和附属构件的组成情况，如图11.25、图11.26所示。桥梁总体布置图主要表达桥梁的结构型式(斜拉桥)、跨径、起始里程桩号、总体尺寸、设计高程、设计线、主要部位的标高，同时还表示了各构件的相对位置关系以及有关说明等。由立面图、平面图和A−A、B−B、C−C、D−D、E−E剖面图构成(由于受版面限制，平面图下方的测设资料表略)。下面介绍桥梁总体布置图的绘制过程。

1. 设置图层

按照桥梁总体布置图的图示内容和线型设置图层，分别设置粗实线(桥墩、桥塔、桥台、拉索、桥面)、点画线(轴线)、虚线、细实线(地形线、文本、标高、尺寸及其他)等图层，并为各图层设置不同的颜色。

2. 绘制立面图

(1) 绘制轴线：选择“点画线”层为当前层，根据桥梁的跨径用【直线】命令绘制第一个桥墩轴线，再用【偏移】命令复制其他桥墩、桥塔轴线，并用【圆】和【单行文字】命令注写编号。

(2) 绘制桥墩、主塔、桥台：在适当位置用【直线】命令绘第一号桥塔基础底线，根据标高尺寸用【偏移】命令确定桥塔基础顶面、主塔高度；再用【直线】、【偏移】和【镜像】等命令按照对称图绘制桥塔基础和桥塔。绘制其他桥墩、桥塔和桥台时，应根据桥墩和桥台基础底线标高先用【偏移】命令确定底线，再按上述方法绘制桥墩、桥塔和桥台。

(3) 绘制桥面：根据桥面与桥塔基础顶面标高尺寸、桥面厚度，用【偏移】命令绘制桥面和桥底线，并从各桥塔往中间开始绘出各桥面板，桥中央为合拢段。

(4) 绘制拉索：首先确定拉索在桥面和主塔上的端点，可以用“measure”命令根据索距按定距等分确定拉索端点，也可用【直线】和【偏移】命令绘制辅助线确定拉索端点，再用【直线】命令采用“节点”或“交点”捕捉方式绘制主塔与桥面间的拉索。

(5) 绘制其他图例：用【多段线】绘制河道内地形线，用【直线】命令绘制通航净空、护坡等其他图例。

(6) 注写文本：用【文字样式】命令设置合适的文字样式，用【多行文字】或【单行文字】命令注写拉索编号、主桥桩号、图名以及标高等文本。

(7) 标注尺寸：用【创建块】命令创建“单边箭头”块，用【标注样式】命令定义“单边箭头”标注样式，并设置出图比例为 1∶150；选择“单边箭头”为当前标注样式标注跨径、桥墩、主塔、桥台、拉索等构件的尺寸。

3. 绘制平面图

绘平面图时，先按照平面图与立面图“长对正”的方法确定平面图中桥墩、桥塔、桥台轴线位置，再绘制桥墩、桥塔、桥台基础和桥面宽度及桥面上人行道、车行道、中央分隔带线，本图因比例较小，桥塔、拉索未绘出，桥台基础未绘成虚线(用细实线示出)。

4. 绘制剖面图

剖面图(图 11.26)分别表示主塔、桥面结构形状及尺寸，B-B 剖面图为桥面剖面图。

(1) 绘制桥面剖面图：根据桥面实际尺寸用 1∶1 比例，按照绘制对称图形的方法，先绘制桥面、人行道、中央分隔带等图形的一半，再用【镜像】命令复制对称图形，拉索和拉索基座最后绘出。

(2) 放大图形：剖面图(1∶20)比立面图、平面图(1∶150)的绘图比例大，绘图时采用与立面图、平面图相同的比例(1∶1)按照实际尺寸绘制，剖面图绘完后，再用【缩放】命令将桥面剖面图放大 7.5 倍得到放大的剖面图。

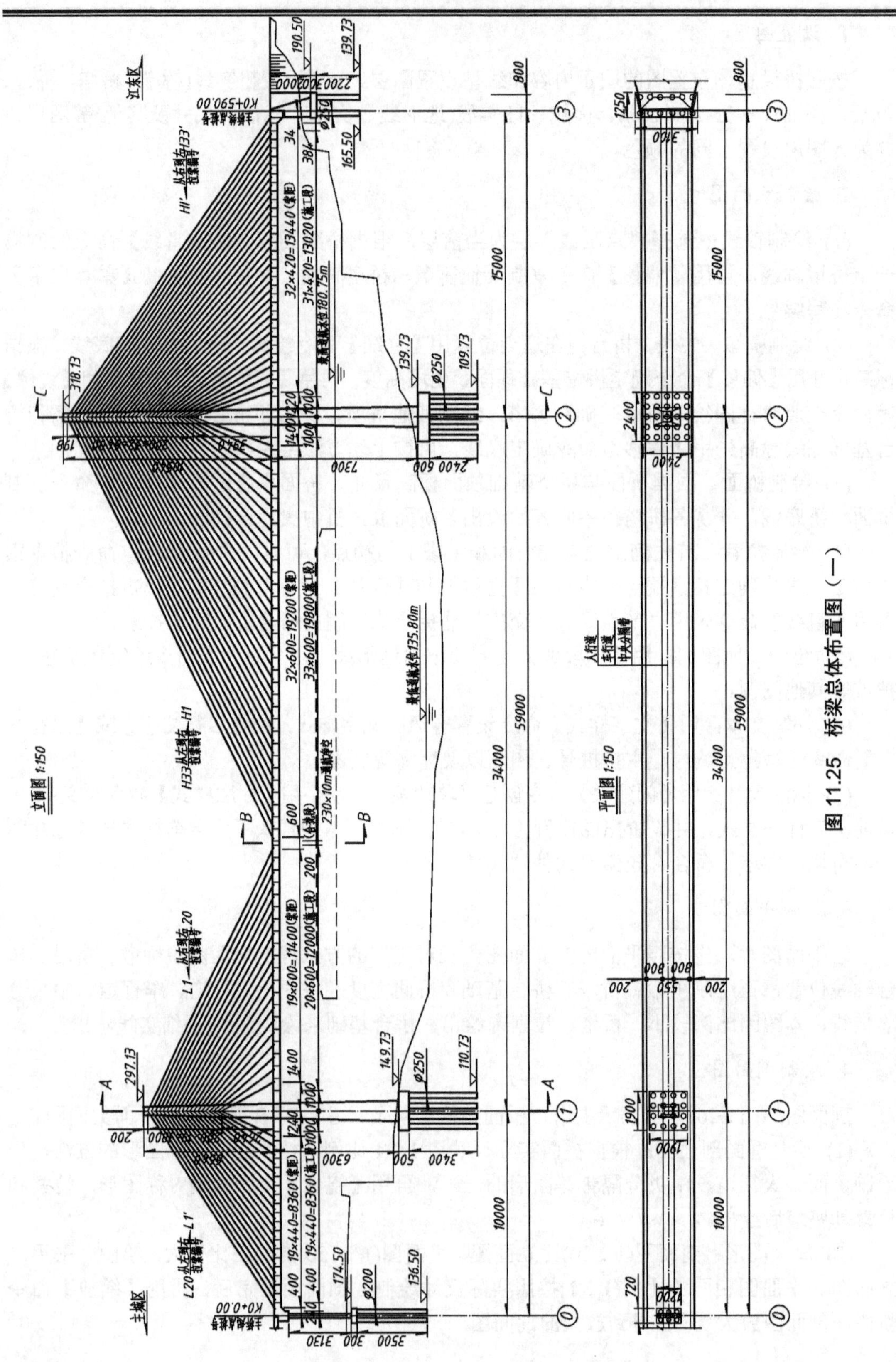


图 11.25　桥梁总体布置图（一）

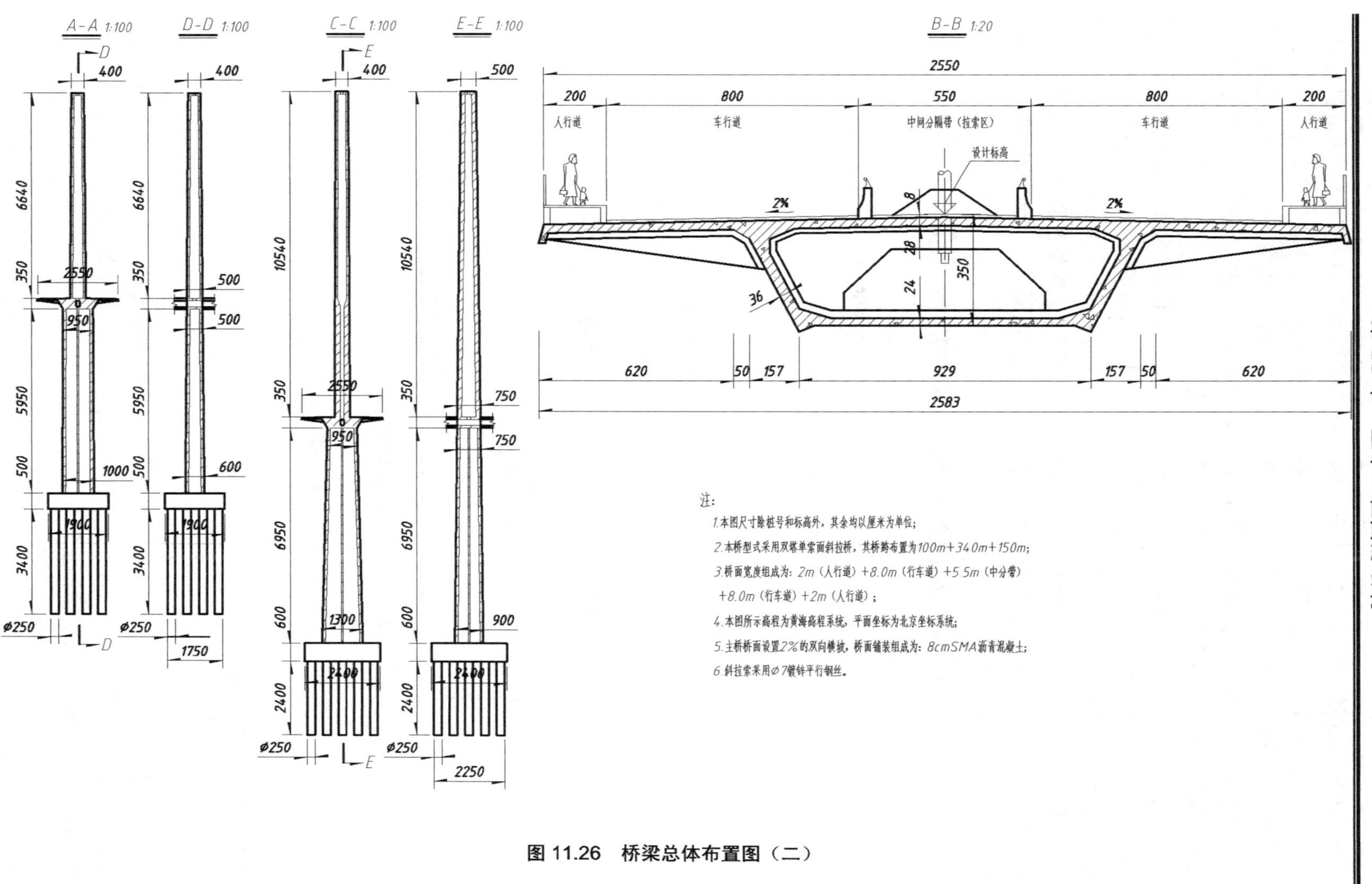


图 11.26　桥梁总体布置图（二）

(3) 绘制钢筋混凝土图例：用【图案填充】命令打开【图案填充和渐变色】对话框(图 11.27)，从“图案”中打开【填充图案选项板】对话框选择填充图例，但【填充图案选项板】中没有钢筋混凝土图例，需进行两次图案填充，即“AR-CONC”和“LINE”，单击【边界】选项区域的【添加：拾取点】按钮选择填充区域，设填充合适的“比例值”，用【预览】按钮观察填充效果，单击【确定】按钮完成图案填充。

(4) 标注尺寸：剖面图是采用放大比例绘出的图形，直接利用测量长度进行尺寸标注，标注的尺寸比实际尺寸扩大 7.5 倍。标注少量此类尺寸，可以每次标注时改变尺寸值。标注大批此类尺寸，需用【标注样式】命令打开【标注样式管理器】对话框，定义“放大单边箭头”标注样式，打开【新建标注样式】对话框，选择【主单位】选项卡，将测量单位比例区的“比例因子”设为 2/15(即 1/7.5)，并设置合适的出图比例，选择该标注样式即可直接测量长度进行尺寸标注。

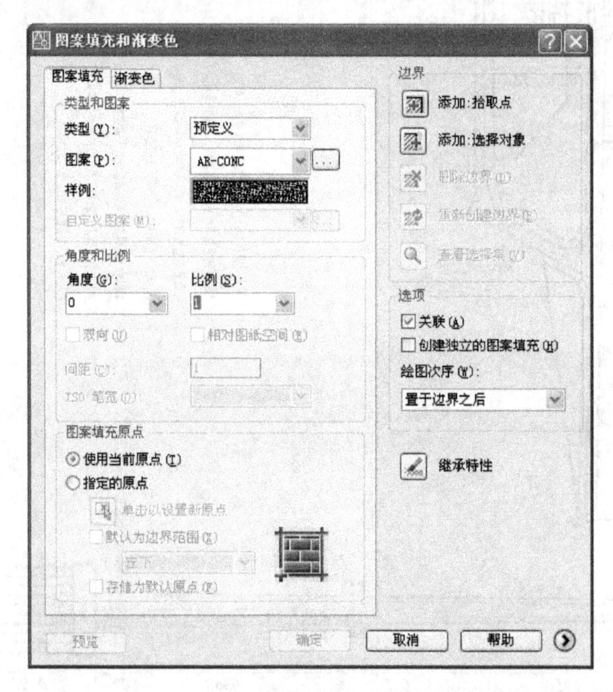


图 11.27 【图案填充和渐变色】对话框

## 11.4 上 机 实 验

### 实验 1　绘制结构施工图

1. 目的要求

熟练运用前面所学的绘图、编辑及相关命令绘制基础平面图、楼层结构平面布置图及配筋图，掌握图层、图块、【多线】及【圆环】命令的操作。了解绘制各种结构施工图的方法，能绘制符合国家标准的结构施工图。

2. 操作指导

根据结构施工图的内容设置合适的图层、图形界限、绘图单位等绘图参数；根据图样的形状确定采用的绘图方法。双墙线、放大基础线等平行线可以用【直线】、【偏移】命令绘制，也可用【多线】命令绘制，但用【多线】命令绘制平行线需用“mledit”多线编辑工具进行编辑。钢筋的断面图用【圆环】命令绘制，钢筋代号中Φ、Φ符号不能直接注写。如果同一幅图样中采用不同的绘图比例，首先用相同的比例(1∶1)按照实际尺寸绘制，再用【缩放】命令将图样放大，标注尺寸时修改标注样式中的“比例因子”后再进行标注。

根据不同专业选择绘制如下结构施工图：图 11.28 基础平面图、图 11.29 标准层结构平面布置图、图 11.8 主梁配筋图，并绘制图框和标题栏，按照 A3 图幅出图。

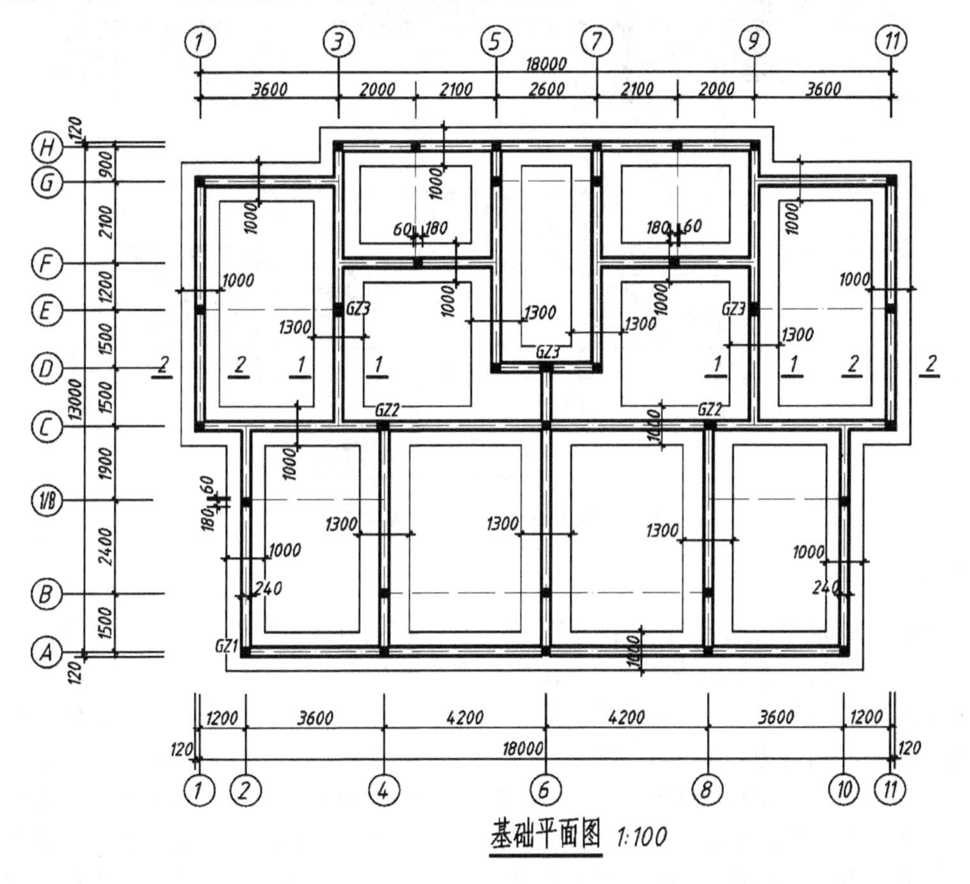


图 11.28　基础平面图

## 实验 2　绘制建筑给水排水工程图

1. 目的要求

熟练运用绘图、编辑及相关命令绘制给水排水管道平面布置图、给水排水管道系统轴测图。了解绘制建筑给水排水工程图的基本步骤，能绘制符合国家标准的给水排水工程图。

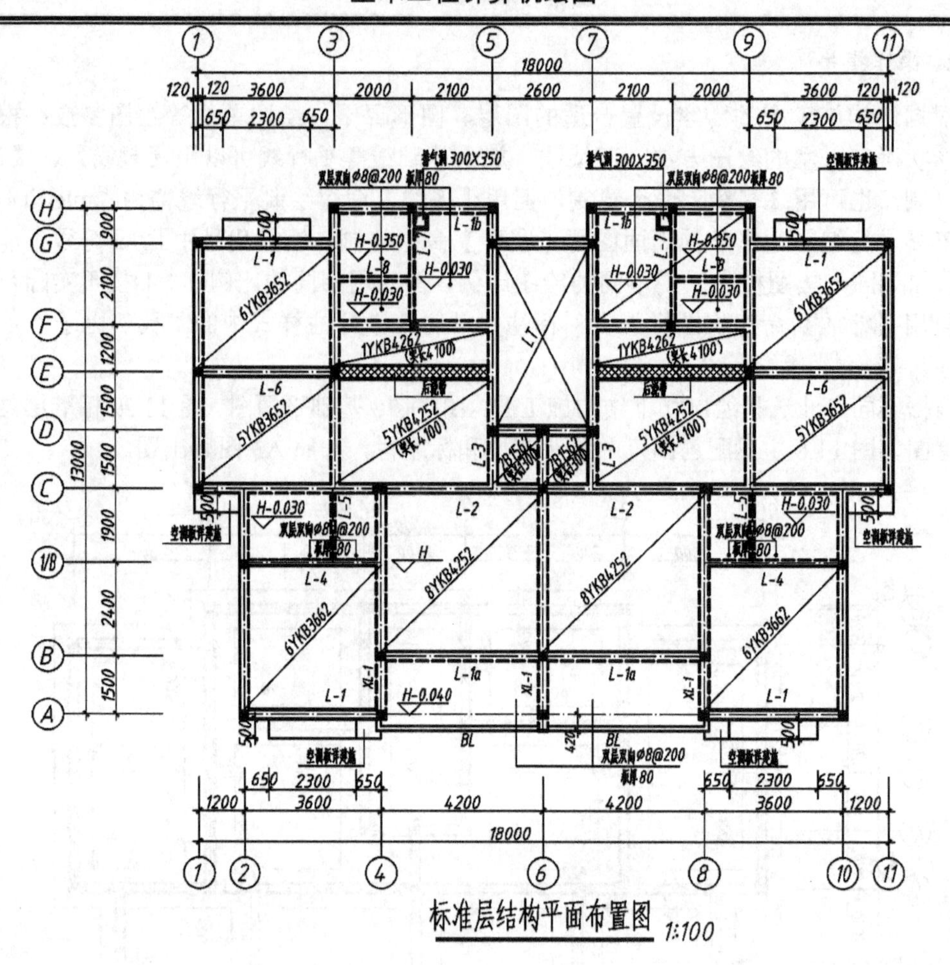


图 11.29 标准层结构平面布置图

2. 操作指导

给水排水管道平面布置图中的建筑平面图可按照绘制建筑平面图的方法绘制，或者从建筑平面图中获得；再绘制卫生器具、配水设备、配水龙头、排水设备等，并【创建块】，用【直线】命令绘制给水、排水管道；然后将图块按照合适的比例插入管道、建筑平面图中的适当位置绘出管道的平面布置图。

给水排水管道系统轴测图按照二维图形绘制，利用 AutoCAD 中绘图辅助工具【极轴追踪】和【捕捉】功能两种方法绘制：第一种方法是用命令“dsettings”或通过【工具】菜单中的【草图设置】菜单项，将角度增量设定为 45°，打开【极轴】和【极轴追踪】功能后分别绘制水平方向、竖直方向和 45° 方向的管线；第二种方法是在矩形捕捉样式下绘制水平方向和竖直方向管线，通过【工具】菜单中的【草图设置】菜单项，将栅格旋转角度设置为 45° 后绘制 45° 方向管线。

绘制图 11.14 建筑给水管道平面布置图、图 11.18 建筑给水管道系统轴测图或图 11.30 建筑排水管道平面布置图、图 11.31 建筑排水管道系统轴测图，并绘制图框和标题栏，按照 A2 图幅出图。

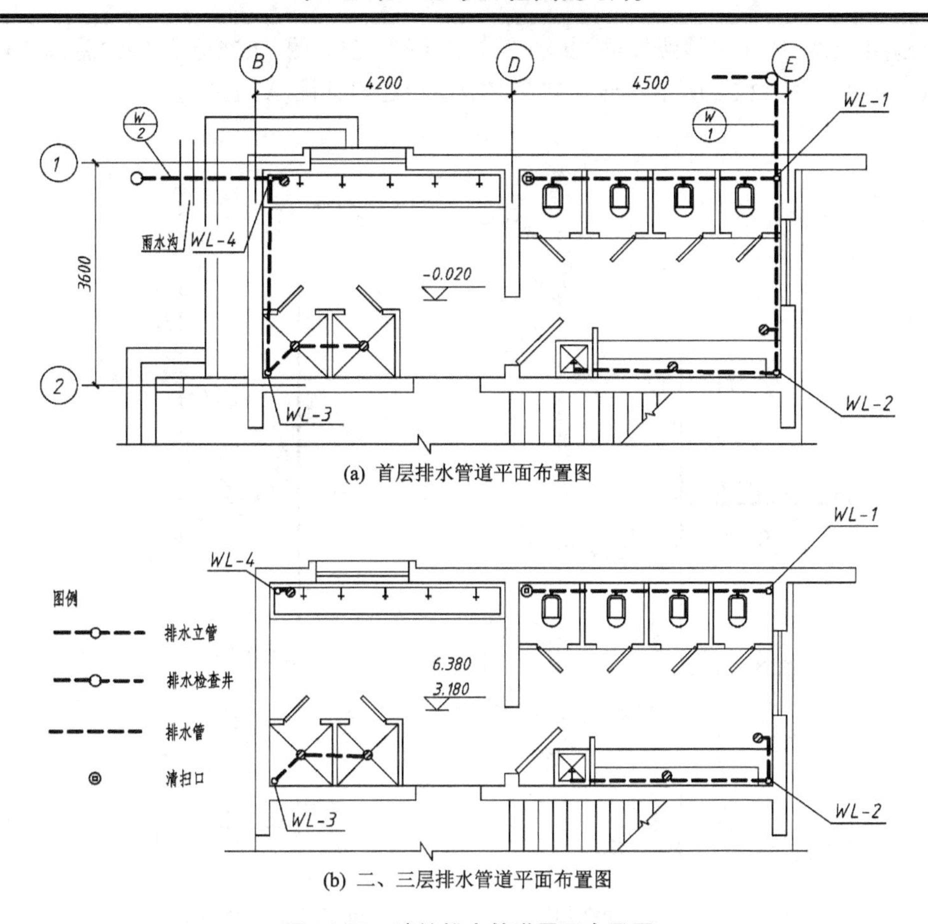


(a) 首层排水管道平面布置图

(b) 二、三层排水管道平面布置图

**图 11.30　建筑排水管道平面布置图**

## 实验 3　绘制道路、桥梁工程图

1. 目的要求

熟练运用绘图、编辑及相关命令绘制道路路线平面图、纵断面图、横断面图和桥梁总体布置图。了解绘制道路路线工程图和桥梁工程图的基本方法，能绘制符合国家标准的道路和桥梁施工图。

2. 操作指导

道路路线平面图、纵断面图、横断面图和桥梁总体布置图均按照绘制平面图形的方法绘制，但针对各种图样，采用不同方式绘制。路线平面图中地形等高线比较复杂而不规则，采用扫描地形图后用命令“spline”描绘的方法绘制。路线纵断面图图线较简单，但文本较多，且各桩号按照比例注写在表格内，以确定纵断面设计线上各点的位置，必须按桩号绘制辅助线注写文本。路线横断面图和桥梁总体布置图的尺寸标注均采用“单边箭头”标注，需用【创建块】命令创建“单边箭头”块，用【标注样式】命令定义“单边箭头”标注样式，并根据不同的出图比例设置“出图比例值”；如果同一幅图样中采用不同的绘图比例，首先用相同的比例(1∶1)按照实际尺寸绘制，再用【缩放】命令将图样放大，标注尺寸时需先修改标注样式中的“比例因子”后再进行标注。

绘制图 11.21 所示路线纵断面图(A3 图幅)、图 11.25、图 11.26 所示桥梁总体布置图(加长的 A3 图幅)或图 11.32 所示互通式立交盖板型通道设计图(A3 图幅)。

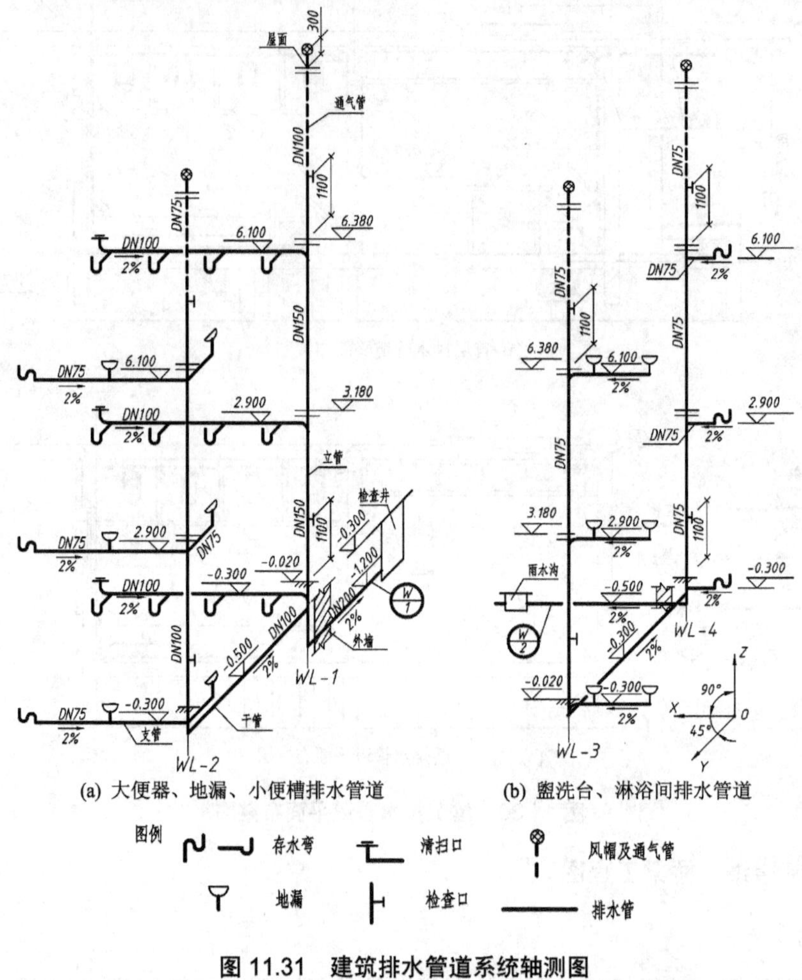


(a) 大便器、地漏、小便槽排水管道　　(b) 盥洗台、淋浴间排水管道

**图 11.31　建筑排水管道系统轴测图**

## 11.5 思考题

1. 绘制工程图时，均要求根据图样内容设置图层，多余图层怎样才能删除？
2. 按照 1∶1 的比例绘制的图形，出图比例为 1∶100，标注样式应如何设置？
3. 钢筋代号中Φ、Φ符号如何注写？
4. 给水排水管道系统轴测图按照二维图形绘制，可以采用哪些方法？
5. 如何将光栅图像插入当前图形文件中？
6. 如何设置单边箭头尺寸标注样式？
7. 图形未按照 1∶1 的比例绘制，怎样设置尺寸标注样式，才能直接测量长度进行尺寸标注？

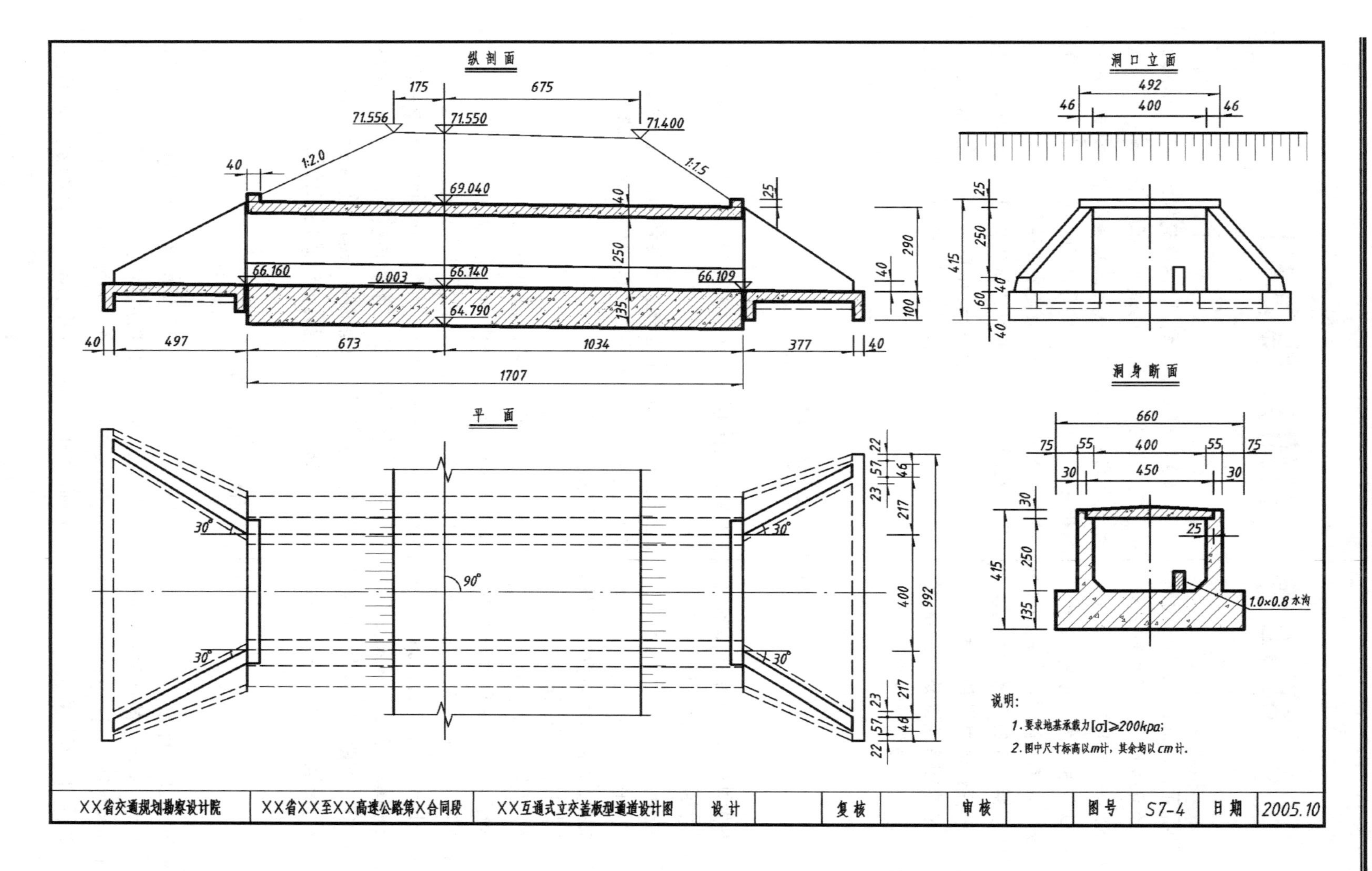


图 11.32　××互通式立交盖板型通道设计图

# 第12章 三维建模基础

**教学提示**：AutoCAD 2006 提供了 9 种 3D 建模方法，利用 CAD 建模方法，可以绘出形象逼真的立体图形。实体的三维建模，广泛应用于建筑、机械设计及广告领域。用户坐标系(UCS)是一种可变动的坐标系统，大多数 CAD 的三维建模与三维编辑命令取决于用户坐标系的位置和方向。可用 17 种方法编辑三维实体，对三维实体的面和边可进行拉伸、移动、旋转、偏移、倾斜、复制、着色、分割、抽壳、清除、检查或删除操作。

**教学目标**：了解用多种建模方法得到三维模型，针对不同的模型应用不同的建模方法建模。在建模设计中遇到具体问题时，应根据各种模型成形的过程具体分析，合理、灵活、快速地应用建模方法来建立三维模型。了解 CAD 的三维编辑命令取决于用户坐标系的位置和方向，学会用多种方法编辑三维实体。

## 12.1 三 维 模 型

三维模型实际上是平面图形增加了厚度，三维模型可通过多种建模方法得到，同时三维模型还可通过三维视点位置的改变来观察。

三维空间是在二维空间(X，Y)加上 Z 轴坐标，是一个立体的透视环境。平面视图是厚度为零的三维图，平面图形是三维模型在三维空间中沿某一方向的投影，透视图是在三维空间中通过修改视点的位置而观察到的三维图。

三维模型有以下三种形式。

(1) 线框模型：对象由点、线构成，线框模型不能渲染、消隐和进行布尔运算。

(2) 表面模型：对象由若干小的平面或曲面构成，能够渲染、消隐和进行布尔运算。

(3) 实体模型：对象是具有三维空间的实体，能够渲染、消隐和进行布尔运算。

用“change”和“chprop”命令可以修改实体模型的厚度；通过“revsurf”命令可以构造旋转表面模型；通过“extrude”命令可以将二维图形拉伸为三维实体模型；通过“revolve”命令可以将二维图形旋转为三维实体模型。现今流行的三维建模方法都可在 AutoCAD 中完成，用户只需选择视点，AutoCAD 就会自动生成一个与视点方向一致的三维图形。

## 12.2 用户坐标系

AutoCAD 坐标系有两种，一种是世界坐标系 WCS，世界坐标系的坐标原点在绘图界面的左下角，坐标值的计算是以原点为参照点的；另一种是用户坐标系 UCS。三维绘图时，需在不同的视图绘制，这就需要确定新的坐标系原点和 X，Y，Z 轴的方向。用户坐标系中 X，Y，Z 轴的相互位置及方向符合右手定则，坐标系原点可移动，X，Y，Z 轴的方向可旋转，定义用户坐标系有多种方法(图 12.1)。

图 12.1　【UCS】工具条

用户坐标系是一种可变动的坐标系统，大多数 CAD 的三维编辑命令取决于 UCS 的位置和方向。UCS 命令设置用户坐标系在三维空间中的 X，Y，Z 轴三个方向，同时还定义了二维对象的拉伸方向。

## 12.2.1　旋转坐标轴确定 UCS

1. 功能

在指定的位置转动坐标系，满足绘图所需要的三维环境，原坐标系如图 12.2 所示。

2. 操作

单击按钮，绕 X 轴旋转(图 12.3)。同理，根据需要 UCS 绕 Y 轴旋转及绕 Z 轴旋转会得到不同的用户坐标系。

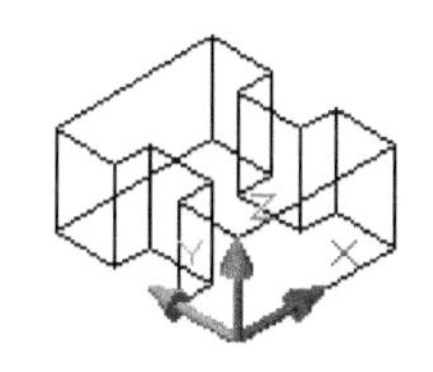

图 12.2　原坐标系

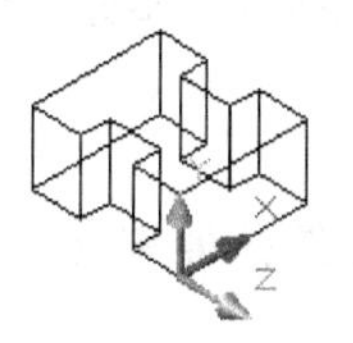

图 12.3　X 轴旋转 90° 确定 UCS

3. 说明

UCS 可旋转任意角度。例如，UCS 既可以绕 X 轴旋转 30° (图 12.5)，也可以绕 X 轴旋转−30° (图 12.6)，方向由右手定则确定。

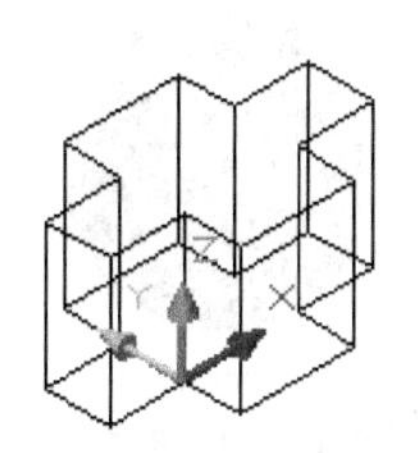

图 12.4　原坐标系

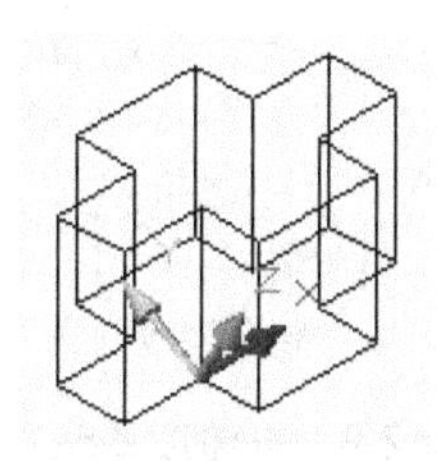

图 12.5　绕 X 轴旋转 30°

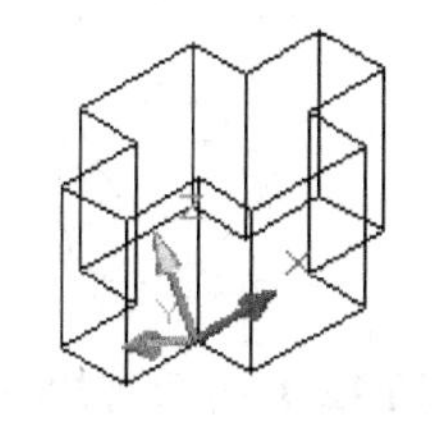

图 12.6　绕 X 轴旋转−30°

## 12.2.2　三点确定 UCS

1. 功能

三维空间任意三点可确定 UCS，指定新 UCS 的原点及其 X 和 Y 轴的正方向，Z 轴的正方向由右手定则确定。

2. 操作

单击按钮，按提示分别选择三维空间中所需的三点。

3. 说明

用此选项可指定三维空间的任意坐标系，第一点指定新 UCS 的原点，第二点定义 X 轴的正方向，第三点定义 Y 轴的正方向，第三点可以位于新 UCS XY 平面的正 Y 轴范围上的任何位置，如同图 12.7 先选择 0 点，再选择 1 点和 2 点，0、1、2 三个点确定的平面是左侧面。

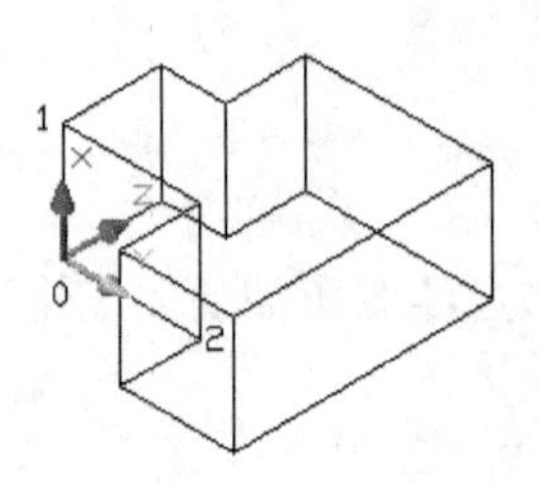


图 12.7　三点确定 UCS

### 12.2.3　拉伸正 Z 轴方向确定 UCS

1. 功能

定义二维对象的拉伸方向为 Z 轴的正方向。

2. 操作

单击按钮，先选择第一点即新的坐标原点，再选择第二点即 Z 轴的方向。例如单击按钮，选择球心，再选择 Z 轴方向，X Y 平面垂直于新的 Z 轴，绘制要拉伸的小圆柱(图 12.8)，执行【拉伸】命令(图 12.9)，球【布尔减】圆柱并着色(图 12.10)。

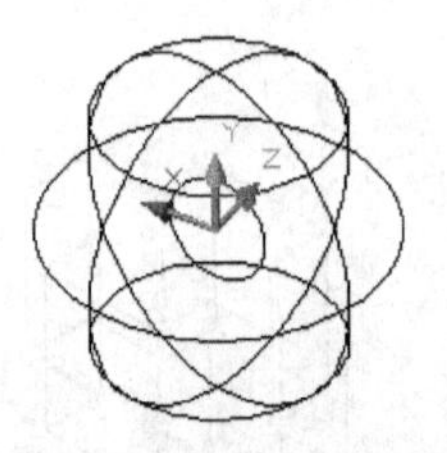

图 12.8　选择球的圆点

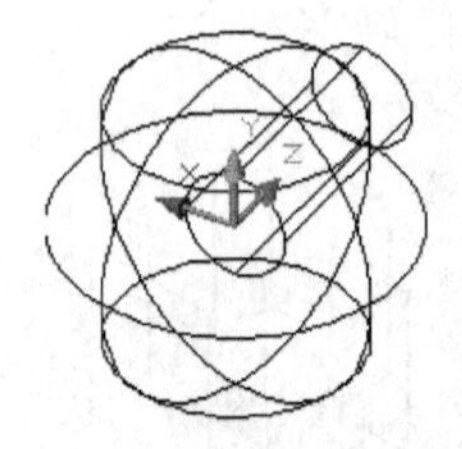

图 12.9　拉伸正 Z 轴方向

图 12.10　着色

### 12.2.4　改变坐标原点位置

1. 功能

移动坐标原点到新的位置，原坐标系如图 12.11 所示。

2. 操作

单击按钮，指定原点的新位置(图 12.12)，或指定第二点的位移量。如图 12.13 所示指定原点的新位置后，单击按钮，选择小矩形，指定位移的第二点坐标为(0，0，20)。

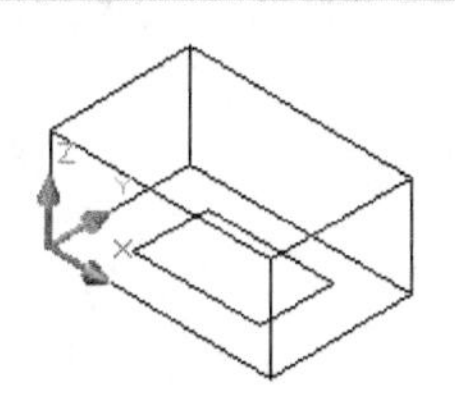

图 12.11　原坐标系

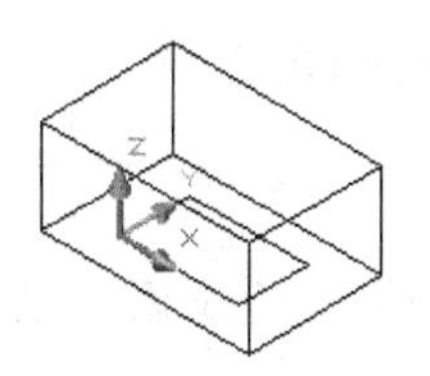

图 12.12　原点的新位置

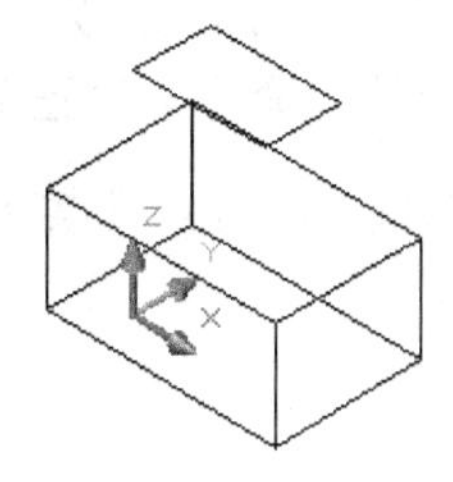

图 12.13　小矩形向 Z 轴正方向移动 20

### 12.2.5　面确定 UCS

1. 功能

将 UCS 与选定的面对齐，用面确定新的 UCS。

2. 操作

单击按钮，选择某一个面，需在此面的边界内或面的边界上单击，被选中的面将亮显(图 12.14)，X 轴将与找到的面上的最近的边对齐。

**注意**：被选中的对象是实体的面或边。

3. 说明

用面确定新的 UCS 后，绘制管道断面，在俯视图上绘制管道路径，路径垂直于管道断面，并与 XY 平面平行(图 12.15)。选择【拉伸】命令，选择管道断面，选择路径(图 12.16)，拉伸管道断面并着色(图 12.17)。

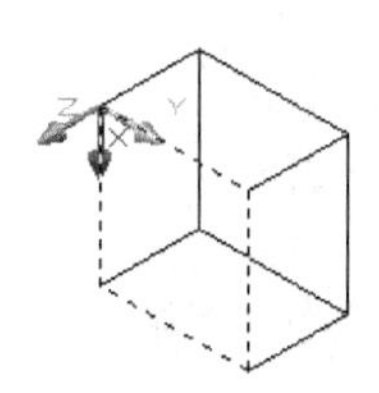

图 12.14　面确定 UCS

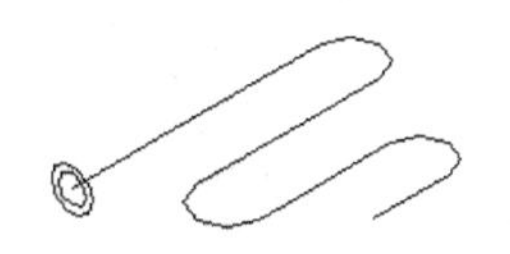

图 12.15　绘制管道断面和路径

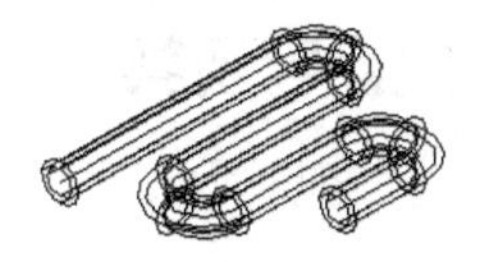

图 12.16　管道拉伸

图 12.17　管道着色

### 12.2.6　选择对象确定 UCS

1. 功能

根据选定的三维对象定义新的坐标系。

2. 操作

以图 12.18 为例说明，要拉伸三维面上的圆，先单击按钮，再选定三维面上的圆，定义新的坐标系(图 12.19)，选择【拉伸】命令，沿正 Z 轴方向拉伸三维面上的圆。

**注意**：被选中的对象是多段线等轮廓线，也可以是实体的边。

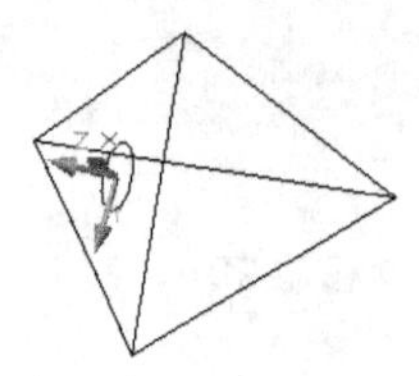

图 12.18　选定三维面上的圆

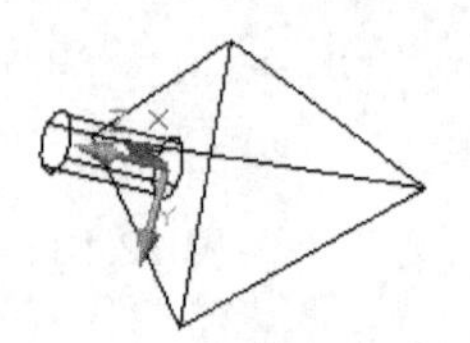

图 12.19　拉伸三维面上的圆

### 12.2.7　视图确定 UCS

1. 功能

新坐标系的 XY 平面平行于屏幕，UCS 原点保持不变。

2. 操作

单击按钮后，新坐标系的 Z 轴垂直于用户，对象平行于屏幕。

3. 说明

在三维视图中标注文字，文字是倾斜的，如图 12.20 所示，在三维视图中标注的文字若需以正常平面形式显示，即文字平行于屏幕，那么就要用变换 UCS 后，再输入文字(图 12.21)。

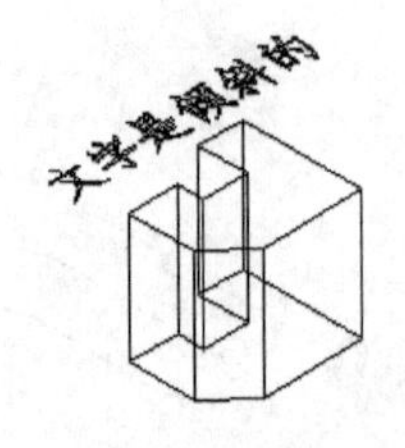


图 12.20　文字是倾斜的

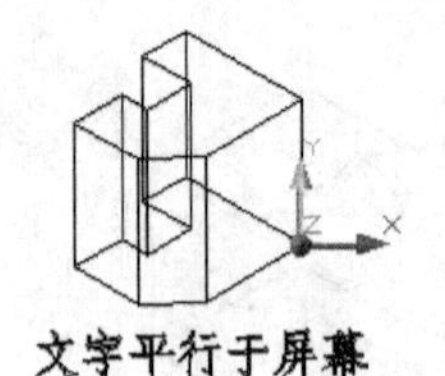


图 12.21　平面形式显示

## 12.3　视点、视口的设置与观察

### 12.3.1　三维视点的概念

根据输入的 X、Y 和 Z 坐标，定义观察视图的方向矢量。方向矢量是指观察者从视点向原点(0，0，0)方向观察。如图 12.22 所示，角 P 表示视线 MO 与 XY 平面的夹角；角 A 表示视线 MO 的投影与 X 轴的夹角，同时，角 A 与角 P 唯一确定视点 M。

### 12.3.2　三维视点的设置

1. 用对话框设置视点

单击【视图】下拉菜单，选择【三维视图】下的【视点预置】(图 12.23)用鼠标拨动指针，确定角 A 与角 P，随之视点确定。

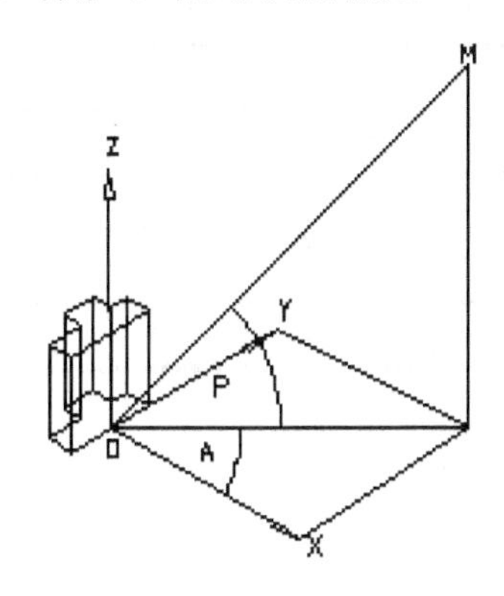


图 12.22　三维视点

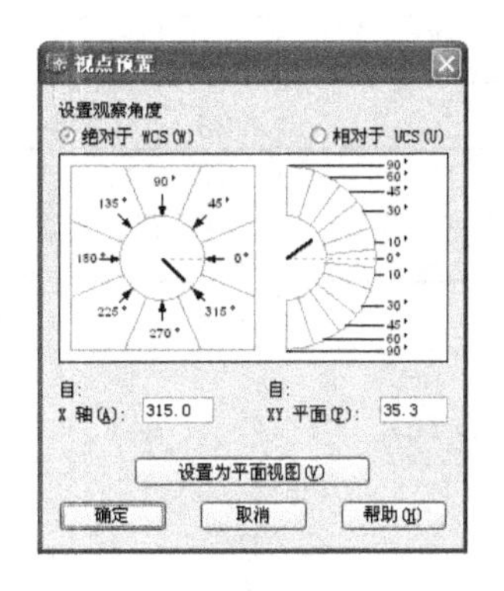


图 12.23　用对话框设置视点

2. 用罗盘设置视点

单击【视图】下拉菜单，选择【三维视图】下的【视点】，出现如图 12.24 所示的坐标轴和罗盘。

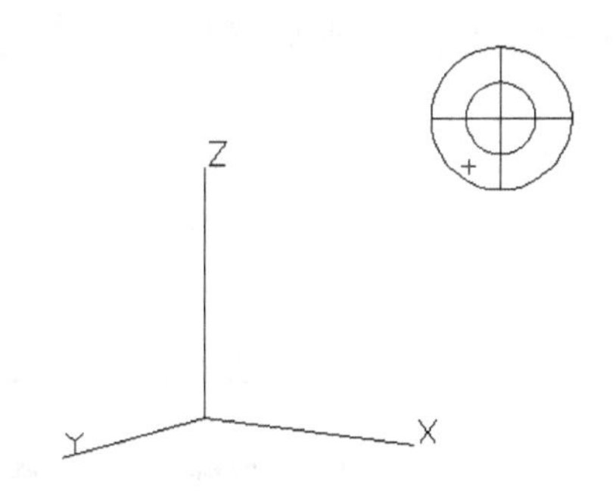


图 12.24　用罗盘设置视点

罗盘相当于球在水平面的投影，光标在罗盘上的位置确定了视点的空间位置，显示的坐标球和三轴架，用来定义视口中的观察方向，指南针是球体的二维表现方式，中心点是北极，内环是赤道，整个外环是南极，用鼠标将指南针上的小十字光标移动到球体的任意位置上，移动十字光标时，三轴架根据坐标球指示的观察方向旋转，需要选择观察方向时，可把十字光标移动到球体上的某个位置并进行选择。

3. 设置标准视点

标准视点设置见表 12-1。

表 12-1　标准视点

| 名　　称 | A　　角/° | P　　角/° |
|---|---|---|
| 顶视图 TOP | 270 | 90 |
| 底视图 BOTTOM | 270 | -90 |
| 左视图 LEFT | 180 | 0 |
| 右视图 RIGHT | 0 | 0 |
| 前视图 FRONT | 270 | 0 |
| 后视图 BACK | 90 | 0 |
| 西南视图 SW | 225 | 45 |
| 东南视图 SE | 315 | 45 |
| 东北视图 NE | 45 | 45 |
| 西北视图 NW | 135 | 45 |

### 12.3.3　设置多视口

1. 功能

设置多视口，观察各视点对应的图形。

2. 操作

单击【视图】下拉菜单中【视口】选项的【新建视口】，弹出如图 12.25 所示的对话框，可选择 1～4 个视图。

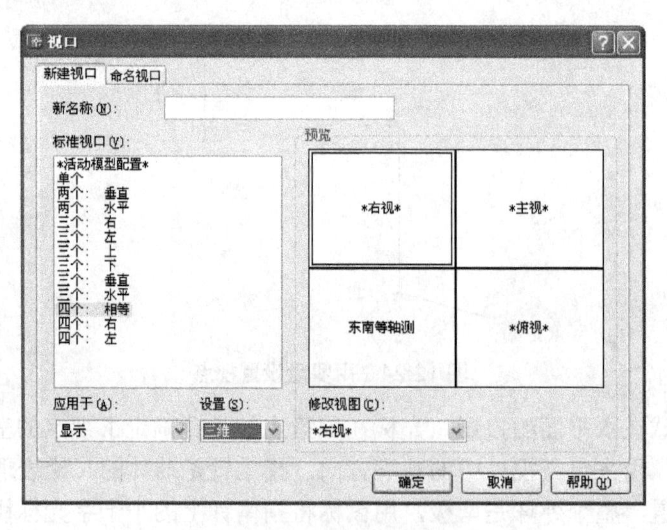


图 12.25 【视口】对话框

3. 说明

显示墙体的四个视口(图 12.26)，其中只有一个视口是当前视口(当前视口用粗框显示)，若需修改某一视口，必须选择此视口，也称激活该视口。

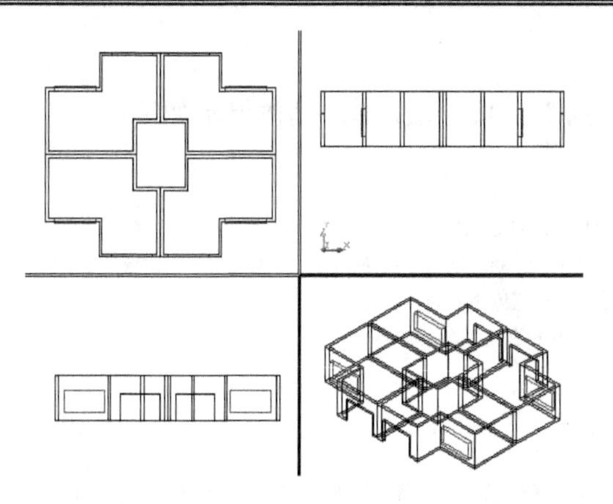

图 12.26　显示墙体的四个视口

### 12.3.4　三维视图动态观察

1. 功能

交互式动态观察三维视图。

2. 操作

选择【视图】下拉菜单中【三维动态观察器】命令。如图 12.27 所示，光标移到上下两个小圆中，拖动对象绕 X 轴旋转；光标移到左右两个小圆中，拖动对象绕 Y 轴旋转；光标移到大圆内，对象在大圆内沿拖动的轨迹旋转。

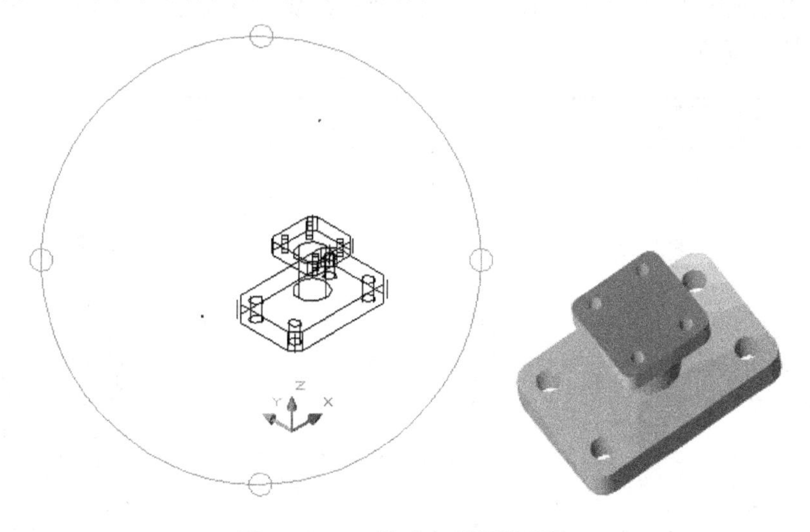


图 12.27　三维动态观察器观察

### 12.3.5　dview 动态观察

1. 功能

多功能交互动态观察当前视图，用户可以改变视图方向，缩放比例和旋转角度，还可选择透视、平行投影方式以及前后裁剪平面。

2. 操作

在命令行输入“dview”，按 Enter 键，具体提示如下。

```
命令：dview
选择对象或 <使用 DVIEWBLOCK>
输入选项：：[相机(CA)/目标(TA)/距离(D)/点(PO)/平移(三维 PA)/缩放(Z)/扭曲(TW)/剪裁(CL)/隐藏(H)/关(O)/放弃(U)]：Z
指定缩放比例因子：<1>(图 12.28)
```

3. 说明

在三维空间中工作时，经常要显示几个不同的视图，以便可以轻易地验证图形的三维效果。最常用的视点是等轴测视图，使用它可以减少视觉上重叠的对象数目。通过选定的视点，可以创建新的对象、编辑现有对象、生成隐藏线或着色视图。

### 12.3.6 透视观察

1. 功能

透视观察三维视图方式，观察的对象距照相机越近，显示的对象越大。

2. 操作

选择【视图】下拉菜单中的【三维动态观察器】，右击，选择【投影】选项中【透视】项，即可观察透视图(图 12.29)。当使用透视观察三维视图方式时，图形窗口左下角的 UCS 坐标为一透视立方体。

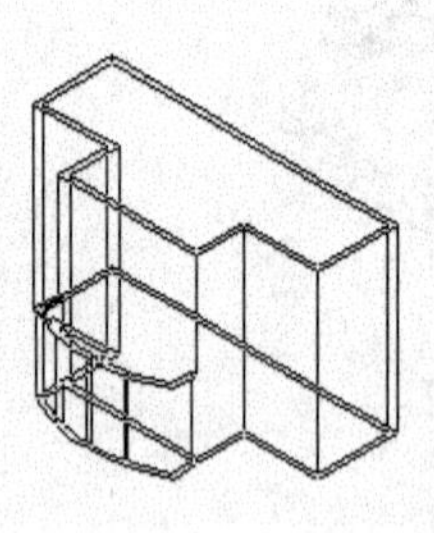

图 12.28 dview 动态观察

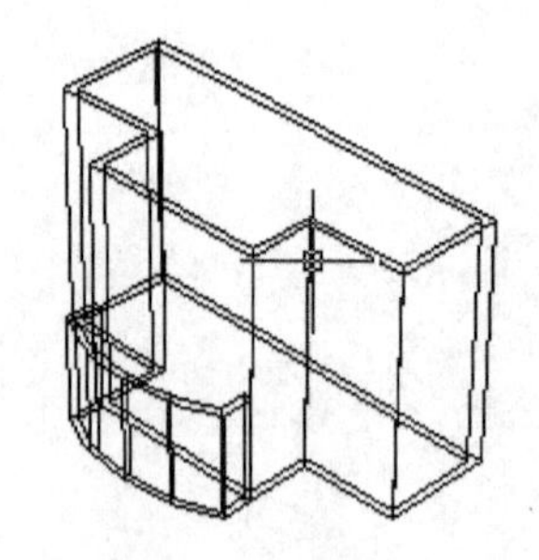

图 12.29 透视观察

### 12.3.7 连续观察

1. 功能

连续观察三维视图。

2. 操作

选择【视图】下拉菜单中【三维动态观察器】，右击，选择【其他】中【连续观察】。连续观察前，先连续移动对象，放开鼠标后，对象就按原设置的连续移动方式连续转动，右击停止(图 12.30)。

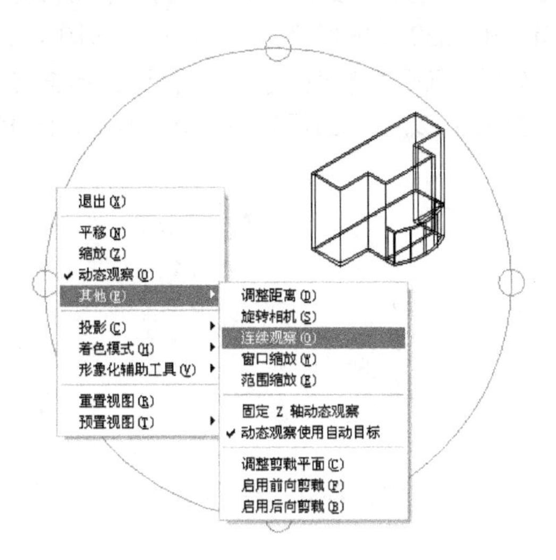


图 12.30　连续观察

# 12.4　三维点线面的绘制

## 12.4.1　三维点的绘制

三维空间的点可用三维坐标表示。输入三维坐标值(X，Y，Z)，类似于输入二维坐标(X，Y)。除了指定 X 和 Y 值以外，还需要指定 Z 值。

Z 值可以采用以下几种方法得到：

(1) 在命令行直接输入 Z 坐标。例如绘制图 12.31 中三维点的步骤如下。

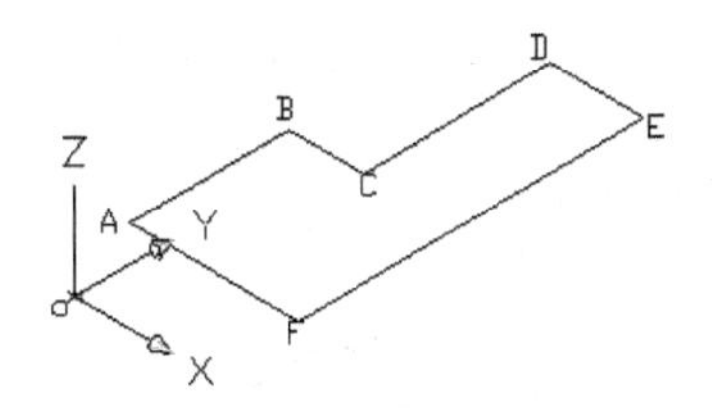


图 12.31　三维空间的点

```
命令：_line 指定第一点：FROM
基点：0，0，0(O 点)
<偏移>：20，30，40(A 点)
指定下一点或 [放弃(U)]：20，200，40(B 点)
指定下一点或 [放弃(U)]：100，200，40(C 点)
指定下一点或 [闭合(C)/放弃(U)]：100，300，40(D 点)
```

```
指定下一点或 [闭合(C)/放弃(U)]：200，300，40(E点)
指定下一点或 [闭合(C)/放弃(U)]：200，30，40(F点)
指定下一点或 [闭合(C)/放弃(U)]：20，30，40(A点)
```

(2) 三维空间点的 Z 坐标可用修改厚度命令得到。单击特性按钮，或在命令行输入"properties"命令，修改图 12.32 中的厚度为 200，得到如图 12.33 所示的图形。

(3) 三维空间点的 Z 坐标还可用修改标高命令得到。单击特性按钮，或在命令行输入"properties"命令，修改图 12.32 中的标高为 240，得到如图 12.34 所示的图形。

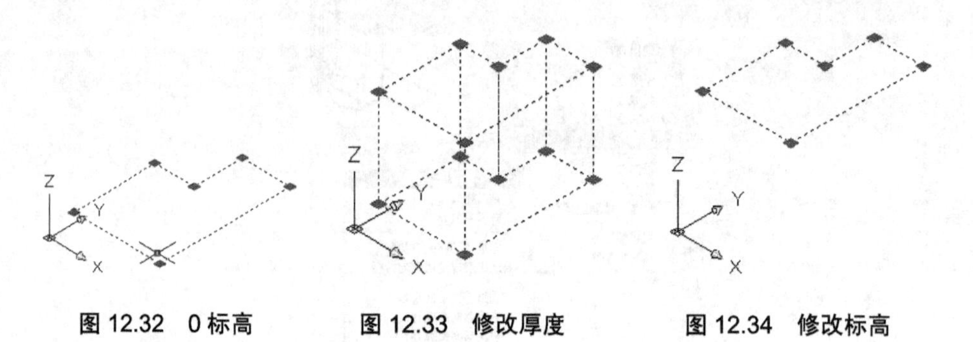


图 12.32　0 标高　　　图 12.33　修改厚度　　　图 12.34　修改标高

### 12.4.2　三维线的绘制

1. 连接两个三维点的连线(图 12.35)

```
命令：_line
指定第一点：0，0，0(A点)
指定下一点或 [放弃(U)]：200，0，0(B点)
指定下一点或 [放弃(U)]：200，300，0(C点)
指定下一点或 [闭合(C)/放弃(U)]：0，300，300(D点)
指定下一点或 [闭合(C)/放弃(U)]：0，0，300(E点)
命令：_line 指定第一点：0，0，0(A点)
指定下一点或 [放弃(U)]：0，300，0(F点)
```

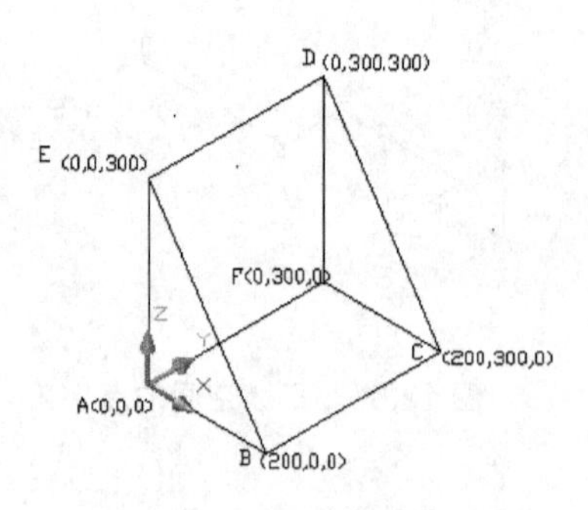


图 12.35　三维线的绘制

2. 三维空间线的 Z 坐标可用修改厚度命令得到

单击特性按钮，选择 ED 直线(图 12.36)，修改 ED 厚度为 200(图 12.37)。

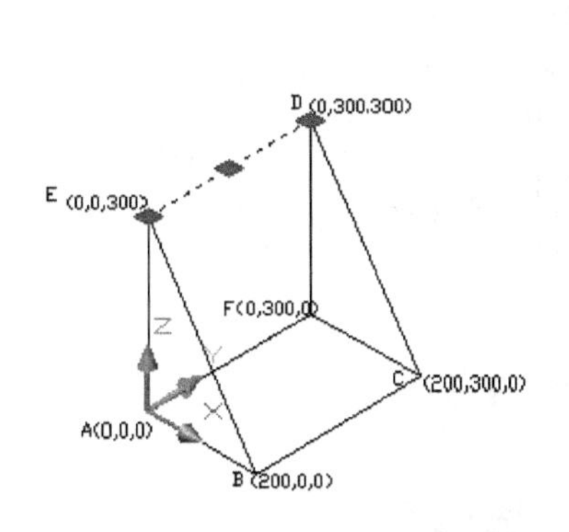


图 12.36　选择 ED 直线　　　　图 12.37　修改厚度为 200

### 12.4.3　三维面的绘制

1. 功能

用“3dface”命令可以绘制三维空间任意位置的平面，平面的顶点不超过四个，且该命令构造的平面只显示其棱线。

2. 操作

绘制的三维点后(图 12.38)，在命令行输入“3dface”命令，依次输入 A，M，K，D 四点的三维坐标即可得到 AMKD 平面，同理可得其他三个方向的三个平面(图 12.39)。

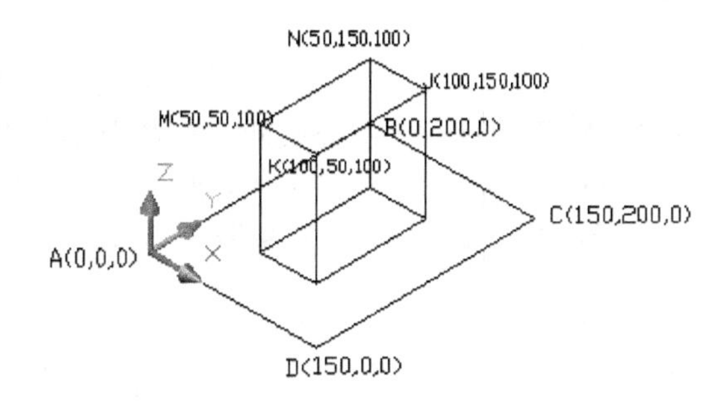


图 12.38　绘制三维点

```
命令：3f
3DFACE 指定第一点或 [不可见(I)]:0, 0, 0(输入 A 点坐标)
指定第二点或 [不可见(I)]:50, 50, 100(输入 M 点坐标)
指定第三点或 [不可见(I)]:100, 50, 100(输入 K 点坐标)
指定第四点或 [不可见(I)]:150, 0, 0(输入 D 点坐标)(图 12.38)
```

再执行三次 3f 命令绘制其他三个面(图 12.39)。

**注意：**三维空间面的 Z 坐标还可用修改标高命令输入。

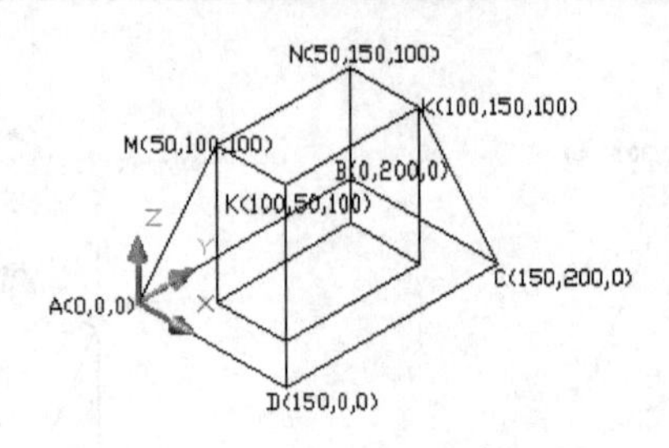


图 12.39　绘制三维面

# 12.5　三维实体造型

AutoCAD 2006 提供了绘制长方体、球体、圆柱体、圆锥体、楔体、圆环体等三维实体命令，同时还提供了九种三维建模方法构造三维实体。实体的三维模型，广泛应用于建筑、机械设计及广告领域。

## 12.5.1　拉伸法

1. 功能

用“extrude”命令拉伸创建建筑物各部分的三维模型，【拉伸】命令还可以沿指定路径 P 拉伸对象或按指定高度值和倾斜角度拉伸对象。

2. 操作

单击【实体】工具栏中的按钮，选择要拉伸的对象，输入拉伸的高度即可。

绘制建筑物时，可用多段线在俯视图上绘制建筑平面图及阳台剖面轮廓(图 12.40)并拉伸。拉伸房间和阳台(图 12.41)，窗台轮廓(图 12.42)拉伸窗台(图 12.43)，楼梯(图 12.44)拉伸楼梯(图 12.45)，拉伸雨篷(图 12.46)，拉伸装饰条(图 12.47)。

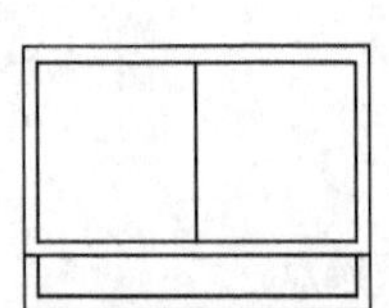

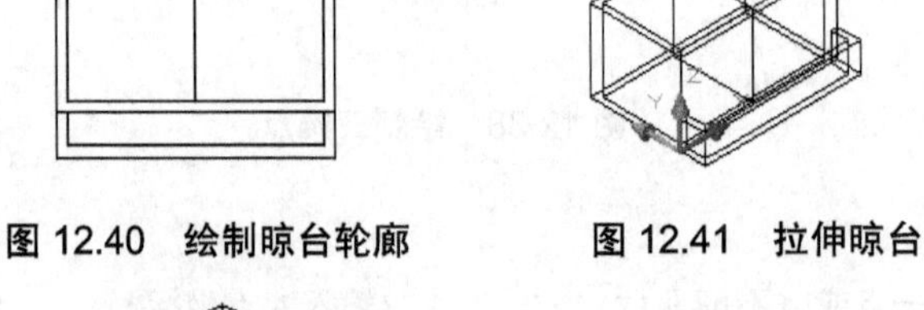

图 12.40　绘制晾台轮廓　　　图 12.41　拉伸晾台

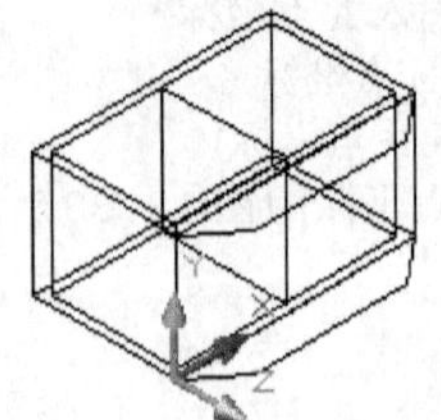

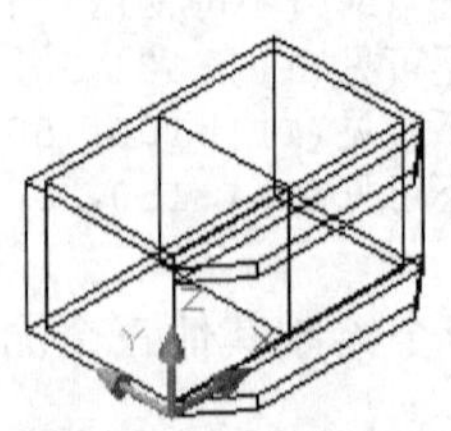

图 12.42　绘制窗台轮廓　　　图 12.43　拉伸窗台

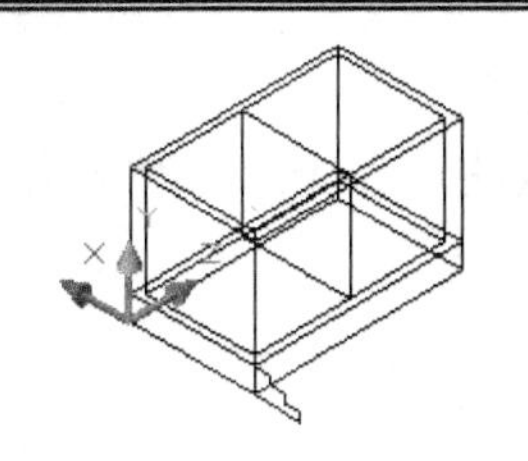


图 12.44　绘制楼梯轮廓

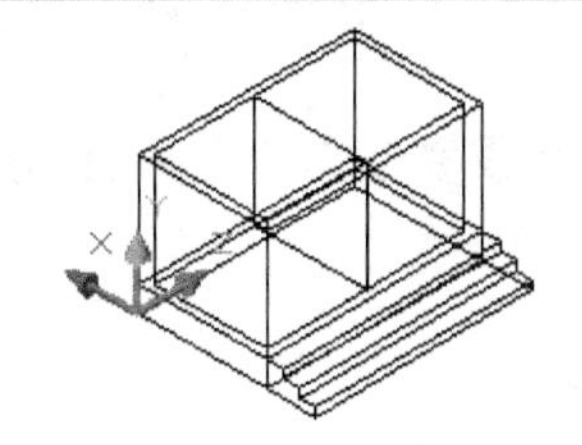


图 12.45　拉伸楼梯

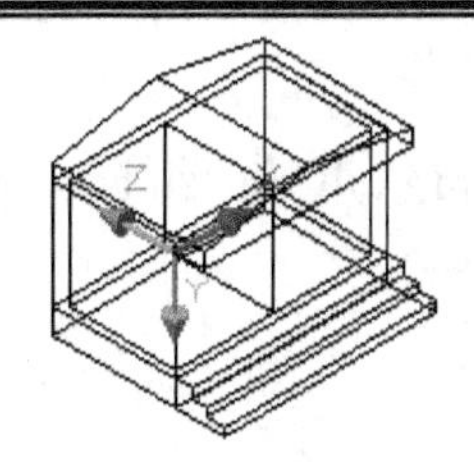


图 12.46　拉伸雨篷

拉伸装饰条时，在右视图上用多段线绘制装饰条轨迹并沿轨迹拉伸(图 12.47)。

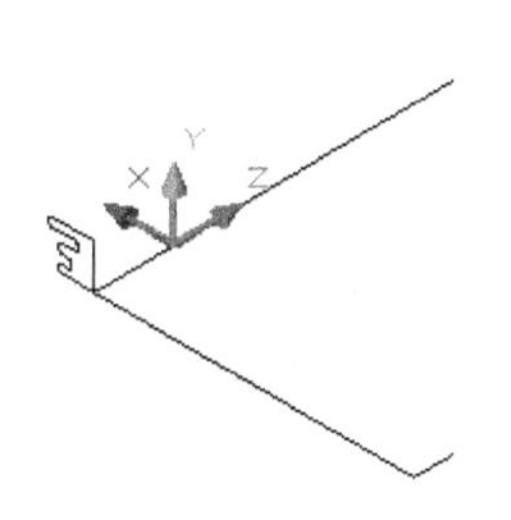


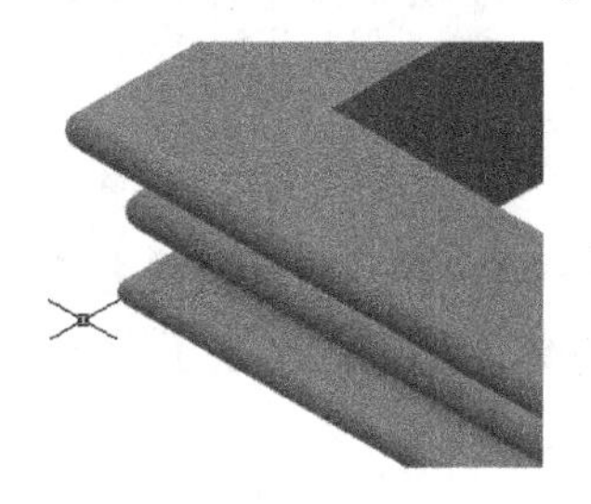

图 12.47　拉伸装饰条

3. 说明

(1) 绘制建筑物各部分轮廓的平面图形，用“region”命令使各部分轮廓生成面域，再用“extrude”命令拉伸来创建建筑物各部分的三维模型。【拉伸】命令还可以沿指定路径P 拉伸对象或按指定高度值和倾斜角度拉伸对象。

(2) 如果用直线或圆弧来创建轮廓，在使用“extrude”之前需用“pedit”的【合并】选项把它们转换成单一的多段线或使它们成为一个面域。拉伸的对象为平面三维面、封闭多段线、多边形、圆、椭圆、封闭样条曲线、圆环和面域，不能拉伸具有相交的多段线，如果选定的多段线具有宽度，系统将忽略其宽度并且从多段线路径的中心线处拉伸，如果选定对象具有厚度，将忽略该厚度。

(3) 拉伸不同的 UCS 上的平面图形时，要用 UCS 命令变换用户坐标系，使之定义为当前坐标系，使用 UCS 命令变换用户坐标系时，用其中的三点确定 UCS 子命令，直观快速，不易出错。拉伸不同的 UCS 上的平面图形时，使用 UCS 命令的【旋转用户坐标系】命令，使之定义为当前坐标系，也是一种快速定位用户坐标系的方法。

## 12.5.2　布尔运算法

1. 功能

可对三维实体和二维面域进行【并集】(UNION)、【差集】(SUBTRACT)和【交集】(INTERSECT)的操作(图 12.48)。

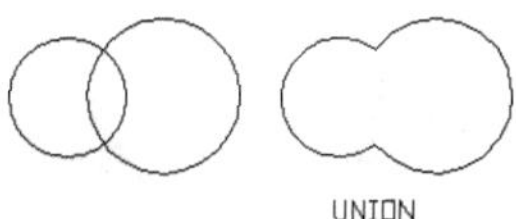

图 12.48　布尔运算

2. 操作

(1) 布尔并：组合实体是两个或多个实体合并而形成的，五个立方体合并为一个实体(图 12.49)。

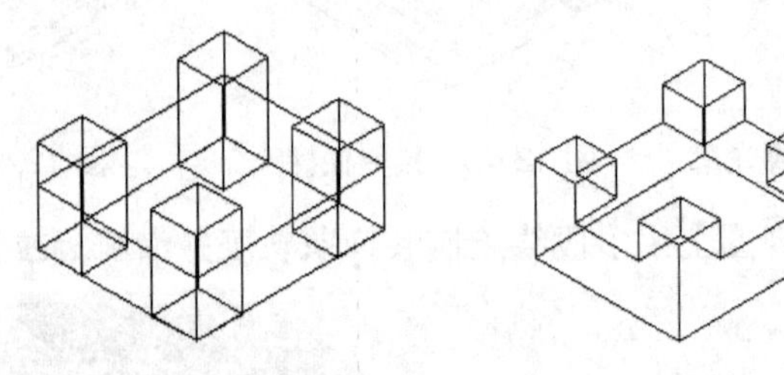

图 12.49　布尔并

(2) 布尔减：从第一个对象减去第二个对象，得到一个新的实体或面域，大立方体布尔减四个小立方体后得到一个缺了四个角的实体(图 12.50)。

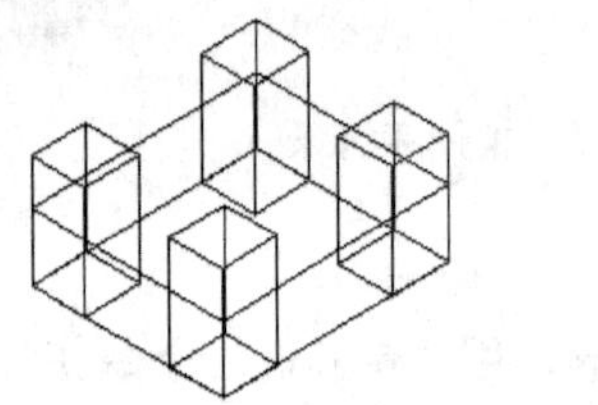
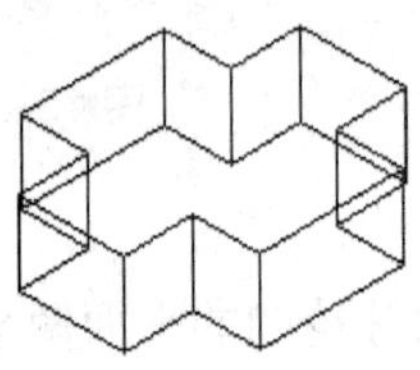

图 12.50　布尔减

(3) 布尔交：可得到两个或多个面域的重叠面积，以及两个或多个实体的公用部分的体积，两个立方体布尔交后得到的实体是它们的公共部分(图 12.51)。

3. 说明

相交的实体，通过搭积木和挖切的方法，并用 AutoCAD 的布尔运算命令得到要画的相贯模型。使用布尔运算的命令，可对建筑物进行壳体生成、拼接、搭积、挖切等。例如绘制空心楼板可先用多段线绘制楼板(图 12.52)，再用【拉伸】命令拉伸楼板外围及五个圆孔(图 12.53)，最后用楼板布尔减圆孔得到如图 12.54 所示的图形。

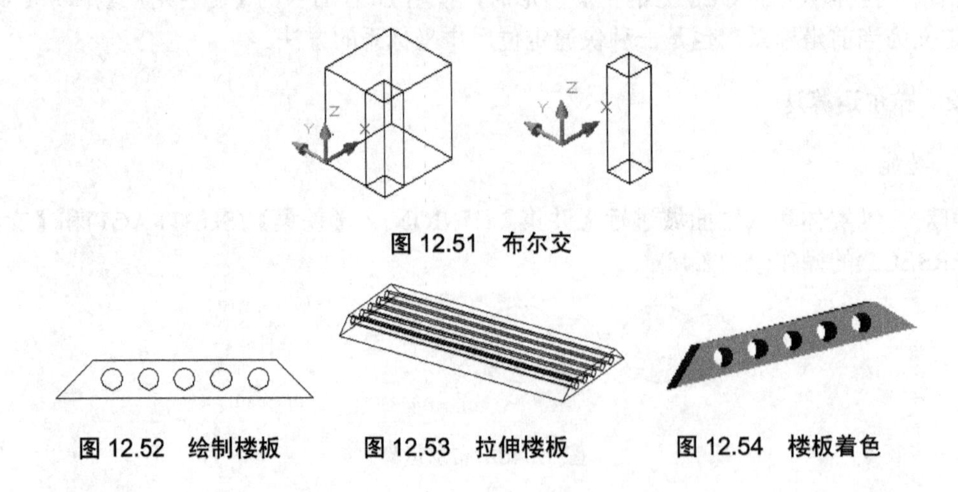


图 12.51　布尔交

图 12.52　绘制楼板　　图 12.53　拉伸楼板　　图 12.54　楼板着色

### 12.5.3　剖切法

1. 功能

切开实体并移去不要的部分，从而得到新的实体。

2. 操作

先在命令行输入“slice”，选择对象，然后指定三点定义剖切平面，并选择要保留的部分。具体操作如下。

```
命令：_slice
选择对象：
指定切面上的第一个点，依照[对象(O)/Z 轴(Z)/视图(V)/XY/YZ/ZX/三点(3)]<三点>:
指定剖面上的点：
指定平面 Z 轴(法向)上的点：
在要保留的一侧指定点或[保留两侧(B)](图 12.55)
```

3. 说明

使用“slice”命令可以切开实体并移去不要的部分，从而得到新的实体，可以保留剖切实体的一半或全部，剖切实体保留原实体的图层和颜色特性。剖切实体的默认方法是：先指定三点定义剖切平面，然后选择要保留的部分。也可以通过其他对象、当前视图、Z 轴或 XY、YZ 或 ZX 平面来定义剖切平面。用“slice”命令剖切相贯建筑组合实体，还可用实体编辑“solidedit”命令对剖切相贯建筑组合实体进行编辑，对建筑物的体与面可进行拉伸、移动、旋转、剖切等操作，并可快速获取建筑物的剖面图。

用 Z 轴剖切实体是通过平面上指定的一点和在平面的 Z 轴上指定另一点来定义剖切平面位置。

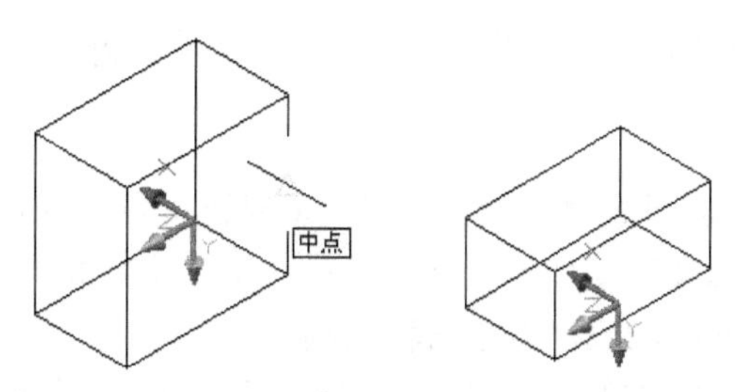


图 12.55　用 Z 轴剖切实体

### 12.5.4　旋转法

1. 功能

使对象轮廓轨迹绕旋转轴旋转，从而产生三维旋转实体模型。

2. 操作

单击【实体】工具栏按钮，选择要旋转的对象，再选择旋转轴即可生成三维实体。例如用多段线绘制建筑物的外轮廓轨迹，用【旋转】(revolve)命令使外轮廓轨迹绕旋转轴旋转，而产生的模型是实体，对产生对称的光滑建筑曲面的建模有特殊的功效(图 12.56 与图 12.57)。

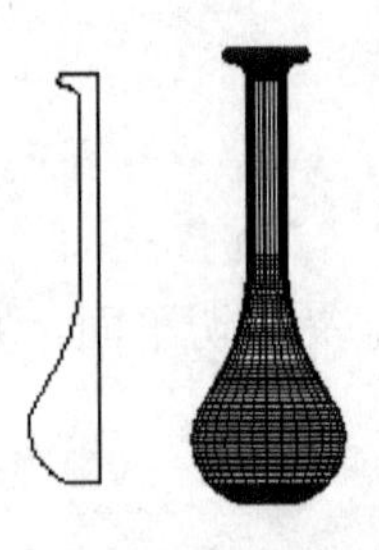

图 12.56　使外轮廓轨迹绕旋转轴旋转实例一

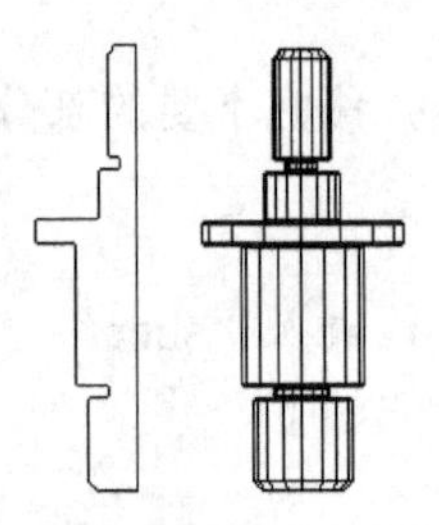

图 12.57　使外轮廓轨迹绕旋转轴旋转实例二

3. 说明

通过旋转二维对象来创建实体模型可以旋转闭合多段线、多边形、圆、椭圆、闭合样条曲线、圆环和面域，但不能旋转包含在块中的对象，不能旋转具有相交或自交线段，而且一次只能旋转一个对象，使用【旋转】命令，可以将一个闭合对象围绕 X 轴或 Y 轴旋转一定角度来创建实体，也可以围绕直线、多段线或两个指定的点旋转对象，如果用直线或圆弧创建轮廓，可以使用“pedit”命令的【合并】选项将它们先转换为单个多段线对象，然后使用【旋转】命令。

### 12.5.5　标高法

1. 功能

设置建筑物几何对象的基准面标高和厚度，从而得到网格模型。

2. 操作

选择对象，在命令行输入“elev”命令，按 Enter 键，再输入标高值。

3. 说明

通过“elev”命令可以设置建筑物几何对象的基准面标高和厚度，从而得到三维模型。零标高表示基准面，正标高表示建筑物几何体向基准面上方拉伸，负标高表示几何体向基准面下方拉伸。正、负厚度的表示方法与标高相同。

以一建筑物为例，建筑物的第一层是立方体，第二层是圆柱体，第三层是圆锥体。立方体底面为基准面，第二层圆柱的基准面为立方体表面，第三层圆锥的基准面为圆柱的表面，以此类推，立方体下面的四个小圆柱是以立方体底面为基准面，用负标高拉伸所得(图 12.58)。

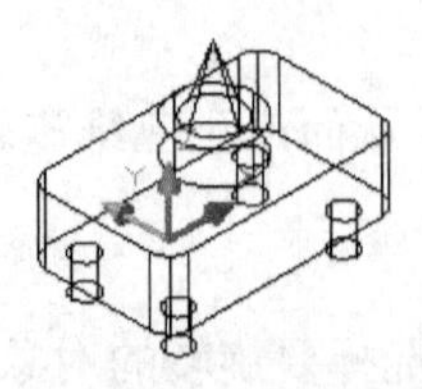

图 12.58　设置建筑物的标高和厚度

用样条曲线绘制等高线可先定标高，再绘制等高线(图 12.59)，用轴测图观察等高线(图 12.60)。

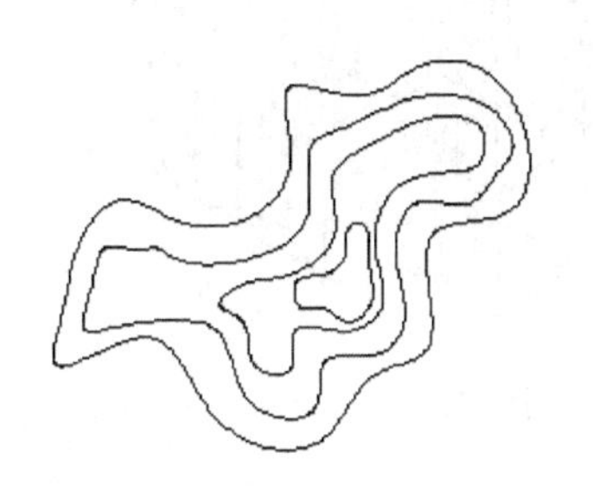

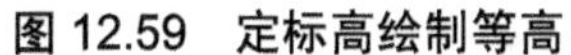

图 12.59　定标高绘制等高

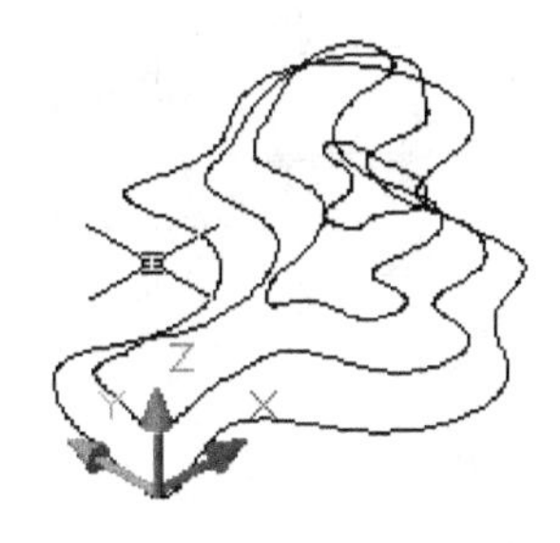


图 12.60　轴测图观察

如果要修改建筑物标高，可选中建筑物平面对象(图 12.61)，打开对象【特性】对话框修改标高为 100(图 12.62)，按 Esc 键两次即可(图 12.63)。

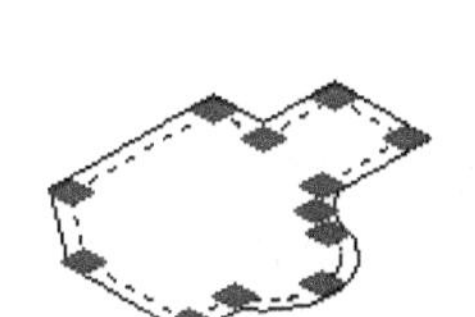

图 12.61　选中对象

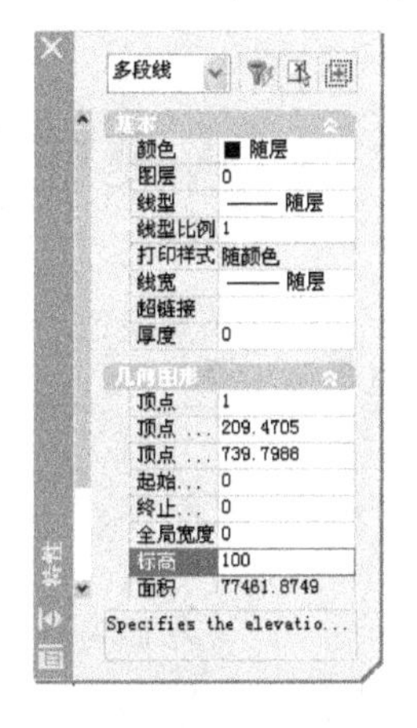


图 12.62　对象【特性】对话框

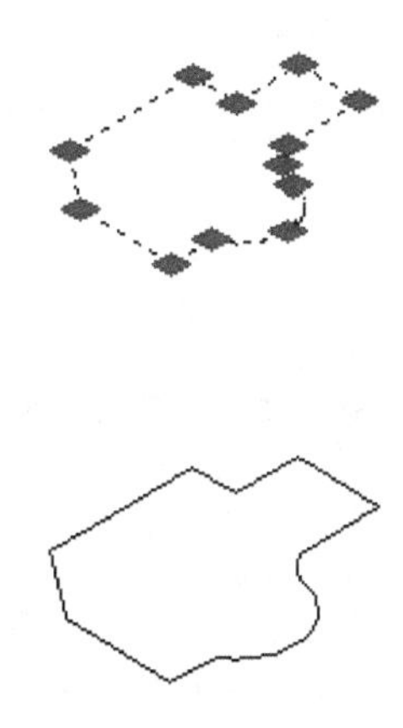

图 12.63　修改标高

### 12.5.6　镜像法

1. 功能

创建相对于某一平面的镜像图像。

2. 操作

选择【修改】下拉菜单【三维操作】中【三维镜像】命令，再选择对象和对称面。

3. 说明

使用“mirror3d”命令可以沿指定的镜像平面创建对象的镜像，镜像平面可以是平面对象所在的平面、通过指定点且与当前 UCS 的 XY、YZ 或 XZ 平面平行的平面或者由选定三点定义的平面。例如绘制房屋结构图，虚线所组成的建筑俯视图，经过两次镜像可以得到建筑结构图(图 12.64)。

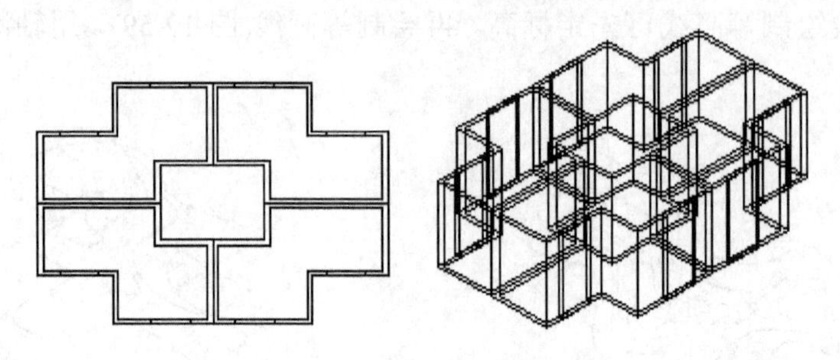

图 12.64　绘制房屋结构图

### 12.5.7　阵列法

1. 功能

创建有规律的行、列、层图像。

2. 操作

选择【修改】下拉菜单【三维操作】中【三维阵列】命令，以图 12.66 为例，具体操作如下。

```
命令：_3darray
选择对象：指定对角点：找到 6 个(图 12.65)
输入阵列类型 [矩形(R)/环形(P)] <矩形>：R
输入行数(———) <1>：3
输入列数(|||)<1>：4
输入层数(. . .) <1>：3
指定行间距(———)：200
指定列间距(|||)：400
指定层间距(. . . )：100(图 12.66)
```

3. 说明

有规律的房屋阵列关键是确定阵列的行数、列数、层数及其间距，使用“3darray”命令，可以在三维空间中创建对象的矩形阵列或环形阵列，除了指定列数(X 方向)和行数(Y 方向)以外，还要指定层数(Z 方向)。

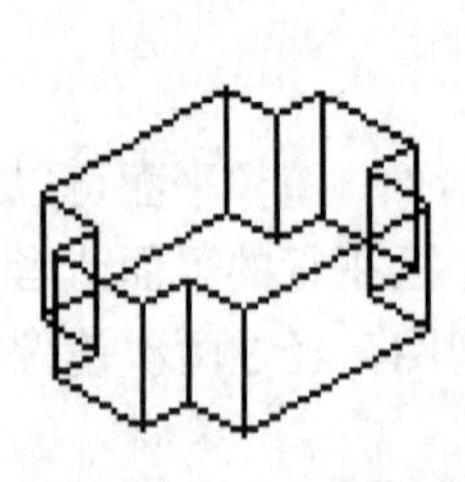

图 12.65　选择对象

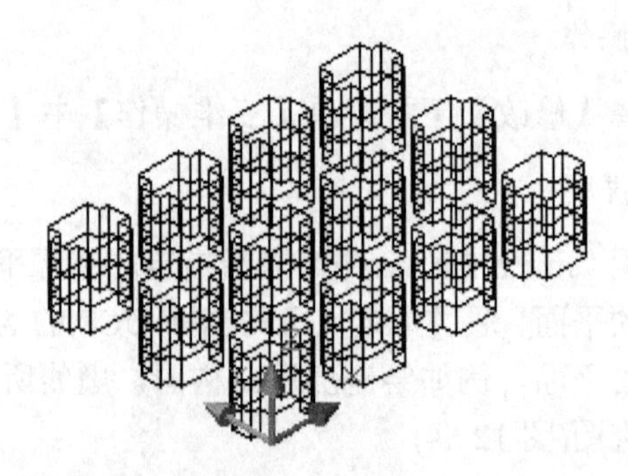

图 12.66　确定行数，列数，层数阵列

## 12.5.8　厚度法

1. 功能

平面图形经修改厚度后变为三维模型。

2. 操作

选中对象(图 12.67)，通过对象【特性】对话框中修改厚度为 500(图 12.68)。
按 Esc 键两次即可得到三维实体(图 12.69)。

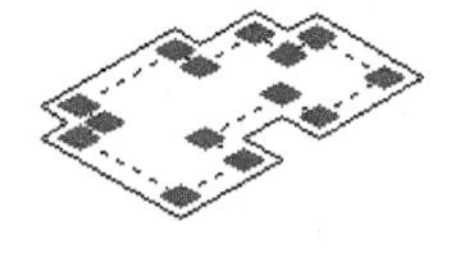

图 12.67　选中对像

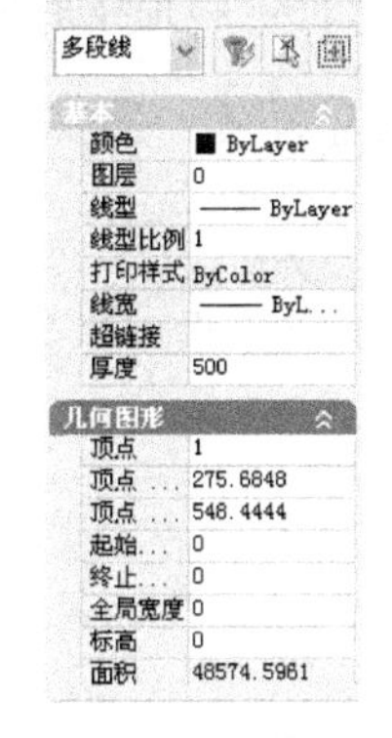


图 12.68　修改厚度为 500

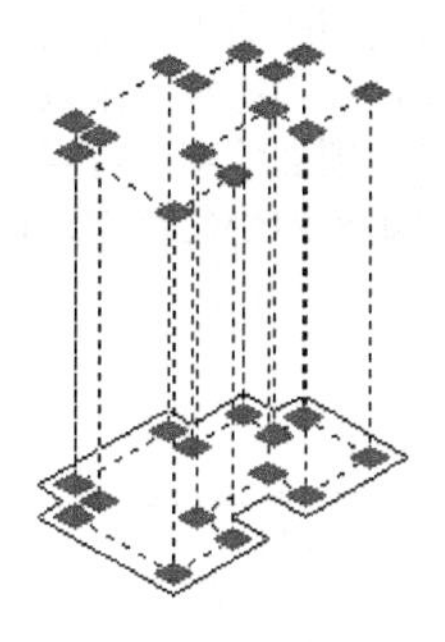

图 12.69　显示厚度

## 12.5.9　三维曲面建模法

创建三维多边形网格曲面。用 3D 命令建立的多边形网格表面可以消隐、着色和渲染，三维网格【曲面】工具条如图 12.70 所示。

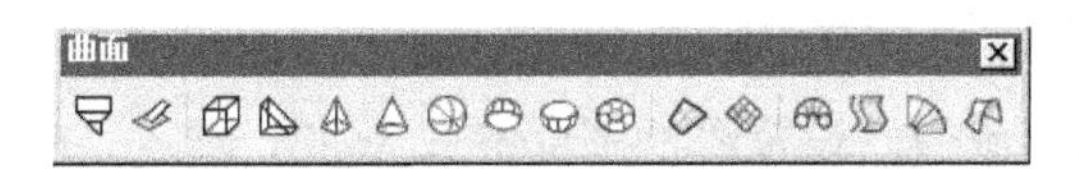


图 12.70　三维网格【曲面】工具条

1. 创建标准网络曲面

单击【绘图】下拉菜单中【曲面】，选择【三维曲面】，弹出如图 12.71 所示的【三维对象】对话框，选中对话框中的三维对象，输入相应的参数即可。

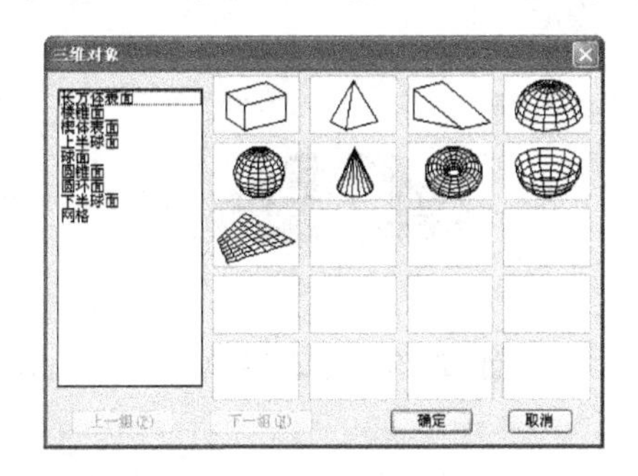


图 12.71　【三维对象】对话框

例如要绘制图 12.72 的图形，可先用【矩形】命令绘制棱锥的底面 1、2、3、4，改变标高绘制棱锥的顶面 A、B、C、D(图 12.72)，然后选择【绘图】下拉菜单中的【曲面】，选择【三维曲面】，弹出对话框，选择对话框中的棱锥面之后，按下面的过程操作即可得到四面体网格曲面。

```
命令：_ai_pyramid
指定棱锥面底面的第一角点：(选择 1 点)
指定棱锥面底面的第二角点：(选择 2 点)
指定棱锥面底面的第三角点：(选择 3 点)
指定棱锥面底面的第四角点或[四面体(T)]：(选择 4 点)
指定棱锥面的顶点或 [棱(R)/顶面(T)]：t
指定顶面的第一角点给棱锥面：(选择 A 点)
指定顶面的第二角点给棱锥面：(选择 B 点)
指定顶面的第三角点给棱锥面：(选择 C 点)
指定第四个角点作为棱锥面的顶点：(选择 D 点) (图 12.73)
```

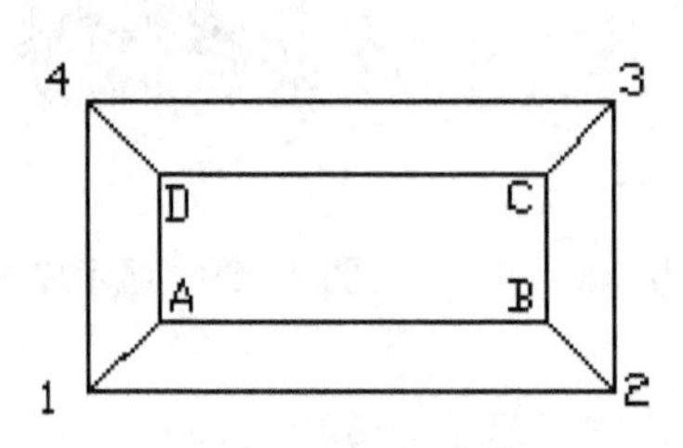


图 12.72　绘制棱锥的两个矩形图

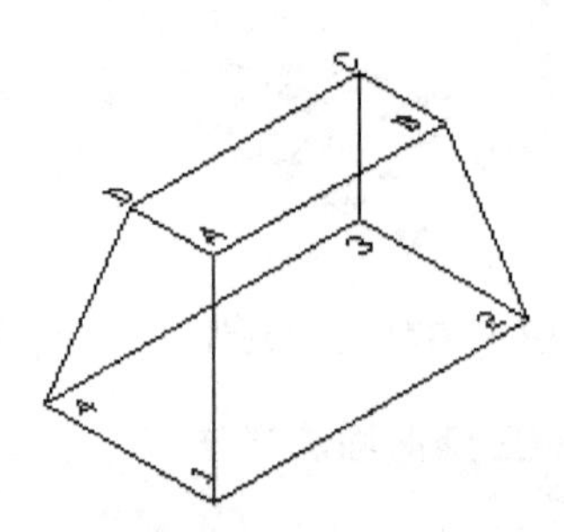


图 12.73　四面体网格曲面

2. 创建旋转网格曲面

输入“SURFTAB1”命令，设置线框密度参数为 32，输入“revsurf”命令或单击按钮，选择轨迹、选择旋转轴，输入旋转角度，绕选定轴创建旋转曲面。“revsurf”命令将路径轮廓(直线、圆、圆弧、椭圆、椭圆弧、闭合多段线、多边形、闭合样条曲线或圆环)绕指定的轴旋转创建一个多边形网格曲面。

例如绘制云线形旋转曲面，先绘制多段线轨迹图形(图 12.74)，用“SURFTAB1”命令设置线框密度参数为 32，单击按钮，选择云线形及旋转轴(图 12.75)，渲染曲面(图 12.76)。

图 12.74　绘制云线形

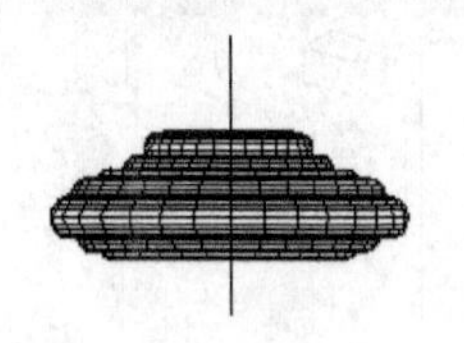

图 12.75　旋转云线形

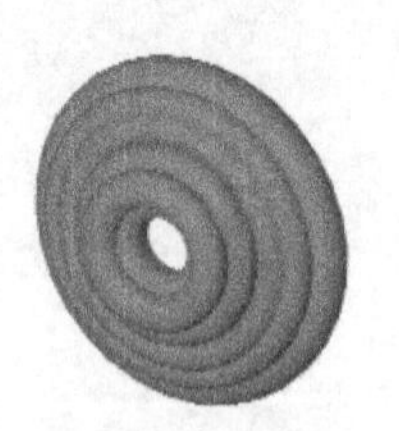

图 12.76　渲染曲面

3. 创建平移曲面

单击按钮，选择轮廓曲线再选择方向矢量(图 12.77)。依照轮廓曲线与方向矢量来决定多边形网格曲面。轮廓曲线可以是直线、圆弧、圆、椭圆、二维或三维多段线(图 12.78)，方向矢量指出轮廓曲线的长度，选定方向矢量的端点决定了拉伸的方向。

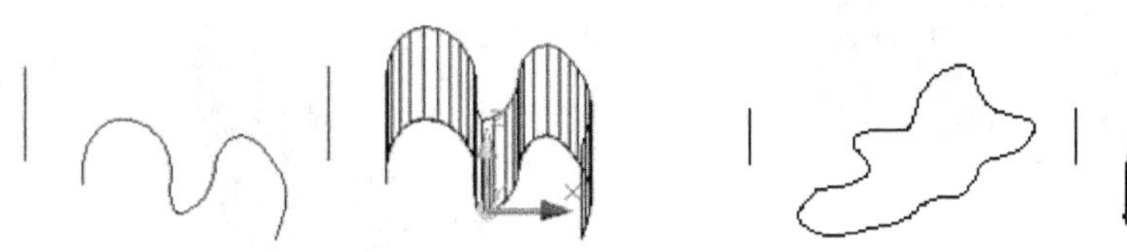

图 12.77 创建开放平移曲面

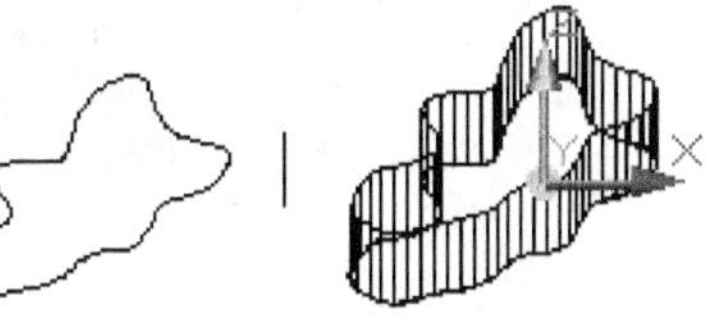

图 12.78 创建封闭平移曲面

4. 创建边界曲面

单击按钮或在命令行输入“edgesurf”命令，分别选择四条边界曲线。边界可以是圆弧、直线、多段线、样条曲线和椭圆弧，并且边界的四个对象必须形成闭合环和共享端点。

```
命令：_edgesurf
当前线框密度：SURFTAB1=32 SURFTAB2=6
选择用作曲面边界的对象：(选择 1～2 曲线，图 12.79)
选择用作曲面边界的对象：(选择 2～3 曲线)
选择用作曲面边界的对象：(选择 3～4 曲线)
选择用作曲面边界的对象：(选择 4～1 曲线，图 12.80)
```

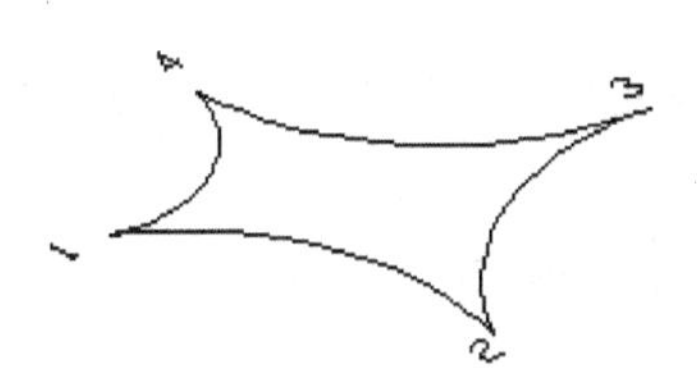


图 12.79 绘制四条边界曲线

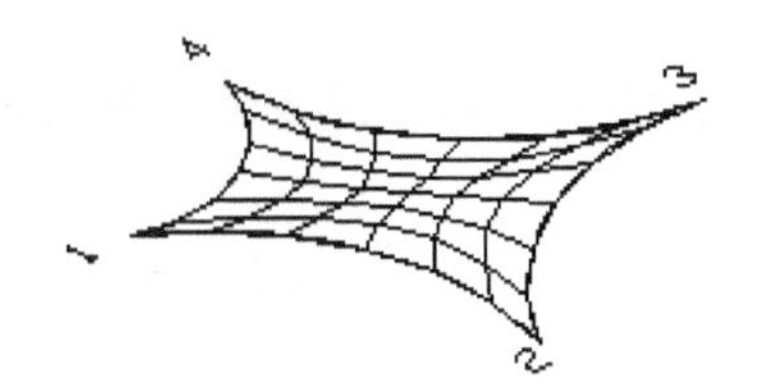


图 12.80 创建边界曲面

5. 创建直纹曲面

单击按钮或在命令行输入“rulesurf”命令，分别选择两条边界线(图 12.81)。在两个对象之间创建网格曲面，对象可以是直线、点、圆弧、圆、椭圆、椭圆弧、二维多段线、三维多段线或样条曲线，作为直纹网格曲面，“轨迹”的两个对象必须都开放或都闭合，可以在闭合曲线上指定任意两点来完成直纹曲面，对于开放曲线，选择曲线上点就能构造直纹曲面(图 12.82)。

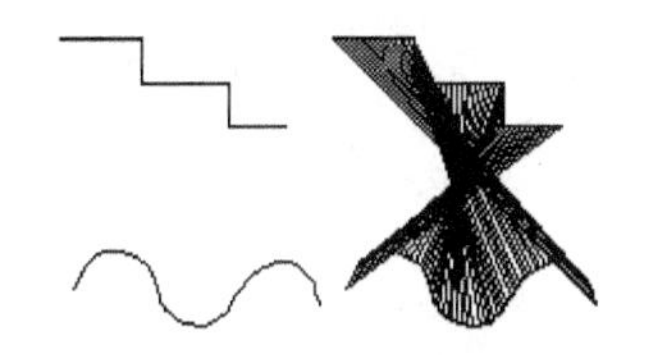

图 12.81 创建开放弧型直纹曲面

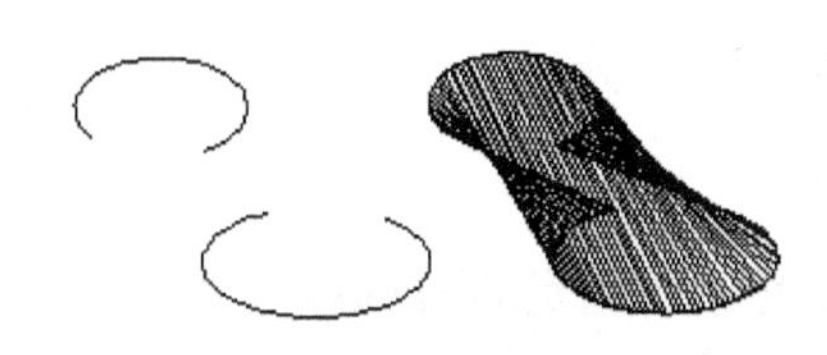

图 12.82 创建开放椭圆型直纹曲面

例如绘制灯罩，单击按钮，再分别选择闭合的两条边界线(图 12.83 与图 12.84)。

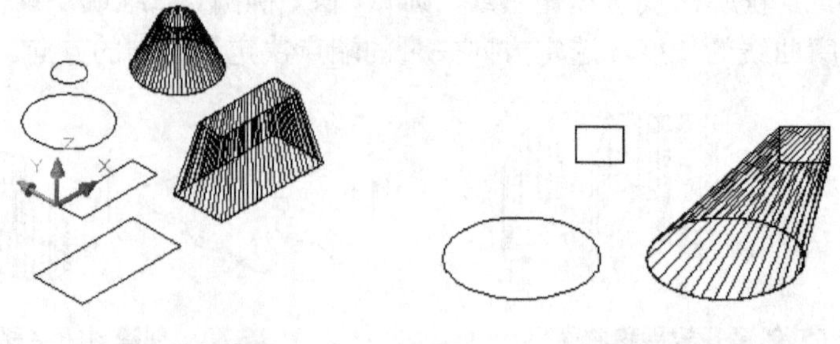

图 12.83　绘制灯罩　　　　图 12.84　绘制闭合直纹曲面

6. 用 3dface 命令组合成复杂的三维曲面

在俯视图上绘制五角星，在正视图上绘制 AO 线，输入“3dface”命令或单击按钮绘制三维面，次序是分别选择 A，B，C，A 四个点(图 12.85)，绘制五角星 3D 第一个表面。重复上述九次 3dface 操作(图 12.86)，观察五角星三维面并渲染(图 12.87)。

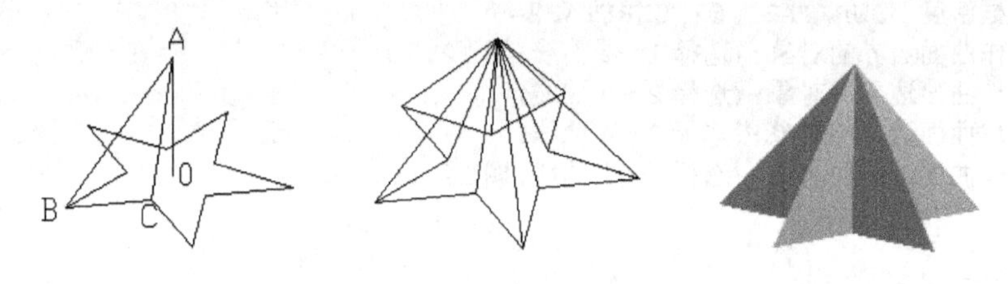


图 12.85　绘制三维表面　图 12.86　重复九次　　图 12.87　三维面渲染

## 12.6　三维实体编辑

编辑三维实体的工具条如图 12.88 所示。使用“solidedit”命令可以编辑三维实体，对它的面和边进行拉伸、移动、旋转、偏移、倾斜、复制、着色、分割、抽壳、清除、检查或删除操作。工程制图难以建立的空间概念可以从 CAD 三维视图中得到启发，可以用 CAD 三维视图同工程制图所绘制的图形进行对比，找出错误，加以改正。

图 12.88　编辑三维实体工具条

### 12.6.1　面着色

1. 功能

选择颜色，给选定的面着色。

2. 操作

单击【实体编辑】工具栏的按钮，选定要着色的面，在对话框中选择颜色(图 12.89)，单击【确定】按钮后，选定的面即可着色。在对话框中选择【真彩色】，可以调整色调、饱和度、亮度等。

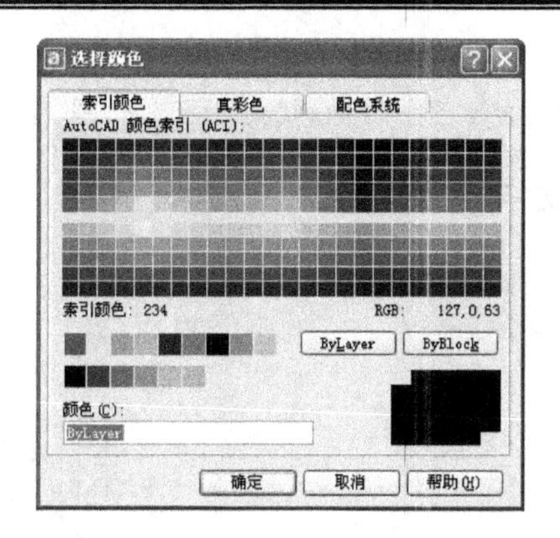


图 12.89　【选择颜色】对话框

## 12.6.2　倾斜面

1. 功能

使三维模型的面沿着一个角度进行倾斜。

2. 操作

单击按钮，绘制如图 12.90 所示的图形，具体操作如下。

```
命令：_taper
选择面或 [放弃(U)/删除(R)]：找到一个面(找到的面亮显)
指定基点:(指定 B 点)
指定沿倾斜轴的另一个点:(指定 AB 连线上的中点)
指定倾斜角度:30(图 12.90)
```

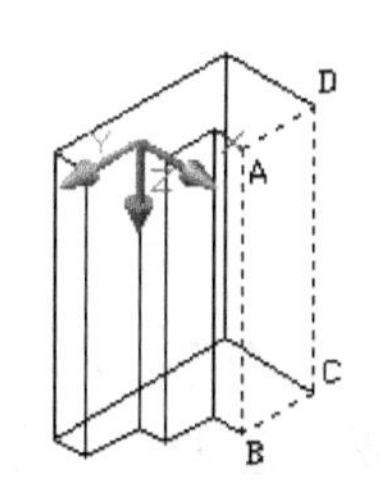


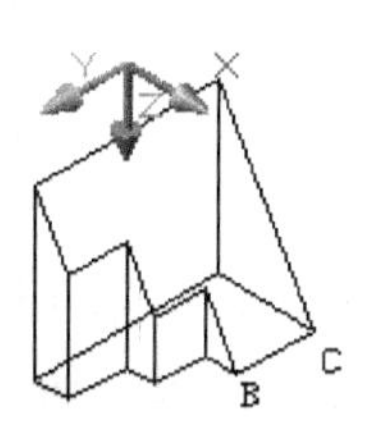


图 12.90　倾斜面

倾斜角度的方向由选择基点和第二点的顺序决定。

## 12.6.3　复制面

1. 功能

复制一个面。

2. 操作

单击按钮，操作步骤如下。

```
命令：_copy
选择面或[放弃(U)/删除(R)]：到一个面(找到的面亮显,图 12.91)
指定基点或位移：(选择 A 点)
指定位移的第二点：<正交 开> 300(图 12.92)
```

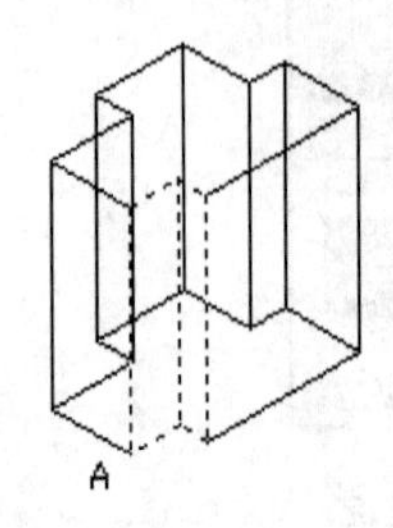


图 12.91　选择要复制的面

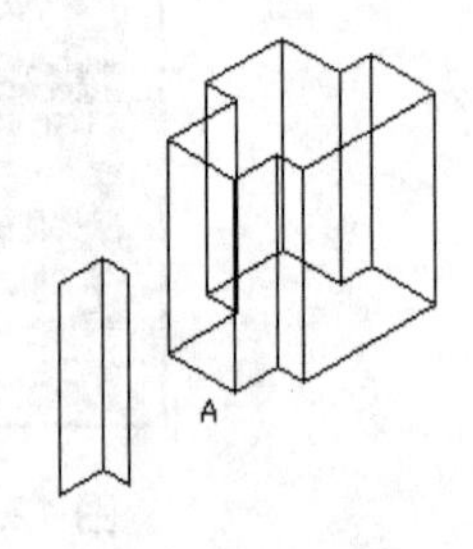


图 12.92　复制后

## 12.6.4　压印操作

1. 功能

在选定的实体上压印一个图形。

2. 操作

单击按钮，绘制如图 12.93 所示的图形，具体操作如下。

```
命令：_imprint
选择三维实体：(选择立方体)
选择要压印的对象：(选择键槽孔,图 12.93)
是否删除源对象 [是(Y)/否(N)] <N>:n
```

要检查键槽孔是否压印到立方体上，可用“erase”命令，若不能删除压印出来的图形，表示已经压印。

3. 说明

如果要删除压印出来的图形，需用【删除面】命令，不可以用“erase”命令删除压印出来的图形。压印操作限于下列对象：圆弧、圆、直线、二维和三维多段线、椭圆、样条曲线、面域及三维实体。

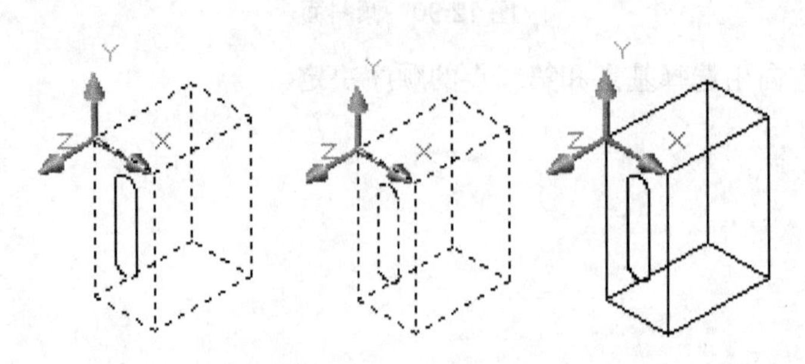


图 12.93　压印操作

### 12.6.5　删除面

1. 功能

删除有压印的面，删除弧形面。

2. 操作

单击按钮，选择要删除的面，找到的面会亮显(图 12.94)，按 Enter 键，找到的面被删除(图 12.95)。圆角面和倒角面都能删除(图 12.96 和图 12.97)。

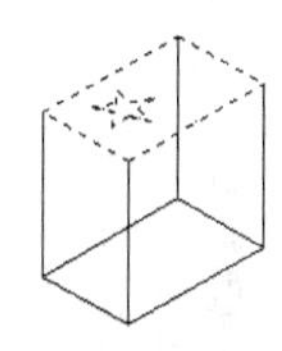

图 12.94　选择有压印的面

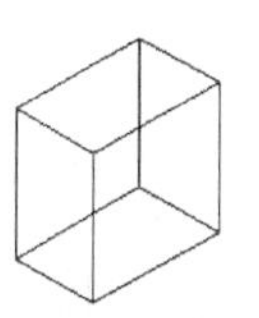

图 12.95　有压印的面被删除

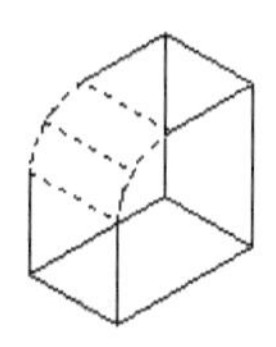

图 12.96　选择要删除弧形面

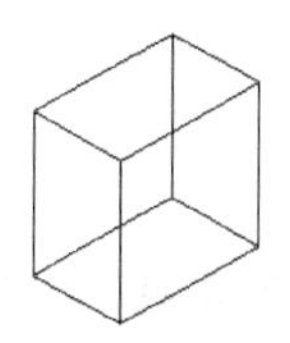

图 12.97　已删除弧形面

### 12.6.6　抽壳操作

1. 功能

用指定的厚度创建一个中空的薄壁。

2. 操作

单击按钮，选择三维实体，输入抽壳偏移距离。抽壳可以为所有面指定一个薄壁厚度，一个三维实体只能有一个壳，检查三维实体是否抽壳，用剖切命令切开实体即可观察到抽壳的效果(图 12.98)。

图 12.98　抽壳操作

### 12.6.7　拉伸面

1. 功能

将选定的三维实体的面拉伸到指定位置。

2. 操作

单击按钮，选择三维实体的面，指定拉伸高度或路径，再指定拉伸的倾斜角度，具体操作如下。

```
命令：_extrude
选择面或[放弃(U)/删除(R)]：找到一个面，(选择顶面，图 12.99)
指定拉伸高度或[路径(P)]：200
指定拉伸的倾斜角度 <0>：6(图 12.99)
```

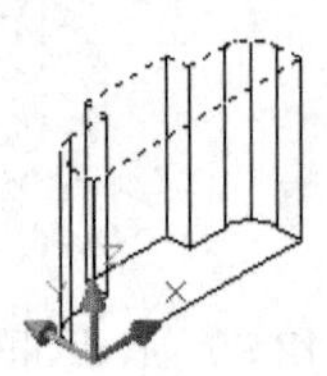
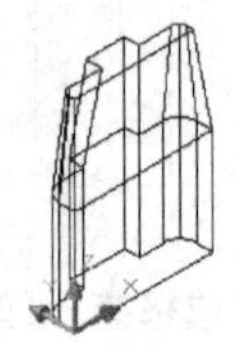

图 12.99　拉伸面

3. 说明

(1) 输入拉伸倾斜角度时，负角度将往外发散拉伸(图 12.100)，正角度将往外收敛拉伸(图 12.101)，默认角度为 0，表示不倾斜面，而是垂直拉伸面。如果指定了较大的倾斜角度或高度，则在达到拉伸高度前，面可能会汇聚到一点，拉伸面失败。

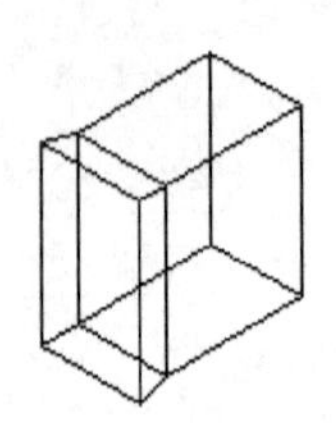
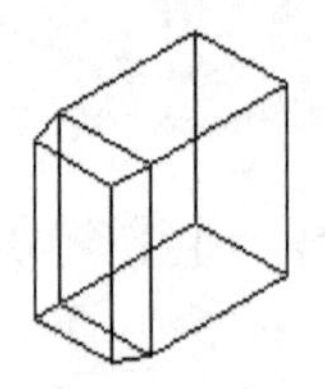

图 12.100　负角度往外发散拉伸　　图 12.101　正角度将往外收敛拉伸

单击按钮，选择三维实体的面，指定拉伸高度，再指定拉伸的倾斜角度，具体操作如下。

```
选择面或 [放弃(U)/删除(R)]:找到一个面
指定拉伸高度或 [路径(P)]:60
指定拉伸的倾斜角度 <0>:-10(图 12.100)
选择面或 [放弃(U)/删除(R)]:找到一个面
指定拉伸高度或 [路径(P)]:60
指定拉伸的倾斜角度 <0>:10(图 12.101)
```

(2) 拉伸对象时可以沿指定路径拉伸(图 12.102 和图 12.103)。拉伸路径可以是直线、圆、圆弧、椭圆、椭圆弧、多段线或样条曲线，拉伸路径不能与拉伸面处于同一平面，也不能具有高曲率的部分，选定的剖面沿路径拉伸，然后在路径的端点与路径垂直的剖面结束，拉伸路径的一个端点应在剖面上，如果不在，CAD 将自动把路径端点移动到剖面的中心，如果路径是样条曲线，则路径应垂直于剖面且位于其中一个端点处，如果路径不垂直于剖面，CAD 将旋转剖面直至垂直为止，如果一个端点在剖面上，剖面将绕此点旋转，否则 CAD 将路径移动至剖面中心，然后绕中心旋转剖面。

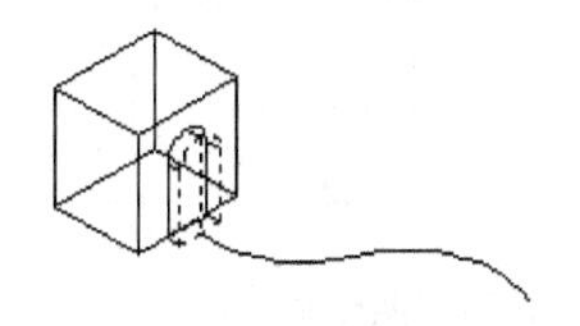

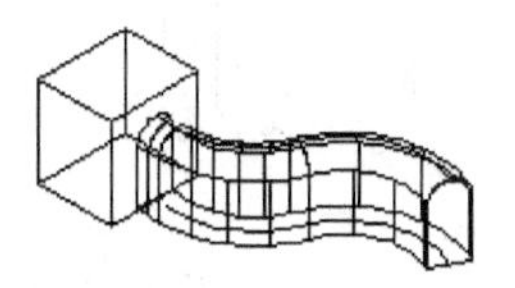

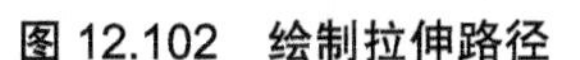

图 12.102　绘制拉伸路径　　　　图 12.103　沿路径拉伸面

(3) 一次可以选择相邻的多个面拉伸。操作时选择相邻的多个面，输入拉伸距离或路径，即可一次拉伸所选择相邻的多个面(图 12.104 和图 12.105)。

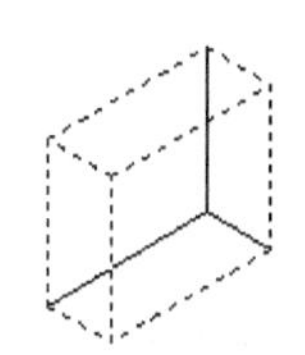

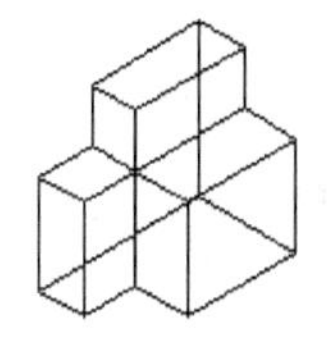

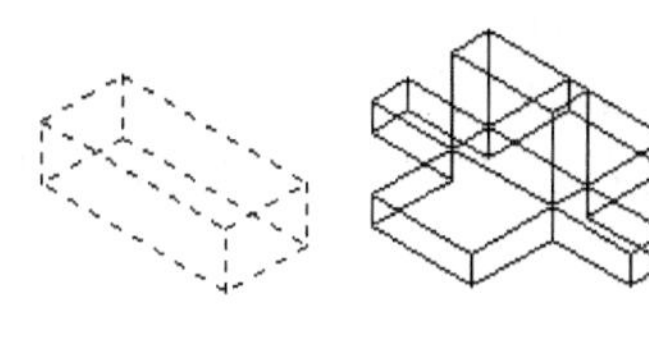

图 12.104　一次拉伸相邻的三个面　　　　图 12.105　一次拉伸相邻的五个面

### 12.6.8　移动面

1. 功能

沿指定的高度或距离移动选定的面。

2. 操作

单击按钮，选择要移动的三维实体的面，指定基点或位移。具体操作如下。

```
命令: _move
选择面或[放弃(U)/删除(R)]: 找到一个面(找到的面亮显)
指定基点或位移:(指定 A 点)
指定位移的第二点: @520<0(沿 X 轴正方向位移到 B 点,图 12.106)
```

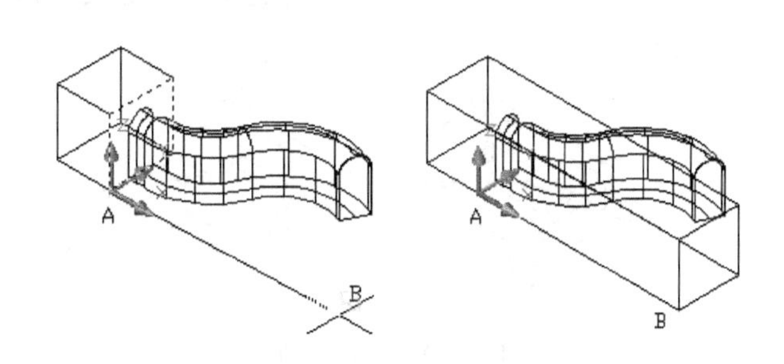


图 12.106　移动面

3. 说明

沿指定的高度或距离移动所选定的面，一次可以选择多个面同时移动(图 12.107)。

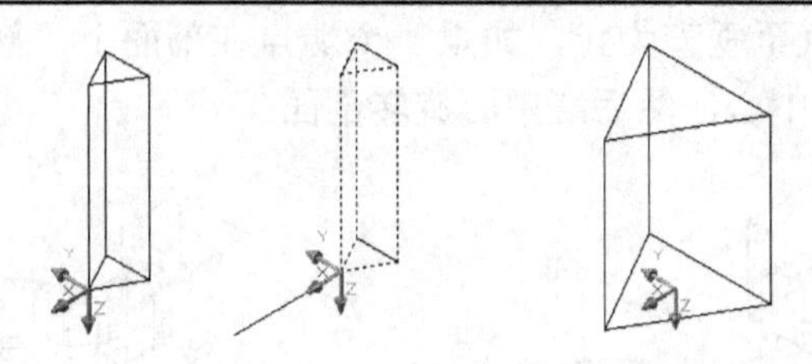

图 12.107　一次移动了相邻的两个面

### 12.6.9　旋转面

1. 功能

绕指定的轴旋转一个面。

2. 操作

单击按钮，以图 12.108 为例，具体操作步骤如下。

```
命令: _rotate
选择面或[放弃(U)/删除(R)]: 找到一个面, (找到的面亮显)
指定轴点或[经过对象的轴(A)/视图(V)/X轴(X)/Y轴(Y)/Z轴(Z)]<两点>:(选择A点)
在旋转轴上指定第二个点: (选择B点)
指定旋转角度或 [参照(R)]: 5(图12.108)
```

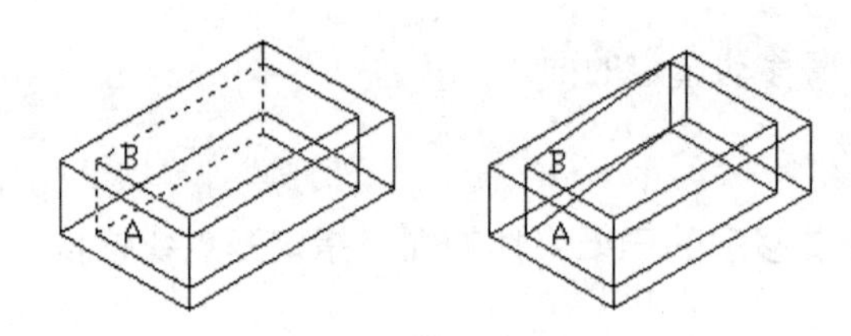


图 12.108　内表面的旋转

3. 说明

绕指定的轴旋转面，可分内表面的旋转和外表面的旋转。图 12.108 表示内表面的旋转，图 12.109 表示外表面的旋转。

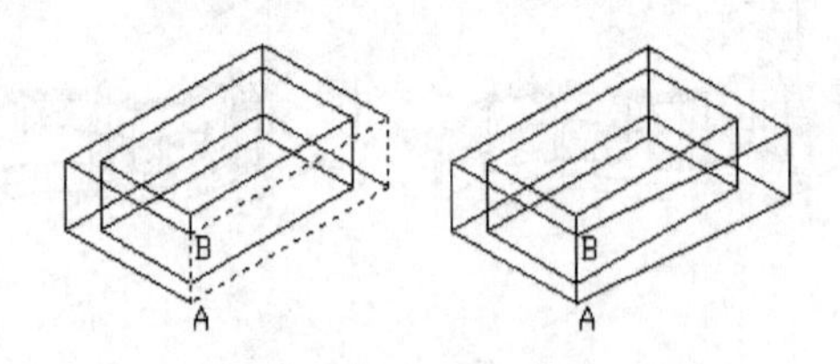


图 12.109　外表面的旋转

### 12.6.10　剖面生成

1. 功能

指定三个点定义一个剖面。

2. 操作

单击按钮，选择对象，指定剖切面上的三个点，即 1 点、2 点、3 点(图 12.110)，或选择对象、当前视图、Z 轴或 XY、YZ 或 ZX 平面来定义剖切面，剖面可移出实体。

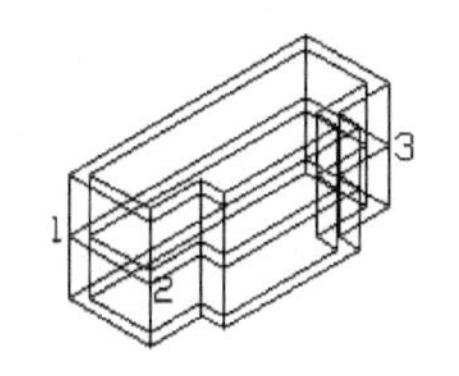


图 12.110　剖面生成

## 12.6.11　三维镜像

1. 功能

三维镜像的作用就是创建对象的对称图像。

2. 操作

选择【修改】下拉菜单【三维操作】中【三维镜像】命令，绘制如图 12.111 所示的图形，具体操作如下。

```
命令：_mirror3d
选择对象：(选择要镜像的对象)
在镜像平面上指定第一点：(选择 A 点)
在镜像平面上指定第二点：(选择 B 点)
在镜像平面上指定第三点：(选择 C 点)
是否删除源对象？[是(Y)/否(N)]<否>：
```

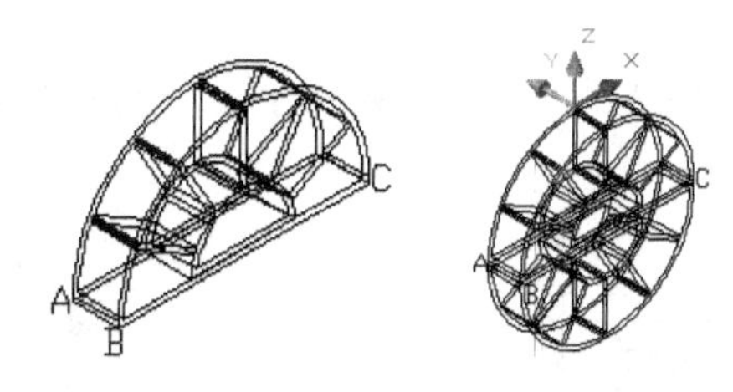


图 12.111　三维镜像实体

## 12.6.12　三维旋转

1. 功能

对象绕三维轴旋转。

2. 操作

选择【修改】下拉菜单【三维操作】中【三维旋转】命令，可实现三维对象的旋转。下面说明旋转的情况。图 12.112 表达对象旋转前坐标系方向，图 12.113 是对象绕 X 轴旋转 90°；图 12.114 表示对象绕 Y 轴旋转 90°；图 12.115 表示对象绕 Z 轴旋转 90°。图 12.116 表示圆管旋转前坐标系方向；图 12.117 表示大管旋转 90°、小管旋转 30°的情况，

图 12.118 表示小管插入大管并镜像后的平面视图；图 12.119 是圆管渲染图。图 12.120 是形体旋转前的位置，图 12.121 表示形体绕 *Y* 轴旋转 90° 的情况；图 12.122 是形体旋转前的位置，图 12.123 表示形体绕 Z 轴旋转 90° 的情况。

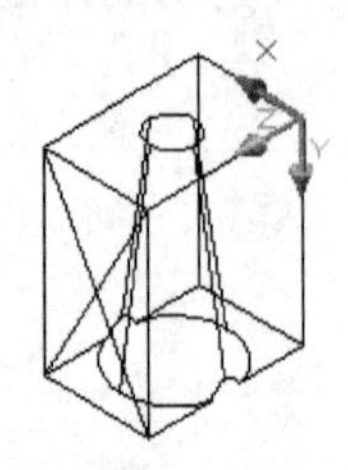


图 12.112　原坐标系

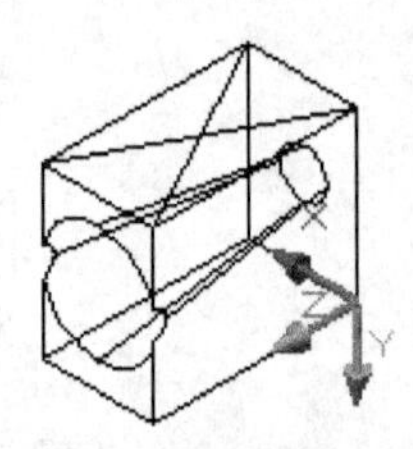


图 12.113　对象绕 X 轴旋转 90°

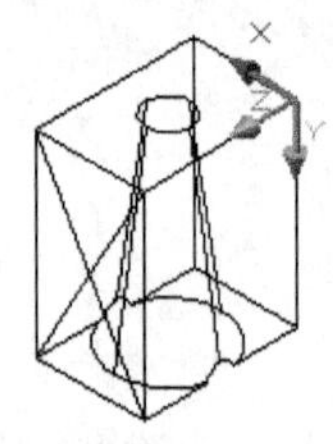


图 12.114　对象绕 Y 轴旋转 90°

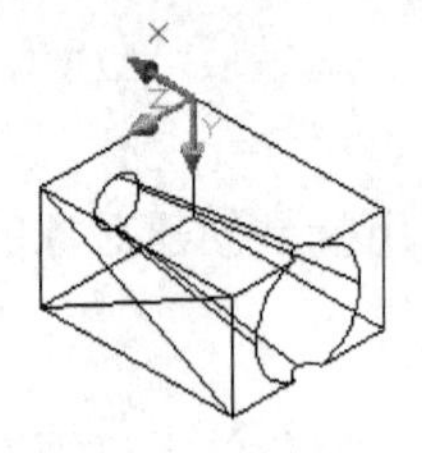


图 12.115　对象绕 Z 轴旋转 90°

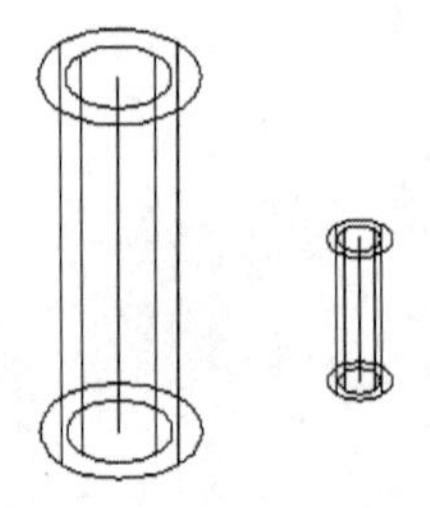

图 12.116　旋转前

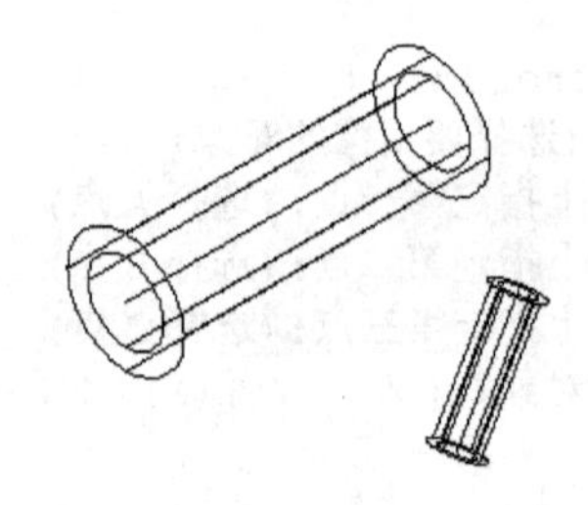

图 12.117　大管旋转 90°，小管旋转 30°

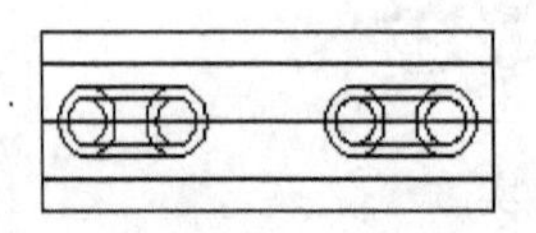

图 12.118　小管插入大管并镜像

图 12.119　渲染

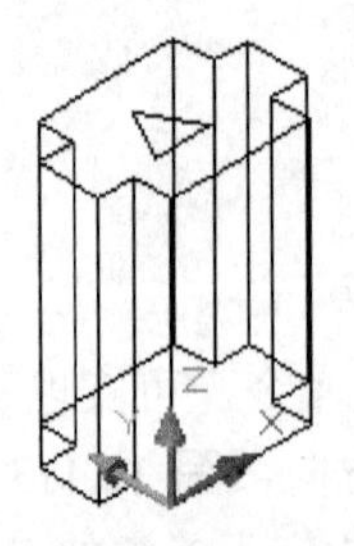


图 12.120　形体旋转前

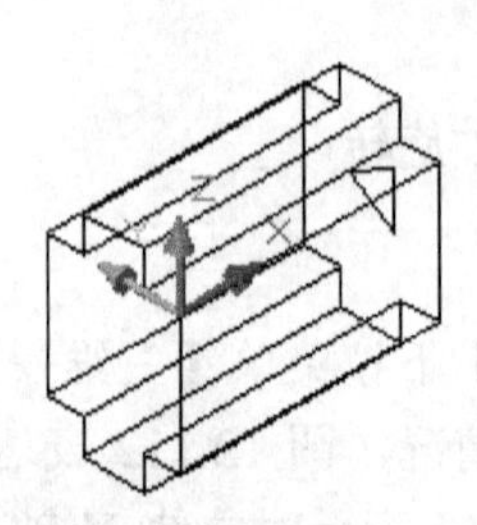


图 12.121　形体绕 Y 轴旋转 90°

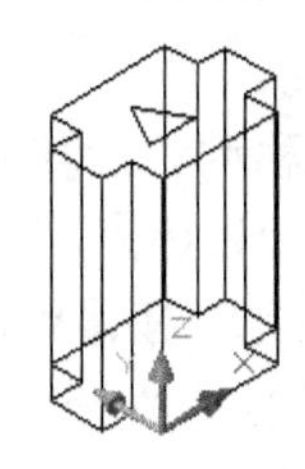


图 12.122　形体旋转前

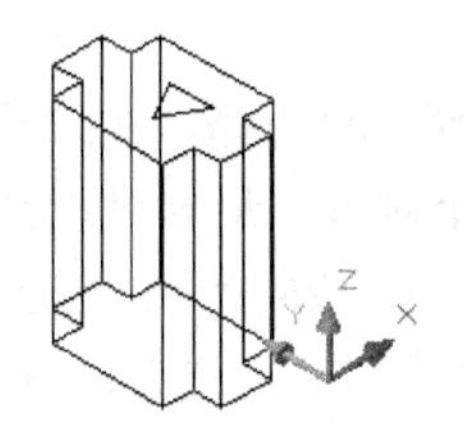


图 12.123　形体绕 Z 轴旋转 90°

### 12.6.13　三维阵列

1. 功能

阵列三维实体。

2. 操作

选择【修改】下拉菜单【三维操作】中【三维阵列】命令，选择对象，输入行(X 轴)、列(Y 轴)和层(Z 轴)的参数，以及行间距，列间距，层间距等参数可以矩形阵列对象。【三维阵列】通过控制复制对象的数目并决定是否旋转来环形阵列对象。

### 12.6.14　三维对齐

1. 功能

通过旋转或倾斜对象使之与其他对象对齐。

2. 操作

选择【修改】下拉菜单【三维操作】中【三维对齐】命令，以图 12.124 为例说明具体操作步骤。

```
命令：_align
选择对象：找到 1 个
指定第一个源点：(选择盖上 A 点)
指定第一个目标点：(选择立方体上 C 点)
指定第二个源点：(选择盖上 B 点)
指定第二个目标点：(选择立方体上 D 点,图 12.125)
```

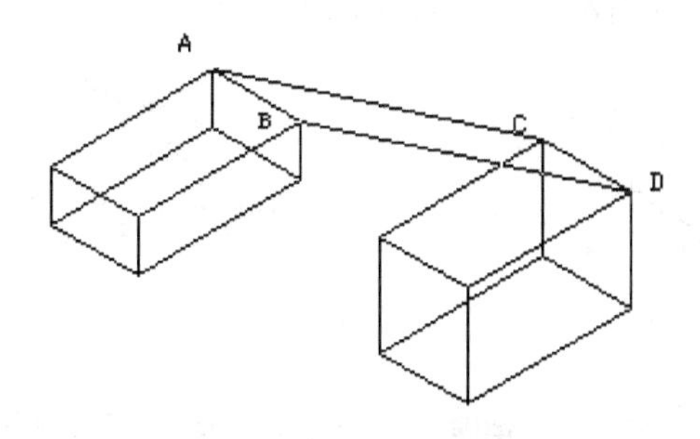


图 12.124　对象对齐前

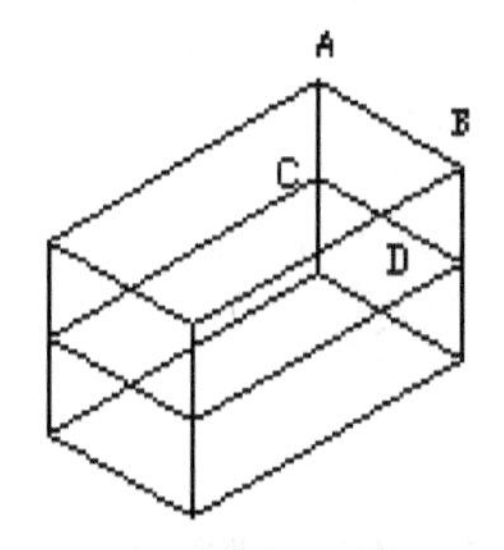


图 12.125　建筑物盖与建筑物对齐

3. 说明

注意目标点与源点的选择，在二维和三维空间中通过移动、旋转或倾斜对象与其他对象对齐，要对齐某个对象，最多可以给对象添加三对源点和目标点。

三对点对齐如图 12.126 所示，当选择三对点时，选定对象三棱锥可在三维空间中移动和旋转，使之与其他对象对齐，先选定对象从源点 E 点移到目标点 A 点，再选定对象从源点 F 点移到目标点 B 点，最后选定对象从源点 G 点移到目标点 C 点，结果如图 12.127 所示。

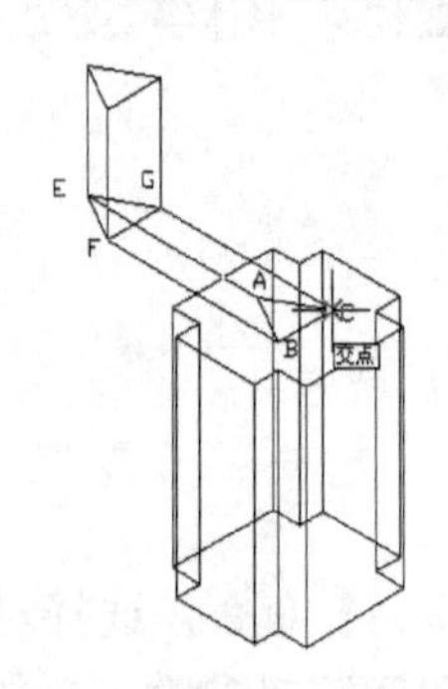


图 12.126　三对点对齐

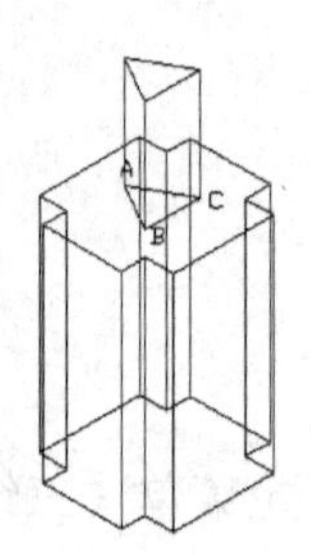


图 12.127　三棱锥与建筑物对齐

## 12.7 上 机 实 验

### 实验 1　用面确定新的用户坐标系 UCS

1. 目的要求

用面确定新的 UCS 来设置用户坐标系在三维空间中的 X、Y、Z 三个方向。

2. 操作指导

单击按钮，选择某一个面(即就在此面的边界内或面的边界上选择)，被选中的面将亮显，X 轴将与找到的面上的最近的边对齐(被选中的对象是实体的面或边)，UCS 与选定的面对齐。

用面确定新的 UCS 后，在俯视图上绘制管道路径，拉伸路径垂直于管道截面，管道截面与 XY 平面平行。在立方体的顶面、前面、左侧面绘制管道路径(图 12.128)，将 UCS 与选定的面对齐，绘制管道截面(图 12.129)，管道沿路径拉伸(图 12.130)。

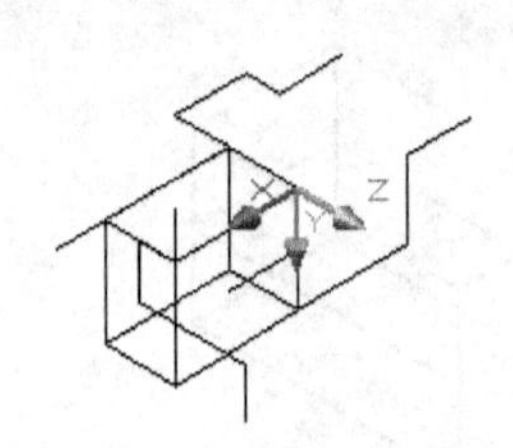


图 12.128　绘制管道路径

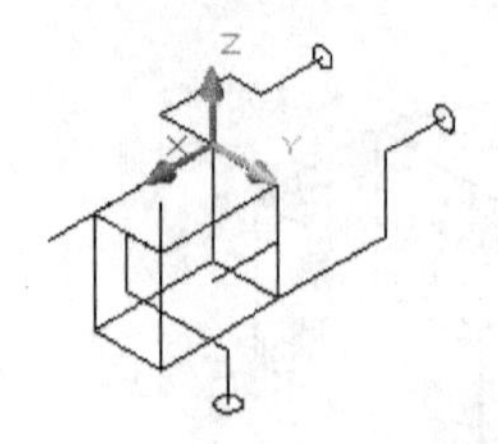


图 12.129　绘制管道截面

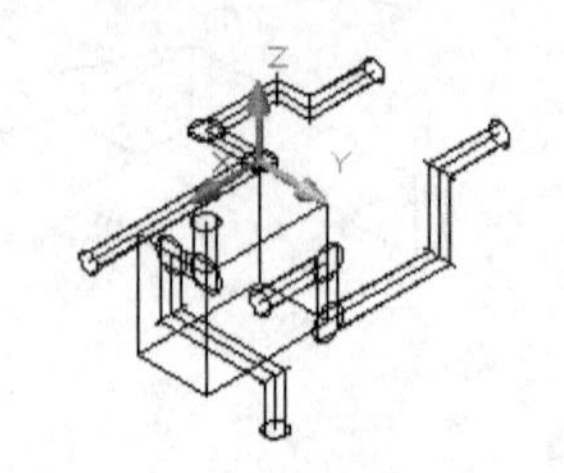


图 12.130　管道沿路径拉伸

## 实验 2　用拉伸和布尔运算命令建立墙体及门窗模型

1. 目的要求

要挖切的门窗必须与门窗所在的墙面为同一坐标系。相交的实体，通过 AutoCAD 的布尔运算【并集】(union)、【差集】(subtract)和【交集】(intersect)命令得到要画的相贯模型，可对建筑物进行壳体生成、拼接、搭积、挖切等。

2. 操作指导

单击按钮，选择要拉伸的对象，输入拉伸的高度，用布尔【差集】(subtract)运算命令挖切门窗(图 12.131)。

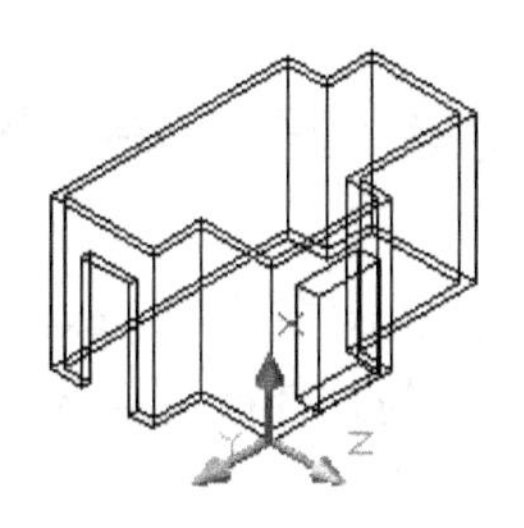

图 12.131　挖切门窗

## 实验 3　编辑三维实体沿路径拉伸面

1. 目的要求

沿路径拉伸面，拉伸路径用多段线在俯视图上绘制，拉伸路径不能与拉伸面处于同一平面，也不能具有高曲率的部分。

2. 操作指导

绘制拉伸路径(图 12.132)，单击按钮，选择三维实体的面，选择拉伸的路径(图 12.133)。

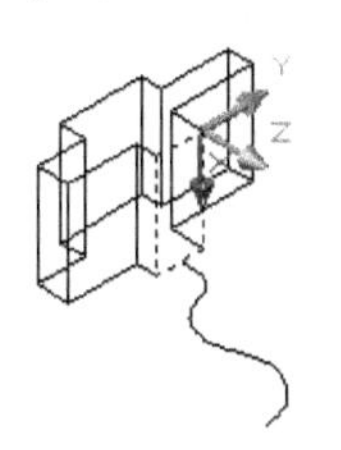

图 12.132　绘制拉伸路径

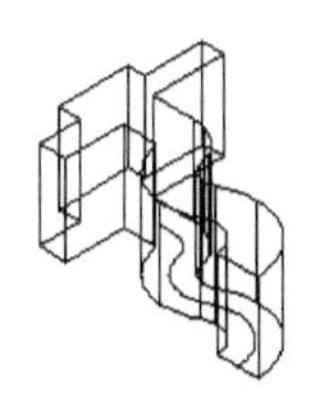

图 12.133　拉伸的路径

## 实验 4　绘制四坡屋顶

1. 目的要求

创建标准三维网格曲面，绘制四坡屋顶。

2. 操作指导

绘制辅助立方体，立方体高度为坡屋顶高度(图 12.134)，单击【绘图】下拉菜单【曲面】

中【三维曲面】，弹出【三维对象】对话框，选择棱锥面，依次选择 1、2、3、4 点，输入 R(将棱锥面的顶面定义为棱，棱的两个端点的顺序必须和基点的方向相同，以避免出现自交线框)，依次选择 A 和 B 点(图 12.135)，右击，删除辅助立方体及辅助线(图 12.136)。

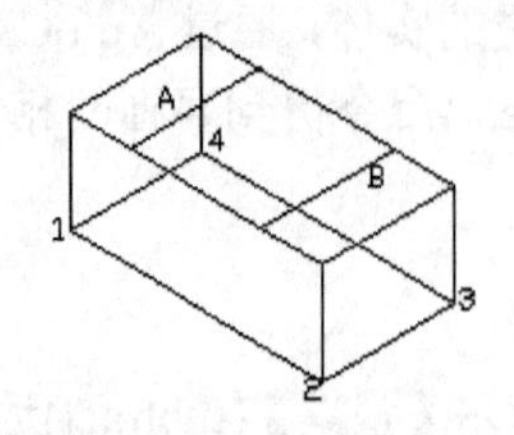

图 12.134　绘制辅助立方体

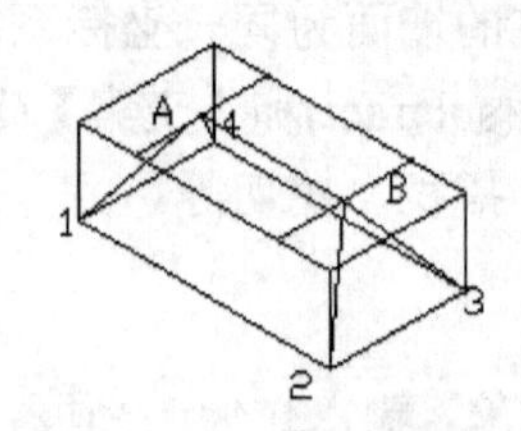

图 12.135　绘制四坡屋顶

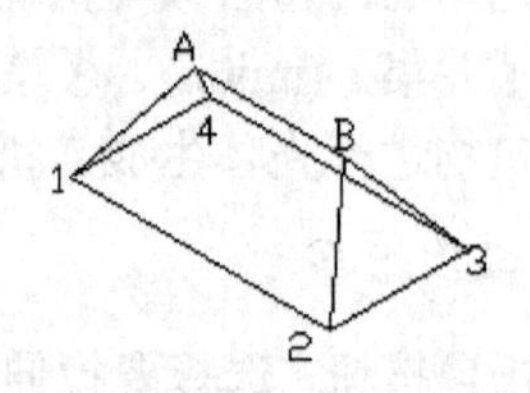

图 12.136　删除辅助立方体

## 12.8　思　考　题

1. 如果用直线或圆弧来创建实体轮廓在使用“extrude”命令之前需用什么命令把它们转换成单一的多段线?“extrude”命令与拉伸面有何区别?

2. AutoCAD 允许拉伸的对象是哪些?

3. 拉伸不同的 UCS 上的平面图形时，需用什么命令改变坐标系使之定义为当前坐标系?

# 第 13 章　房屋的三维模型设计

**教学提示**：学好 AutoCAD 的建模理论与方法是三维建筑建模的第一步，本章列举了三维建筑建模的重点操作步骤，读者掌握了一种建模的操作步骤，其他建筑建模就可举一反三。

**教学目标**：了解房屋三维模型设计的方法，其中包括屋顶模型的建立、门柱和楼梯模型的建立、门和窗户模型的建立、墙体模型的建立、阳台模型的建立等。了解三维建筑模型渲染的五个步骤，渲染后的建筑模型可以获得比着色更加清晰的图像。建筑模型渲染前需对模型配置光源、指定材质、附着贴图、添加背景等。

## 13.1　模型设计前的准备

房屋三维模型设计前，为保证绘图的准确、快速和符合建筑制图标准，往往要先设置绘图的环境，主要包括设置图形界限、绘图单位、定义工具栏；设置用户坐标系统、对象跟踪与对象捕捉；设置视口及坐标显示方式以及尺寸标注样式等。同时，建筑三维模型包括墙体、门窗、阳台、屋顶、楼梯等基本构成元素，三维模型设计前，应该利用【图层特性管理器】为它们分别创建各自的图层、线型、线宽和颜色，以方便对三维图形进行管理。

建筑平面图表达了墙体、门窗、阳台等的平面位置和尺寸关系，因此，在模型设计前要了解房屋平面的大致尺寸，也可以建筑平面图为基础来绘制三维模型。

## 13.2　屋顶模型的建立

### 13.2.1　绘制清真式建筑屋顶

单击按钮，选择底圆象限点，以底圆象限点为坐标新原点。单击按钮，选择 Z 轴方向(图 13.1)，在前视图上用“pline”命令绘制圆顶形窗口并【拉伸】(图 13.2)。在俯视图上用“array”命令绘制多个圆顶形窗口(图 13.3)，圆柱实体【布尔减】圆顶形窗口实体(图 13.4)。在前视图上用“pline”命令绘制清真式屋顶外形(图 13.5)，单击按钮，选择清真式屋顶外形轮廓线，【旋转】360°(图 13.6)，用“move”命令把清真式屋顶安放在圆柱墙体上(图 13.7)，【渲染】后如图 13.8 所示。

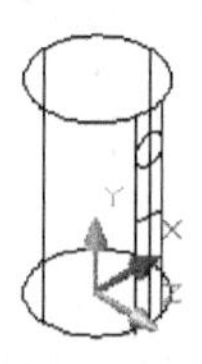

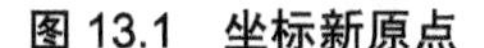

图 13.1　坐标新原点

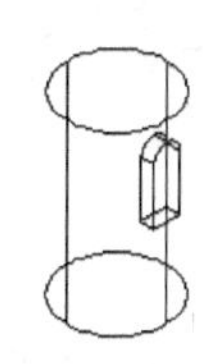

图 13.2　拉伸窗口

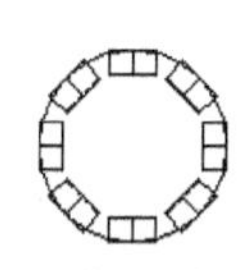

图 13.3　阵列窗口

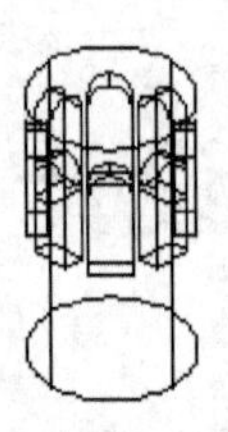

图 13.4　圆柱布尔减窗口

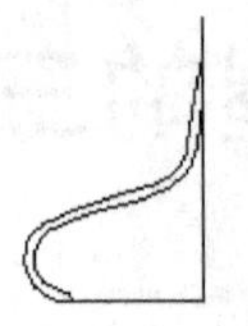

图 13.5　屋顶外形轮廓线

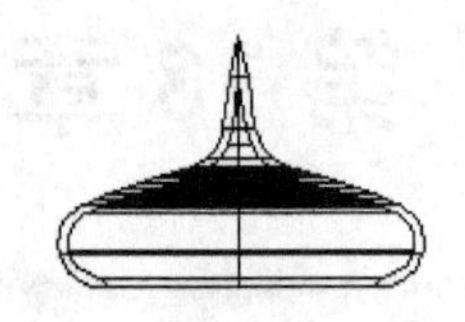

图 13.6　【旋转】360°

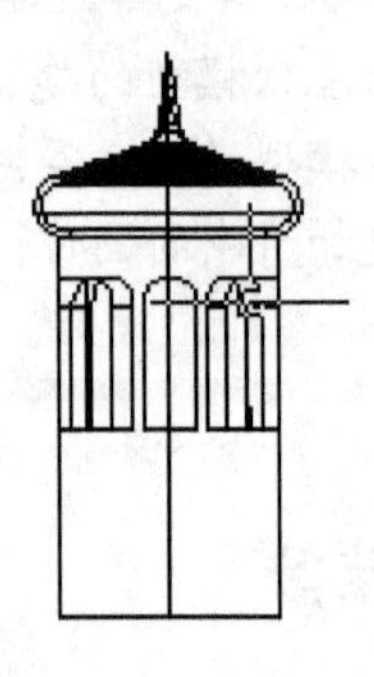

图 13.7　清真式屋顶安放在圆柱墙体上

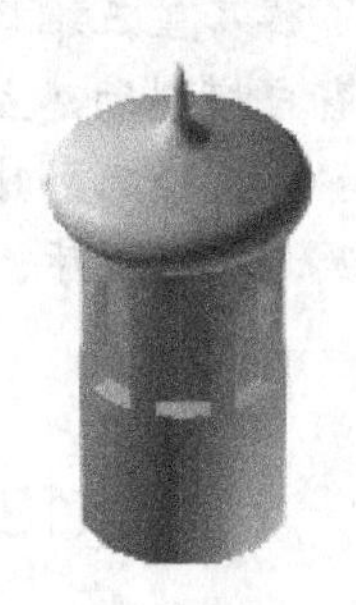

图 13.8　渲染图

### 13.2.2　绘制球形建筑物屋顶

绘制圆台、三角架断面及拉伸轨迹(图 13.9)，沿轨迹【拉伸】三角架断面(图 13.10)。单击按钮，以小椭圆圆心为坐标新原点。单击按钮，输入圆球半径，单击按钮，选择 Z 轴方向(图 13.11)。在俯视图上用“pline”命令绘制支架外形图(图 13.12)，单击按钮，用【拉伸】命令拉伸支架(图 13.13)，单击按钮，以支架中心为坐标新原点，单击按钮，使球心与支架中心重合(图 13.14)，在俯视图上绘制圆锥底面并【拉伸】、【渲染】(图 13.15)。

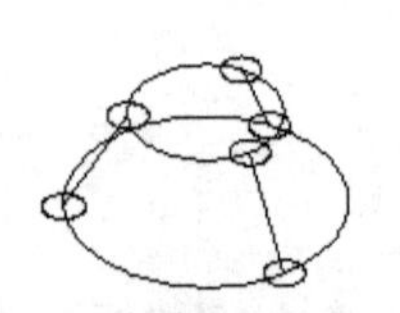

图 13.9　绘制圆台

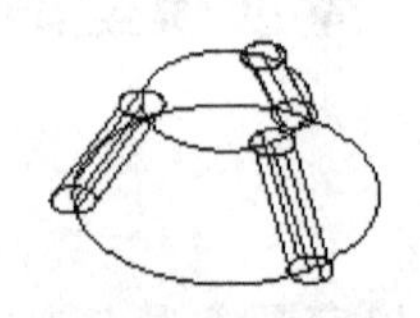

图 13.10　沿轨迹【拉伸】

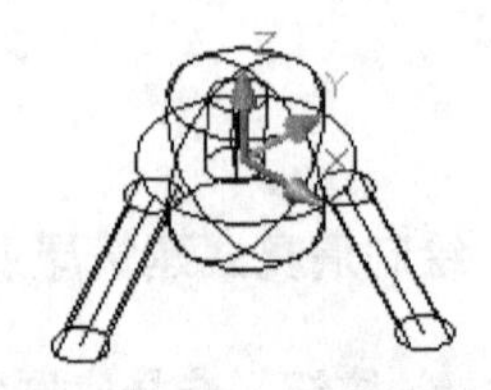

图 13.11　球心为坐标新原点

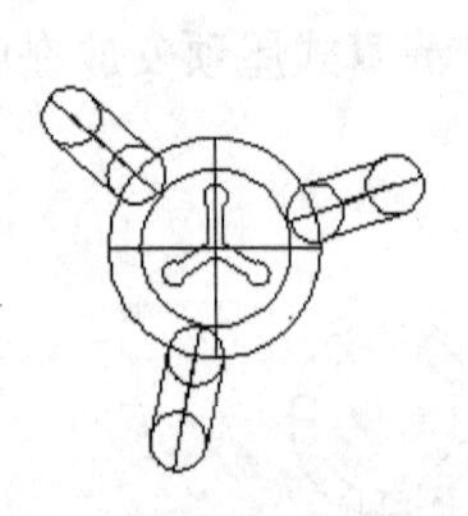

图 13.12　绘制支架外形图

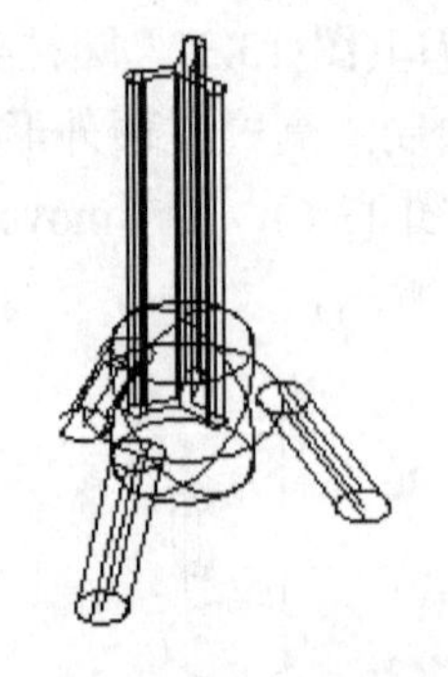

图 13.13　拉伸支架

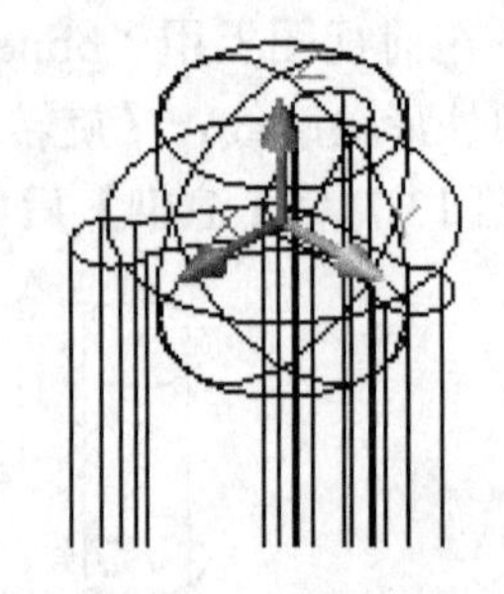

图 13.14　使球心与支架中心重合

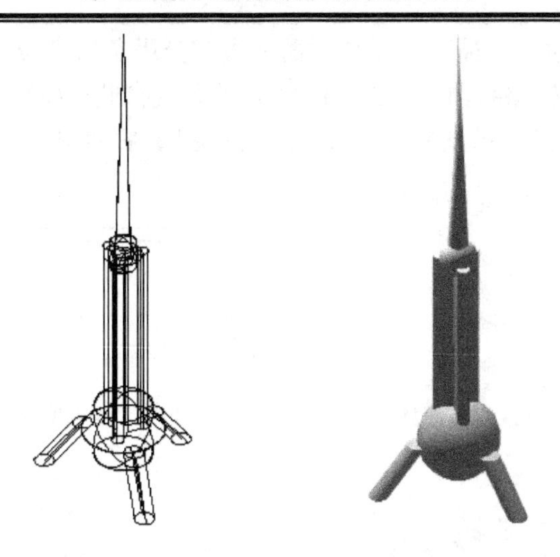

图 13.15　绘制圆锥并【拉伸】和【渲染】

### 13.2.3　绘制别墅屋顶

绘制墙体与屋顶矩形(图 13.16)，单击按钮，分别选择 A、B、C、D 四点，输入 R，选择 E、F 点(图 13.17)绘制四坡屋顶。在前视图上绘制偏房屋顶(图 13.18)，【拉伸】偏房屋顶(图 13.19)。

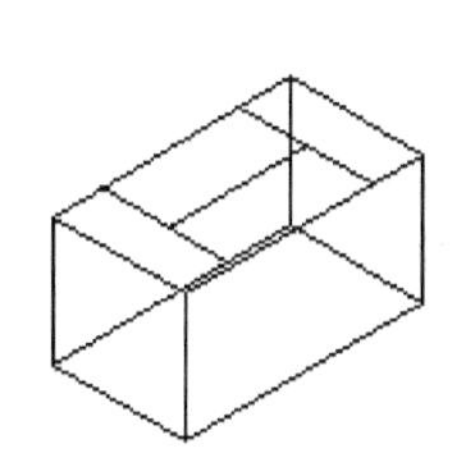

图 13.16　绘制墙体与屋顶矩形

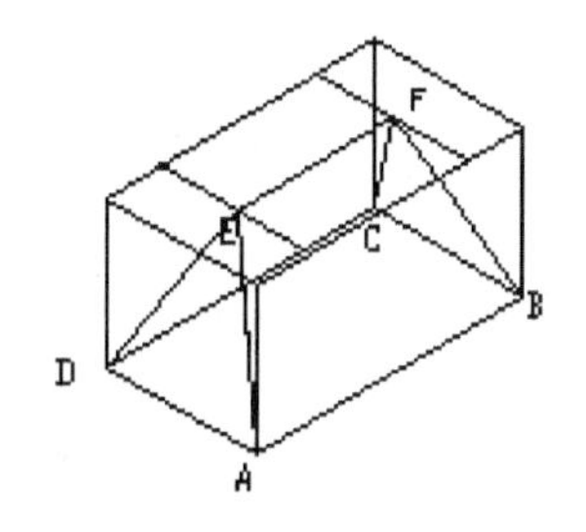


图 13.17　绘制四坡屋顶

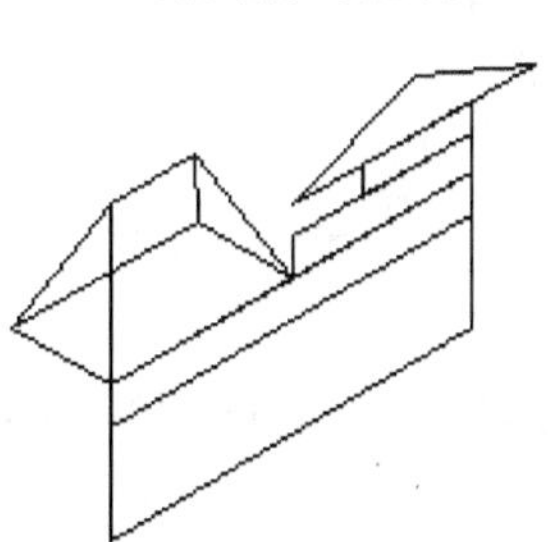

图 13.18　绘制偏房屋顶

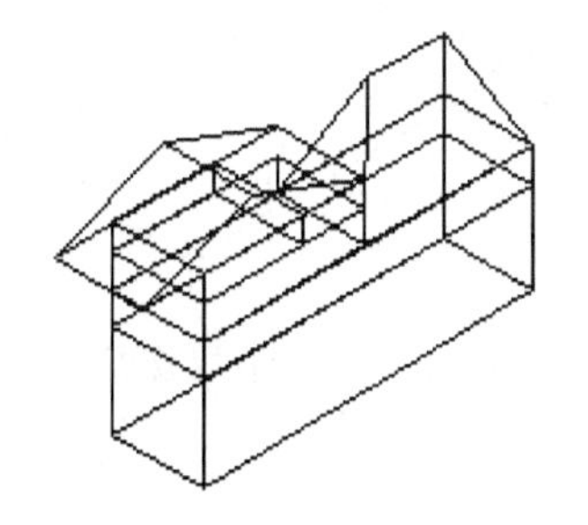

图 13.19　【拉伸】偏房屋顶

### 13.2.4　绘制神庙屋顶

先规划图层，单击按钮修改【对象特性】对话框中的标高属性值，绘制神庙底座与屋顶(图 13.20)，在前视图上用“pline”命令绘制罗马柱(图 13.21)，在俯视图上【阵列】、【镜像】罗马柱(图 13.22)。打开屋顶图层，变换坐标，用“pline”命令绘制坡屋顶外形(图

13.23)，变换坐标，【拉伸】屋顶，屋顶侧面凹进部分用负值【拉伸】(图 13.24)。变换坐标用“pline”命令绘制楼梯断面(图 13.25)，【拉伸】楼梯断面(图 13.26)，在俯视图上【镜像】楼梯(图 13.27)，打开全部图层(图 13.28)，【渲染】后如图 13.29 所示。

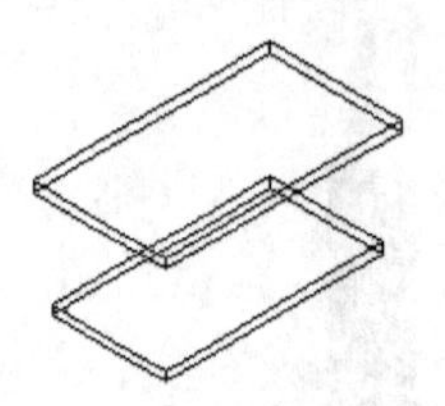

图 13.20　绘制底座与屋顶

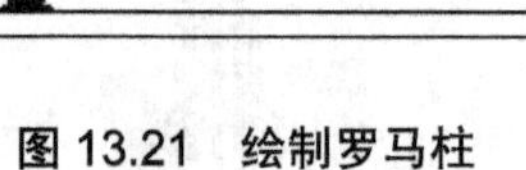

图 13.21　绘制罗马柱

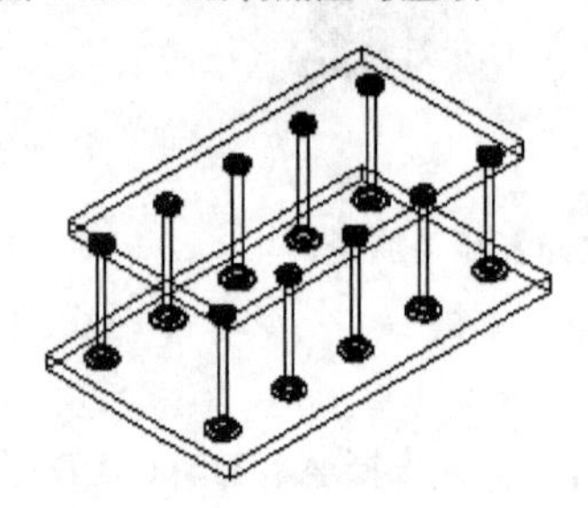

图 13.22　【阵列】、【镜像】罗马柱

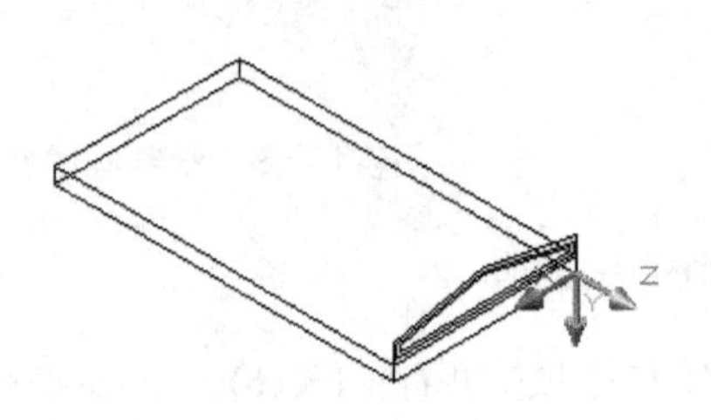


图 13.23　绘制坡屋顶外形

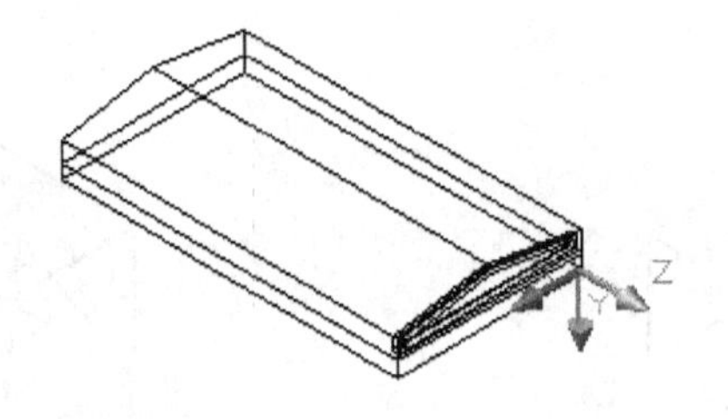


图 13.24　绘制屋顶侧面凹进部分

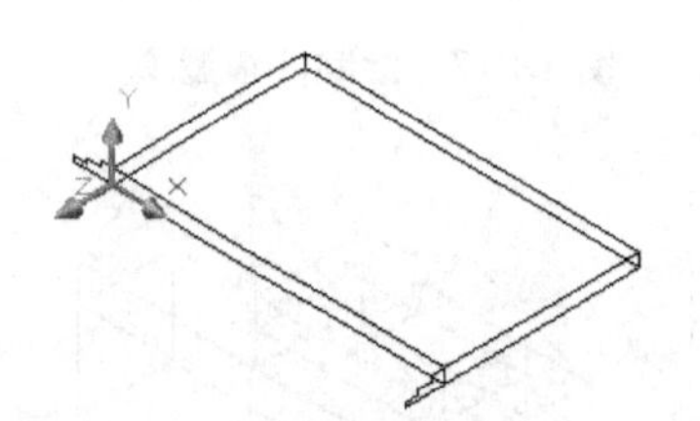


图 13.25　绘制楼梯断面

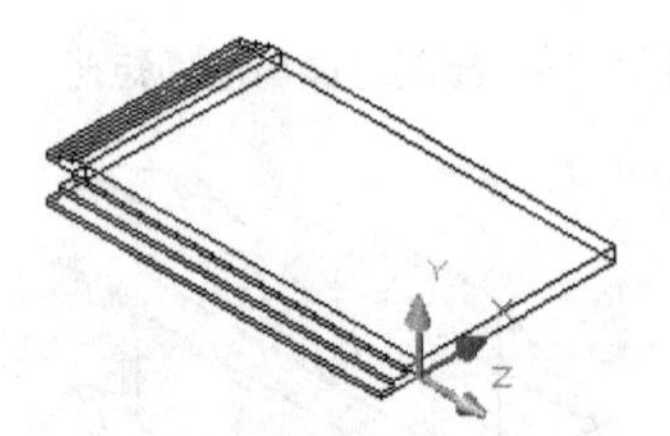


图 13.26　【拉伸】楼梯断面

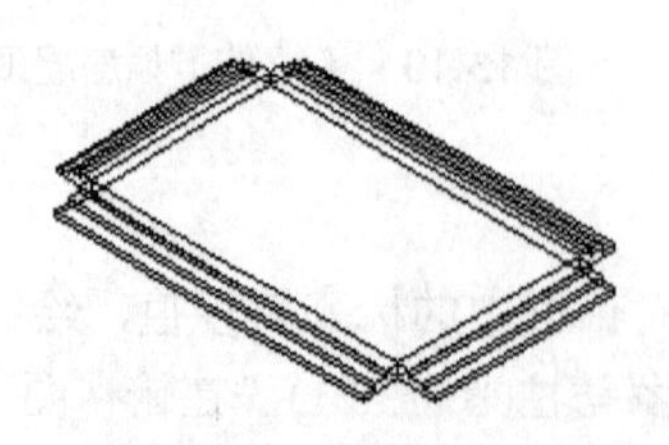

图 13.27　【镜像】楼梯

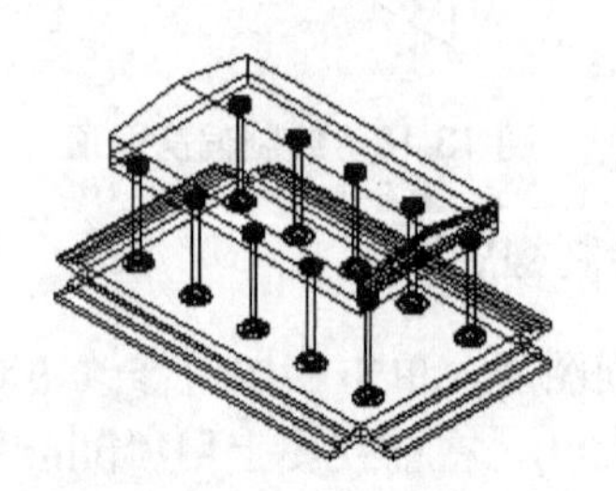

图 13.28　打开全部图层

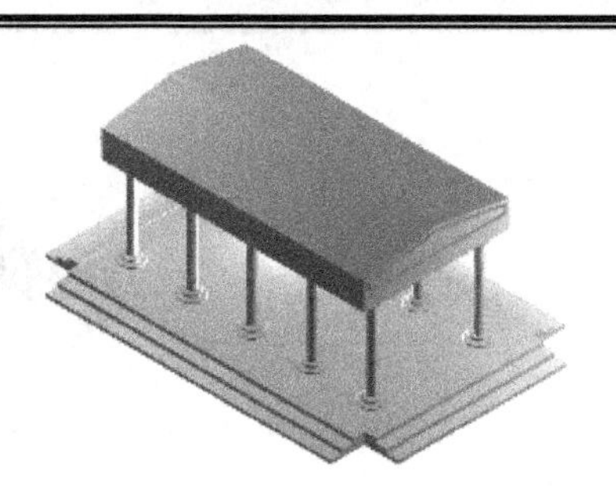

图 13.29　渲染图

### 13.2.5　绘制开窗屋顶

在辅助立方体上绘制坡屋顶截面(图 13.30)，【拉伸】屋顶截面(图 13.31)。变换坐标，在辅助立方体上绘制窗口(图 13.32)，【拉伸】窗口截面(图 13.33)，【删除】辅助立方体，【布尔减】窗口(图 13.34)，【渲染】后如图 13.35 所示。

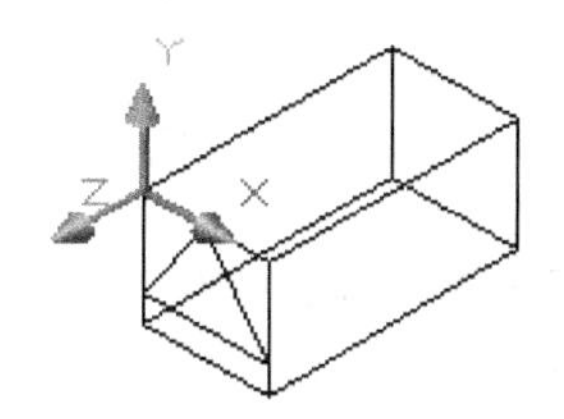


图 13.30　绘制坡屋顶截面

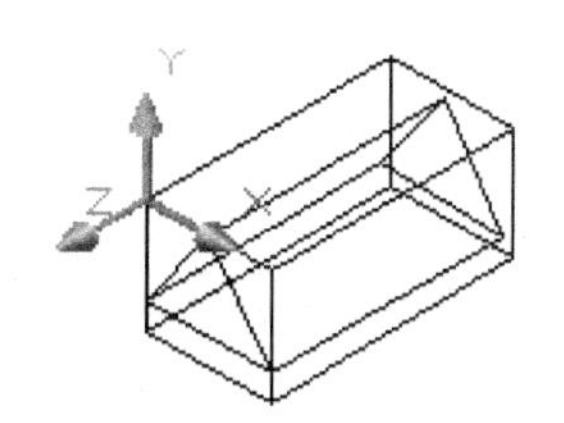


图 13.31　【拉伸】屋顶截面

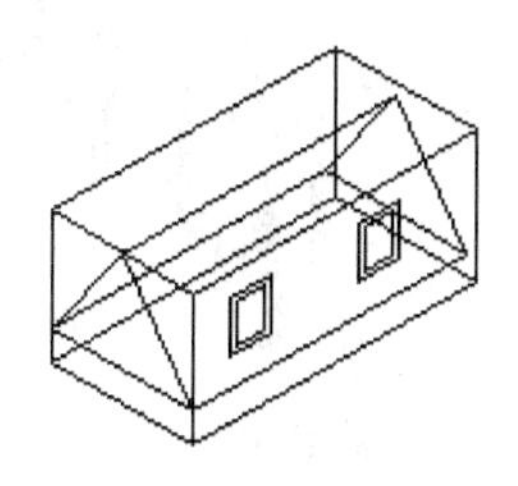

图 13.32　绘制窗口

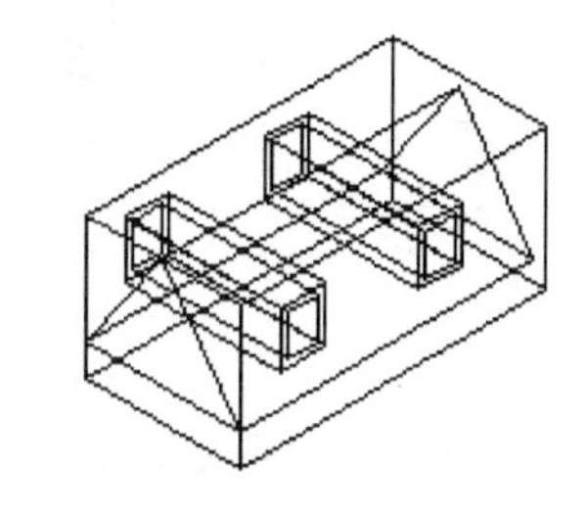

图 13.33　【拉伸】窗口截面

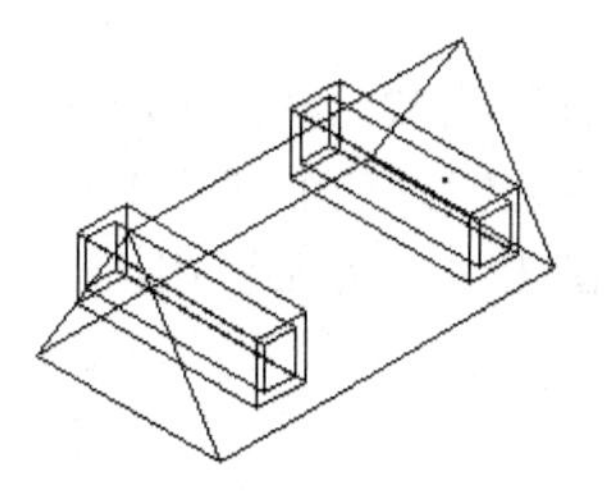

图 13.34　【布尔减】窗口

图 13.35　渲染图

### 13.2.6　绘制波浪屋顶

在前视图上绘制波浪屋顶截面(图 13.36)，【拉伸】屋顶截面(图 13.37)。变换坐标，在俯视图上绘制圆柱截面并【拉伸】(图 13.38)。【移动】波浪屋顶时，在俯视图与轴测图上用捕捉中点的方法调整(图 13.39)，用“move”命令移动波浪屋顶到圆柱上(图 13.40)，【渲染】后如图 13.41 所示。

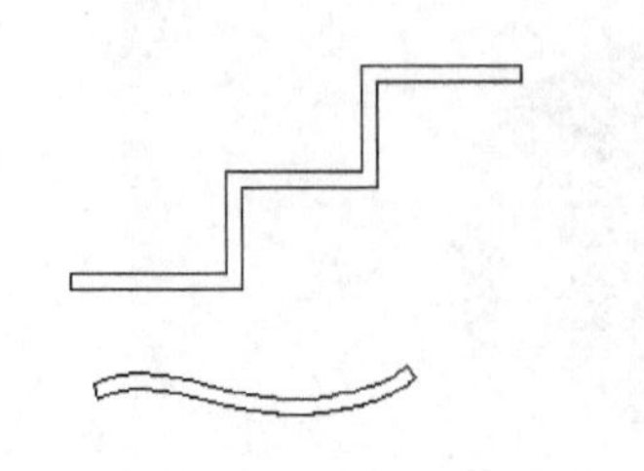

图 13.36　绘制波浪屋顶截面

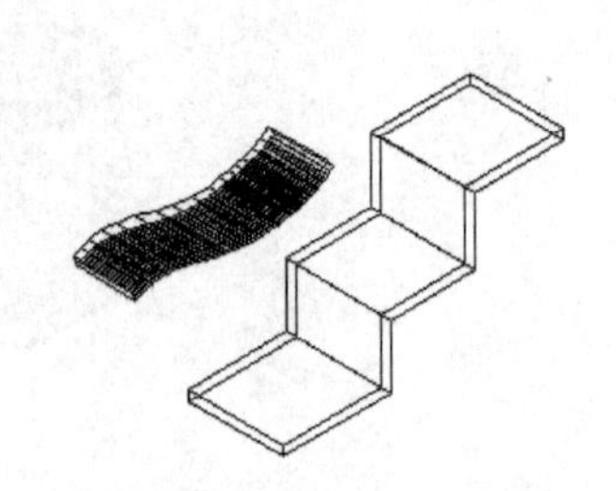

图 13.37　【拉伸】屋顶截面

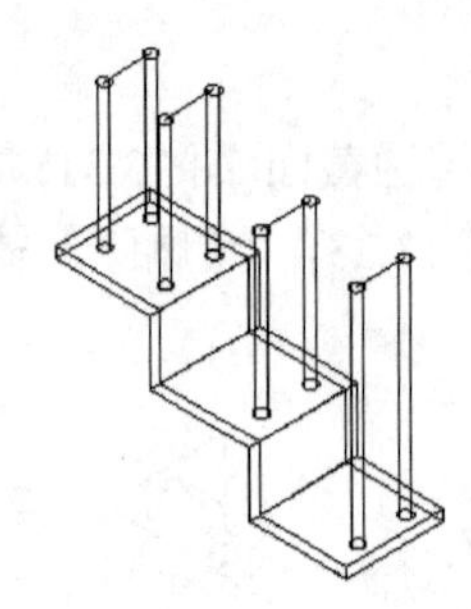

图 13.38　绘制圆柱截面并【拉伸】

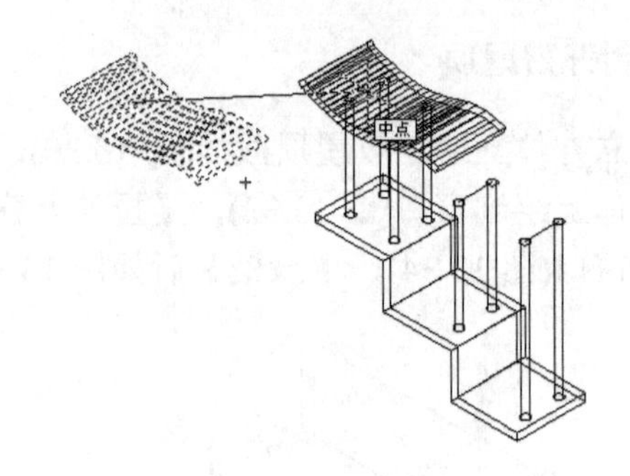


图 13.39　捕捉中点

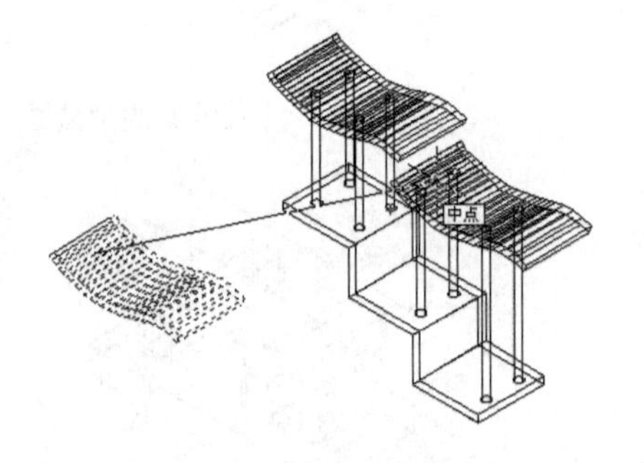


图 13.40　移动波浪屋顶到圆柱上

图 13.41　渲染图

### 13.2.7　绘制三角架屋顶

用“pline”命令绘制三角支架外形并【拉伸】(图 13.42)，用“rotate3d”命令旋转三角支架 120° 得到第二个支架，再用“rotate3d”命令旋转第二个支架 120° 得到第三个支架(图 13.43)。用“move”命令把三个支架组装在一起(图 13.44)，最后【拉伸】三棱锥(图 13.44)。

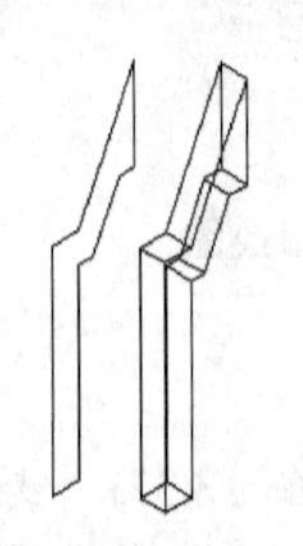

图 13.42　绘制支架

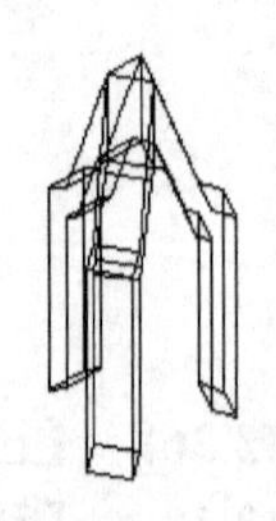

图 13.43　旋转三角架支架

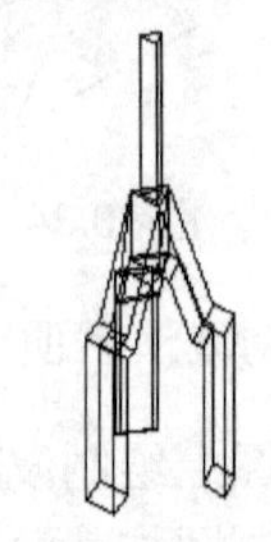

图 13.44　组装三角架

### 13.2.8　绘制支架屋顶

用“pline”命令绘制支架外形(图 13.45)，【拉伸】支架(图 13.46)，在侧视图绘制支架支撑柱并【拉伸】(图 13.47)。【阵列】支架及【布尔并】(图 13.48)，【镜像】支架后【渲染】(图 13.49)。

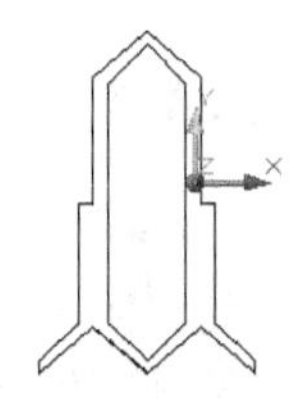

图 13.45　绘制支架外形

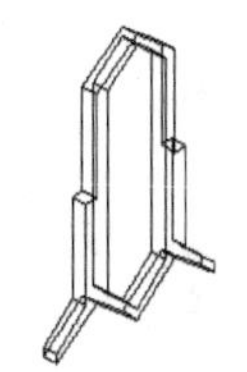

图 13.46　【拉伸】支架

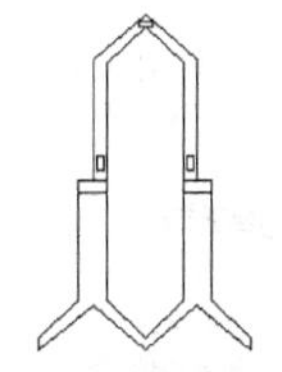

图 13.47　绘制支架支撑柱

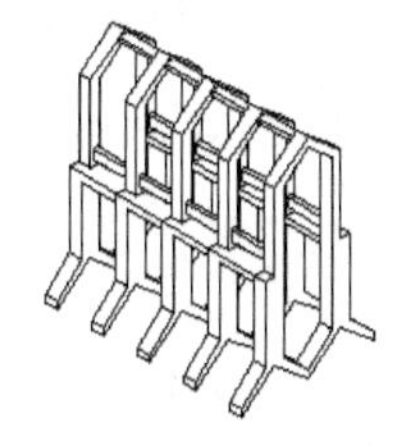

图 13.48　【阵列】支架及【布尔并】

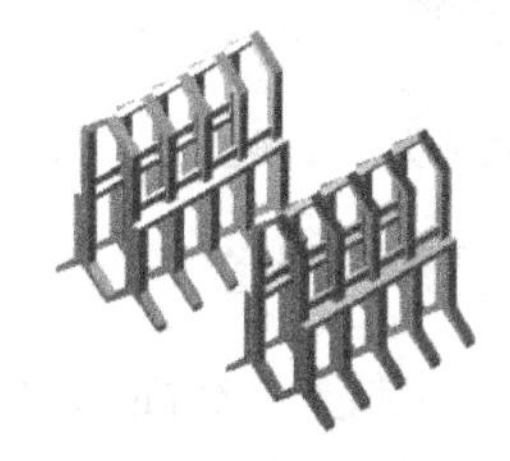

图 13.49　【镜像】支架后【渲染】

### 13.2.9　绘制体育场屋顶

在俯视图上绘制大圆与小圆，作辅助矩形，定标高后再画中圆(图 13.50)，再将三个圆【修剪】为一半(图 13.51)。变换坐标系，单击按钮，选择钢管端点，旋转坐标轴使钢管路径垂直 XY 平面，在轴测图上绘制钢管截面(图 13.52)，【拉伸】钢管截面并【镜像】(图 13.53)。在俯视图上绘制四个小圆，四个小圆的圆心分别是 A、B、C、D，连接钢管支撑杆 EA，EB，EC，ED。注意 A、B、C、D、E 五个点都在钢管中线上(图 13.54)。变换坐标系，沿路径 EA，EB，EC，ED【拉伸】四个小圆(图 13.56)，在俯视图上【阵列】钢管支撑杆(图 13.57)，最后【渲染】得到图 13.58。

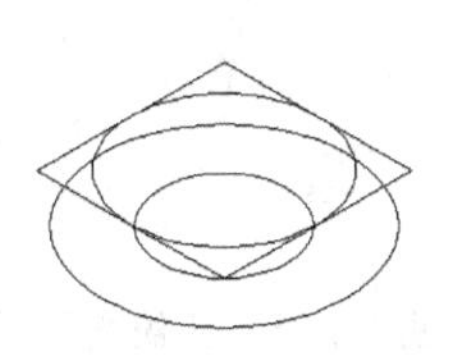

图 13.50　绘制大圆与小圆及中圆

图 13.51　圆【修剪】为一半

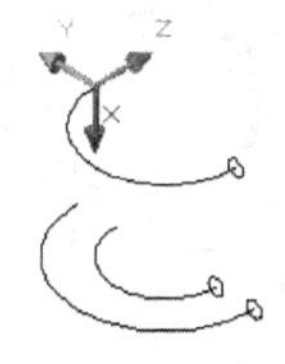

图 13.52　绘制钢管截面

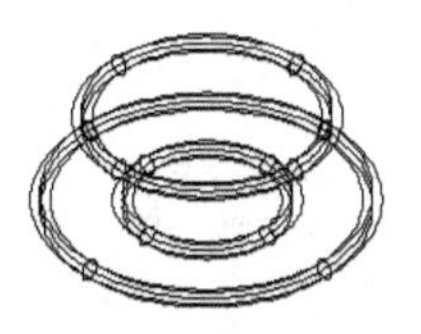

图 13.53　【拉伸】钢管截面并【镜像】

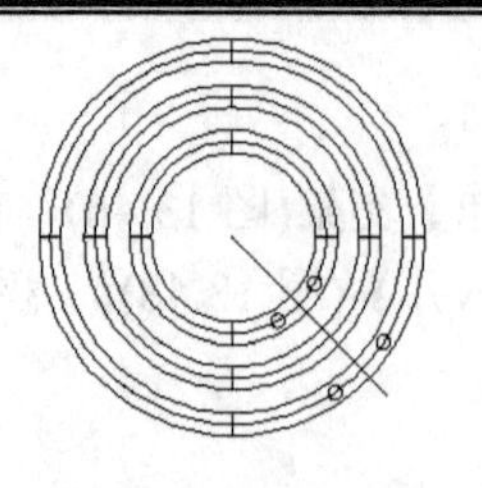

图 13.54　在钢管中线上绘制四个小圆

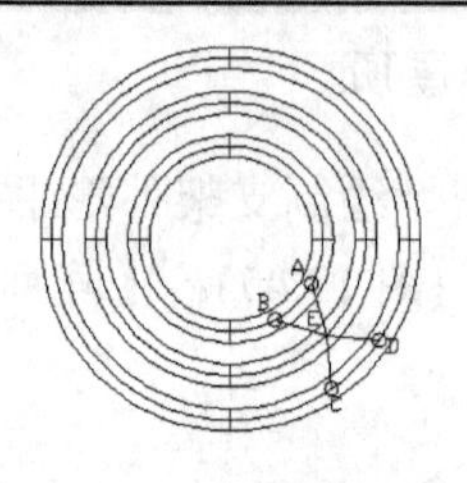

图 13.55　绘制钢管支撑杆

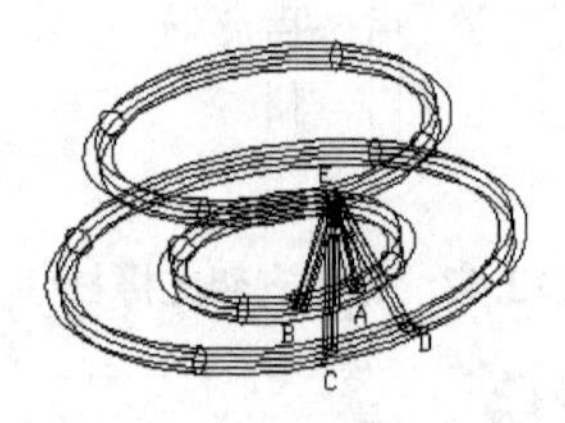

图 13.56　【拉伸】四个小圆

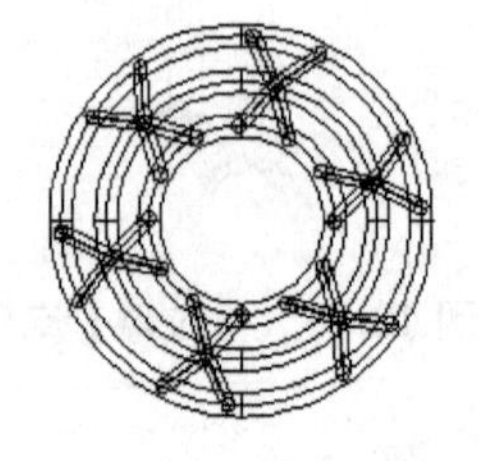

图 13.57　【阵列】钢管支撑杆

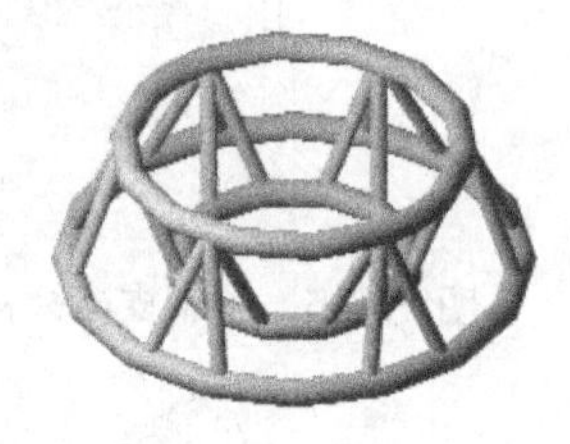

图 13.58　渲染图

### 13.2.10　绘制圆形支架屋顶

在右视图上绘制支架截面(图 13.59)，【拉伸】支架截面(图 13.60)。在俯视图上绘制圆(图 13.61)，将支架设成图块(图 13.62)，将支架块【等分插入】(图 13.63)。在俯视图上绘制第二个支撑圆(图 13.64)，并【偏移】两个支撑圆(图 13.65)，【拉伸】支撑圆后，每个支撑圆的大圆【布尔减】小圆(图 13.66)得到渲染图(图 13.67)。

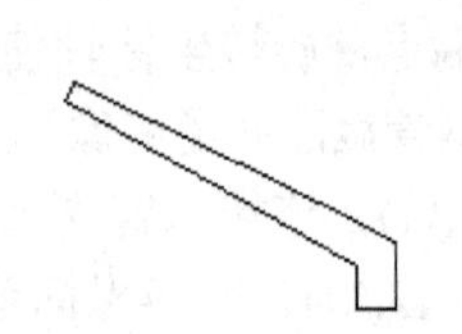

图 13.59　绘制支架截面

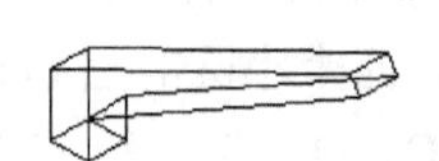

图 13.60　【拉伸】支架截面

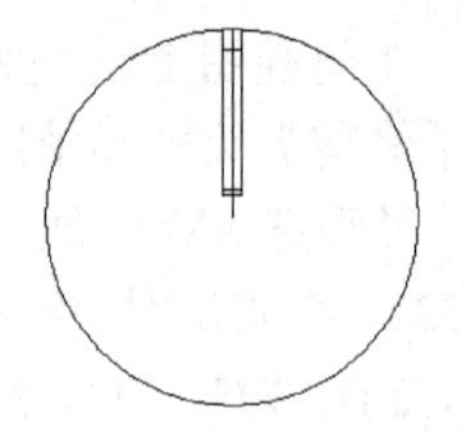

图 13.61　俯视图上绘制圆

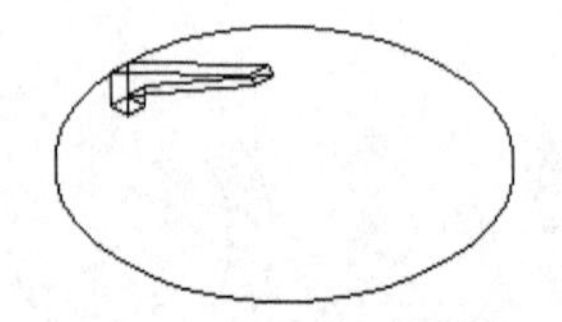

图 13.62　将支架设成图块

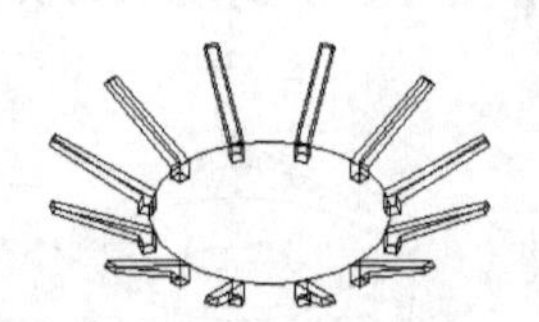

图 13.63　三维阵列图块

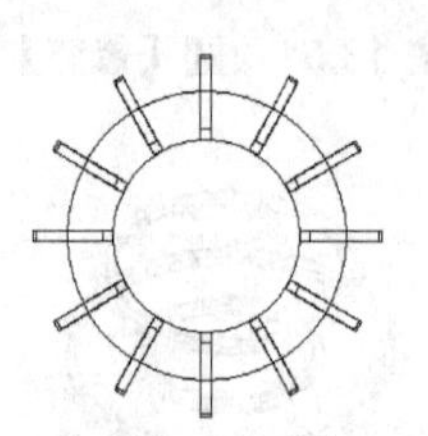

图 13.64　绘制第二个支撑圆

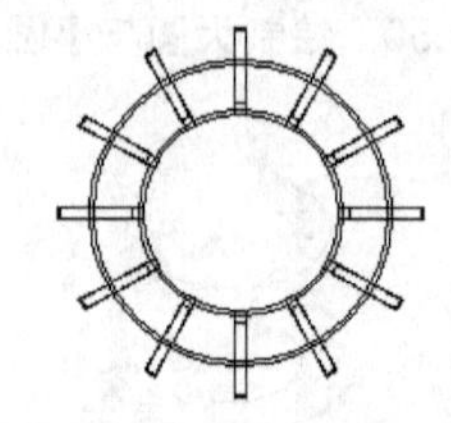

图 13.65　【偏移】两个支撑圆

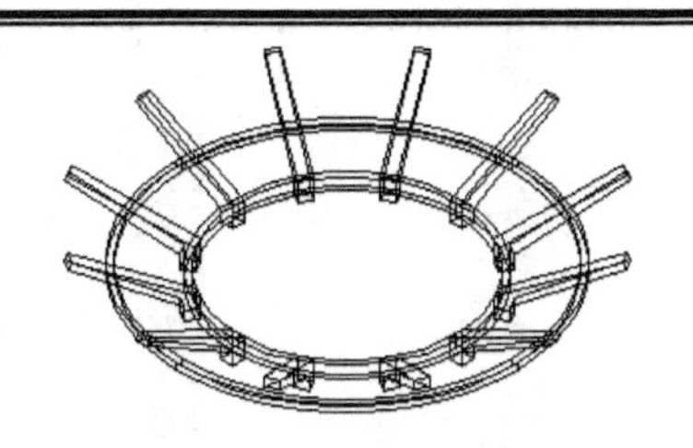

图 13.66　大圆【布尔减】小圆

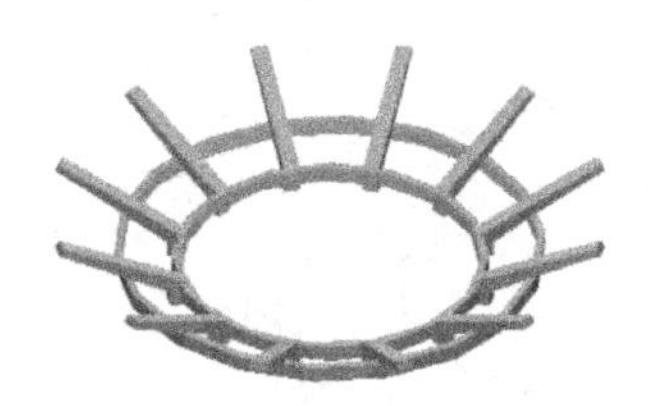

图 13.67　渲染图

### 13.2.11　绘制方形支架屋顶

在俯视图上绘制支架截面并拉伸(图 13.68)，拉伸支架后布尔运算挖孔与渲染(图 13.69)。

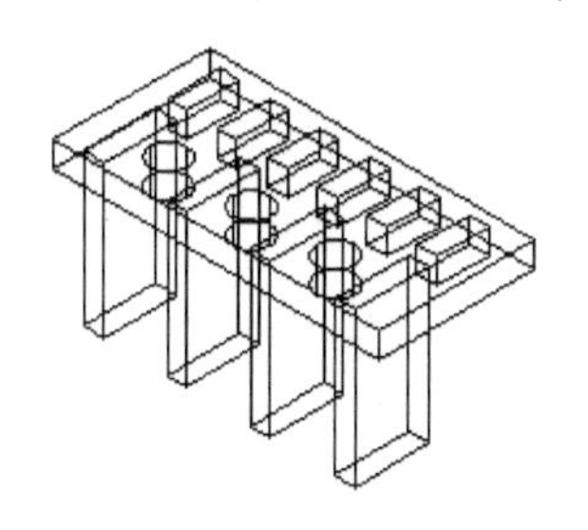

图 13.68　绘制支架截面并拉伸

图 13.69　渲染图

## 13.3　门柱和楼梯模型的建立

### 13.3.1　大门的画法

1. 普通门柱的画法

绘制门柱外形(图 13.70)，用【三维旋转】命令 旋转多段线(图 13.71)【渲染】门柱外形，(图 13.72)。

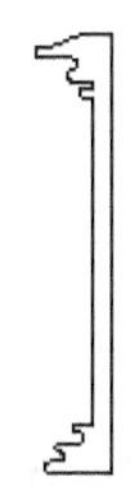

图 13.70　绘制门柱外形

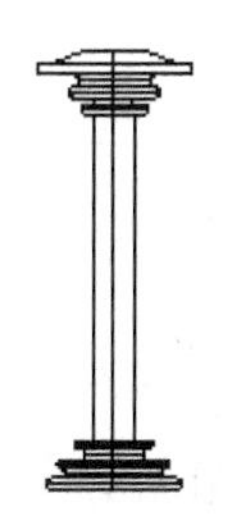

图 13.71　旋转门柱外形

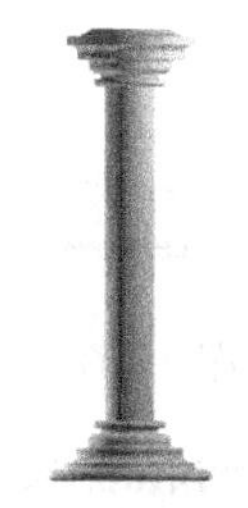

图 13.72　【渲染】门柱外形

2. 带凹槽门柱的画法

在门柱外圆上【阵列】小圆(图 13.73)，用【修剪】命令修剪大圆和小圆并使外轮廓线合并为多段线(图 13.74)，【拉伸】外轮廓线并【渲染】(图 13.75)。

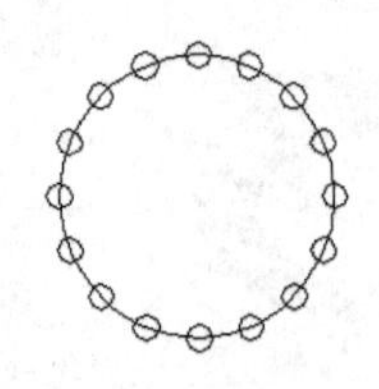

图 13.73 【阵列】小圆

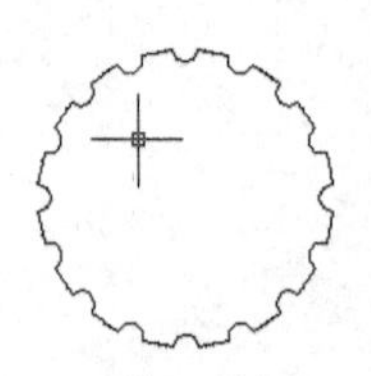

图 13.74 修剪大圆和小圆

图 13.75 【拉伸】外轮廓线并【渲染】

3. 门柱顶画法

用【多段线】绘制门柱顶外形并【拉伸】(图 13.76)，用【布尔减】命令绘制门柱顶凹槽(图 13.77)，具体操作步骤如下。

```
命令:_extrude(拉伸三角形外层轨迹)
当前线框密度:ISOLINES=4
选择对象: 找到 1 个
指定拉伸高度或 [路径(P)]:100
指定拉伸的倾斜角度 <0>:0
命令:_extrude(拉伸三角形第二层与第三层轨迹)
当前线框密度:ISOLINES=4
选择对象: 指定对角点: 找到 2 个
指定拉伸高度或 [路径(P)]:20
指定拉伸的倾斜角度 <0>:0
命令:_subtract
选择要从中减去的实体或面域(三角形第二层布尔减第三层)
选择对象:找到 1 个
选择要减去的实体或面域 ..
选择对象:找到 1 个
```

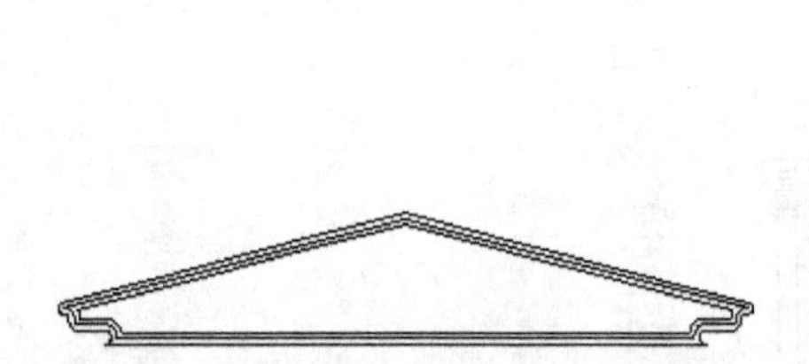

图 13.76 绘制门柱顶外形并【拉伸】

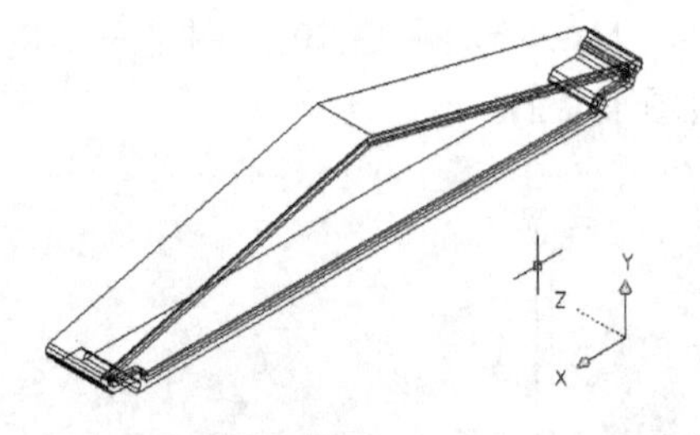


图 13.77 绘制门柱顶凹槽

重复 subtract 操作，从三角形门柱顶第一层【布尔减】第二层(图 13.77)。再用“copy”命令绘制四根立柱与底座(图 13.78)，用“move”命令把门柱顶安放在立柱上并渲染(图 13.79)。

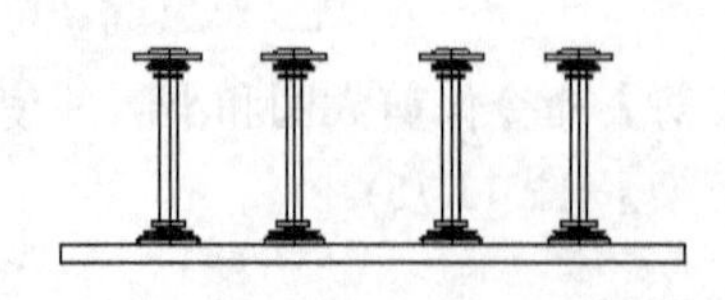

图 13.78 绘制四根立柱与底座

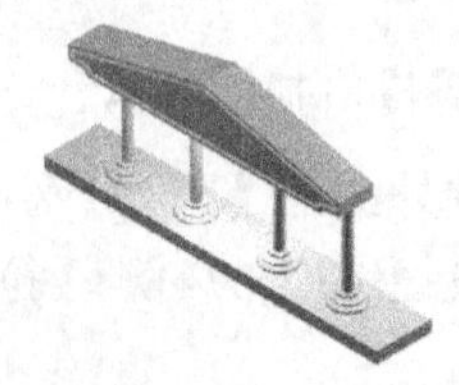

图 13.79 把门柱顶安放在立柱上并渲染

### 13.3.2　各种门柱的画法

1. 石砖错位门柱

用【多段线】绘制石砖立方体，用【倒角】chamfer 命令对立方体倒角，绘制凹槽，石砖【布尔减】凹槽(图 13.80)。【阵列】石砖(图 13.81)，用【多段线】绘制柱顶装饰物(图 13.82)，用“move”命令调整各部分的位置并【渲染】(图 13.83)。

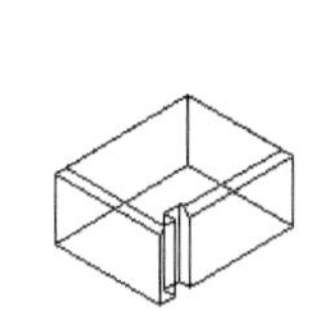

图 13.80　绘制凹槽

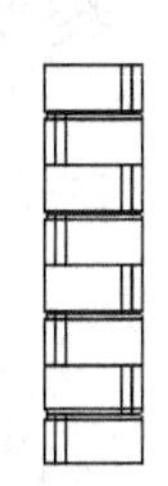

图 13.81　【阵列】石砖

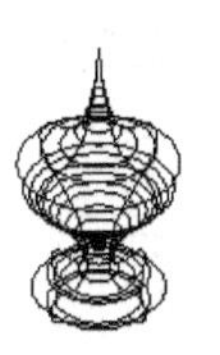

图 13.82　绘制柱顶装饰物

图 13.83　渲染图

2. 罗马装饰门柱

用【多段线】在前视图上绘制门柱装饰物并【拉伸】(图 13.84)，装饰物插入圆柱并【镜像】(图 13.85)，在俯视图插入并【镜像】另一对装饰物(图 13.85)，绘制门柱外形并【拉伸】(图 13.86)。在俯视图绘制门柱顶外形(图 13.87)，【拉伸】门柱外形(图 13.88)，用“move”命令调整各部分的位置(图 13.89)，【渲染】门柱(图 13.90)。

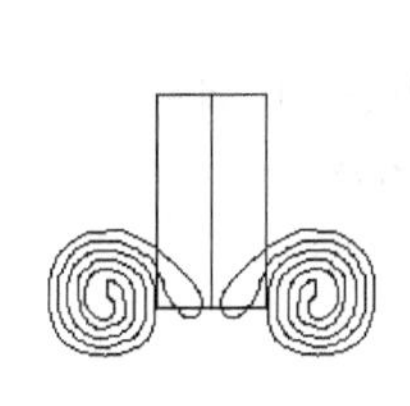

图 13.84　绘制门柱装饰物并【拉伸】

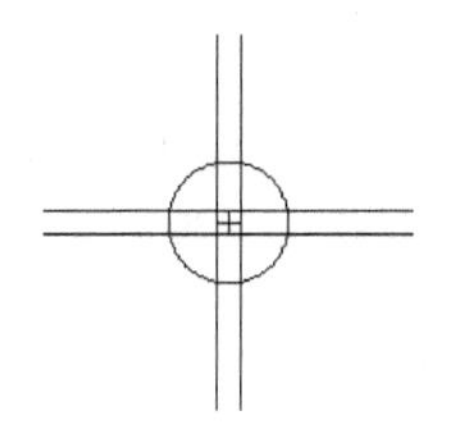

图 13.85　【镜像】装饰物

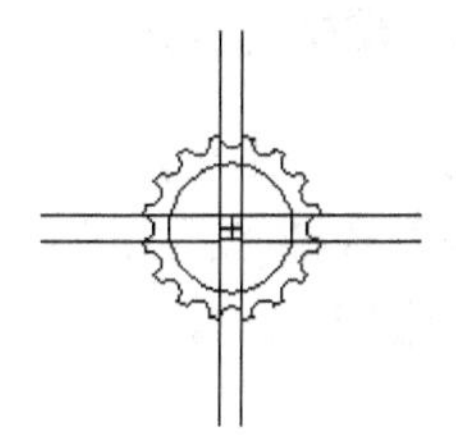

图 13.86　绘制门柱外形并【拉伸】

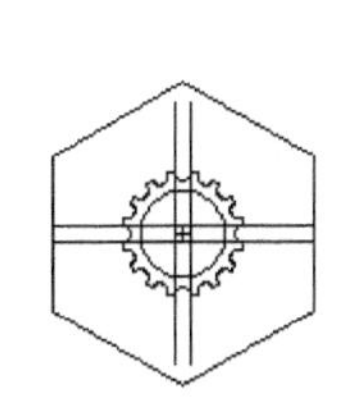

图 13.87　绘制门柱顶外形

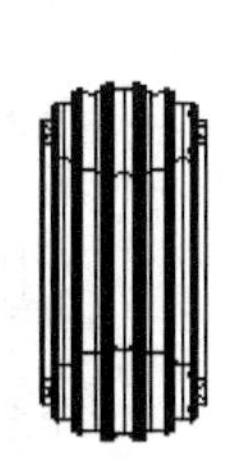

图 13.88　【拉伸】门柱外形

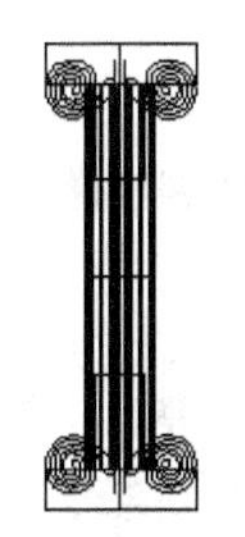

图 13.89　调整位置

图 13.90　渲染图

3. 绘制凹槽门柱

用【多段线】绘制门柱立方体，绘制凹槽(图 13.91)，【拉伸】凹槽，门柱【布尔减】凹槽(图 13.92)，用“move”命令调整各部分的位置(图 13.93)并【渲染】(图 13.94)。

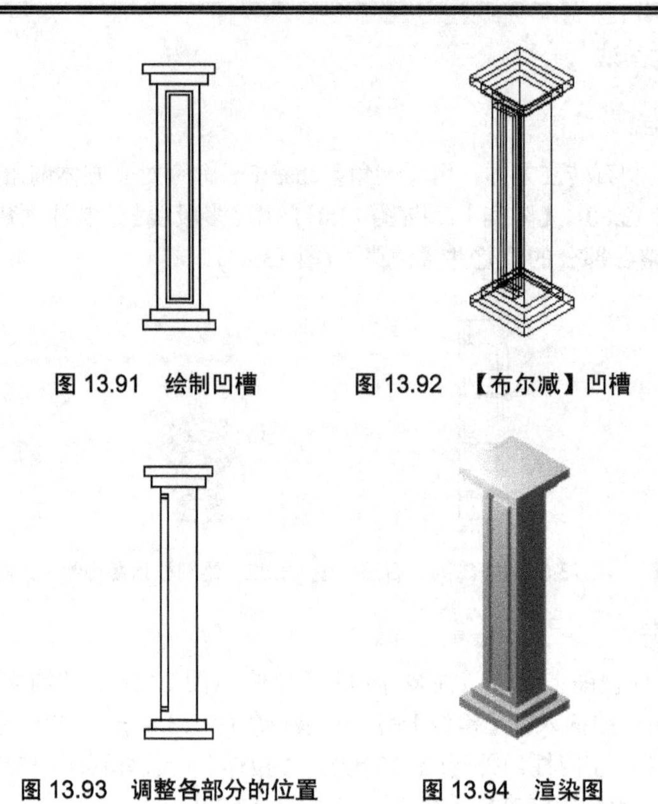

图 13.91　绘制凹槽　　　图 13.92　【布尔减】凹槽

图 13.93　调整各部分的位置　　　图 13.94　渲染图

### 13.3.3　楼梯的画法

在前视图上用【多段线】绘制楼梯(图 13.95)，再用带宽度的【多段线】绘制栏杆(图 13.96)，【拉伸】楼梯(图 13.97)。【三维镜像】并【三维旋转】楼梯(图 13.98)，用“move”命令组合楼梯(图 13.99)。

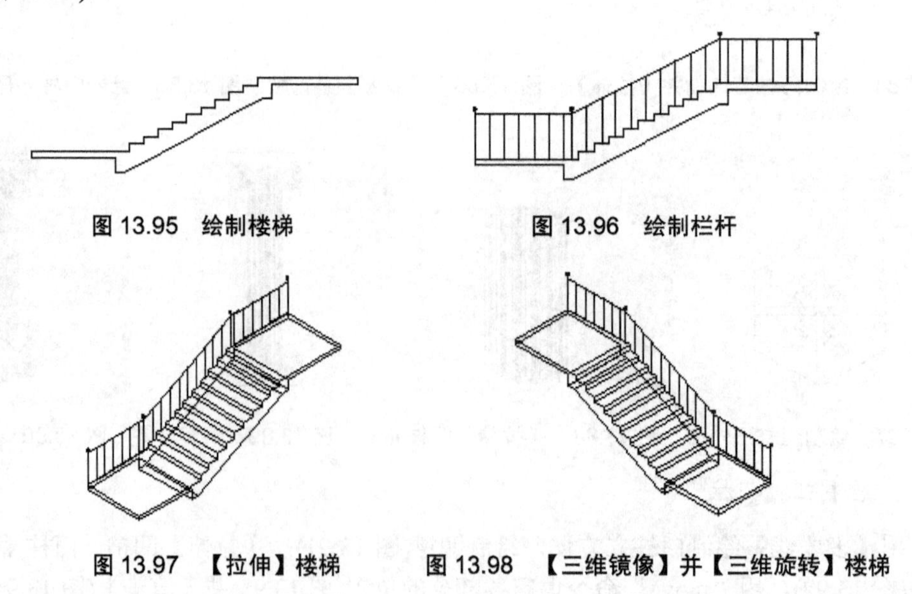

图 13.95　绘制楼梯　　　图 13.96　绘制栏杆

图 13.97　【拉伸】楼梯　　　图 13.98　【三维镜像】并【三维旋转】楼梯

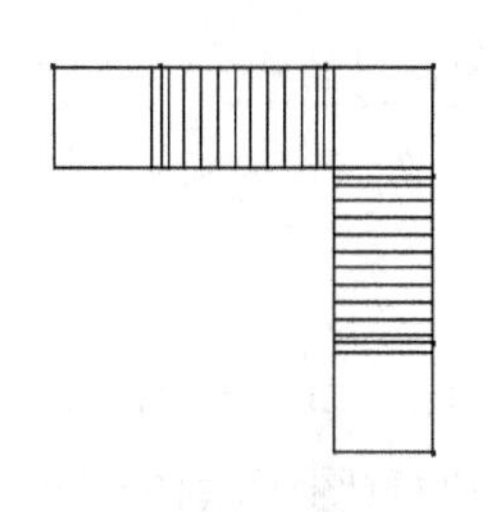

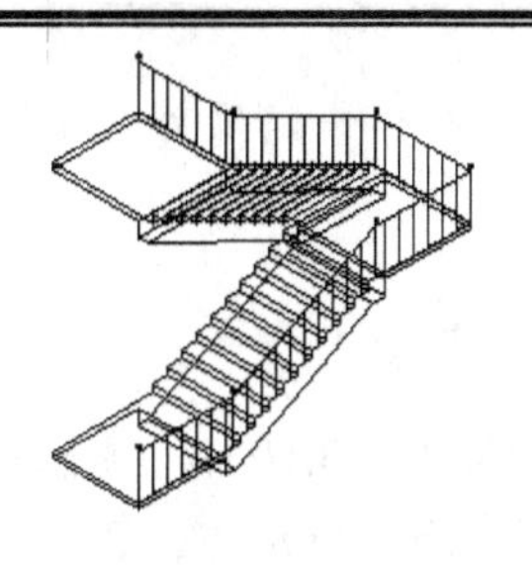

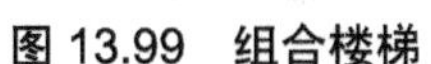

图 13.99　组合楼梯　　　　图 13.100　组合楼梯

### 13.3.4　装饰楼梯的画法

在前视图上用【多段线】绘制楼梯装饰板外形(图 13.101)，【拉伸】、【复制】楼梯装饰板(图 13.102)，【拉伸】楼梯(图 13.103)。侧视图上绘制栏杆路径(图 13.104)，【旋转】栏杆曲线，得到一个实体曲面柱，【复制】曲面柱，再绘制栏杆扶手拉伸轨迹(图 13.105)。变换坐标在轴测图上绘制栏杆扶手截面(图 13.106)，沿路径【拉伸】栏杆扶手截面(图 13.107)。

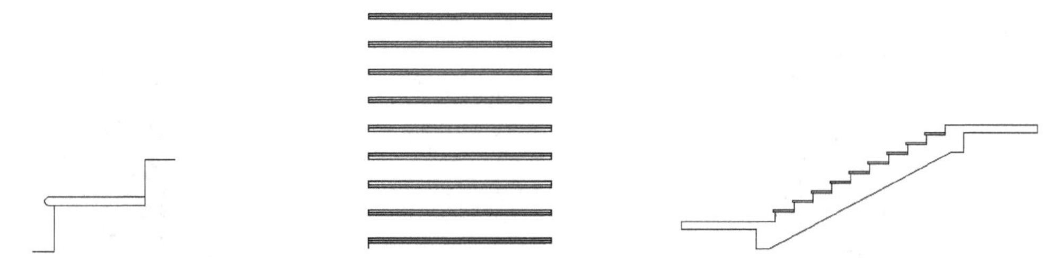

图 13.101　绘制楼梯装饰板外形　图 13.102　【拉伸】、【复制】楼梯装饰板　图 13.103　拉伸楼梯

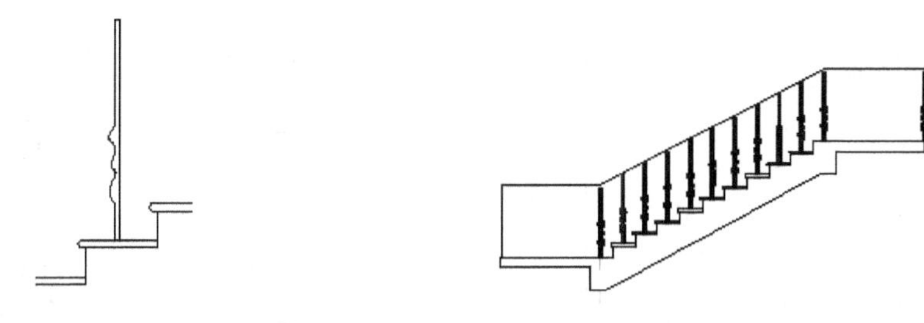

图 13.104　侧视图上绘制栏杆路径　　图 13.105　旋转栏杆并复制，绘制扶手拉伸轨迹

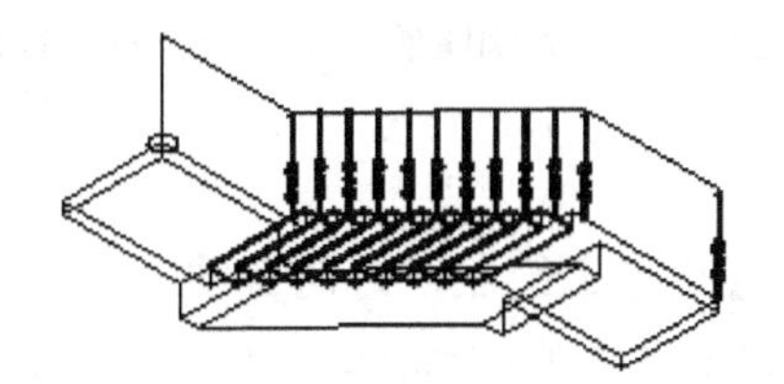

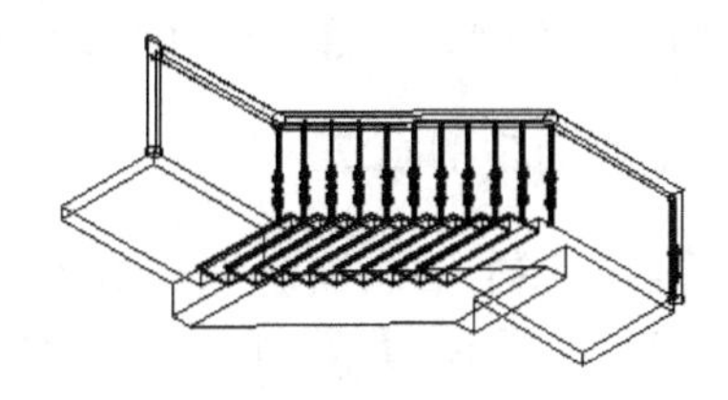

图 13.106　变换坐标轴，绘制栏杆扶手截面　　图 13.107　沿路径【拉伸】栏杆扶手截面

# 13.4 门和窗户模型的建立

## 13.4.1 窗户的画法

绘制窗户外形(图 13.108)，【修剪】合并为多段线(图 13.109)，【拉伸】五个矩形(图 13.110)。绘制窗户顶外形(图 13.111)，【拉伸】窗户顶(图 13.112)，绘制窗户玻璃并【渲染】(图 13.113)。

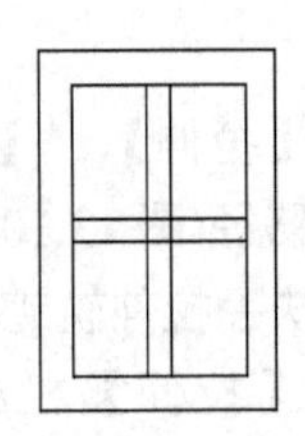

图 13.108 绘制窗户外形

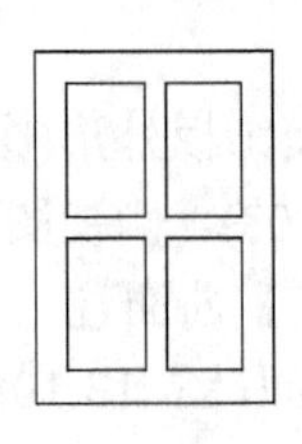

图 13.109 【修剪】合并

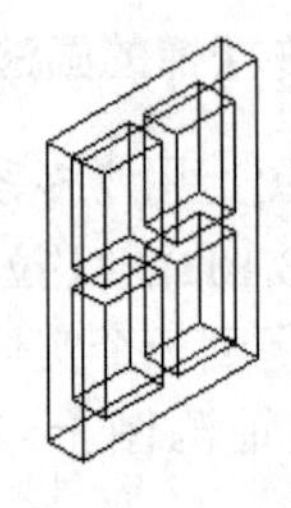

图 13.110 【拉伸】五个矩形

图 13.111 绘制窗户顶外形

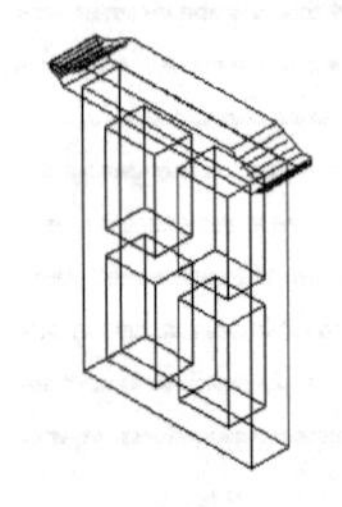

图 13.112 【拉伸】窗户顶

图 13.113 绘制窗户玻璃并【渲染】

## 13.4.2 带窗台、顶棚窗户的画法

带窗台、顶棚窗户画法与前面介绍的窗户画法类似，具体步骤见图 13.114 至图 13.117。

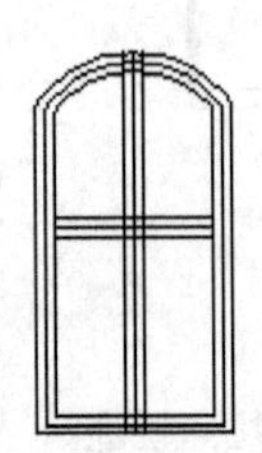

图 13.114 绘制窗户

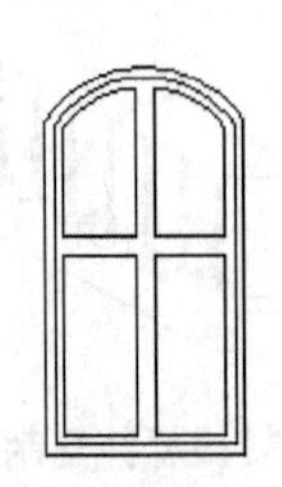

图 13.115 修剪合并

图 13.116 绘制座顶

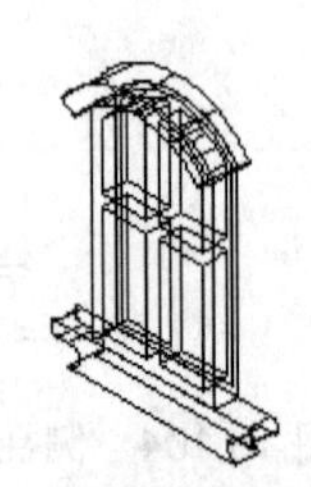

图 13.117 拉伸

## 13.4.3 石砌窗户的画法

用【多段线】绘制窗户顶石块(图 13.118)，用【矩形】绘制窗户两旁的一个石块，然后【阵列】、【镜像】(图 13.119)。绘制窗框(图 13.120)，用“move”命令组装石砌窗户(图 13.121)，观看轴测图(图 13.122)。

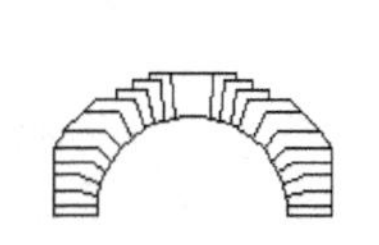

图 13.118　绘制窗户顶石块

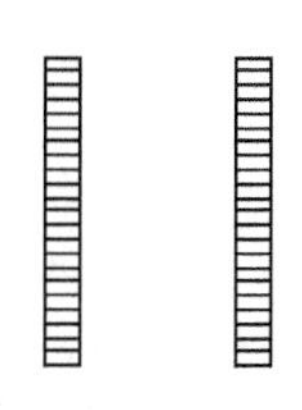

图 13.119　【阵列】、【镜像】

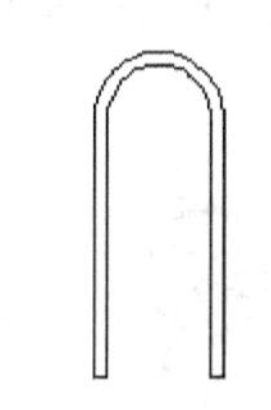

图 13.120　绘制窗框

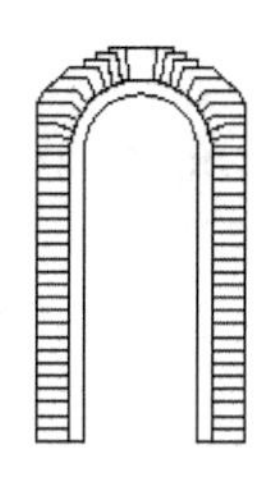

图 13.121　组装石砌窗户

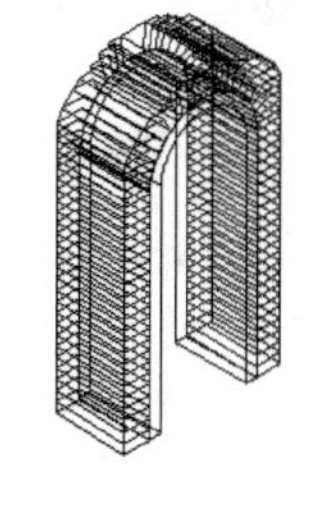

图 13.122　观看石砌窗户轴测图

### 13.4.4　门的画法

绘制门外形(图 13.123)，【修剪】合并为多段线(图 13.124)。绘制内门框外形(图 13.125)；绘制外门框外形(图 13.126)。【拉伸】内外门框(图 13.127)，组装门及内外门框(图 13.128)，【渲染】后如图 13.129 所示。

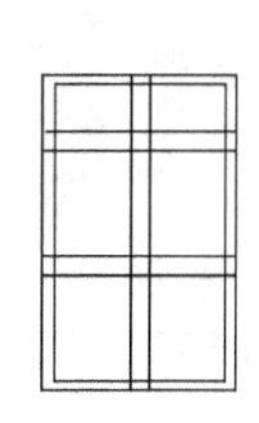

图 13.123　绘制门外形

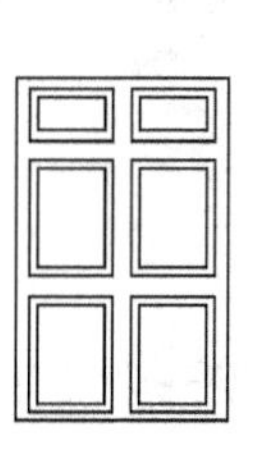

图 13.124　【修剪】合并

图 13.125　内门框外形

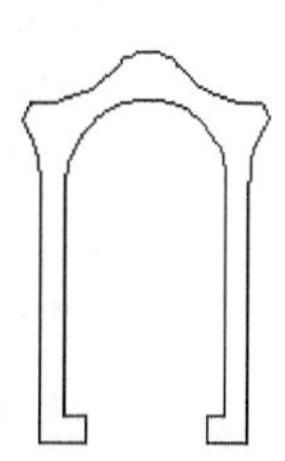

图 13.126　外门框外形

图 13.127　【拉伸】内外门框

图 13.128　组装门及内外门框

图 13.129　渲染图

### 13.4.5　大铁门的画法

绘制门柱(图 13.130)，绘制旋转支撑座(图 13.131)，安装旋转支撑座(图 13.132)。用【多段线】绘制门框外形(图 13.133)，变换坐标绘制门框截面(图 13.134)，【拉伸】门框截面(图 13.135)。用【多段线】绘制铁栏杆并【镜像】(图 13.136)，【镜像】另一半大门(图 13.137)，渲染图如图 13.138 所示。

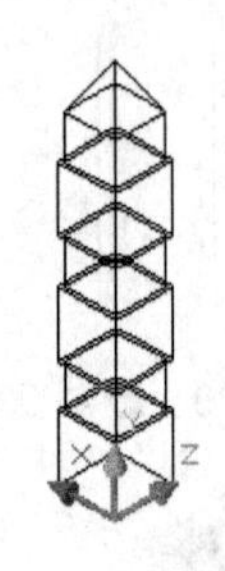

图 13.130　绘制门柱

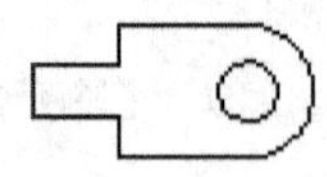

图 13.131　绘制旋转支撑座

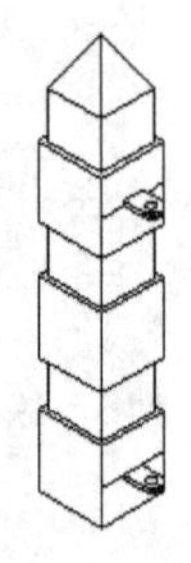

图 13.132　安装旋转支撑座

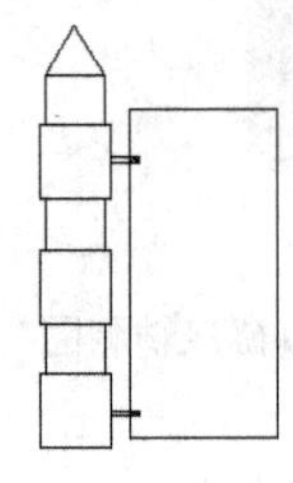

图 13.133　绘制门框外形

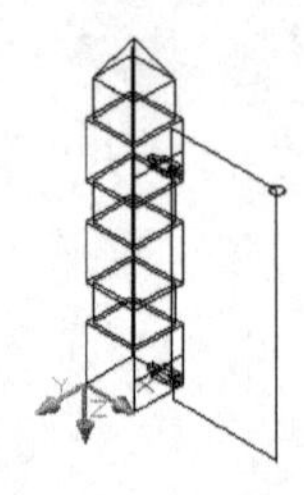

图 13.134　绘制门框截面

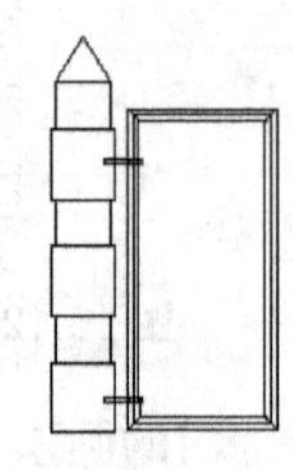

图 13.135　【拉伸】门框截面

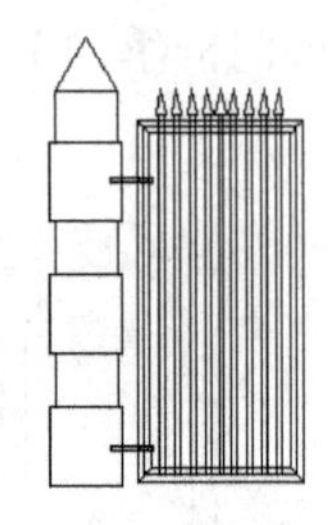

图 13.136　绘制铁栏杆并【镜像】

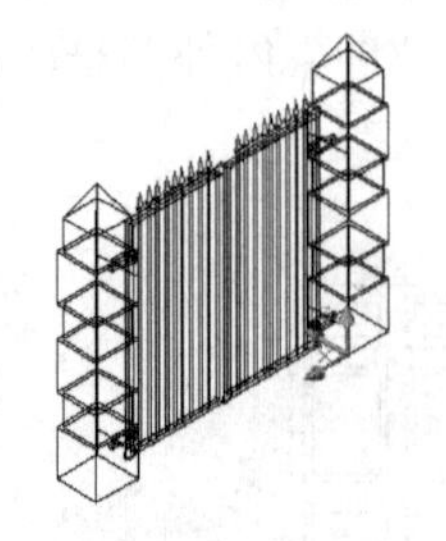

图 13.137　【镜像】另一半大门

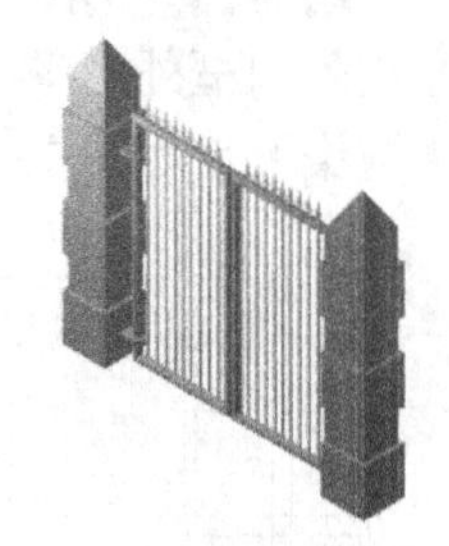

图 13.138　渲染图

### 13.4.6　门厅的画法

在轴测图上用【多段线】绘制大门外形(图 13.139)，【拉伸】大门后用布尔命令挖空(图 13.140)。用【多段线】绘制大门凹槽外形,【拉伸】凹槽后用布尔命令挖出凹槽(图 13.141)，绘制另一对凹槽(图 13.142)并用布尔命令挖出凹槽(图 13.143)。用【棱锥】面命令绘制四坡屋顶(图 13.144)。绘制要挖切的矩形(图 13.145)，【拉伸】矩形后用布尔命令挖切矩形立方体并组装四坡屋顶(图 13.146)，渲染门厅(图 13.147)。

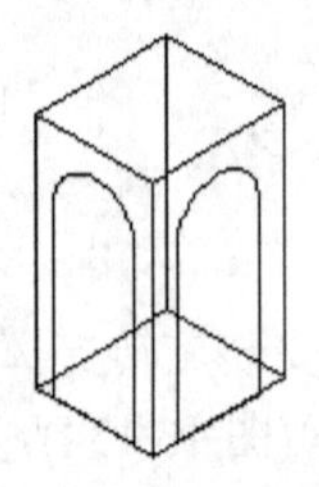

图 13.139　绘制大门外形

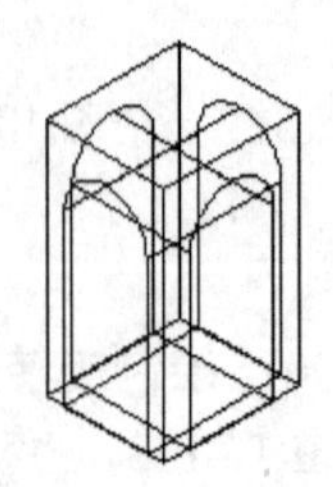

图 13.140　【拉伸】大门

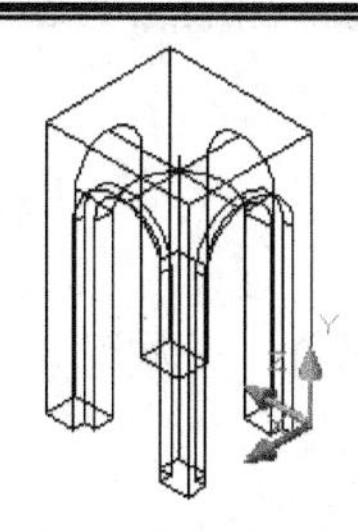

图 13.141　【拉伸】凹槽

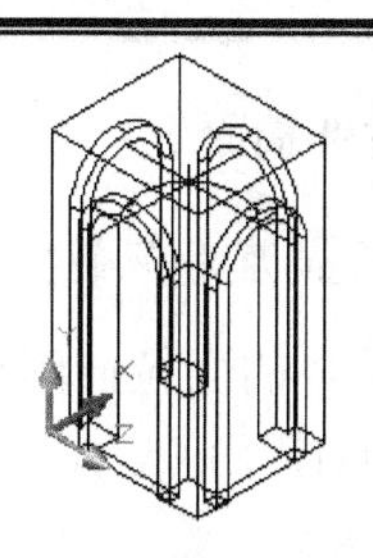

图 13.142　绘制另一对凹槽

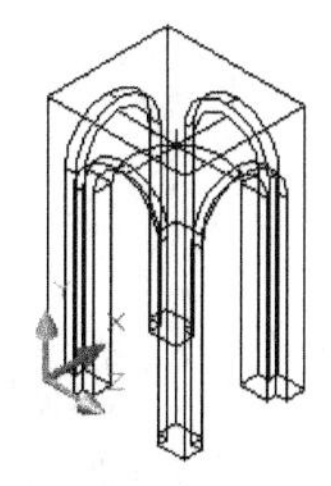

图 13.143　挖出凹槽

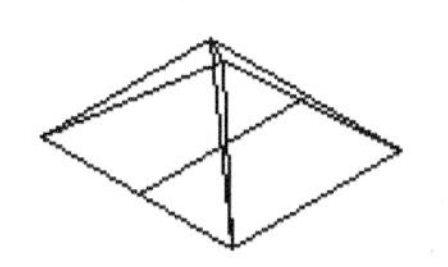

图 13.144　绘制四坡屋顶

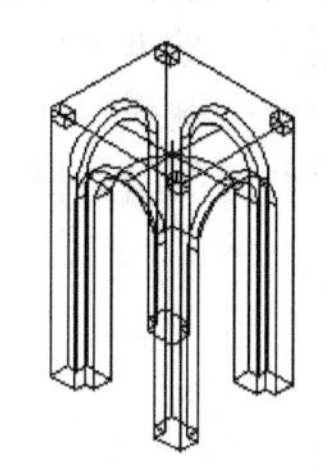

图 13.145　绘制要挖切的矩形

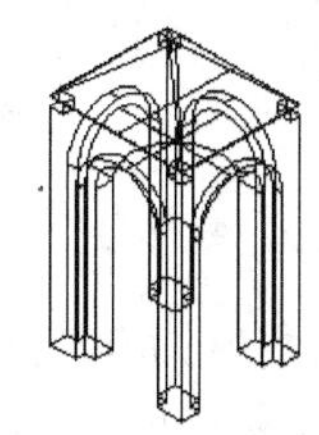

图 13.146　挖切矩形立方体并组装四坡屋顶

图 13.147　渲染门厅

# 13.5　墙体模型的建立

## 13.5.1　倾斜墙面

用【多段线】命令画出墙体平面图，【拉伸】到指定的高度。要使其中一个墙面沿着一定角度进行倾斜，具体操作如下。

```
命令：_taper
选择面或[放弃(U)]]/删除(R)]:找到一个面(指定要倾斜的墙面，如图 13.148 所示)
指定基点:(指定中点，如图 13.149 所示)
指定沿倾斜轴的另一个点:(指定 A 点，如图 13.150 所示)
指定倾斜角度： 5
```

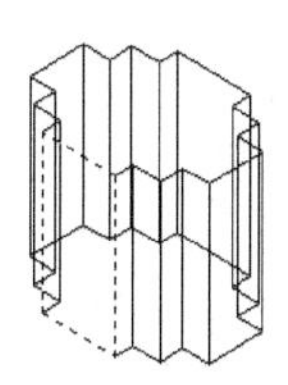

图 13.148　倾斜墙面

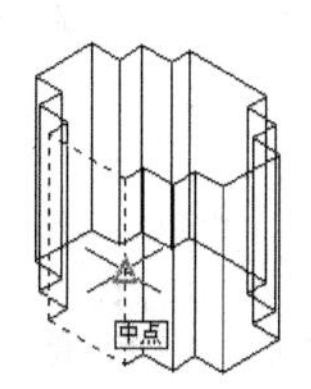


图 13.149　选择基点

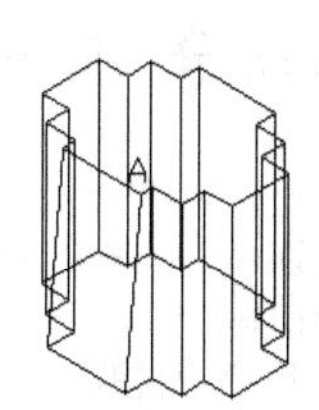


图 13.150　选择第二点

### 13.5.2　拉伸墙面

1. 指定高度和倾斜角度拉伸

选定墙体的面拉伸到指定高度并可倾斜指定的角度(图 13.151)。一次可以选择多个墙体的面拉伸(图 13.152)。具体操作步骤如下。

```
命令：_extrude
选择面或[放弃(U)/删除(R)]：找到一个面(如图 13.151 所示)
选择面或 [放弃(U)/删除(R)/全部(ALL)]：
指定拉伸高度或 [路径(P)]:100(拉伸墙面高度为 100)
指定拉伸的倾斜角度 <0>:6(如图 13.151 所示)
```

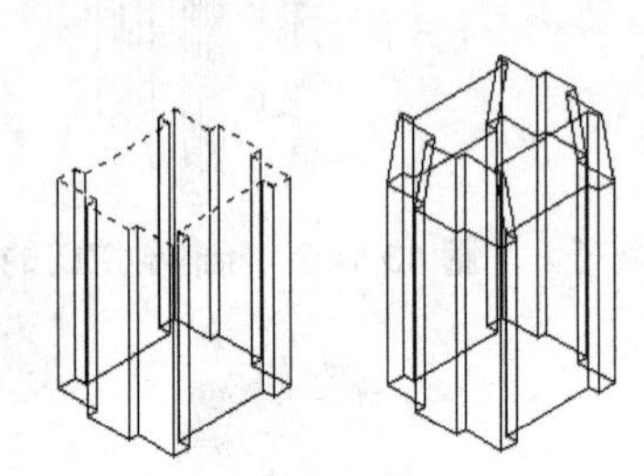

图 13.151　拉伸墙面

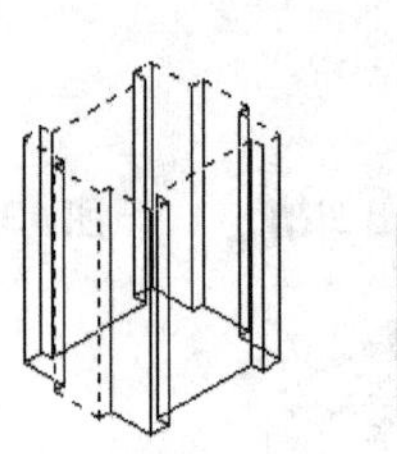

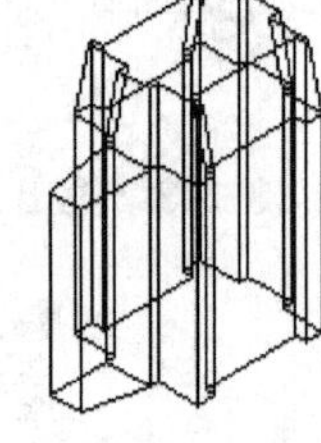

图 13.152　拉伸多个面

拉伸墙体时，正角度往里倾斜面，负角度往外倾斜面，默认角度为 0，表示垂直拉伸面。如果指定了较大的倾斜角度或高度，在达到拉伸高度前，面会会聚到一点，拉伸面失败。

2. 沿路径拉伸弧形墙体

在俯视图上画出路径曲线(图 13.153)，【拉伸】墙体时以该曲线为路径拉伸(图 13.154)。

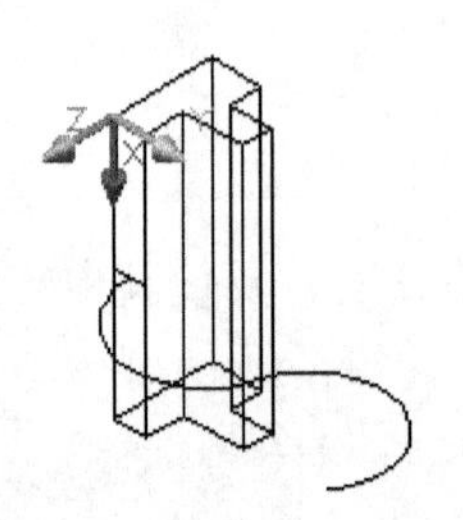

图 13.153　俯视图上绘制路径

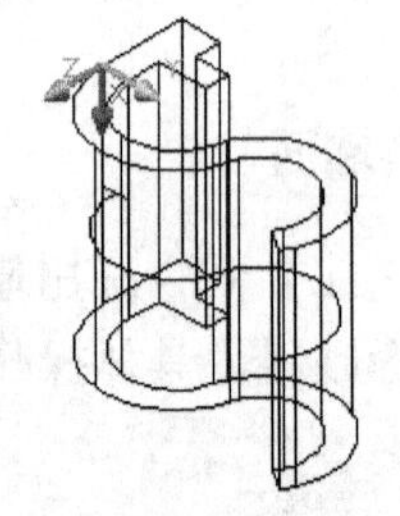

图 13.154　沿路径拉伸弧形墙体

### 13.5.3　移动墙面

沿指定的高度或距离移动选定的墙面，具体操作如下。

```
命令：_move
选择面或[放弃(U)/删除(R)]:找到一个面(如图 13.155 所示)
选择面或 [放弃(U)/删除(R)/全部(ALL)]:
指定基点或位移:(选择端点，如图 13.156 所示)
指定位移的第二点：@100<0(沿 X 轴正方向位移，如图 13.157 所示)
```

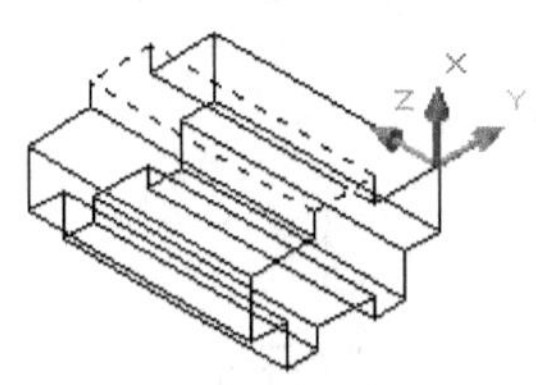
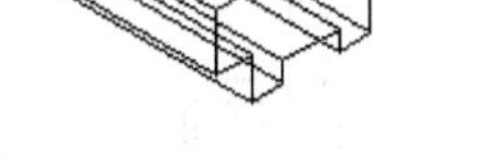

图 13.155　选择墙面

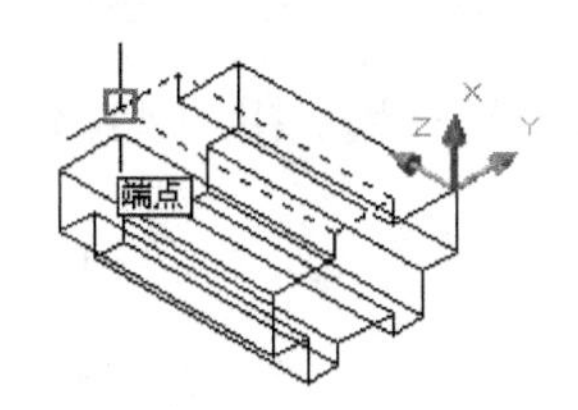


图 13.156　选择基点

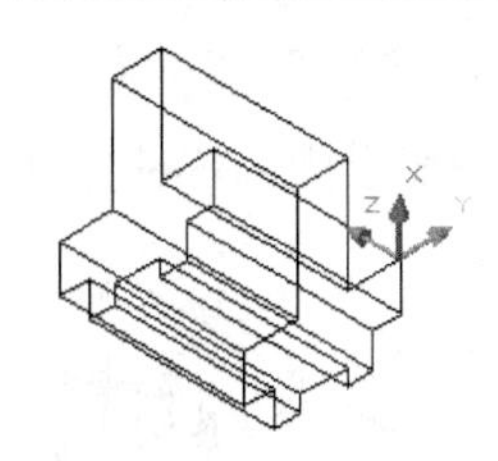

图 13.157　沿 X 轴正方向移动面

【移动面】命令一次可以选择多个墙面移动(图 13.158～图 13.160)。

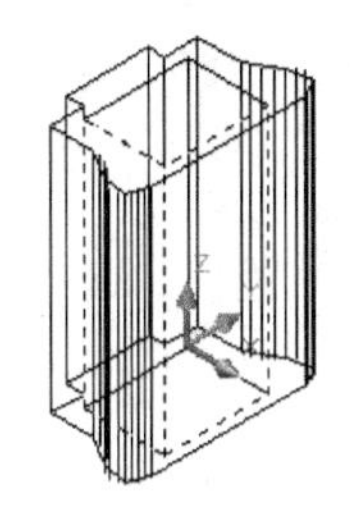

图 13.158　选择墙面

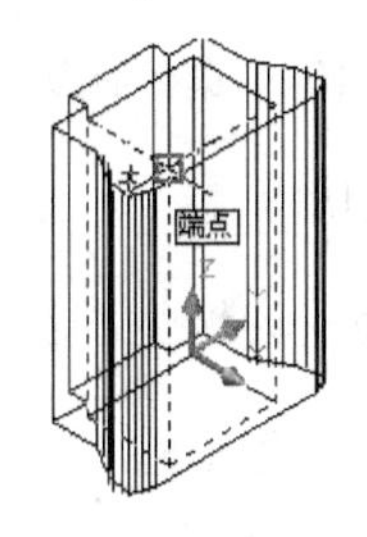


图 13.159　选择基点

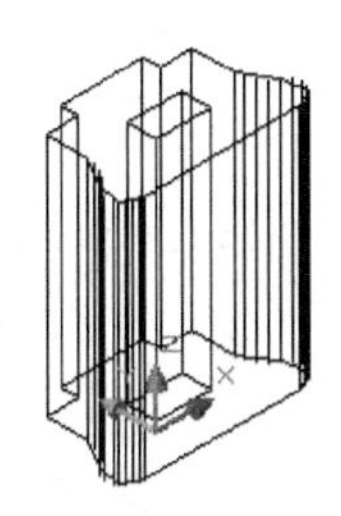

图 13.160　同时移动相邻的两个墙面

### 13.5.4　旋转墙面

1. 内墙面的旋转

绕指定的轴旋转一个内墙面，单击按钮，选择要旋转的墙面旋转 25°，具体操作如下。

```
命令: _rotate
选择面或 [放弃(U)/删除(R)]:找到一个面(虚线所示的内墙面, 如图 13.161 所示)
指定轴点或[经过对象的轴(A)/视图(V)/X 轴(X)/Y 轴(Y)/Z 轴(Z)]<两点>:(指定 A 点, 如图 13.161 所示)
在旋转轴上指定第二个点:(指定 B 点, 如图 13.161 所示)
指定旋转角度或[参照(R)]: 25(结果如图 13.162 所示)
```

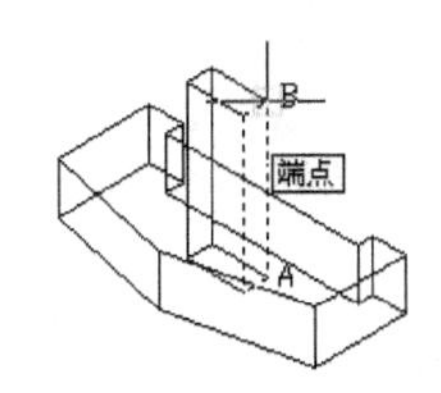


图 13.161　选择墙面

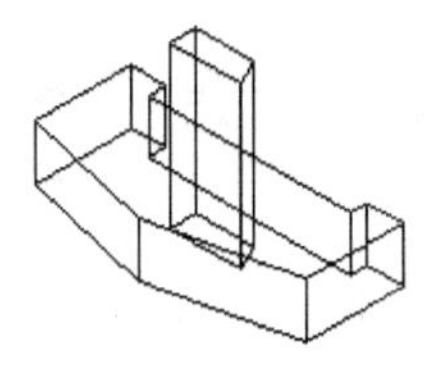

图 13.162　内墙面的旋转

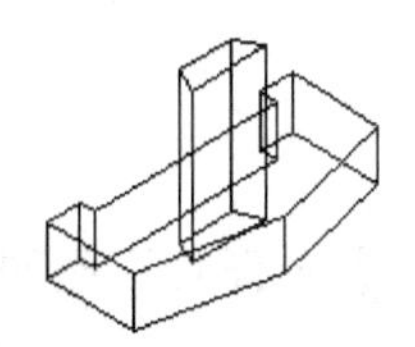

图 13.163　另一内墙面的旋转

2. 外墙面的旋转

按照上面同样的方法，可以旋转外墙面(图 13.164～图 13.166)。

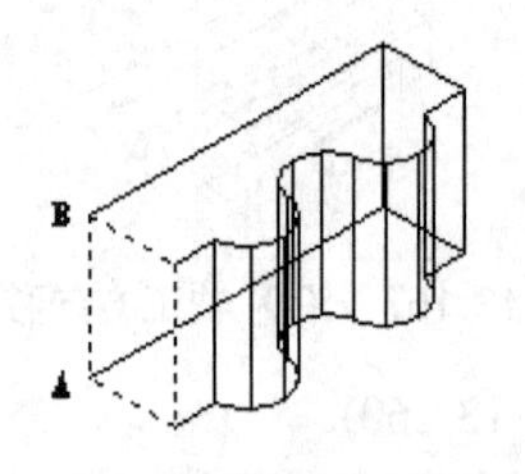


图 13.164　选择墙面

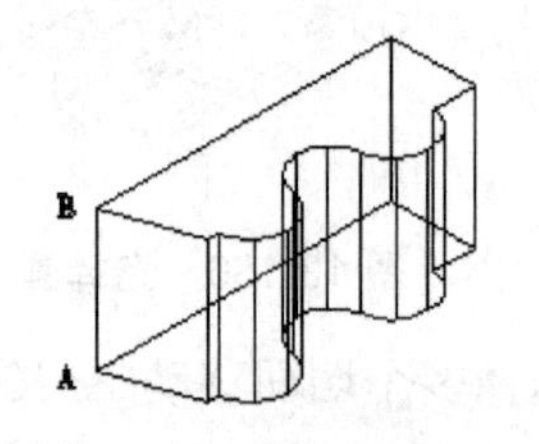


图 13.165　外墙面的旋转

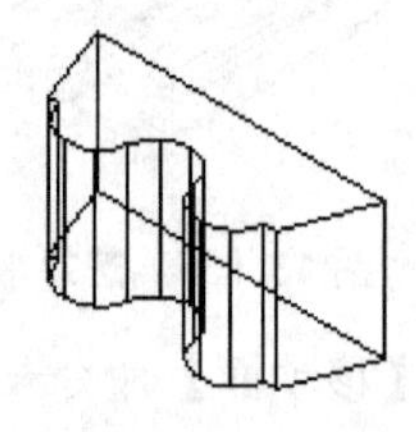

图 13.166　另一外墙面的旋转

### 13.5.5　剖切墙体

用平面剖切墙体，剖切平面由墙体上的任意三点确定，具体操作如下。

```
命令:_slice
选择对象:找到 1 个
指定切面上的第一个点，依照 [对象(O)/Z 轴(Z)/视图(V)/XY 平面(XY)/YZ 平面(YZ)/ZX 平面(ZX)/三点(3)] <三点>:(指定 A 点，如图 13.167 所示)
指定平面上的第二个点:(指定 B 点)
指定平面上的第三个点:(指定 C 点)
在要保留的一侧指定点或 [保留两侧(B)]:(指定 B 点)
```

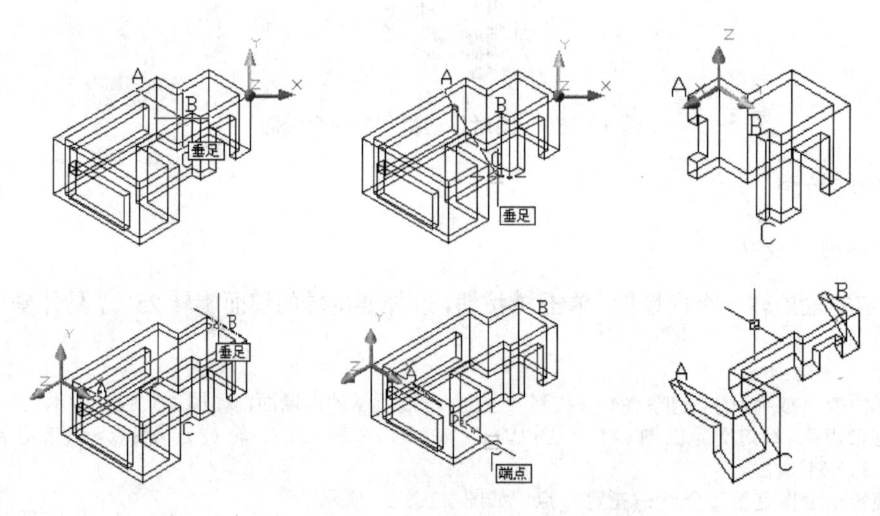


图 13.167　各个方向的平面剖切墙体

## 13.6　阳台模型的建立

### 13.6.1　拉伸阳台平面图

绘制曲面阳台俯视图(图 13.168)，变换坐标系【拉伸】曲面阳台平面图(图 13.169)。

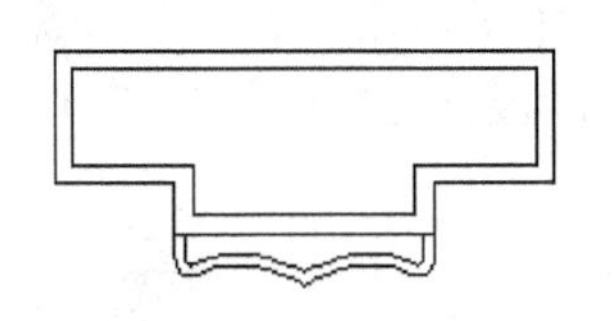

图 13.168　曲面阳台俯视图

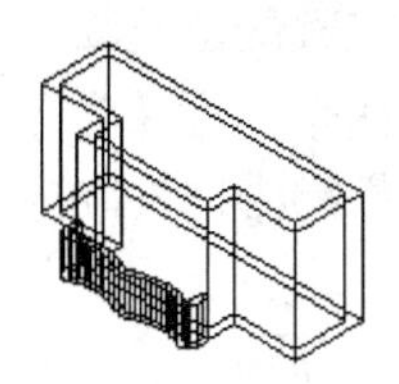

图 13.169　【拉伸】曲面阳台

### 13.6.2　沿路径拉伸阳台扶手

在前视图上用多段线绘制阳台扶手路径(图 13.170)，沿路径【拉伸】阳台扶手(图 13.171)。

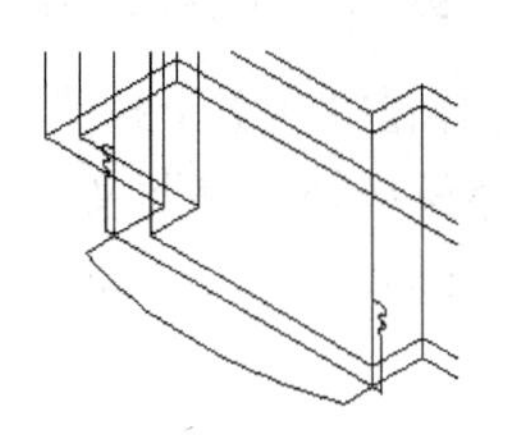

图 13.170　绘制阳台扶手路径

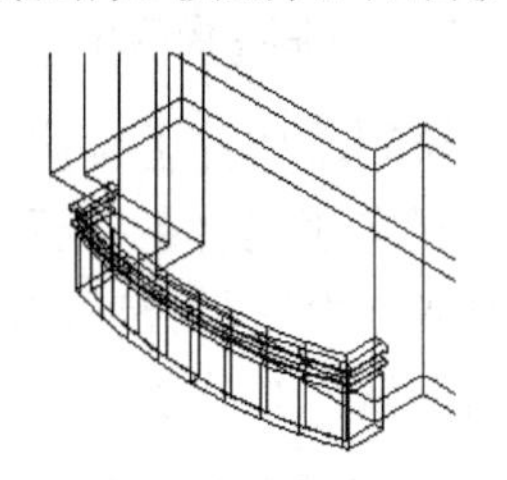

图 13.171　沿路径【拉伸】阳台扶手

### 13.6.3　沿路径等分插入栏杆

用【多段线】绘制栏杆路径轮廓线(图 13.172)，用【旋转面】命令旋转栏杆多段线(图 13.173)。变换坐标系在俯视图上将栏杆定义成图块(图 13.174)，沿路径等分【插入】栏杆块(图 13.175)。将栏杆组装在阳台上，得到阳台轴测图(图 13.176)。

图 13.172　绘制栏杆路径轮廓线

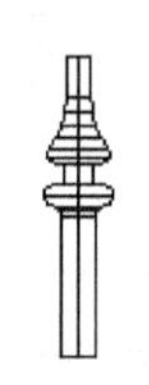

图 13.173　旋转栏杆

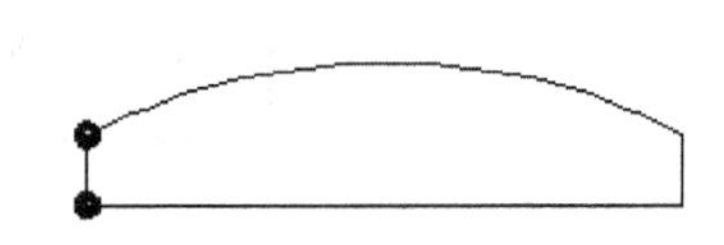

图 13.174　绘制阳台路径，做栏杆块

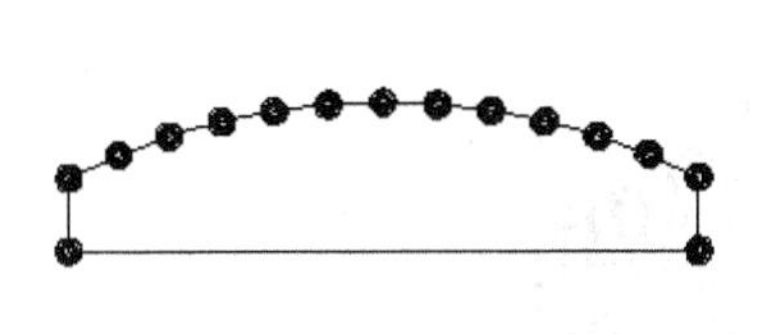

图 13.175　等分【插入】栏杆块

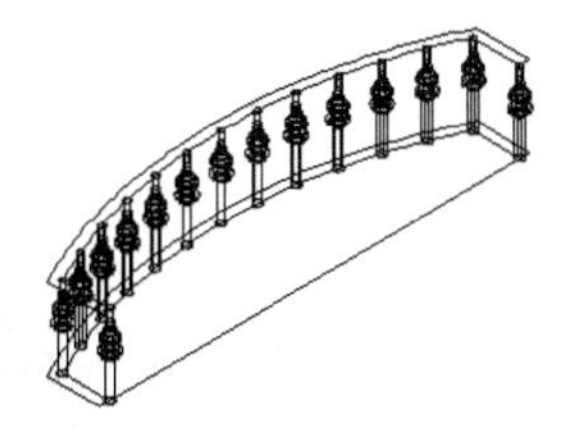

图 13.176　阳台轴测图

## 13.7　完整房屋模型的建立

在前面已经建立了门窗、门厅、屋顶、楼梯、墙体等建筑元素的三维模型，下面介绍

用这些元素搭建完整的建筑物。

在前视图上两个门厅【布尔并】，在前视图上用【多段线】绘制楼梯外形，【拉伸】楼梯，【镜像】楼梯(图 13.177)，用【多段线】绘制楼梯栏杆(图 13.178)。

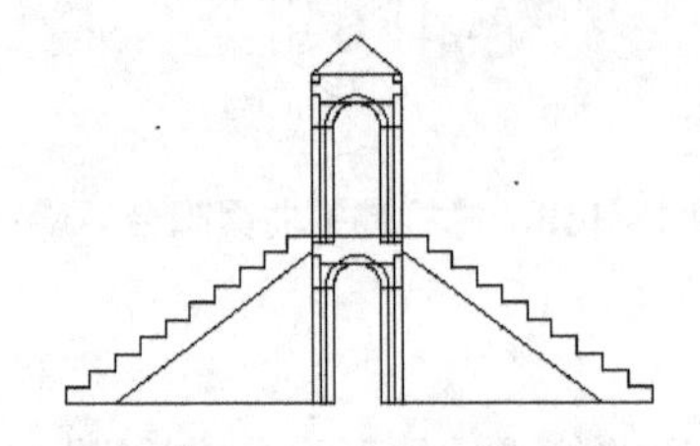

图 13.177　绘制楼梯门厅

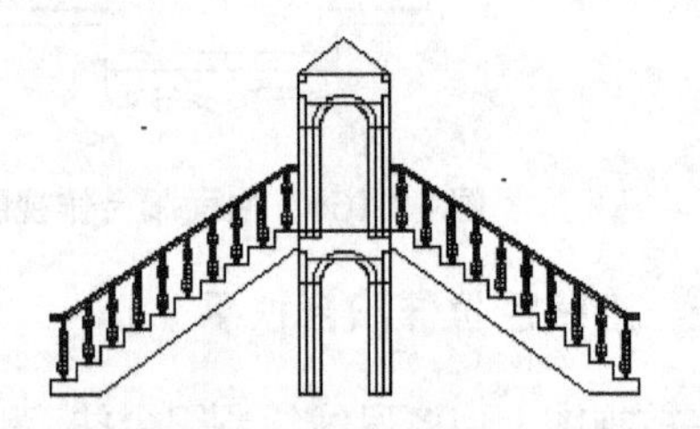

图 13.178　绘制楼梯栏杆

在俯视图上绘制墙体并【拉伸】。在前视图上，选择【插入】下拉菜单中【外部参照】命令，弹出【选择参照文件】对话框(图 13.179)，选择窗户外部参照文件，单击【打开】按钮。在当前图墙体中选择合适的位置插入窗户，用“move”、“rotate3d”等命令在侧视图和俯视图中调整窗户与建筑物的相对位置(图 13.180)。

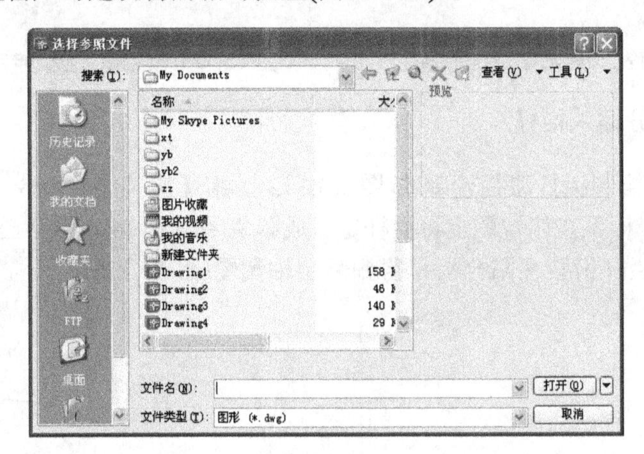


图 13.179 【选择参照文件】对话框

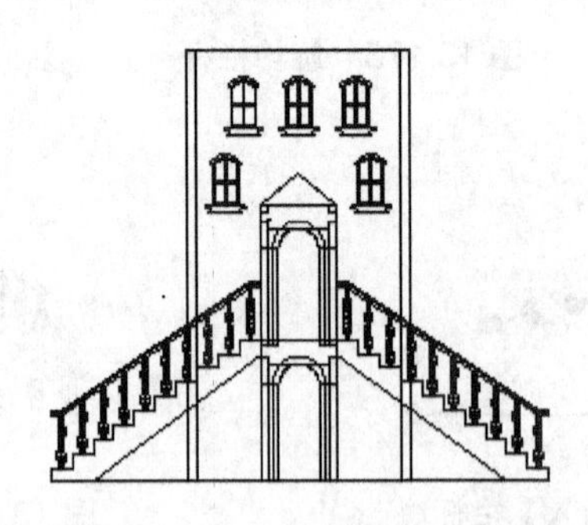

图 13.180　调整窗户位置

按照同样操作选择屋顶外部参照文件，在当前图中选择合适位置插入(图 13.181)，用“move”、“rotate3d”等命令在俯视图中调整屋顶与建筑物的相对位置(图 13.182)，然后在侧视图中调整屋顶位置(图 13.183)。

图 13.181　插入屋顶

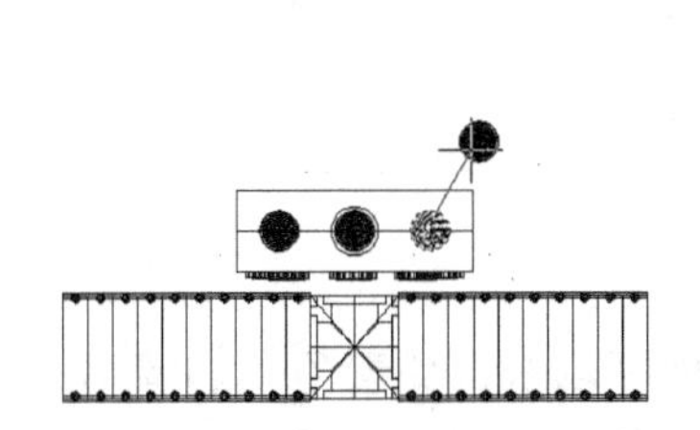

图 13.182　在俯视图中调整屋顶的位置

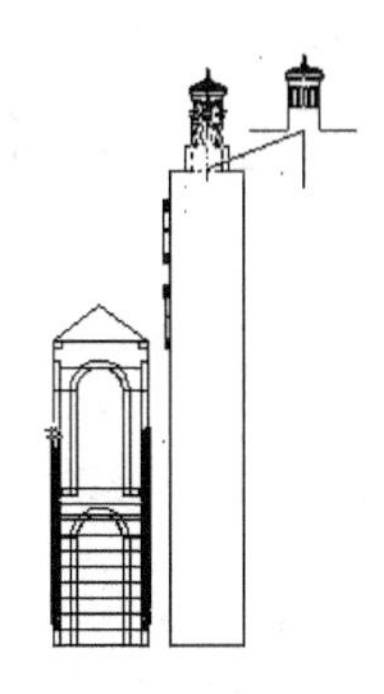

图 13.183　在侧视图中调整屋顶位置

变换坐标在轴测图上绘制屋顶装饰条截面及路径(图 13.184)，沿路径【拉伸】装饰条(图 13.185)，在屋顶调整装饰条位置(图 13.186)，这样组装后得到建筑物组装图(图 13.187)。

按照以上方法，再绘制建筑物主体墙体，通过外部插入组装门柱、窗户和清真式屋顶，得到房屋的三维模型。改变视点可以得到建筑物不同的视图，图 13.188 是建筑组合图的渲染图。

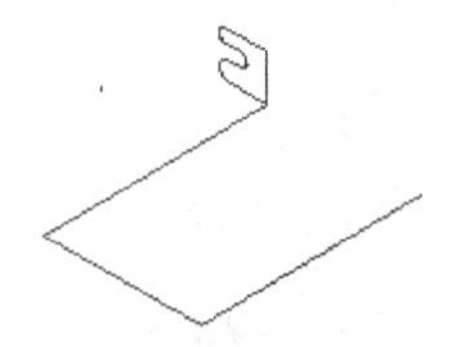

图 13.184　绘制屋顶装饰条截面及路径

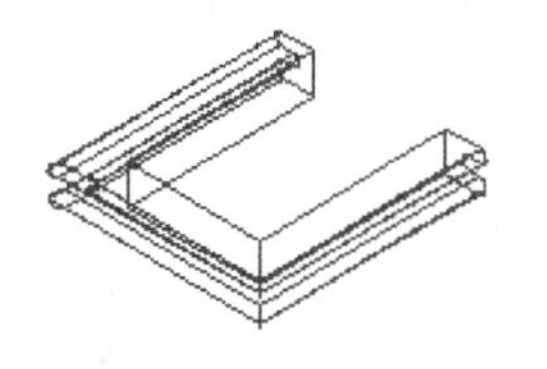

图 13.185　【拉伸】装饰条

图 13.186　调整装饰条位置

图 13.187　组装图

图 13.188　渲染组合图

# 13.8　三维实体的渲染

已经建立的三维建筑模型，可以用【着色】(shademode)命令对模型着色。并可用【三维动态观察器】(3dorbit)命令的【连续观察】子命令匀速自动旋转观察着色的建筑模型。着色的好处是便于动态观察建筑模型的各部分并减少不必要的渲染时间。

在三维对象表面添加照明和材质以产生实体效果称为渲染。绘图时，大部分是用线条表示模型，但在验证设计或提交最终图形的时候也需要包含色彩和透视的更具有真实感的图像。渲染工具条如图 13.189 所示。

图 13.189　渲染工具条

## 13.8.1　建筑模型渲染的步骤

建筑模型渲染分五个步骤，渲染后的建筑模型可以获得比着色更加清晰的图像，建筑模型渲染前需对模型配置光源、指定材质、附着贴图、添加背景等。

1. 配置光源

为了改善模型的外观效果，配置光源和调整光源强度是一种有效的方法。用配置光源命令“light”，弹出【光源】对话框，在对话框中单击【新建】按钮，选择“点光源”，输入光源名“G1”，调整光源强度；单击【修改】按钮，确定光源的空间位置设置光源。在模型的同一坐标系下，作一辅助立方体，辅助立方体的作用在于快速定位光源的空间位置，光源的空间位置定位后(图 13.190)，再删除辅助立方体(图 13.191)。

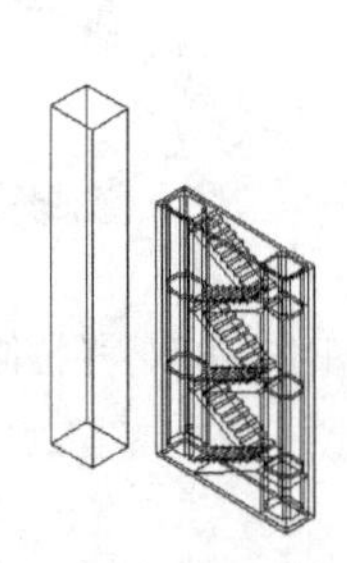

图 13.190　快速定位光源的空间位置

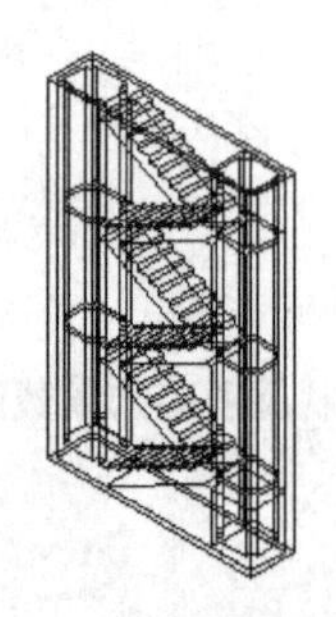

图 13.191　删除辅助立方体

2. 指定材质

为了提高建筑物的外观材质感，用【材质】(rmat)命令，指定墙体为玻璃材质，楼梯为木料材质。

3. 附着贴图

用渲染【材质】(rmat)命令使材质附着到建筑物上，选择【附着】，单击【确定】按钮。用【贴图】(setuv)命令对所需建筑模型附着上述选定材质，再用【渲染】(render)命令对建筑模型渲染。

4. 添加背景

用【背景】(background)命令，对建筑物添加背景，弹出对话框，选择图像，通过【查找文件】和【预览】，观察背景图像，满意后【确定】。

5. 渲染模型

用【渲染】命令进入对话框，在对话框中，选择“照片级真实感渲染”，选择渲染，得到具有背景的渲染图，从而达到逼真的效果(图 13.192)。

图 13.192　附着材质添加背景后渲染

### 13.8.2　建筑模型渲染实例

1. 建立建筑物三维模型

在建模前先设置绘图单位、图幅界限和图层。在俯视图上用【多段线】绘制房屋底层墙体轮廓，即底层建筑平面图(图 13.193)，【拉伸】建筑平面图(图 13.194)。

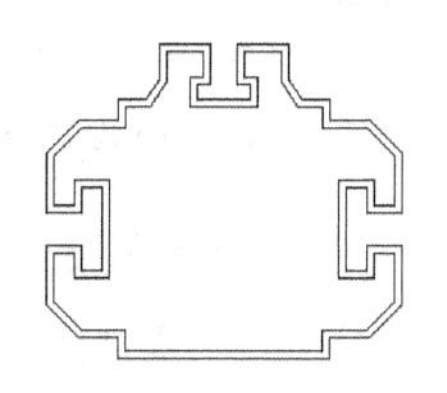

图 13.193　多段线绘制墙体轮廓

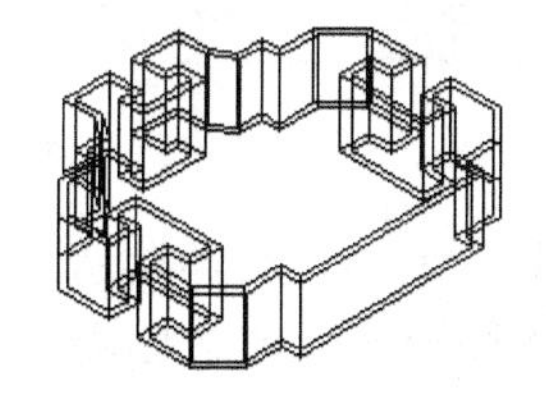

图 13.194　【拉伸】建筑平面图

绘制窗户(图 13.195)，将窗户安装在合适的位置(图 13.196)。在俯视图上绘制阳台并【拉伸】(图 13.197)。【拉伸】房屋底层、顶盖，打开全部图层观察(图 13.198)。【镜像】并【三维阵列】13 层，得到建筑物三维模型(图 13.199)。

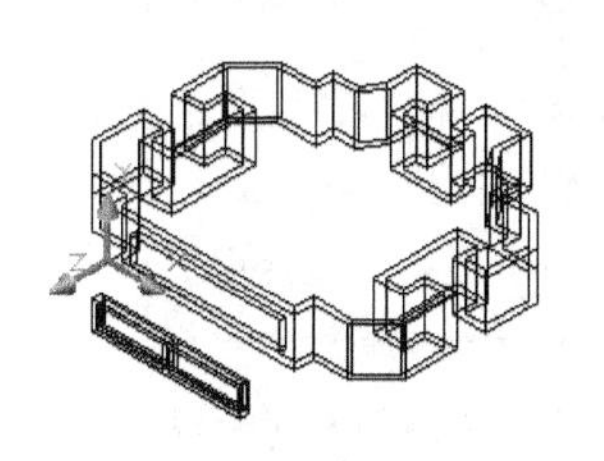

图 13.195　绘制窗户

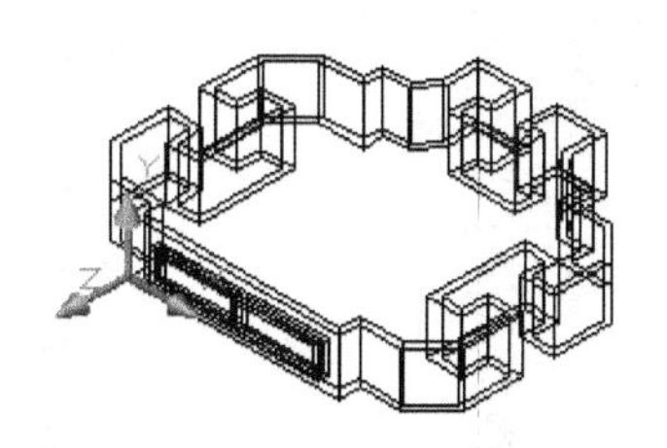

图 13.196　安装窗

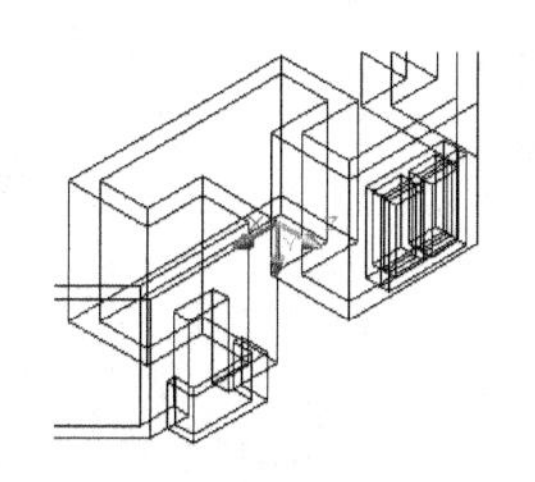

图 13.197　绘制阳台并【拉伸】

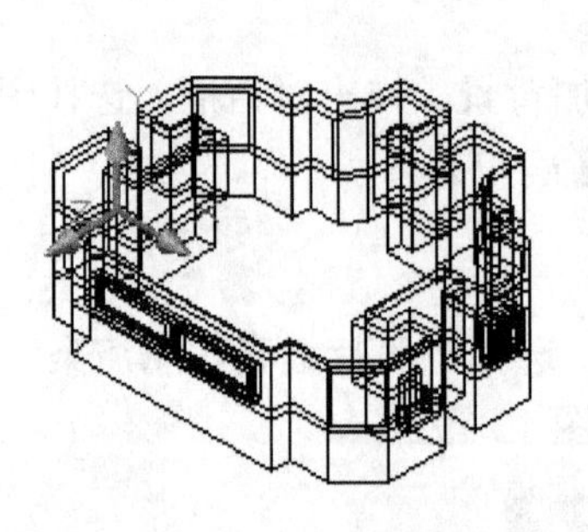

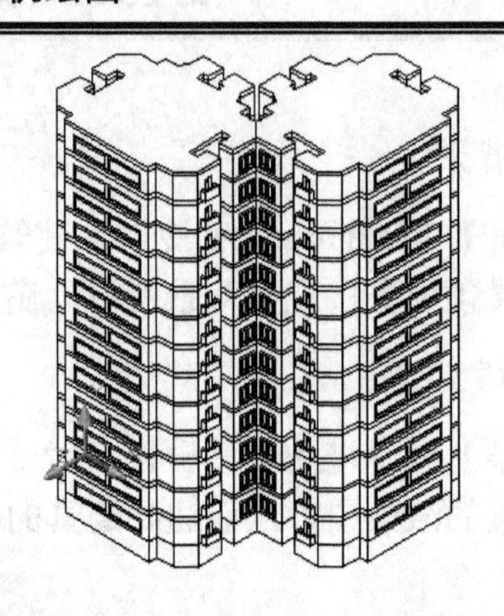

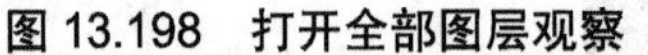

图 13.198　打开全部图层观察　　　　图 13.199　【镜像】并【三维阵列】13 层

2. 建筑模型渲染

用配置【光源】命令，弹出【光源】对话框(图 13.200)，选择“点光源”，单击【新建】按钮输入光源名“Q1”，调整光源强度，选择【修改】，在辅助立方体上快速定位光源的空间位置，选择【确定】，光源设置完毕。

为了提高建筑物的外观材质感，用指定【材质库】命令指定材质(图 13.201)。

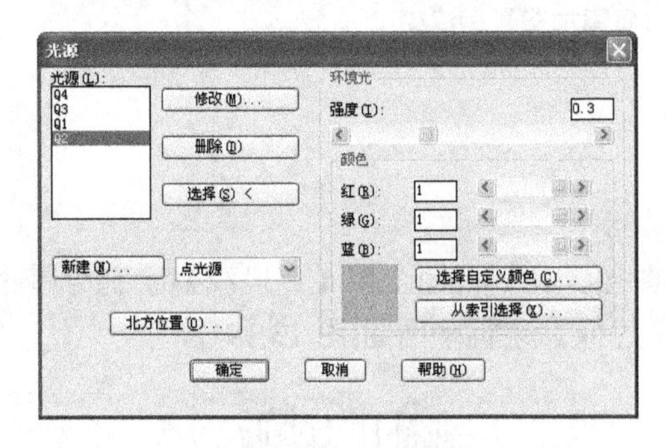


图 13.200　配置【光源】对话框

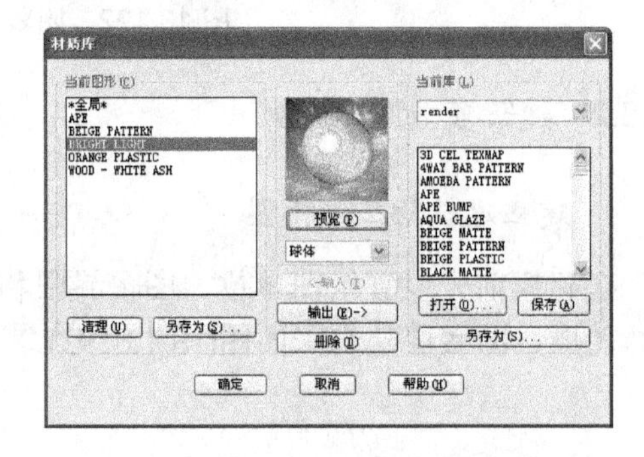


图 13.201　【材质库】对话框

用【材质】命令使材质附着到建筑物上(图 13.202)，选择【附着】并【确定】。用同样的方法对各图层不同实体附着不同的材质。用【贴图】命令也可对所需建筑模型附着选定的材质(图 13.203)。

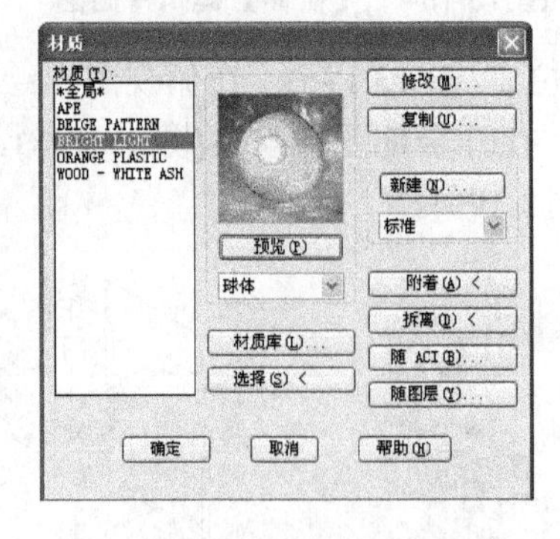


图 13.202　【材质】对话框

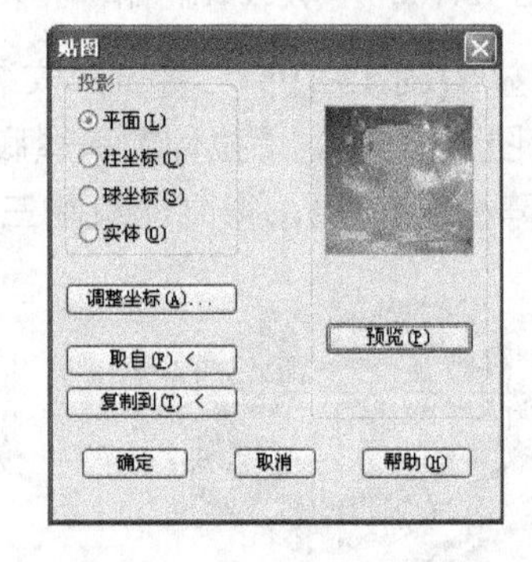


图 13.203　【贴图】对话框

用【背景】命令 (图 13.204)进入对话框，选择【图像】，再选择【查找文件】，和【预览】，观察背景图像，满意后单击【确定】按钮。

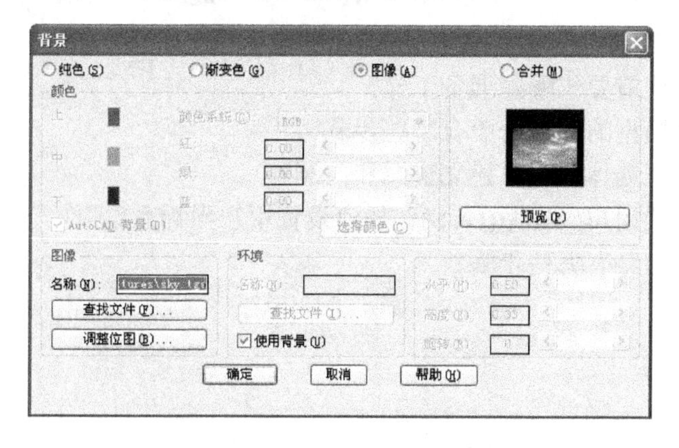


图 13.204　【背景】对话框

用【渲染】命令 进入对话框(图 13.205)，选择“照片级真实感渲染”，单击【渲染】按钮，得到照片级真实感渲染图(图 13.206)。

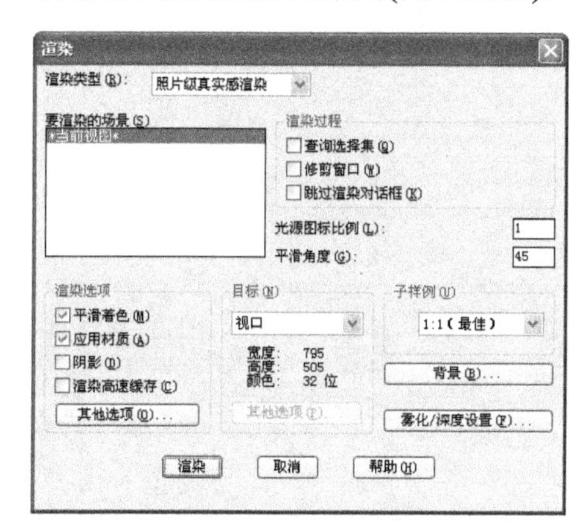


图 13.205 【渲染】对话框

图 13.206　照片级真实感渲染图

## 13.9　上 机 实 验

### 实验 1　房屋三维模型设计

1. 目的要求

掌握房屋三维模型的建立步骤。

2. 操作指导

按照第 10 章提供的建筑施工图中建筑平面图、立面图、剖面图形状和尺寸，建立该建筑物的三维模型，包括墙体、门窗、屋顶、阳台等，最后渲染房屋。

## 13.10 思　考　题

1. 三维模型设计前要作哪些准备工作?
2. 建筑物三维模型的建立一般有哪些步骤?
3. 如何建立三维墙体？怎样建立窗洞和门洞？
4. 为什么要设置用户坐标系(UCS)？如何设置用户坐标系？
5. 建筑物模型渲染有哪些步骤？

# 第 14 章 图 样 输 出

**教学提示：**用 AutoCAD 软件完成工程图样绘制后，可以在打印机或绘图仪等出图设备上进行图样输出，这个过程称为出图。图样输出既可以在模型空间中进行，也可以利用图纸空间输出多个视口。图样的输出可以直接通过打印机或绘图仪绘出，也可以通过专门设计的绘图仪驱动程序输出各种格式的图形文件。

**教学目标：**熟悉图样输出设备、图形输出页面和图形布局等内容的设置方法和操作步骤。重点让学生掌握【打印】对话框各参数的设置和操作，打印出正规、标准、符合工程要求的图样。

## 14.1 图样输出设备的配置

AutoCAD 图样输出之前，首先需要配置输出设备，通常是打印机和绘图仪。

### 14.1.1 配置设置

图样输出受配置设置的控制。这些设置包括驱动程序名称、连接端口、纸张大小和方向等信息。AutoCAD 2006 版的配置设置以扩展名为 PC3 的文件保存在操作系统安装驱动器的“\Documents and Settings\[用户名]\Application Data\Autodesk\AutoCAD 2006\R16.2\chs\ Plotters”文件夹中。这些设置不随图形文件保存，对于每一个图形，可以选用某一出图设备，并设置不同的参数出图，一旦输出满意的图形，便可以将当前设置保存为一种新的 PC3 文件，以备调用。AutoCAD 有多种不同的配置文件，早期版本采用部分出图配置文件(PCP 文件，如 AutoCAD R12 和 AutoCAD R13)或完全出图配置文件(PC2 文件，如 AutoCAD R14)，前者仅包含与硬件无关的出图配置文件，后者包括硬件信息和出图参数信息。

### 14.1.2 配置出图设备

配置出图设备可以执行“config”命令、“preferences”命令或单击【工具】下拉菜单中【选项】，弹出【选项】对话框，选择【打印和发布】选项卡，如图 14.1 所示。

一般来说只需要考虑【新图形的默认打印设置】。有两个选择项，其一为【用作默认输出设备】，单击下拉列表框右边的下三角按钮显示当前已经配置和可供选择的出图设备；其二为【使用上一可用打印设置】，即使用上一次正常打印时使用的设置。

还有一个【添加或配置绘图仪】按钮，单击可以打开 PC3 文件所在的文件夹，如图 14.2 所示。添加或配置绘图仪也可以通过执行“plottermanger”命令或下拉菜单【文件】下的【绘图仪管理器】或在控制面板中选择“Autodesk 绘图管理器”来打开。

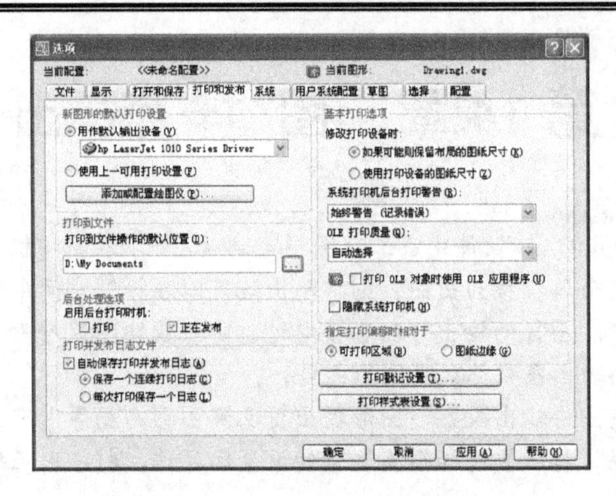


图 14.1 【打印和发布】设备配置选项卡

双击.pc3 文件可以打开【绘图仪配置编辑器】对话框(图 14.3)，对相应设备的配置进行修改。在该编辑器中可以对输出设备的端口、输出介质(纸)的来源、宽度、大小等进行配置和修改，同时还可以自定义纸的大小。修改完成后可以单击【另存为】按钮保存成新的.pc3 文件，也可以单击【默认】按钮设为默认值。

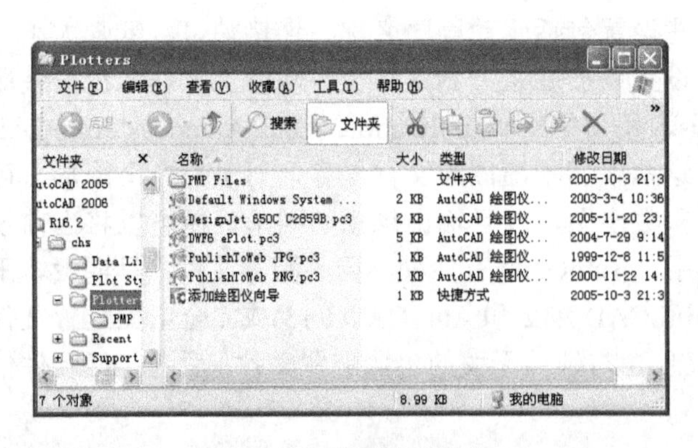


图 14.2　设备配置文件夹

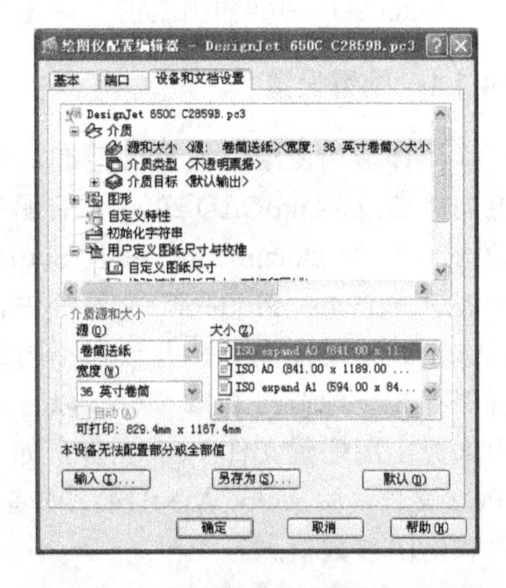


图 14.3 【绘图仪配置编辑器】对话框

双击【添加绘图仪向导】可以添加绘图仪。运行向导后，通过选择绘图仪、配置打印端口、输入绘图仪名称等步骤完成新的绘图仪的配置。如果存在旧的配置文件 PCP 或 PC2 文件，还可以选择【输入文件】把上述文件中的绘图仪特定信息输入到新的 PC3 文件中。选择绘图仪时，不仅可以添加各种型号的打印机驱动程序，而且也可以添加虚拟的打印机形成光栅文件格式。

## 14.2　页面设置和打印设置

输出设备配置之后，下一步应该对打印页面进行设置。页面设置包括打印机或绘图仪的选择，图纸尺寸，打印区域、偏移、比例，打印样式，图形方向等内容。页面设置有两种方法，其一是预先设置，即事先设置好各种不同的页面设置方案，打印之前调用即可。其二为临时设置，即在打印设置中，临时调整各种参数，并可以添加存为页面设置。

### 14.2.1　页面设置

页面设置时，可以通过执行“pagesetup”命令或选择【文件】下的【页面设置管理器】菜单项打开如图 14.4 所示对话框。对话框各选项的含义如下。

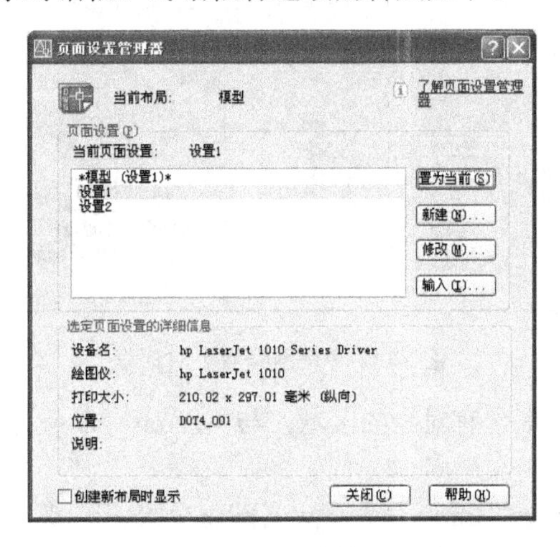


图 14.4 【页面设置管理器】对话框

1. 列表框

列表框显示当前已经存在的页面设置，其中列表框上面显示当前的页面设置，列表框下面是选定页面设置的详细信息。列表框右边显示页面设置的几个操作按钮，具体的操作如下。

【新建】：可以新建一个页面设置，并赋予一个页面设置名。

【修改】：对已经存在的页面设置的各项内容进行修改。

【输入】：从已经存在的 AutoCAD 图形文件或模板文件中输入已有的页面设置。

【置为当前】：把选定的页面设置名设置为当前页面设置。

2. 页面设置

在上述列表框中，单击页面设置的【修改】按钮将激活如图 14.5 所示的【页面设置】对话框。下面对该对话框的内容逐一进行说明。

(1) 【页面设置名称】：是指选定需要修改的页面设置的名称。

(2) 【打印机/绘图仪】：选择已经安装的输出设备作为本页面设置的输出设备。单击【特性】按钮可进入绘图仪配置编辑器。

(3) 【图纸尺寸】：可选定图纸的尺寸。其下拉列表框中显示已选定的输出设备所支持的各种纸型。

(4) 【打印区域】：选定模型空间的打印区域，包括以下四种选择项。

【窗口】：以矩形框选定打印范围。选择该种方式，右边将新出现一个窗口选择的按钮。单击该按钮可以通过鼠标选择矩形框或者坐标输入的方式更改窗口范围。

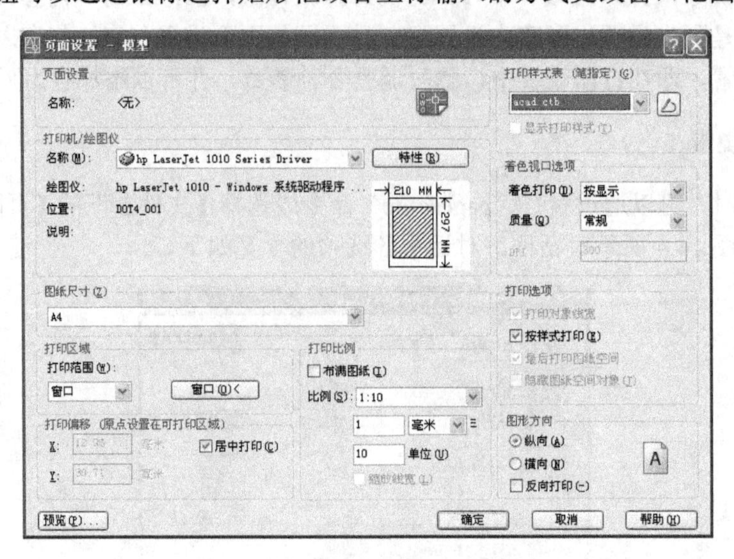


图 14.5 【页面设置】对话框

【范围】：输出图形中含有对象的区域，与“zoom”命令的“extents”选项显示的图形类似。

【图形界限】：输出由“limits”命令定义的整个绘图区域。

【显示】：输出当前视区中所显示的图形。

(5) 【打印偏移】：设置图形的原点在页面可打印区域中的位置，其右侧有一个【居中打印】复选框，选中后，输出图形位于图纸页面的居中位置，打印偏移坐标不能设置。

(6) 【打印比例】：设定输出图形的尺寸与图形单位之间的关系。由于图形单位没有具体的尺度，所以通过该命令赋予实际的长度单位。上部有一个【布满图纸】复选框，选中时，图形自动按照图纸大小进行缩放，此时打印比例不可设置。打印比例可以选用预定的比例值，如 1∶10 代表 10 个图形单位绘成 1mm；也可以自定义比例，在恒等号两端填入适当的数字。

(7) 【打印样式表】：设置笔参数，可以选择预设的打印样式，也可以编辑和新建打印样式。下拉列表框中显示预设的打印样式，单击右侧的【编辑】按钮可以对其进行修改(详见打印设置)。

(8) 【图形方向】：设置图形在绘图纸上的方向，有【纵向】和【横向】两个单选按钮。同时选中【反向打印】复选框，可以使图形旋转 180°。

此外，还有【着色视口选项】和【打印选项】，可以根据需要做一些调整。

设置完成后，通过【预览】获得输出图样的全局预览图。单击【确定】按钮存盘并退出页面设置。

### 14.2.2　打印设置

打印设置是图样输出前的最后设置，可以通过执行“plot”命令或【文件】下拉菜单中的【打印】菜单项打开【打印】对话框。如果页面设置的工作做得比较细致，打印设置就很简单。【打印】对话框(图 14.6)与【页面设置】对话框没有很大的差别。因此也可以在【打印】对话框中进行页面设置。

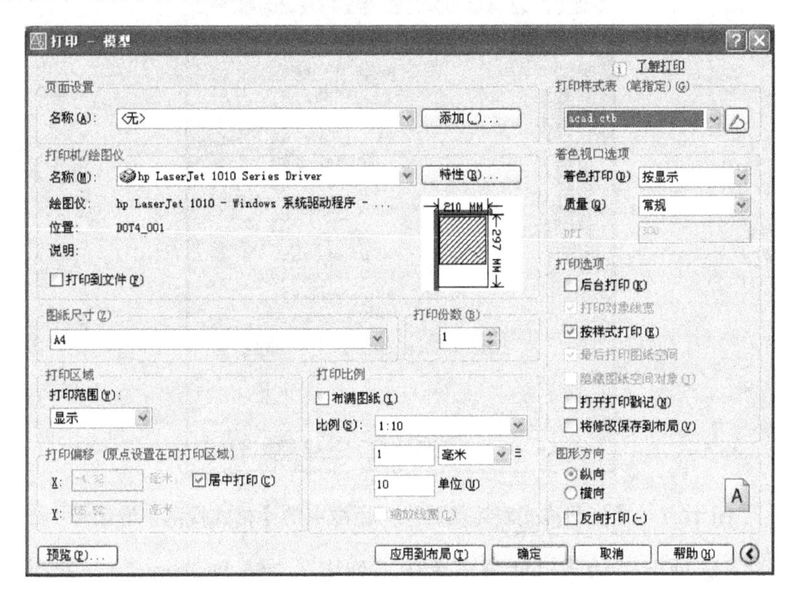


图 14.6　【打印】对话框

1. 【页面设置】选项组

与【页面设置】不同，【打印】对话框的【页面设置】选项组中，【名称】是可供选择的下拉列表框，包括以下内容。

(1) 所有已经设置好的页面设置名称。选中某一页面设置，对话框中所有的项目都会根据新选定的页面设置做相应的变化。

(2) 【<上一次打印>】：恢复上一次有效打印的设置值。

(3) 【输入】：打开一个对话框，输入一个已经存在于其他 AutoCAD 图形文件或模板文件中的页面设置。

(4) 【<无>】：默认值，设置值尚未存盘。

此外，右侧还有一个【添加】按钮，可以启动新的页面设置，确定出图后自动保存为给定的页面设置名称。

2. 打印样式

打印样式均以独立的.ctb 文件存储在操作系统安装盘的“\Documents and Settings\[用户名]\Application Data\Autodesk\AutoCAD 2006\R16.2\chs\Plot Styles”文件夹中，可以通过执行“stylesmanager”命令或【文件】下拉菜单中的【打印样式管理器】菜单项来打开。预设的打印样式是最常见的样式，主要包括彩色打印(acad.ctb)，单色黑白打印(monochrome.ctb)，灰度打印(grayscale.ctb)及各种屏幕比例的打印样式。

双击.ctb 打印样式文件或单击打印样式表右侧的【编辑】按钮可以进入【打印样式表编辑器】。其中有三个选项卡，【基本】选项卡显示一些有关的信息；【表视图】和【格式视图】分别基于表格的形式和格式的形式列出各种打印样式的参数，二者没有本质的区别，均可以加以修改。以【格式视图】为例(图 14.7)介绍如下。

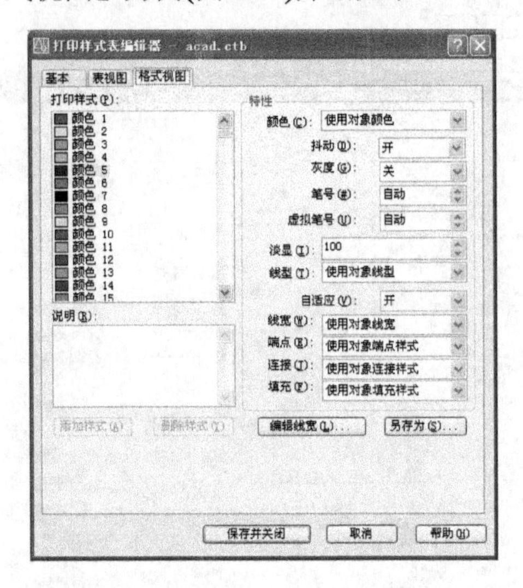


**图 14.7　【打印样式表编辑器】对话框中的【格式视图】选项卡**

【格式视图】选项卡左边【打印样式】中，列出了 255 种 AutoCAD 索引颜色。图形中的颜色是通过这些索引颜色配成的真彩色。输出的图形可以按照各个图形对象原有的属性进行输出，也可以赋予新的属性。因此，【打印样式】中每一种索引颜色可以输出自定义的颜色、浓淡、线型、线宽、端点样式、连接样式和填充样式等。在低版本的 AutoCAD 软件(低于 R14)中还没有引入线宽(lineweight)的属性，图形的线条没有粗细之分。为了区分图形中不同种类的线型，绘图时设置了不同的图层，并为不同的图层设置了不同的颜色。在图形输出时，颜色便成为区分不同线型的手段。但对于 AutoCAD 2000 以上版本，已经可以利用线宽的属性定义线的宽度。因此，打印样式的重要性就显得越来越小，通常按照默认输出图形对象自身的特性。

3. 打印选项

在如图 14.6 所示的【打印】对话框的右侧有一个打印选项，包括七个选择项。

(1) 【后台打印】：允许后台打印。

(2) 【打印对象线宽】：当第三项【按样式打印】未选中时，本项可选。本项选中时，输出图形对象按照定义的线宽绘出，若未选中，按图层指定的线宽绘出。

(3) 【按样式打印】：按照定义的打印样式出图。

(4) 【打开打印戳记】：选中该项，右侧出现一个【打印戳记设置】按钮，单击打开【打印戳记】对话框，可以选择打印图形名、设备名、布局名称、图纸尺寸、日期和时间、图形比例等戳记，还可以打印自定义的字段。高级选项中可以设置戳记的位置、方向、偏移、字体、字高等。

此外还有几个选项涉及图纸空间和布局，将在 14.3 节中介绍。

# 14.3　创建多视图图形布局(图纸空间)

AutoCAD 中有两种不同的环境(或空间)，可以从中创建图形对象。通常，由几何对象组成的模型是在称为“模型空间”的三维空间中创建的。特定视图的最终布局和此模型的注释是在称为“图纸空间”的二维空间中创建的。可以在绘图区域底部附近的两个或多个选项卡上访问这些空间：【模型】选项卡和一个或多个【布局】选项卡。

## 14.3.1　使用模型空间与图纸空间

在模型空间和图纸空间之间切换来执行某些任务会非常方便。使用模型空间可以创建和编辑模型；使用图纸空间可以构造图纸和定义视图。

图纸空间是一种图纸布局环境，用户可以在该环境中指定图纸的大小、添加标题栏、显示模型的多个视图以及创建图形的标注和注释。对视口进行布置可以显示模型的视图。每个视图可以具有不同的观察角度、视图比例和图层显示。

【模型】选项卡提供了一个无限的绘图区域，称为模型空间(图 14.8)。在模型空间中，可以按 1∶1 的比例绘制模型，并确定 1 个单位表示 1mm、1dm、1in、1ft 还是表示其他在工作中使用最方便或最常用的单位。在【模型】选项卡上，可以查看并编辑模型空间对象。十字光标在整个绘图区域都处于激活状态。

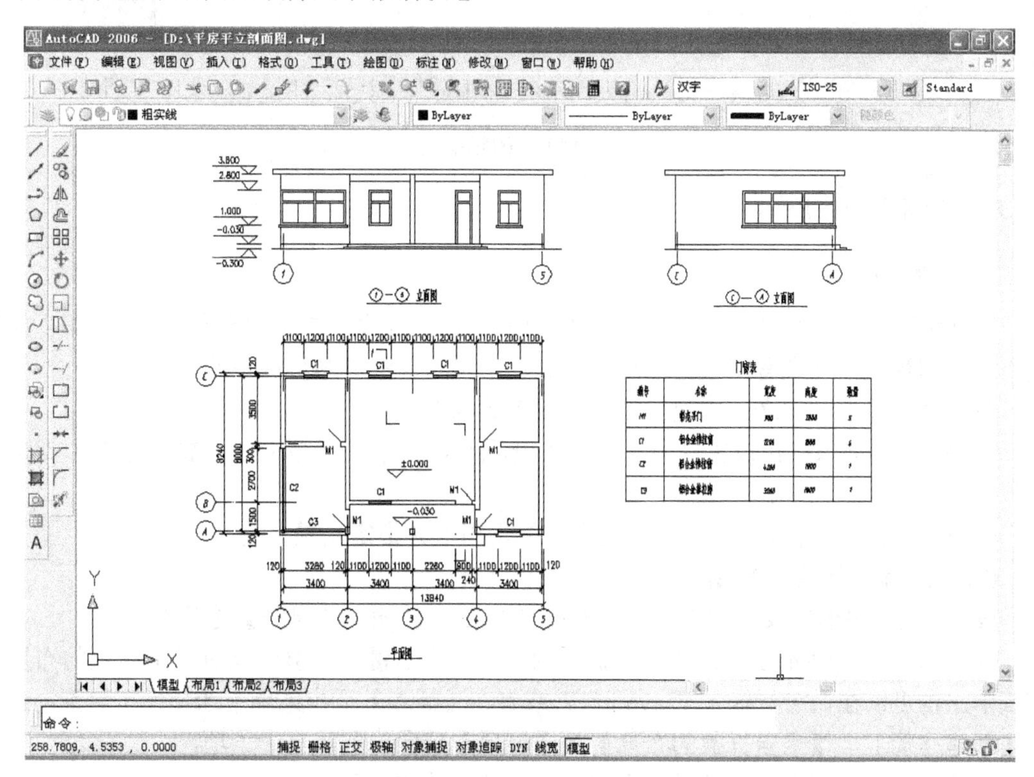


图 14.8　模型空间的图形

【布局】选项卡提供了一个称为图纸空间的区域(图 14.9)。在图纸空间中，可以放置标题栏、创建用于显示视图的布局视口对象、标注模型中的对象以及添加注释。在图纸空间中，1 个单位表示打印图纸上的图纸距离。根据绘图仪的打印设置，单位可以是 mm(毫米)或(英寸)。在【布局】选项卡上，可以查看和编辑图纸空间对象，例如布局视口和标题栏。十字光标在整个布局区域都处于激活状态。

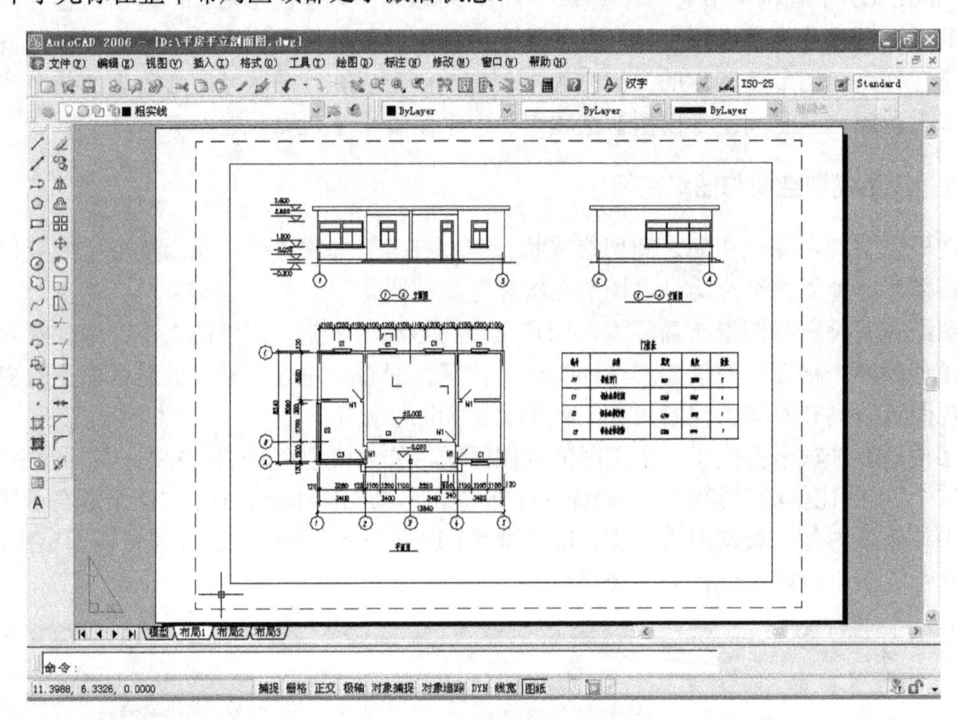


图 14.9　图纸空间

## 14.3.2　创建图形布局

### 1. 新建布局

默认情况下，新图形最开始有两个【布局】选项卡，即【布局 1】和【布局 2】。如果使用样板图形或打开现有图形，图形中【布局】选项卡的命名可能不同。

可以使用以下方法之一创建新的【布局】选项卡：

(1) 添加一个未进行设置的新【布局】选项卡，然后在【页面设置管理器】中指定各个设置。

(2) 使用【创建布局向导】创建【布局】选项卡并指定设置。

(3) 从当前图形文件复制【布局】选项卡及其设置。

(4) 从现有图形样板(DWT)文件或图形 (DWG)文件输入【布局】选项卡。

新建布局可以将光标放在【布局】选项卡上单击右键，以显示具有各个选项的布局快捷菜单。也可以在命令行输入“layout”，或者在【插入】下拉菜单中选择【布局】，会出现【新建布局】、【来自样板的布局】及【创建布局向导】等三个子项。

新建一个布局可以给一个易于识别，带有特征性的名称。

2. 布局的设置

在图形中可以创建多个布局，每个布局都可以包含不同的打印设置和图纸尺寸。布局的设置也是通过页面设置来实现的。

如果采用【创建布局向导】创建新布局，向导会提示关于布局设置的信息，其中包括：

(1) 新布局的名称。

(2) 与布局关联的打印机。

(3) 布局使用的图纸尺寸。

(4) 图形在图纸上的方向。

(5) 标题栏。

(6) 视口设置信息。

(7) 布局中视口配置的位置。

在当前的【布局】选项卡上单击右键，然后单击快捷菜单中的【页面设置管理器】，或者选择【布局】并单击【文件】菜单中的【页面设置管理器】后，可以编辑向导中输入的信息。布局的页面设置与模型的页面设置只有很少的局部有所差异。

标题栏的导入可以在【创建布局向导】中完成。否则，只能通过块的插入来添加。软件预设的块可以在操作系统安装盘的“\Documents and Settings\[用户名]\Local Settings\Application Data\Autodesk\AutoCAD 2006\R16.2\chs\Template”文件夹或者软件安装盘的“\Program Files\AutoCAD 2006\UserDataCache\Template”文件夹中找到，但这些文件夹都是隐藏的，必须在【文件夹选项】中【显示所有文件和文件夹】才能找到。

3. 视口的创建和编辑

在【布局】选项卡上，可以放置一个或多个视口(图 14.10)。每个布局视口就类似于包含模型“照片”的相框。在 AutoCAD 中，每个布局视口包含一个视图，该视图按用户指定的比例和方向显示模型。用户也可以指定在每个布局视口中可见的图层。布局整理完毕后，关闭包含布局视口对象的图层。视图仍然可见，此时可以打印该布局，而无须显示视口边界。

视口的设置可以在【创建布局向导】中完成。也可以新建、命名、删除、修改和剪裁。在视口中可以访问模型空间的对象，并进行新建和编辑。

(1) 创建视口

可以创建布满整个布局的单一布局视口，也可以在布局中创建多个布局视口。使用“mview”命令，可以使用多个选项创建一个或多个布局视口。也可以使用“copy”和“array”命令创建多个布局视口。还可以使用“vports”命令，或者利用【视图】下拉菜单中的【视口】子菜单，创建 1～4 个视口。

按照视口的形状，可将视口分为矩形视口和非矩形视口。通常默认的视口是矩形视口。非矩形视口的创建可以利用“mview”命令中的【对象】和【多边形】两个选项。使用【对象】选项，选择一个闭合对象(例如在图纸空间中创建的圆或闭合多段线)以转换为布局视口。创建视口后，定义视口边界的对象将与该视口相关联。【多边形】选项用于根据指定的点创建非矩形布局视口，如图 14.11 上面的曲线形视口。其命令提示序列与创建多段线一样。

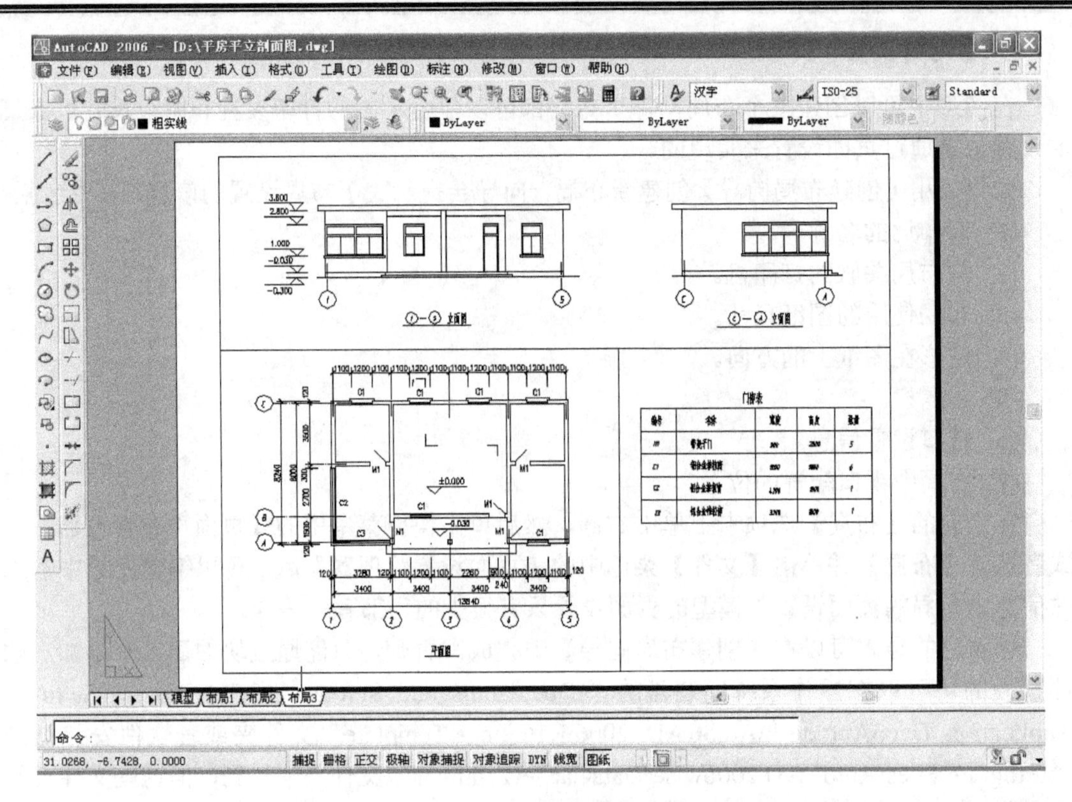

图 14.10　多视口图纸空间

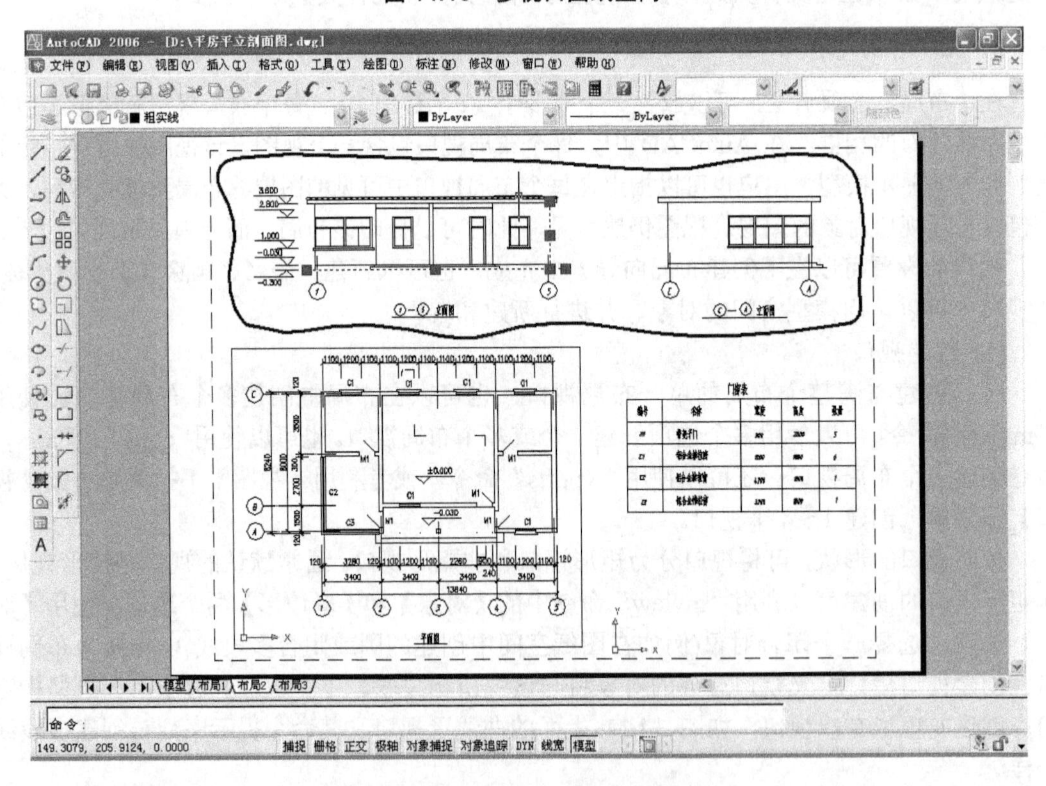

图 14.11　非矩形视口和隐藏边界的视口

(2) 编辑视口

布局中的视口如同一个图形对象，选定视口边界的对象就相当于选定了相应的视口。可以进行复制、移动、列阵、比例、删除等操作。同时，也可以改变视口的大小和形状。

改变布局视口大小：如果要更改布局视口的形状或大小，可以使用夹点编辑顶点，就像使用夹点编辑任何其他对象一样。

剪裁布局视口：可以使用“vpclip”命令或利用【修改】下拉菜单中的【裁剪】子菜单的【视口】命令重定义布局视口边界。要剪裁布局视口，可以使用定点设备选择现有对象作为新的边界，或者指定新的边界点。

隐藏视口：如果不希望显示或打印视口边界，应该在视口中创建图层，并把边界对象与图形置于不同的图层。准备打印时，可以关闭图层并打印布局，而不打印布局视口的边界，如图 14.11 右下方的视口。

从布局视口访问模型空间：创建视口对象后，只需双击布局视口，就可以从布局视口访问模型空间。此时，当前视口边界将变粗，且只有在当前视口显示十字光标并可以选择几何图形对象，同时操作过程中布局的所有活动视口仍然可见(图 14.11)。在布局视口内部的模型空间中可以创建和修改对象，或在图层特性管理器中改变当前视口中图层的属性以及平移、缩放视图。要返回图纸空间，可双击视口外部布局中的空白区域。所做更改将显示在视口中。

如果在访问模型空间之前在布局视口中设置了比例，则可以锁定该比例以避免进行更改。锁定比例后，在模型空间中操作时，图形对象与视口同比例显示缩放。方法是选定该视口，在其【特性】选项板中【显示锁定】的值改为【是】即可。

## 14.4 图 样 输 出

AutoCAD 图形的输出有多种形式，主要有打印机/绘图仪打印(介质输出)、光栅格式图形输出(文件转换)和网上发布等。

### 14.4.1 图形打印

图形打印是最基本的输出方式。可以直接从模型空间出图，也可以在图纸空间出图。选择【文件】下拉菜单中【打印】菜单项、在【模型】选项卡或【布局】选项卡上右击选择【打印】快捷菜单或在命令行输入“plot”命令都可以进行打印操作。

出图的步骤根据前期准备工作的详细程度有所不同。基本程序如下：

(1) 检查并确认出图设备处于准备状态，确保输出设备与计算机的连通和正确设置。

(2) 当前图形的模型空间或图纸空间处于激活状态下执行“plot”命令。

(3) 选择页面设置。如果页面设置合乎要求，便可直接预览和出图。

(4) 选择出图设备及其属性，设置出图效果。如果暂时没有连通输出设备，可以选择打印到文件。

(5) 设置图纸大小，指定打印区域、偏移、比例和方向等。

(6) 选择打印样式，如果样式不符合要求，可以进行编辑。

(7) 确定打印选项，确定打印质量、三维图形的消隐、渲染、打印戳记等。

(8) 预览出图效果(图 14.12)。

(9) 出图。

打印过程中可以直接调用页面设置、输出设备及其特性、打印样式等。如果在图纸空间出图，打印范围直接选择“布局”，可以极大地减少出图中的麻烦，节约时间。

图 14.12 反映布局中包含三个视口。左下为矩形框视口，上方为多边形视口，是通过裁剪而成；右下视口隐藏了视口边界，右下部文字为打印戳记。

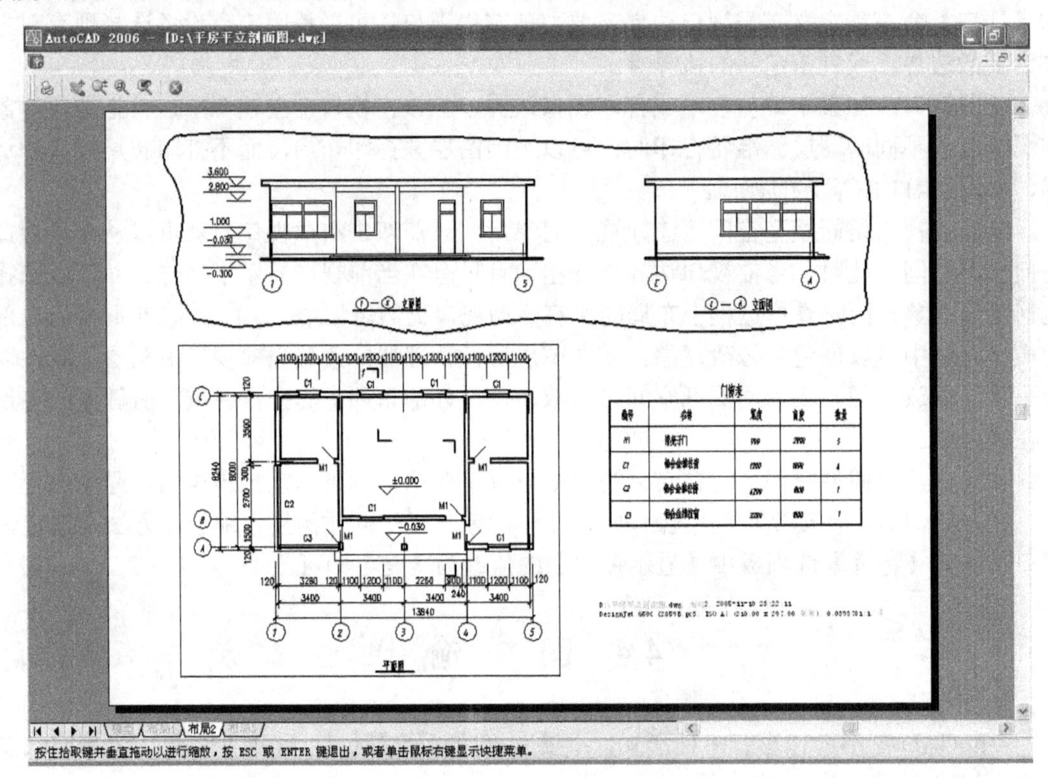


图 14.12　打印预览效果

## 14.4.2　其他格式出图

用户可以多种格式(包括 DWF、DXF 和 Windows 图元文件 [WMF])输出或打印图样。还可以使用专门设计的绘图仪驱动程序以图像格式输出图样。

每种情况下，非系统绘图仪驱动程序都被配置为输出文件信息。用户可以在绘图仪配置编辑器中控制各个非系统驱动程序的自定义特性。还可以通过在各个驱动程序(通过绘图仪配置编辑器访问)的【自定义特性】对话框中选择【帮助】来获得各个驱动程序的特定帮助信息。

1. 打印 DWF 文件

使用 AutoCAD 创建 Design Web Format (DWF)文件。DWF 文件是二维矢量文件，用户可使用这种格式在 Web 或 Intranet 网络上发布 AutoCAD 图形。每个 DWF 文件可包含一张或多张图纸。

在打印时选择“DWF6 ePlot.PC3”作为输出设备，根据需要选择打印设置，打印文件保存为 DWF 文件。

任何人都可以使用 Autodesk® DWF™ Composer 或 Autodesk® DWF™ Viewer 打开、查看和打印 DWF 文件。使用 Autodesk DWF Composer 或 Autodesk DWF Viewer，还可以在 Microsoft® Internet Explorer 5.01 或更高版本中查看 DWF 文件。DWF 文件支持实时平移和缩放，还可以控制图层和命名视图的显示。

2. 以 DXB 文件格式打印

确保已为 DXB 文件输出配置了绘图仪驱动程序的情况下，在打印机/绘图仪名称一栏选择“DXB 格式配置”可以以 DXB 文件格式打印图形。

DXB (图形交换二进制)文件格式可以使用 DXB 非系统文件驱动程序。通常用于将三维图形“平面化”成为二维图形。输出与 AutoCAD DXBIN 命令以及随早期版本 AutoCAD 一起提供的 ADI DXB 驱动程序兼容。

3. 以光栅文件格式打印

在打印机/绘图仪名称一栏选择“光栅格式”可以以光栅格式打印图形。

非系统光栅驱动程序支持若干光栅文件格式，包括 Windows BMP、CALS、TIFF、PNG、TGA、PCX 和 JPEG。光栅驱动程序最常用于打印到文件以便进行桌面发布。

几乎所有由该驱动程序支持的文件格式都产生“无量纲”光栅文件，该文件有像素大小而无英寸大小或毫米大小。量纲 CALS 格式用于可以接受 CALS 文件的绘图仪。如果绘图仪接受 CALS 文件，则必须指定真实的图纸尺寸和分辨率。在绘图仪配置编辑器的“矢量图形”窗格中以点/英寸指定分辨率。

默认情况下，光栅驱动程序只打印到文件。然而，用户可以在【添加绘图仪向导】的【端口】对话框上或【绘图仪配置编辑器】中的【端口】选项卡中选择【显示所有端口】，使计算机上的所有端口均可用于配置。配置打印端口时，该驱动程序打印到文件，然后将文件复制到指定端口。要成功打印，需确保与配置端口相连的设备可以接受和处理文件。详细信息请参见设备制造商提供的文档。

光栅文件的类型、大小和颜色深度决定最终的文件大小。光栅文件可以变得非常大，使用时最好仅采用像素量纲和需要的颜色。

用户可以在【绘图仪配置编辑器】的【自定义特性】对话框中为光栅打印配置背景色。如果改变此背景色，所有以此颜色打印的对象将不可见。

## 14.5 思　考　题

1. 图样输出设备有哪些？如何设置？
2. 如何进行页面设置？
3. 怎样编辑打印样式表，打印样式表有何作用？
4. 模型空间与图纸空间有何区别？怎样在布局视口中访问模型空间？
5. 如何创建布局，布局有何作用？
6. 简述打印图形的过程。
7. 图样输出时有哪些格式？

# 参 考 文 献

[1] 尚守平，袁果. 土木工程计算机绘图基础. 北京：人民交通出版社，2001.
[2] 郭克希，袁果. AutoCAD 2005 工程设计与绘图教程. 北京：高等教育出版社，2006.
[3] 刘洪. AutoCAD 2002 中文版建筑绘图. 北京：北京大学出版社，2002.
[4] 张渝生. 土建 CAD 教程. 北京：中国建筑工业出版社，2004.
[5] 尚守平. 土木工程 CAD. 武汉：武汉理工大学出版社，2002.
[6] 翟志强，孔祥丰. AutoCAD 2004 三维图形设计. 北京：清华大学出版社，2003.
[7] 李瑞，董伟，王渊峰. AutoCAD 2006 中文版实例指导教程. 北京：机械工业出版社，2006.
[8] 徐建平，盛和太. 精通 AutoCAD 2005 中文版. 北京：清华大学出版社，2006.
[9] 郑玉金，谢海霞，徐毅. AutoCAD 2005 中文版建筑施工图设计. 北京：电子工业出版社，2005.
[10] 宋琦，莫正波，王晓阳. AutoCAD 2004 建筑工程绘图基础教程. 北京：机械工业出版社，2005.
[11] 何斌，陈锦昌，陈炽坤. 建筑制图. 第 5 版. 北京：高等教育出版社，2005.
[12] 乐荷卿，陈美华. 土木建筑制图. 第 3 版. 武汉：武汉理工大学出版社，2005.
[13] 詹友刚. AutoCAD 2005 中文版教程. 北京：清华大学出版社，2005.
[14] 高志清. AutoCAD 建筑设计培训教程. 北京：中国水利水电出版社，2004.

# 北京大学出版社土木建筑系列教材(已出版)

| 序号 | 书名 | 主编 | 定价 | 序号 | 书名 | 主编 | 定价 |
|---|---|---|---|---|---|---|---|
| 1 | 工程项目管理 | 董良峰　张瑞敏 | 43.00 | 50 | 工程财务管理 | 张学英 | 38.00 |
| 2 | 建筑设备(第2版) | 刘源全　张国军 | 46.00 | 51 | 土木工程施工 | 石海均　马　哲 | 40.00 |
| 3 | 土木工程测量(第2版) | 陈久强　刘文生 | 40.00 | 52 | 土木工程制图(第2版) | 张会平 | 45.00 |
| 4 | 土木工程材料(第2版) | 柯国军 | 45.00 | 53 | 土木工程制图习题集(第2版) | 张会平 | 28.00 |
| 5 | 土木工程计算机绘图 | 袁　果　张渝生 | 28.00 | 54 | 土木工程材料(第2版) | 王春阳 | 50.00 |
| 6 | 工程地质(第2版) | 何培玲　张　婷 | 26.00 | 55 | 结构抗震设计(第2版) | 祝英杰 | 37.00 |
| 7 | 建设工程监理概论(第3版) | 巩天真　张泽平 | 40.00 | 56 | 土木工程专业英语 | 霍俊芳　姜丽云 | 35.00 |
| 8 | 工程经济学(第2版) | 冯为民　付晓灵 | 42.00 | 57 | 混凝土结构设计原理(第2版) | 邵永健 | 52.00 |
| 9 | 工程项目管理(第2版) | 仲景冰　王红兵 | 45.00 | 58 | 土木工程计量与计价 | 王翠琴　李春燕 | 35.00 |
| 10 | 工程造价管理 | 车春鹂　杜春艳 | 24.00 | 59 | 房地产开发与管理 | 刘　薇 | 38.00 |
| 11 | 工程招标投标管理(第2版) | 刘昌明 | 30.00 | 60 | 土力学(第2版) | 高向阳 | 45.00 |
| 12 | 工程合同管理 | 方　俊　胡向真 | 23.00 | 61 | 建筑表现技法 | 冯　柯 | 42.00 |
| 13 | 建筑工程施工组织与管理(第2版) | 余群舟　宋会莲 | 31.00 | 62 | 工程招投标与合同管理(第2版) | 吴　芳　冯　宁 | 43.00 |
| 14 | 建设法规(第3版) | 潘安平　肖　铭 | 40.00 | 63 | 工程施工组织 | 周国恩 | 28.00 |
| 15 | 建设项目评估(第2版) | 王　华 | 46.00 | 64 | 建筑力学 | 邹建奇 | 34.00 |
| 16 | 工程量清单的编制与投标报价 | 刘富勤　陈德方 | 25.00 | 65 | 土力学学习指导与考题精解 | 高向阳 | 26.00 |
| 17 | 土木工程概预算与投标报价(第2版) | 刘　薇　叶　良 | 37.00 | 66 | 建筑概论 | 钱　坤 | 28.00 |
| 18 | 室内装饰工程预算 | 陈祖建 | 30.00 | 67 | 岩石力学 | 高　玮 | 35.00 |
| 19 | 力学与结构 | 徐吉恩　唐小弟 | 42.00 | 68 | 交通工程学 | 李　杰　王　富 | 39.00 |
| 20 | 理论力学(第2版) | 张俊彦　赵荣国 | 40.00 | 69 | 房地产策划 | 王直民 | 42.00 |
| 21 | 材料力学 | 金康宁　谢群丹 | 27.00 | 70 | 中国传统建筑构造 | 李合群 | 35.00 |
| 22 | 结构力学简明教程 | 张系斌 | 20.00 | 71 | 房地产开发 | 石海均　王　宏 | 34.00 |
| 23 | 流体力学(第2版) | 章宝华 | 25.00 | 72 | 室内设计原理 | 冯　柯 | 28.00 |
| 24 | 弹性力学 | 薛　强 | 22.00 | 73 | 建筑结构优化及应用 | 朱杰江 | 30.00 |
| 25 | 工程力学(第2版) | 罗迎社　喻小明 | 39.00 | 74 | 高层与大跨建筑结构施工 | 王绍君 | 45.00 |
| 26 | 土力学(第2版) | 肖仁成　俞　晓 | 25.00 | 75 | 工程造价管理 | 周国恩 | 42.00 |
| 27 | 基础工程 | 王协群　章宝华 | 32.00 | 76 | 土建工程制图(第2版) | 张黎骅 | 38.00 |
| 28 | 有限单元法(第2版) | 丁　科　殷水平 | 30.00 | 77 | 土建工程制图习题集(第2版) | 张黎骅 | 34.00 |
| 29 | 土木工程施工 | 邓寿昌　李晓目 | 42.00 | 78 | 材料力学 | 章宝华 | 36.00 |
| 30 | 房屋建筑学(第3版) | 聂洪达 | 56.00 | 79 | 土力学教程(第2版) | 孟祥波 | 34.00 |
| 31 | 混凝土结构设计原理 | 许成祥　何培玲 | 28.00 | 80 | 土力学 | 曹卫平 | 34.00 |
| 32 | 混凝土结构设计 | 彭　刚　蔡江勇 | 28.00 | 81 | 土木工程项目管理 | 郑文新 | 41.00 |
| 33 | 钢结构设计原理 | 石建军　姜　袁 | 32.00 | 82 | 工程力学 | 王明斌　庞永平 | 37.00 |
| 34 | 结构抗震设计 | 马成松　苏　原 | 25.00 | 83 | 建筑工程造价 | 郑文新 | 39.00 |
| 35 | 高层建筑施工 | 张厚先　陈德方 | 32.00 | 84 | 土力学(中英双语) | 郎煜华 | 38.00 |
| 36 | 高层建筑结构设计 | 张仲先　王海波 | 23.00 | 85 | 土木建筑CAD实用教程 | 王文达 | 30.00 |
| 37 | 工程事故分析与工程安全(第2版) | 谢征勋　罗　章 | 38.00 | 86 | 工程管理概论 | 郑文新　李献涛 | 26.00 |
| 38 | 砌体结构(第2版) | 何培玲　尹维新 | 26.00 | 87 | 景观设计 | 陈玲玲 | 49.00 |
| 39 | 荷载与结构设计方法(第2版) | 许成祥　何培玲 | 30.00 | 88 | 色彩景观基础教程 | 阮正仪 | 42.00 |
| 40 | 工程结构检测 | 周　详　刘益虹 | 20.00 | 89 | 工程力学 | 杨云芳 | 42.00 |
| 41 | 土木工程课程设计指南 | 许　明　孟茁超 | 25.00 | 90 | 工程设计软件应用 | 孙香红 | 39.00 |
| 42 | 桥梁工程(第2版) | 周先雁　王解军 | 37.00 | 91 | 城市轨道交通工程建设风险与保险 | 吴宏建　刘宽亮 | 75.00 |
| 43 | 房屋建筑学(上：民用建筑)(第2版) | 钱　坤　王若竹　吴　歌 | 40.00 | 92 | 混凝土结构设计原理 | 熊丹安 | 32.00 |
| 44 | 房屋建筑学(下：工业建筑)(第2版) | 钱　坤　吴　歌 | 36.00 | 93 | 城市详细规划原理与设计方法 | 姜　云 | 36.00 |
| 45 | 工程管理专业英语 | 王竹芳 | 24.00 | 94 | 工程经济学 | 都沁军 | 42.00 |
| 46 | 建筑结构CAD教程 | 崔钦淑 | 36.00 | 95 | 结构力学 | 边亚东 | 42.00 |
| 47 | 建设工程招投标与合同管理实务(第2版) | 崔东红 | 49.00 | 96 | 房地产估价 | 沈良峰 | 45.00 |
| 48 | 工程地质(第2版) | 倪宏革　周建波 | 30.00 | 97 | 土木工程结构试验 | 叶成杰 | 39.00 |
| 49 | 工程经济学 | 张厚钧 | 36.00 | 98 | 土木工程概论 | 邓友生 | 34.00 |

| 序号 | 书名 | 主编 | 定价 | 序号 | 书名 | 主编 | 定价 |
|---|---|---|---|---|---|---|---|
| 99 | 工程项目管理 | 邓铁军　杨亚频 | 48.00 | 141 | 城市与区域规划实用模型 | 郭志恭 | 45.00 |
| 100 | 误差理论与测量平差基础 | 胡圣武　肖本林 | 37.00 | 142 | 特殊土地基处理 | 刘起霞 | 50.00 |
| 101 | 房地产估价理论与实务 | 李　龙 | 36.00 | 143 | 建筑节能概论 | 余晓平 | 34.00 |
| 102 | 混凝土结构设计 | 熊丹安 | 37.00 | 144 | 中国文物建筑保护及修复工程学 | 郭志恭 | 45.00 |
| 103 | 钢结构设计原理 | 胡习兵 | 30.00 | 145 | 建筑电气 | 李　云 | 45.00 |
| 104 | 钢结构设计 | 胡习兵　张再华 | 42.00 | 146 | 建筑美学 | 邓友生 | 36.00 |
| 105 | 土木工程材料 | 赵志曼 | 39.00 | 147 | 空调工程 | 战乃岩　王建辉 | 45.00 |
| 106 | 工程项目投资控制 | 曲　娜　陈顺良 | 32.00 | 148 | 建筑构造 | 宿晓萍　隋艳娥 | 36.00 |
| 107 | 建设项目评估 | 黄明知　尚华艳 | 38.00 | 149 | 城市与区域认知实习教程 | 邹　君 | 30.00 |
| 108 | 结构力学实用教程 | 常伏德 | 47.00 | 150 | 幼儿园建筑设计 | 龚兆先 | 37.00 |
| 109 | 道路勘测设计 | 刘文生 | 43.00 | 151 | 房屋建筑学 | 董海荣 | 47.00 |
| 110 | 大跨桥梁 | 王解军　周先雁 | 30.00 | 152 | 园林与环境景观设计 | 董　智　曾　伟 | 46.00 |
| 111 | 工程爆破 | 段宝福 | 42.00 | 153 | 中外建筑史 | 吴　薇 | 36.00 |
| 112 | 地基处理 | 刘起霞 | 45.00 | 154 | 建筑构造原理与设计(下册) | 梁晓慧　陈玲玲 | 38.00 |
| 113 | 水分析化学 | 宋吉娜 | 42.00 | 155 | 建筑结构 | 苏明会　赵　亮 | 50.00 |
| 114 | 基础工程 | 曹　云 | 43.00 | 156 | 工程经济与项目管理 | 都沁军 | 45.00 |
| 115 | 建筑结构抗震分析与设计 | 裴星洙 | 35.00 | 157 | 土力学试验 | 孟云梅 | 32.00 |
| 116 | 建筑工程安全管理与技术 | 高向阳 | 40.00 | 158 | 土力学 | 杨雪强 | 40.00 |
| 117 | 土木工程施工与管理 | 李华锋　徐　芸 | 65.00 | 159 | 建筑美术教程 | 陈希平 | 45.00 |
| 118 | 土木工程试验 | 王吉民 | 34.00 | 160 | 市政工程计量与计价 | 赵志曼　张建平 | 38.00 |
| 119 | 土质学与土力学 | 刘红军 | 36.00 | 161 | 建设工程合同管理 | 余群舟 | 36.00 |
| 120 | 建筑工程施工组织与概预算 | 钟吉湘 | 52.00 | 162 | 土木工程基础英语教程 | 陈平　王凤池 | 32.00 |
| 121 | 房地产测量 | 魏德宏 | 28.00 | 163 | 土木工程专业毕业设计指导 | 高向阳 | 40.00 |
| 122 | 土力学 | 贾彩虹 | 38.00 | 164 | 土木工程 CAD | 王玉岚 | 42.00 |
| 123 | 交通工程基础 | 王富 | 24.00 | 165 | 外国建筑简史 | 吴　薇 | 38.00 |
| 124 | 房屋建筑学 | 宿晓萍　隋艳娥 | 43.00 | 166 | 工程量清单的编制与投标报价(第 2 版) | 刘富勤　陈友华<br>宋会莲 | 34.00 |
| 125 | 建筑工程计量与计价 | 张叶田 | 50.00 | 167 | 土木工程施工 | 陈泽世　凌平平 | 58.00 |
| 126 | 工程力学 | 杨民献 | 50.00 | 168 | 特种结构 | 孙　克 | 30.00 |
| 127 | 建筑工程管理专业英语 | 杨云会 | 36.00 | 169 | 结构力学 | 何春保 | 45.00 |
| 128 | 土木工程地质 | 陈文昭 | 32.00 | 170 | 建筑抗震与高层结构设计 | 周锡武　朴福顺 | 36.00 |
| 129 | 暖通空调节能运行 | 余晓平 | 30.00 | 171 | 建设法规 | 刘红霞　柳立生 | 36.00 |
| 130 | 土工试验原理与操作 | 高向阳 | 25.00 | 172 | 道路勘测与设计 | 凌平平　余婵娟 | 42.00 |
| 131 | 理论力学 | 欧阳辉 | 48.00 | 173 | 工程结构 | 金恩平 | 49.00 |
| 132 | 土木工程材料习题与学习指导 | 鄢朝勇 | 35.00 | 174 | 建筑公共安全技术与设计 | 陈继斌 | 45.00 |
| 133 | 建筑构造原理与设计(上册) | 陈玲玲 | 34.00 | 175 | 地下工程施工 | 江学良　杨　慧 | 54.00 |
| 134 | 城市生态与城市环境保护 | 梁彦兰　阎　利 | 36.00 | 176 | 土木工程专业英语 | 宿晓萍　赵庆明 | 40.00 |
| 135 | 房地产法规 | 潘安平 | | 177 | 土木工程系列实验综合教程 | 周瑞荣 | 56.00 |
| 136 | 水泵与水泵站 | 张　伟　周书葵 | 35.00 | 178 | 中外城市规划与建设史 | 李合群 | 58.00 |
| 137 | 建筑工程施工 | 叶　良 | 55.00 | 179 | 安装工程计量与计价 | 冯　钢 | 58.00 |
| 138 | 建筑学导论 | 裘　鞠　常　悦 | 32.00 | 180 | 工程造价控制与管理(第二版) | 胡新萍　王　芳 | 42.00 |
| 139 | 工程项目管理 | 王　华 | 42.00 | 181 | 建设工程质量检验与评定 | 杨建明　林　芹<br>徐选臣 | 40.00 |
| 140 | 园林工程计量与计价 | 温日琨　舒美英 | 45.00 | | | | |

如您需要更多教学资源如电子课件、电子样章、习题答案等，请登录北京大学出版社第六事业部官网 www.pup6.cn 搜索下载。

如您需要浏览更多专业教材，请扫下面的二维码，关注北京大学出版社第六事业部官方微信（微信号：pup6book），随时查询专业教材、浏览教材目录、内容简介等信息，并可在线申请纸质样书用于教学。

感谢您使用我们的教材，欢迎您随时与我们联系，我们将及时做好全方位的服务。联系方式：010-62750667，donglu2004@163.com，pup_6@163.com，lihu80@163.com，欢迎来电来信。客户服务 QQ 号：1292552107，欢迎随时咨询。